Kurt Kotrschal

Im Egoismus vereint?

Kurt Kotrschal

Im Egoismus vereint?

Tiere und Menschentiere – das neue Weltbild der Verhaltensforschung

Mit 18 Farbfotos und 4 Zeichnungen

Piper
München Zürich

Farbfotos: Kurt Kotrschal (3, 4, 5, 11) und Barbara Mertin (1, 2, 6–10, 12–18) (Konrad-Lorenz-Forschungsstelle für Ethologie / Zoologisches Institut der Universität Wien, Abteilung für Ethologie; A-4645 Grünau)

ISBN 3-492-03738-0

Gesetzt aus der Times
Gesamtherstellung: Clausen & Bosse, Leck
Printed in Germany

Inhalt

Verzeichnis der Exkurse

Einleitung

Gut geht es demjenigen, dem bewußt ist, wieviel er *nicht* weiß,
schlecht, dem bewußt ist, wieviel er weiß.
Lao Tse

Verhaltensforschung und Überleben

Tierisches und menschliches Verhalten ist nicht nur für eine Handvoll Experten im Elfenbeinturm der Wissenschaften interessant. Uns endlich klar selbst zu erkennen und dieses Wissen auch umzusetzen, davon wird unsere Zukunft abhängen. Kriege, Überbevölkerung, die Kriminalität in den Ballungszentren, die Irrwege des Umgangs mit der Energie, das alles sind nur Symptome, genauso wie Kopfweh ein Symptom für eine schwere Krankheit sein kann. Gegenwärtig versucht man, die Krankheiten der Welt mit Aspirin zu kurieren. Daß man etwa in vielen Staaten glaubt, mit Milliarden für Polizei und Gefängnisse mehr Sicherheit kaufen zu können, anstatt die Kriminalität an ihren gesellschaftlichen Wurzeln zu sanieren, ist Beleg für diese These.

Keine Angst – es ist hier kein pessimistisches Lamento beabsichtigt, ganz im Gegenteil. Was ich vielmehr beabsichtige, ist, in oft recht unsystematischer Form in den Verhaltenswissenschaften kreuz und quer zu erzählen: ihre Entwicklung, manche Persönlichkeit und ihren jüngsten Umbruch zu beleuchten.

Seit Darwin (1859), also seit mehr als 130 Jahren, sollte es eigentlich klar sein, daß wir Menschen Tiere aus der Gruppe der Primaten sind. Aber erst im Verlauf der letzten 20 Jahre entwickelten die Verhaltenswissenschaften stimmige Erklärungen für tierisches und menschliches Verhalten aus den Wurzeln der Evolution. Grundlage dafür ist der für alle Individuen geltende Zwang zum ökonomischen Umgang mit Ressourcen, welcher dem biologischen Imperativ entspringt, die eigene Fortpflanzung zu optimieren. Damit löst zunächst in der Einschätzung auch des menschlichen Wesens das Prinzip Eigennutz den ohnehin Ideal gebliebenen Altruismus, also das Streben nach Gemeinwohl ab (Wilson 1975, Wickler und Seibt 1977).

Verhaltensforschung, die Ethologie, war und ist eine eminent politische Wissenschaft. So ist es absurd, daß es in einer Zeit, in der das Überleben der Menschheit auf dem Spiel steht, gerade in Europa immer noch verpönt zu sein scheint, unsere evolutionäre Herkunft als *die* Grundlage für das Verhalten der Menschen ernsthaft zu untersuchen. Daß wir trotzdem nicht die egoistischen Sklaven unserer Gene sein müssen, dafür sorgen unser Denkapparat und unsere Neigung, friedlich in Kleingruppen zu leben (Chance 1988). Auch Verstand und soziale Neigungen fielen nicht vom Himmel, sondern wurden im Verlauf der Evolution als Überlebenswerkzeuge entwickelt (Lorenz 1973, Riedl 1981a). Gerade auf Basis dieses Verstandes definieren wir Menschen uns so gerne als Kulturwesen und sind blind gegenüber unserer biologischen Herkunft.

Es wird noch großer Anstrengung bedürfen, die Einsicht durchzusetzen, daß nicht guter Wille allein das Überleben der Biosphäre sichern kann, sondern daß eine richtige Diagnose die einzig mögliche Basis dafür darstellt. Wenn ein Patient mit Krebs zum Arzt kommt, dieser sich aber wider besseres Wissen weigert, die richtige, wenn auch unbequeme Diagnose zu stellen, dann halten wir das für verbrecherisch. Idealisten, Ideologen und Moralapostel aber dürfen ihre spekulativen Utopien vom Menschen verkünden, obwohl diese in der Vergangenheit ausnahmslos scheiterten.

Im folgenden möchte ich mich mit jener Wissenschaft auseinandersetzen, die es, nicht ohne schmerzliche Geburtswehen durchlaufen zu haben, als *einzige* auch nur versucht, tierisches und menschliches Verhalten im evolutionären Zusammenhang zu erklären; das neue Selbstbewußtsein der Biologen ist gerechtfertigt. Da sich Soziologie und Psychologie nur auf den Menschen konzentrieren, fehlt ihnen schlicht die vergleichende Perspektive und daher die evolutionäre Sicht für menschliches Verhalten, genauso wie es nicht möglich ist, aus der Kenntnis eines einzelnen Baumes dessen Einbettung in das Ökosystem Wald zu erkennen.

Konrad Lorenz und die Folgen

Wichtig für den Entschluß, dieses Buch zu schreiben, waren vor allem meine Erfahrungen als Leiter der Konrad-Lorenz-Forschungsstelle für Ethologie in Grünau im oberösterreichischen Almtal. Aus vielen Kontakten mit allen Schichten der Bevölkerung und mit Vertretern der Medien wurde klar, wie groß das öffentliche Interesse an der Verhaltensforschung, natürlich auch noch immer an Konrad Lorenz ist. Daß diesem großen Interesse ein meist nur recht bescheidener Informationsstand über die Entwicklung der Verhaltensbiologie, ihrer Aufgaben, Ziele und gegenwärtiger Bedeutung gegenübersteht, nährt selbst bei Interessierten manch seltsames Mißverständnis. Man sieht Verhaltensforscher noch immer gerne als Leute, welche verträumt an romantischen Orten das muntere Treiben von putzigen Tierchen belauschen, darob einerseits verzückt über die Harmonie in der Natur sinnieren und andererseits düster über die menschliche Bosheit und Unvernunft lamentieren. Am Zustandekommen dieses Gartenlaubenklischees waren Konrad Lorenz und jene, die sein spätes Image prägten, nicht ganz unbeteiligt, obwohl sich Lorenz immer nach Kräften dagegen wehrte und das Standard-Medienetikett »Vater der Graugänse« nicht gerne hörte.

Wo Information nicht klar genug durchdringt, schaffen Medien- und Meinungsmacher gemeinsam mit ihren Konsumenten statt dessen eben Klischees, welche sich im Bewußtsein der Gesellschaft festkrallen und von dieser perpetuiert werden. Ungeachtet der Fakten bestimmt das *Image*, also die *relevante* Wahrheit in den Köpfen der Menschen, unser Handeln. Mit Lamento ist gegen Klischees nicht anzukommen, vielleicht aber mit Gegensteuern, denn das Streben nach Realität ist letztlich aufregender als der sichere Hafen des Klischees. Auch darum geht es in diesem Buch.

Das Bild der Verhaltensforschung ist in der deutschsprachigen Öffentlichkeit noch immer durch Konrad Lorenz geprägt. Er war schon zu Lebzeiten ein Mythos und einzigartig populär. Gerade deswegen ist für uns, die wir versuchen, in seiner Tradition moderne Verhaltenswissenschaften zu betreiben, diese

Aufgabe einfach und schwierig zugleich. Einfach, weil der Name Lorenz auch posthum unseren Zugang zu Ressourcen, zu den Medien und damit zu den Ohren von Entscheidungsträgern ebnet; schwierig, weil dem Erbe von Konrad Lorenz wohl niemand neutral gegenübersteht. Das kann zu solch absurden Auswüchsen führen, daß Verhaltensbiologen allesamt eine (politisch) rechte Gesinnung angehängt wird. Sieht die Öffentlichkeit in uns vielfach die Gralshüter der Lorenzschen Tradition, so stellen wir selber im Einklang mit unseren Wissenschaftskollegen an uns den Anspruch, eigenständige Arbeit zu leisten. Daher ist es unter anderem Ziel dieses Buches zu zeigen, daß sich die modernen Richtungen der Verhaltensbiologie, Öko-Ethologie und Soziobiologie, mit der klassischen Lorenzschen Ethologie durchaus vereinen lassen.

Diese »klassischen« Konzepte der Ethologie gewinnen gerade in der modernen Verhaltensbiologie wieder an Bedeutung. Lorenz ist zwar nicht Hauptthema dieses Buches, wird aber wiederholt Ausgangspunkt und Eckpfeiler sein für unsere Ausflüge in die merkwürdig mäandrierenden Muster wissenschaftlicher Moden. Noch immer löst er heftige Kontroversen aus (Zippelius 1992a,b), ein Zeichen dafür, daß er Wichtiges zu sagen hatte. Nüchtern betrachtet, war er weder der »Vater der Vergleichenden Verhaltensforschung«, noch stellte er die Ethologie rechtzeitig auf ein tragfähiges evolutionäres Fundament; dieses Feld überließ er den Öko-Ethologen und Soziobiologen. Trotzdem bleibt er eine der großen zentralen Figuren in der Entwicklung der Verhaltensbiologie.

Entwicklungsskizze

Es sollen in diesem Buch verschiedene Geschichten erzählt werden: von der Tierpsychologie, deren Weg in die Ethologie, von der anschließenden Entwicklung in die Soziobiologie und Öko-Ethologie und von deren gegenwärtigen, manchmal recht seltsam anmutenden Verzweigungen bis in die Niederungen menschlicher Spermakonkurrenz. Wissenschaft wird an konkreten Orten und in den Köpfen von Menschen aus Fleisch und Blut gemacht. Es soll in diesem Buch spürbar sein, daß in ihrem Streben nach Perfektion alle Wissenschaftler fehlbar sind und Kompromisse eingehen müssen. Unsere Ergebnisse sind daher nicht sterile Perfektion (auch wenn dies so mancher Kollege – aus welchen Gründen immer – glauben machen will). Darum soll dieses Buch auch von Menschen, Tieren und deren Zusammenwirken an unserer Grünauer Forschungsstation handeln. Diese Beispiele sollen es erleichtern, den Wandel in der internationalen Verhaltensforschung auf verschienen Ebenen nachzuvollziehen. Es ist ein Wandel, so glaube ich, der letztlich auch Konrad Lorenz Freude und Genugtuung bereitet hätte.

Immer seltener wird die Entdeckung neuer Phänomene und Forschungsgegenstände, aber ist deswegen alles ausgeforscht? Keineswegs! Verblüffend, wie oft scheinbar geringfügige Paradigmenwechsel eine volle, neue Drehung der Wissenschaftsspirale verursachen, so etwa der Wechsel von der noch von Lorenz und Tinbergen vertretenen Gruppenselektion zur Individualselektion von Hamilton, Dawkins und Wilson. Dieser Paradigmenwechsel führte zu einer völlig neuen, oft verblüffenden Sicht bereits bekannter Dinge. Es wäre aber dumm, in satter Zufriedenheit anzunehmen, daß wir nun die Welt erklärt hätten; es sind neue Anpassungen der Theorie zu erwarten, die wir jetzt noch nicht kennen können.

Im Rahmen der evolutionären Theorie werden Erklärungsmonismen zunehmend pluralistischen Sichtweisen weichen müssen, um komplexe biologische Systeme zu erklären, so daß die Sicht der Welt nicht gerade einfacher werden wird. Wenn wir gemeinsam mit Dawkins (1977) Darwin konsequent weiterdenken, dann heißt die Essenz des evolutionären Mechanismus *Informationstransfer*. In unserer Informationsgesellschaft scheint Kulturinformation hart mit der genetischen um diesen Transfer zu konkurrieren. Die Verhaltensmechanismen, die in der Weitergabe beider Arten von Information zum Einsatz kommen, sind identisch. Ich werde daher in diesem Buch argumentieren, daß die besonders von den Geisteswissenschaften gepflegten Gegensätze zwischen

Natur und Kultur, zwischen Tier und Mensch obsolet sind (vgl. Eibl-Eibesfeldt 1994). Wie Arnold Gehlen und Irenäus Eibl-Eibesfeldt es auszudrücken pflegen, ist der Mensch eben von Natur aus ein Kulturwesen.

Gleichzeitig müssen wir immer wieder erkennen, daß unserem naturwissenschaftlichen Erkenntnisdrang methodische und prinzipielle Grenzen gesetzt sind. Die Herausforderungen der Zukunft werden in den Kapiteln zu den *Brennpunkten* der gegenwärtigen Verhaltenswissenschaften diskutiert.

Noch einige Vorbemerkungen

Vor dem Blick in die Zukunft sollen die begrifflichen Schubladen der Verhaltensforschung mit Inhalt gefüllt werden. Vieles hieran ist nicht neu, daher nicht auf meinem Mist gewachsen. Aber so wie Recycling-Flaschen gleiche Inhalte wieder und wieder transportieren, ist es auch mit geistigen Inhalten: Sie müssen immer wieder neu verpackt und unter die Leute gebracht werden, damit die Kluft zwischen Wissenschaft und der Öffentlichkeit (also jenen Leuten, die unsere wissenschaftliche Forschung bezahlen) nicht zu groß wird. Redundanz ist ein Grunderfordernis jedweder Öffentlichkeitsarbeit, und die hat die Verhaltensbiologie dringend nötig, will sie etwas erreichen. Aus diesem Grund ist das Buch weniger für eine Handvoll ohnehin eingeweihter Kollegen gedacht; vielmehr wünsche ich mir ein breites Publikum interessierter Leser, von denen ich bereits viele als Besucher unserer Station kennenlernen durfte. Daher ist der Stil dieses Buches nicht rein wissenschaftlich, und Rhythmuswechsel sind beabsichtigt. Im Interesse der Lesbarkeit wird einige Fach- und Hintergrundinformation in *Exkursen* ausgeführt, die man lesen kann, aber nicht unbedingt lesen muß, um zumindest ein Gefühl für die Entwicklung des Gebietes zu erhalten. Diese Exkurse sind im Zusammenhang mit ihrer Erwähnung im Haupttext placiert und durch unterschiedlichen Satz kenntlich.

Manchen Fachkollegen mag die Ausdrucksweise etwas zu umgangssprachlich sein. Und natürlich haben sich auch jene Pseudo-Vermenschlichungen tierischen Verhaltens eingeschlichen, welche einfach als Krücke unseres Fachjargons der Umschreibung komplexerer Sachverhalte dienen. Wenn es etwa heißt, ein Tier könne zwischen alternativen Strategien »wählen«, dann ist eine evolutionäre Voreinstellung, nicht eine kognitive Leistung gemeint. Wenn ich über »Tiere« schreibe, dann ist dies nicht abwertend, sondern schließt uns »Menschen« zumeist ein; schließlich sind wir Wirbeltiere. Es gibt seit Darwin (1859, 1871, 1872) keinerlei Grund mehr, hier künstlich abzutrennen.

Eine letzte Vorbemerkung betrifft die Bezeichnung für das Gesamtfach. Die deutschen Begriffe »Verhaltensforschung« oder »Verhaltensbiologie« schließen alle Arbeitsrichtungen ein und eignen sich daher recht gut als Überbegriff. Dasselbe trifft auf die anglo-amerikanische Bezeichnung »animal behaviour« zu. Der Begriff »Ethologie« hingegen war lange Zeit der Lorenz-Tinbergenschen Richtung vorbehalten und wurde abgrenzend vor allem gegenüber dem Behaviorismus, später auch gegenüber der Soziobiologie gebraucht. Dagegen wird in der internationalen Literatur der Begriff »Ethologie« heute vielfach für das Gesamtfach verwendet (Barlow 1989), so auch in diesem Buch. Wo der Begriff im historischen Sinne, also abgrenzend verwendet wird, ist dies erkennbar.

Dank

Daß dieses Buch entstehen konnte, ist vor allem auf den Fortbestand der Konrad-Lorenz-Forschungsstelle für Ethologie im Almtal zurückzuführen. Darum ist es eine angenehme Pflicht, allen jenen zu danken, die ihren Teil dazu beitrugen, daß diese kleine, aber einzigartige Einrichtung samt der längst zum Almtaler Lokalkolorit gehörenden Graugansschar auch über den Tod von Konrad Lorenz im Jahre 1989 weiterbestehen konnte. Es waren deren viele. Ich bitte daher um Verständnis, daß nicht alle genannt werden können.

Besonders entschlossen im Sinne des Fortbestandes der Forschungsstelle agierten der Oberösterreichische Landeshauptmann, Dr. Josef Ratzenböck, und der österreichische Wissenschaftsminister, Dr. Erhard Busek. Ernst August, Prinz von Hannover, gewährt uns auch weiterhin großzügige Gastfreundschaft, ohne die unsere Arbeit nicht möglich wäre. Die Vertreter der Herzog-von-Cumberland-Stiftung, Dipl. Ing. Karl Hüthmayr und Dipl. Ing. Harald Lindner, sorgten und sorgen tatkräftig dafür, daß das weltliche Umfeld für die Wissenschaft im Almtal stimmt. Projekte wurden von der Österreichischen Nationalbank und dem Fonds zur Förderung der wissenschaftlichen Forschung finanziert. Ganz besonderer Dank gebührt den Mitgliedern des Trägervereins, die jährlich einen nicht unbeträchtlichen Obulus entrichten, ohne dafür, mit Ausnahme des Bewußtseins, Maßgebliches für die Forschungsstätte geleistet zu haben, eine Gegenleistung zu erhalten.

Großen Dank auch an die Firma Mayr Schulmöbel, die als Wirtschaftsunternehmen das Risiko einer Kooperation mit der Grundlagenforschung auf sich nahm. Schließlich soll nicht vergessen werden, auch allen jenen zu danken, deren mehr oder weniger wohlwollende Duldung unsere Arbeit erst ermöglicht, wie etwa die lokale Jägerschaft, das Stift Kremsmünster als Besitzer des Almsees und dessen Pächter, der Oberösterreichische Fischereiverein.

Sehr wesentlichen Anteil am Überleben der Forschungsstelle haben jene Medien, welche sich in der kritischen Phase, im Winter 1989/90, entschlossen der Sache annahmen. Schließlich konnte Prof. Dr. John Dittami, Lehrstuhlinhaber für Ethologie an der Universität Wien und wissenschaftlicher Leiter unserer Station, die politisch Verantwortlichen von der wissenschaftlichen Sinnhaftigkeit der weiteren Arbeit in Grünau überzeugen. Er rief (um 2 Uhr früh Ortszeit!) in den USA an und fragte, ob ich nicht Lust hätte, von Fischen (die bislang meine Untersuchungsobjekte waren) zu ganz besonderen Vögeln, nämlich Gänsen, zu wechseln. Natürlich wollte ich. Johns Dynamik trägt viel zu unserer Arbeit bei.

Den ehemaligen Mitarbeitern und Mitarbeiterinnen, wie dem Ehepaar Sybille und Klaus Kalas, Angelika Tipler und Michael Martys, gebührt unsere Anerkennung dafür, daß sie in der Vergangenheit auch unter oft schwierigen Bedingungen die Station betrieben und damit die Grundsteine für den gegenwärtigen Erfolg legten. Heute steht uns Mag. Josef Hemetsberger als Technischer Assistent zur Seite, ein guter Ornithologe und unentbehrliches »Mädchen für alles«. Viele Studenten, die hier nicht namentlich genannt werden können, halfen uns ganz entscheidend mit ihrem Enthusiasmus und ihrer Einsatzfreude. Zuletzt möchte ich auch meiner Frau Rosemarie und meinen Kindern Katharina und Alexander für ihre Geduld bezüglich unserer langen berufsbedingten Trennungsphasen und für ihren Rückhalt danken.

Allen diesen Personen und Institutionen ist dieses Buch gewidmet.

Ziele und Fragen der modernen Verhaltensforschung

Von den Verhaltensmechanismen zur evolutionären Funktion des Verhaltens

Warum Verhalten? Viele Fragen – viele Antworten

Die Ursachen für Verhalten sind vielschichtig, daher gibt es auch stets mehrere wissenschaftliche Erklärungen, welche einander nicht ausschließen, sondern ergänzen. Wenn etwa ein Choleriker seinen regelmäßigen Wutanfall bekommt, so erklären das die Psycho- und Soziologen wohl vor allem aus seiner Reizsituation und seinem gegenwärtigen und früheren (sozialen) Umfeld. Den Physiologen werden die Geschlechts- und Stresshormonwerte sowie der Blutdruck interessieren. Einen Verhaltensgenetiker würde wahrscheinlich die Verbreitung und Vererbbarkeit von Aggression innerhalb der Verwandtschaft dieses Cholerikers interessieren. Die klassischen Ethologen gingen erst mal daran, die Form dieses Wutanfalls genau zu beschreiben und seine Auslöser- und Motivationsabhängigkeit bzw. seine Abhängigkeit von physiologischen Faktoren zu untersuchen. Dann würden die Ethologen die Ausdrucksformen von Wut innerhalb unserer nächsten Verwandten, der Menschenaffen, vergleichen, eine Stammesgeschichte des Wutanfalls rekonstruieren und schließlich über den Anpassungswert dieses Verhaltens spekulieren. Die Öko-Ethologen und Soziobiologen hingegen suchten nach Wegen, diesen Anpassungswert tatsächlich nachzuweisen, und stellten die Frage nach dem Fitnesswert der Wutanfälle (gemessen in Zahl von Nachkommen). Alle diese Fragen und Ansätze beleuchten für sich nur einen Teilbereich. Will man Verhalten möglichst vollständig erklären, dann braucht man alle Ebenen. Im Lichte dieser trivialen Erkenntnis scheint der alte Kompetenzstreit um die Alleinlizenz zur Erklärung menschlichen Verhaltens zwischen

Ethologen und Psychologen lächerlich, es sei denn, man glaubt, der Mensch sei abgehoben von seinen tierischen Verwandten, ohne Wurzeln in der Evolution.

Warum Vögel singen: Physiologie

Ein klassisches Beispiel zur Verdeutlichung des Prinzips der mehrfachen Erklärungsebenen (Tinbergen 1963; Exkurs 1,2, S. 24, 25) stellt der Vogelgesang dar (Krebs und Davies 1993). Daß die Männchen vieler Vogelarten besonders im Frühling singen, ist bekannt. Sie tun dies, weil ihr Blutspiegel an männlichem Geschlechtshormon im Frühjahr ansteigt. Das passiert, weil es in vielen dieser Vögel eine innere Jahresuhr gibt, welche dem Organismus mitteilt, wann Frühling ist. Die innere Uhr wird dann über den Lichtrhythmus, die Temperatur und andere sogenannte Zeitgeber feinjustiert. Dies wäre die physiologische oder funktionelle, in der englischen Fachliteratur auch *proximate* genannte Erklärungsebene.

Warum Vögel singen: Selektionswert, Fitness

Aber mehr noch als die Frage, was Verhalten direkt verursacht, interessiert uns meist dessen Funktion. Es ist zwar schön und auch notwendig zu wissen, *warum* ein Vogel singt, noch mehr wird im allgemeinen aber das *Wozu* interessieren, was er also damit bezweckt. Angenommen, der Vogel singt nicht nur zu seinem eigenen Vergnügen (obwohl es sicherlich eine berechtigte Arbeitshypothese darstellt, den Lustgewinn durch die Ausführung einer Triebhandlung als eigentliche Motivation, also als physiologische Ursache anzunehmen, und dies natürlich nicht nur im sexuellen Bereich), dann gibt es sicher einen Empfänger, bei dem der Gesang etwas bewirken soll. Das können Reviernachbarn oder andere, zufällig vorbeikommende Artgenossen sein, denen mitgeteilt wird, daß dieses Territorium besetzt ist. Vogelgesang zählt zu den komplexen Signalen und dient der Artunterscheidung, der Balz und der Revierabgrenzung. Auch auf diesem Gebiet wird im Moment intensiv gearbeitet.

Exkurs 1: Die verschiedenen Ebenen der Untersuchung von Verhalten. Tinbergens vier Fragen (1963)

Trotz fachlicher und sogar persönlicher Kontroversen in der Vergangenheit, besonders zwischen »klassischen« Ethologen und Öko-Ethologen/Soziobiologen, stehen die unterschiedlichen Richtungen der Verhaltensbiologie nicht im Widerspruch. Sie stellen vielmehr einander ergänzende, kohärente Ebenen der Erklärung von Verhalten dar.

Frage	nach	Untersuchungsebene	Forschungsrichtung	Hauptvertreter
1. Wozu?	dem Überlebenswert	Evolution/ Anpassung	Öko-Ethologie, Soziobiologie	D. Hamilton, D. Lack, E. O. Wilson
2. Wie?	den Verhaltensmechanismen	Physiologie	klassische Ethologie, Verhaltensphysiologie, Neuroethologie	J. Loeb, K. von Frisch, E. von Holst, F. Huber
3. Woher?	der individuellen Entwicklung	Ontogenie	klassische Ethologie, Verhaltensphysiologie, Entwicklungspsychologie, Behaviorismus	O. Heinroth, K. Lorenz, J. Piaget, E. Thorndike, F. Skinner
4. Woher?	der evolutionären Geschichte	Evolution	Vergleichende Verhaltensforschung	O. Whitman, O. Heinroth, K. Lorenz

Der Gesang des Vogelmännchens ist also zunächst nicht an *artfremde* Nachbarn gerichtet, sondern er signalisiert als Individuum anderen Individuen seiner eigenen Art. Hier wird bereits ein geänderter Schwerpunkt der modernen im Vergleich zur klassischen Ethologie erkennbar: Das Individuum und seine Strategien, sein Verhaltensspielraum als Reaktion auf bestimmte Umweltbedingungen spielen die Hauptrolle in der Entstehung von Verhalten. Der Mythos vom »Arterhaltungswert« von Verhalten konnte nicht bestätigt werden. »Arterhaltung« ist ein Nebeneffekt egoistischer Strategien. Denn überleben die Individuen, dann überlebt natürlich auch die Art, es sei denn, artinterne Konkurrenz- und Wahlmechanismen fördern ausgeprochen überlebenshinderliche Strukturen, wie etwa das Geweih des ausgestorbenen Riesenhirsches, und treiben damit die Art in eine evolutionäre Sackgasse. Hier geht es nicht um semantische Spitzfindigkeiten, es kommt tatsächlich darauf an, wie Evolution funktioniert, was die Einheit der Selektion darstellt. Überwiegend ist dies das Individuum, nicht die Gruppe, und Tiere verhalten sich grundsätzlich nicht »zum Besten der Art«, sondern äußerst egoistisch. Dieses Thema wird uns im folgenden noch intensiver beschäftigen.

Natürlich soll auch den Weibchen durch Gesang signalisiert werden, daß es hier ein gutes Revier mit tollem Besitzer gibt, dem es ein Anliegen wäre, ihre Eier zu befruchten und die gemeinsamen Jungen großzuziehen. Und da gibt es noch die Freßfeinde, denen gegenüber ein singender Vogel natürlich seinen Standort schwer geheimhalten kann. Jedes Verhalten hat also Nutzen und Kosten, und die Gesamtbilanz wird in der Währung der wieder reproduktionsfähigen Nachkommen gemessen; denn sie tragen die Linie weiter, bringen die Gene in die nächste Generation. Auf dieser evolutionären Erklärungsebene zeigt also Verhalten seinen eigentlichen Überlebenswert, ist Mittel zum Zweck des Fortbestands der eigenen Gene in künftigen Generationen. Verhalten ist daher sowohl Eintrittskarte ins Spiel der Evolution als auch Spieleinsatz und natürlich Strategie.

Exkurs 2: Fragen und Forschungsansätze in der Ethologie, einführende Literatur

Die Geschichte der biologisch-naturwissenschaftlichen Erforschung von Verhalten läßt sich bis Aristoteles zurückverfolgen. Systematisch und kontinuierlich entwickelt wurden diese Wissenschaften erst, als Darwin eine akzeptable evolutionstheoretische Basis schuf. Einige Richtungen der frühen verhaltensbiologischen Forschung sind im Text behandelt. In der folgenden Tabelle sind einige der bedeutendsten zusammengestellt.

Tabelle 1: Die Hauptrichtungen der Erforschung tierischen Verhaltens. Die Richtungen überlappen natürlich zeitlich, manche, wie Öko-Ethologie und Soziobiologie, auch im Konzept. Die Zeitrahmen sind großzügig gewählt; auch manche der Exponenten können mehreren Richtungen zugeordnet werden.

Zeit	*Disziplin*	*Hauptvertreter*	*Ansätze*	*Fragestellungen*
1850 bis 1940	Tierpsychologie	Heinroth, Morgan	deskriptiv	Intelligenz, einsichtiges Verhalten
1880 bis heute	Behaviorismus	Skinner	experimentell	Lernmodelle
1900 bis heute	Ethologie	Heinroth, Lorenz, Tinbergen, von Frisch	deskriptiv-experimentell, Modelle	Verhalten als stammesgeschichtliches Merkmal, Form und (physiologische) Funktion von Verhalten
1900 bis heute	Verhaltensphysiologie, z. B. Neuroethologie	von Holst, von Frisch	experimentell	physiologische Ursachen von Verhalten
1950 bis heute	Humanethologie, evolutionäre Psychologie	Eibl-Eibesfeldt, Daly, Wilson, Thornhill, Grammer	wie Ethologie	nichtverbales Verhalten, menschliche Universalien, evolutionäre Strategien
1950 bis heute	Evolutionäre Erkenntnistheorie	Lorenz, Riedl	deskriptiv und spekulativ, experimentell	adaptive Funktion und Evolution von Gehirn und kognitiven Leistungen
1950 bis heute	Öko-Ethologie	Tinbergen, Lack, Krebs, Wickler	experimentell	Ökonomie und Anpassungswert (Fitnessrelevanz) von Verhalten
1975 bis heute	Soziobiologie	Wilson, Dawkins, Wickler	deskriptiv und experimentell	evolutionäre Funktionen von Sozialleben

Tabelle 2: Diese unvollständige Liste entspricht etwa jener Auswahl an einführender Literatur, wie ich sie Studenten im Rahmen der Einführungsvorlesung in die Verhaltensbiologie empfehle. Sie soll hier Hilfe für die Auswahl weiterführender Lektüre sein.

Sachgebiet	*Verfasser* (bezüglich Zitat siehe Literaturverzeichnis)	*Sprache*	*Bemerkungen*
gesamte Verhaltensbiologie	Alcock (1989)	englisch	Schwerpunkt auf evolutionären Aspekten
	Franck (1985)	deutsch	geraffter Text mit Schwerpunkt »klassische« Ethologie
	Manning und Stamp-Dawkins (1992)	englisch	umfassende, aber knappe Einführung
»klassische« Ethologie, Vergleichende Verhaltensforschung	Lamprecht (1972)	deutsch	sehr knappe, noch immer akzeptable Einführung
	Immelmann (1983)	deutsch	guter Einführungstext
	Lorenz (1978)	deutsch	Klassiker, Vorkenntnisse günstig
	Tinbergen (1979)	deutsch	Klassiker, Vorkenntnisse günstig
Verhaltensphysiologie	Bischof (1989)	deutsch	Neuroethologie
Verhaltensökologie, Soziobiologie	Krebs und Davies (1993)	englisch	präzise und verständlich geschrieben, gut aufbereitet, wahrscheinlich der beste Einführungstext auf diesem Gebiet
	Krebs und Davies (1991)	englisch	grundlegende Probleme der Öko-Ethologie im Überblick
	Voland (1993)	deutsch	knappe, gute Einführung Soziobiologie einschließlich Mensch
Biologie des Denkens	Griffin (1985)	deutsch	gut lesbare Beispielsammlung, eigenwillige Interpretationen
Verhaltensbiologie Mensch	Eibl-Eibesfeldt (1995)	deutsch	klassisches Lehrbuch der Humanethologie
	Lorenz (1992)	deutsch	das »Russische Manuskript«, geschrieben 1944–1948

Sachgebiet	*Verfasser* (bezüglich Zitat siehe Literaturverzeichnis)	*Sprache*	*Bemerkungen*
	Grammer (1993)	deutsch	Biologie der Liebe; radikal humanethologisch-soziobiologischer Ansatz
Methoden usw.	Lamprecht (1992)	deutsch	biologische Forschung, Planung bis Publikation
	Immelmann (1982)	deutsch	Wörterbuch der Verhaltensforschung
	Martin und Bateson (1994)	englisch	kurzer, aber vollständiger und gut verständlicher Text bezüglich der quantitativen Beobachtung von Verhalten

Warum Vögel singen: Individualentwicklung

Vögel singen nur dann, wenn die Reifung der für den Gesang zuständigen Gehirnzentren ungestört verlief. Manche groben Gesangsstrukturen entspringen genetischen Dispositionen (Marler 1984). Die Feinheiten des arteigenen Gesanges oder gar lokaler Dialekte werden aber oft erlernt und nach Art von Kulturtraditionen weitergegeben. Zu einer Zeit, meist im ersten Herbst seines Lebens, da der junge Vogel selber noch nicht singt, hört er einen Tutor, meist seinen Vater. Ein Muster dieses Gesanges prägt sich seinem Gehirn ein, mit dem er später, während der Übungsphase, seinen eigenen Gesang vergleicht und vervollkommnet (Immelmann 1969, Ten Cate 1989). Auf dieser Erklärungsebene kommt also die Entwicklung des Individuums zwischen Genen und Umwelteinflüssen ins Spiel.

Warum Vögel singen: evolutionäre Geschichte

Schließlich singt der Vogel so, wie er singt, weil Generationen vor ihm bereits so sangen und dieser Gesang sich sehr wahrscheinlich von einfachen Lauten zur heutigen, komplexen Folge von Tonstrukturen entwickelte. Die evolutionäre Geschichte ist also ein weiterer Erklärungsansatz für Verhalten. Sie hängt zwar mit der oben erwähnten funktionellen Erklärungsebene von Selektionswert und Fitness zusammen, ist aber nicht mit ihr identisch. Die Frage nach der Funktion von Verhalten zielt gleichzeitig in Richtung Motor und Mechanismus der Evolution. Hingegen beschäftigt sich die Erklärungsebene der evolutionären Geschichte mit deren *Ergebnis*.

Alle Erklärungsebenen sind notwendig

Ein Forschungsansatz auf mehreren Ebenen und, damit eng verschränkt, das Abwägen von Alternativhypothesen ist in der modernen Ethologie nicht nur erlaubt, sondern gefordert. Es gibt Beispiele aus der Geschichte der Verhaltenswissenschaften für die schlimmen Folgen der Vernachlässigung von Erklärungsebenen. Das trifft paradoxerweise für die Ebene des Überlebenswertes in der klassischen Ethologie zu. Dieser wurde gemeinhin als gegeben angesehen. Die Soziobiologie und Öko-Ethologie hingegen vernachlässigten oft genug die physiologischen Grundlagen und Mechanismen von Verhalten im Streben nach der Erforschung des Überlebenswertes; Verhaltensweisen wurden oft als »black boxes« behandelt, einfach als gegeben angesehen. Erst in jüngster Zeit setzt sich vermehrt die Einsicht durch, daß ein zu reduktionistischer bzw. dogmatischer Ansatz zur Stasis und zu falschen Erklärungen führen kann.

Evolutionäre Erklärungsmodelle, etwa zur optimalen Nahrungswahl, beschäftigen sich ausschließlich mit den *Auswirkungen* von Verhalten. Sie können aber große Fragezeichen hinterlassen und zu Irrtümern im Konzept führen, kümmert man sich nicht gleichzeitig um die ethologischen Mechanismen: Wie schaffen es Tiere eigentlich, Nahrungsdichten abzuschätzen, Partner zu finden, Freßfeinden zu entgehen? Andererseits kann Ethologie ohne Bezug zu anderen Ebenen zur langweiligen akademischen Übung werden.

Eine Anzahl von neueren Publikationen (z. B. Barlow 1989,

1991, Stamp-Dawkins 1989) beschwören diese »neue Synthese« zwischen der Öko-Ethologie und Soziobiologie einerseits und ihrer 20 Jahre geringgeschätzten Mutter, der klassischen Ethologie.

Auch die neuen Richtungen der Soziobiologie und Öko-Ethologie sind ihrer pubertären Phase längst entwachsen, es ist Zeit für eine Versöhnung mit den Vorfahren. Und das nicht etwa aus Sentimentalität oder Pietät den Altvorderen gegenüber, sondern allein aus der Einsicht, daß neue Durchbrüche, die wissenschaftlichen Revolutionen (Kuhn 1981), nur durch Integration, nie durch Ausgrenzung entstehen. Wissenschaft insgesamt ist wie die Evolution ein Stufen- und Spiralprozeß. Viele Spezialisten treiben ihre Richtungen in relativer Isolation voneinander voran, die Triebspitzen des Baumes der Wissenschaft wachsen rasch, aber dünn aus, bis wieder, meist durch die genialen Leistungen weniger Wissenschaftler, Durchbrüche gelingen und so neue Plattformen für weiteres, notwendiges Spezialistentum geschaffen werden. Daß Spezialisten und Generalisten (so es letztere in den modernen Naturwissenschaften überhaupt noch gibt) dazu neigen, sich gegenseitig geringzuachten, ist unvernünftig und entspringt meist einer Froschperspektive, welche uns die Leistungen und die Bedeutung der jeweils anderen Seite verkennen läßt.

Die Verhaltensforschung im Wandel der Zeit: Wissenschaft und Ideologie

Der Kampf um Inhalte, deren Wandel und Vereinnahmung

Wer bestimmt, was geforscht wird? Tradition

Die Häufigkeit der an uns gerichteten Frage, ob denn an den Graugänsen überhaupt noch was zu erforschen sei, mag unter anderem darauf beruhen, daß in der Öffentlichkeit die Meinung vorherrscht, die Ethologie beschäftige sich noch immer vor allem mit der Beschreibung und Katalogisierung von Verhaltensweisen, also mit der Erstellung von Ethogrammen. Wäre dies der Fall, dann hätten die Graugänse und andere Entenvögel tatsächlich ausgedient, denn dieser Bereich wurde in der Vergangenheit weitgehend abgedeckt (Fischer 1965, Heinroth 1910, Lorenz 1941, 1988). Es soll hier nicht das Mißverständnis aufkommen, daß dieses durch erheblichen Beobachtungsaufwand ermöglichte Katalogisieren und Vergleichen von Verhaltensweisen eine »niedere Form« der Verhaltenswissenschaft darstelle, im Gegenteil. Sie ist, wie Lorenz (1992) schrieb, schlicht jene naturwissenschaftliche Induktionsbasis, welche es erst erlaubt, allgemeingültige Hypothesen zu bilden. Ein Ethogramm besteht aus Beschreibungen von Form und Ablauf von Bewegungen, ist eine Inventarliste aller bei einer Art möglichen Verhaltensweisen. Es bildet daher eine wichtige Grundlage für weiterführende Fragen, nicht mehr und nicht weniger. Zur Durchführung von Artvergleichen sind Ethogramme natürlich unentbehrlich.

Heute sind es vor allem die ursächlichen Beziehungen, welche interessieren. Daher beschäftigen uns bei den Graugänsen etwa die Zusammenhänge zwischen Hormonen und Verhalten einerseits und zwischen Umweltbedingungen und dem Sozialverhalten andererseits. Es wäre heute auch gar nicht mehr möglich, Verhaltensforschung im Stile der 50er Jahre zu betreiben.

Wer bestimmt, was geforscht wird? Kollegen, Geld und Moden

Wissenschaftliche Arbeit ist von der Interaktion mit Fachkollegen abhängig, es ist daher allein aus Gründen der Kommunikation geraten, sich in seiner Arbeitsrichtung nicht zu isolieren. Interagiert wird zwischen Wissenschaftlern etwa im Zuge von Diskussionen bei diversen Kongressen. Eine andere Ebene ist jene der »peer reviews«, eine tragende Säule der modernen Wissenschaft. Dies bedeutet, daß Kollegen (peers) anonym Projektanträge und Publikationsentwürfe begutachten und mit ihrem Urteil entscheidend mitbestimmen, ob ein Projekt finanziert, ein Manuskript von einer guten Fachzeitschrift angenommen wird oder nicht. Dadurch gelingt es, ein hohes Niveau in der internationalen Forschung zu halten. Dieses System verschafft aber auch dem Zeitgeist, den wissenschaftlichen Moden, freien Zugang, zur Freude der Meinungsmacher in der Wissenschaft, also jenen, welchen es gelingt, neue Hauptströmungen einzuleiten und anzuführen, und auch zu Gunsten der Konformisten. Natürlich aber zu Ungunsten ausgeprägter Individualisten und der so wertvollen Querdenker. Die vielen Fälle von Ideen, welche zuerst verlacht wurden, sich aber schließlich durchsetzten, wären ein eigenes Buch wert: Wegeners Kontinentaldrift, Margulis' erweiterte Symbiontentheorie zur Erklärung der Entstehung vielzelliger Lebewesen mit echtem Zellkern und Zahavis Handicap-Theorie (1984) zur Evolution von Signalen sind nur einige Beispiele von vielen für erfolgreiche Ideen, die zunächst von der Kollegenschaft recht skeptisch aufgenommen wurden. Dies wirkt einer raschen Veränderung von Konzepten entgegen und führt zu einer gewissen Pufferkapazität für Unreflektiertes, macht Wissenschaft konservativ. Daß sich dadurch neue Ideen ebenso schwer durchsetzen, wie sich Irrtümer halten, ist klar. Die Lehrbuchautoren als weitere Komponente im System sorgen für zusätzliche Trägheit. Hier finden sich zahlreiche Beispiele von jahrzehntelang mitgeschleppten Irrtümern, wie gerade am Beispiel der »klassischen« Ethologie zu zeigen ist (Exkurs 3,4, S. 33, 56).

Exkurs 3: Schlüsselkonzepte der modernen Verhaltensbiologie

Auf folgenden Schlüsselkonzepten beruhen die heute bedeutendsten Disziplinen der Verhaltensbiologie, die *»klassische« Ethologie, Öko-Ethologie* und *Soziobiologie.*

1. *»Klassische« Ethologie* (»klassisch« bezieht sich auf die u.a. von Lorenz, Holst und Frisch vertretene mechanistisch-physiologische Richtung im Gegensatz etwa zur evolutionär-adaptiv orientierten Öko-Ethologie): Basierend auf Whitman, Craig und Heinroth schufen Lorenz (1978) und Tinbergen (1953a) ein Theoriensystem, das auch heute noch in seinen Grundzügen gültig ist (vgl. Exkurs 4, S. 56).

Wie Vergleiche herkunftsgleicher (homologer) Verhaltensweisen zwischen Arten zeigen, *evoluieren Verhaltensmerkmale genau wie körperliche Merkmale. Verhalten* muß daher genetisch *erblich* sein, es »mendelt« (nach den Erbgesetzen von Gregor Mendel) beispielsweise und bildet sich bei Hybriden in der F1-Generation intermediär aus. Die genetische Basis für Verhalten ist auch durch die Zwillingsforschung beim Menschen zu belegen (Bouchard u. a. 1990).

Daher sind die in der *Stammesgeschichtsforschung* für morphologische Merkmale verwendeten *Homologiekriterien* anwendbar, und *Verhaltensweisen sind genauso brauchbar wie körperliche Merkmale.*

Die Betonung der *klassischen Ethologie* liegt daher auf *artspezifischem* Verhalten (Instinkthandlungen, Erbkoordinationen, »angeborene« Verhaltensweisen), also klar ansprechbaren, relativ *stereotypen Verhaltensweisen*, deren innerartliche Variabilität geringer ist als die zwischenartliche. Es wurden möglichst vollständige *Verhaltenskataloge (Ethogramme)* für einzelne Arten erstellt.

Die Basis dafür war die Modellvorstellung der Ethologen, daß alles *Verhalten motivationsgesteuert* mit *Appetenz(Such)handlungen* beginne und nach Kontakt mit spezifischen *Auslösern* (den *»Schlüsselreizen«* der frühen Ethologie) zum Ablauf der *Endhandlung*, einer *»Erbkoordination«*, führt (Zeichn. 1).

Einer der konzeptuellen Haupt*unterschiede* zwischen *Erbkoordination und Reflex* wäre, daß *Erbkoordinationen* auch *»spontan«*, gemäß dem Lorenzschen *psychohydraulischen Trieb-*

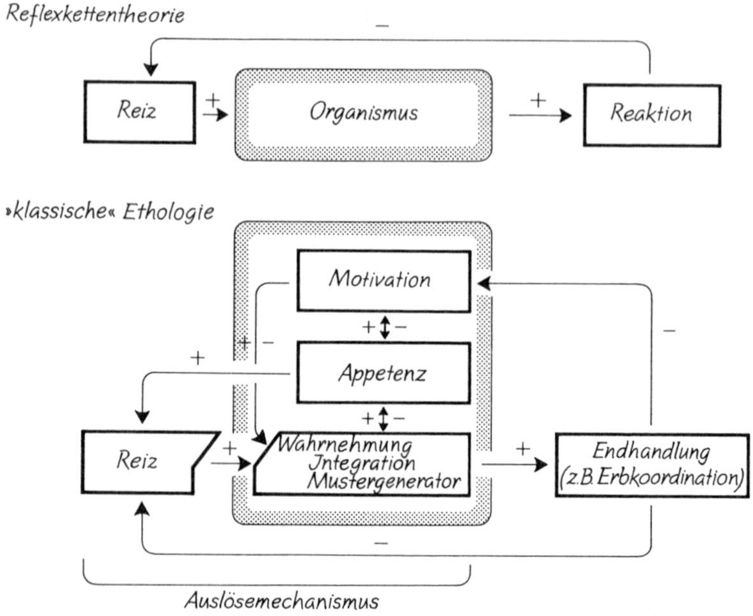

Zeichnung 1: Schematische Darstellung der wichtigsten Elemente zweier historischer Theorien der Entstehung von Verhalten, der Pawlowschen *Reflexkettentheorie* (oben) und der Lorenz-Tinbergenschen *»klassischen« Ethologie* (unten). Organismus-interne Ereignisse sind innerhalb der gepunkteten Zonen dargestellt. Die Pfeile zeigen das Gefüge von Kausalzusammenhängen und Rückkopplungen, wobei ein + eine fördernde, ein – eine hemmende Wirkung bedeutet.
Nach der *Reflexkettentheorie* bewirkt ein Außenreiz über relativ fest verdrahtete Schaltkreise eine Reaktion, die u. U. wiederum die Reizkonstellation verändert und damit zur nächsten Reaktion führt.
Die *»klassische« Ethologie* berücksichtigt zusätzliche Elemente: Die motivationsabhängige Appetenz eines Tieres veranlaßt die Suche nach einem Reiz, der relativ spezifisch (»Schlüsselreiz«) über Wahrnehmung, Integration und die Aktivierung von Mustergeneratoren im Zentralen Nervensystem eine Endhandlung, oft in Form einer Erbkoordination, auslöst. Die Ausführung der Endhandlung wirkt wiederum, meist hemmend, auf die Motivation und damit auch auf die Appetenz zurück. Eine spezifische Kombination von Reiz und Wahrnehmung, die geeignet ist, eine bestimmte Endhandlung auszulösen, bezeichnet man als »Auslösemechanismus«.

modell, nach Aufstau der *spezifischen Handlungsbereitschaft* (»aktionsspezifische Energie«) ablaufen können. Erbkoordinationen weisen eine *stereotype* und eine *Taxis(Zielorientierungs)-komponente* auf (z.B. Eirollbewegung der Graugans: Lorenz und Tinbergen 1939). *Auslösemechanismen (AM)* können *»angeboren« (AAM)* oder *»erworben« (EAM)* sein oder in der *Instinkt-Dressur-Verschränkung* (Lorenz) entstehen *(EAAM)*. Durch Lernen kommt es zu einer flexibleren Kombinierbarkeit der Bausteine des Verhaltens, der Erbkoordinationen. Organismen mit *»geschlossenen« Programmen* zeichnen sich durch eine weitgehende Stereotypie des Verhaltens aus, solche mit *»offenen« Programmen* sind weitgehend lernfähig.
Die Lern- und Reizunabhängigkeit (d.h. ihre »angeborene« Natur) und die Möglichkeit der *Spontaneität von Verhaltensweisen* wurde durch *Erich von Holst* über den physiologischen Nachweis des Vorhandenseins von *Mustergeneratoren im Zentralen Nervensystem* bestätigt.

Die *Lorenz-Tinbergensche Verhaltenstheorie* wurde teils mit Recht *als zu starr kritisiert* (Exkurs 4, S. 56) und muß in Details revidiert werden (Zippelius 1992a, Lamprecht 1993b). Sie bildet aber nach wie vor eine geeignete theoretische Basis für die mechanistische Verhaltensbiologie und eine *fruchtbare Basis für die Verhaltensphysiologie*. In der modernen Ethologie werden die eher *kybernetischen klassischen Funktionsmodelle* für Verhalten zunehmend *durch direkte physiologische* (z.B. über Funktionen von Nervensystemen und Hormonen) *ersetzt*. Zwischenvariablen, etwa der Begriff der »Motivation«, werden dadurch entbehrlich.
Der Fokus auf artspezifischem Verhalten mag dazu beigetragen haben, den *»Arterhaltungswert«* von Verhalten zu betonen. Dieser *gruppenselektionistische Ansatz* ist nach gegenwärtigem Wissensstand für die evolutionäre Funktion von Verhalten *weitgehend unbedeutend* und wurde durch das Prinzip der *Individualselektion* (siehe unten) ersetzt.

2. *Öko-Ethologie*: Ihr *Schwerpunkt* liegt *nicht* auf den *Verhaltensmechanismen*, wie in der »klassischen« Ethologie (siehe oben), sondern auf deren *Überlebenswert* und der *Auswirkung*

auf die Fitness (Krebs und Davies 1993), also auf evolutionärer Ebene. Die *Einheit der Selektion ist das Individuum*, das *Maß für Fitness* und evolutionären Erfolg ist die *Zahl der wieder reproduktiv aktiven Nachkommen*.
Da *Zeit- und Energiebudgets limitiert* sind, steht nur ein *beschränktes Ausmaß an Ressourcen* für die Produktion von *Nachkommen* zur Verfügung. In der *Ressourcennutzung überlegene Individuen haben ein höheres Reproduktionspotential und daher eine potentiell höhere Fitness*.
Verhaltensstrategien variieren individuell in ständiger Interaktion zwischen Genen und Umwelt, entsprechend den herrschenden ökologischen Randbedingungen. Es werden daher manche Individuen einer Population effizienter sein als andere.
Wie Wirtschaftsbetriebe am freien Markt sind daher *Tiere gezwungen, ökonomisch optimale Entscheidungen zu treffen* (Exkurs 7, S. 92). Da Tiere aber meist nicht im Besitz aller relevanten Informationen sind, zudem nicht immer frei sind, optimal zu handeln (eingeschränkt etwa durch Konkurrenten, Räuber usw.), liegen sie in ihren Entscheidungen meist nahe, selten aber exakt am theoretischen Optimum. *Individuelle Unterschiede in der Effizienz der Ressourcennutzung* führen zu unterschiedlichen Möglichkeiten, in Nachkommen zu investieren, und damit zu *Fitnessunterschieden zwischen Individuen*.
Die evolutionär relevante *Konkurrenz um Ressourcen* findet daher *innerartlich*, nicht zwischen den Arten statt. Mechanismen sind Ausbeutungs- und Interaktionskonkurrenz, Ausschluß anderer, Territorialität, im Extremfall bis hin zu Kannibalismus.

3. *Soziobiologie*: Der Fokus liegt auf den evolutionären Auswirkungen von Verhalten. Die Konzepte der Öko-Ethologie (siehe oben) gelten auch für die Soziobiologie, erweitert um einen starken Bezug zu sozialen Interaktionen.
Das basale Konzept der Soziobiologie ist die *»inklusive Fitness«* (Gesamtfitness oder Gesamteignung; Hamilton 1964, Wilson 1975). Die Gesamtfitness wird dadurch gefördert, *möglichst viele eigene Gene in die nächste Generation* zu bringen. Dabei ist es *unerheblich, ob dies in Form eigener Nachkommen geschieht oder in Form der Förderung des reproduktiven Erfolgs (naher)*

Verwandter, welche ja anteilig zum Verwandtschaftsgrad ebenfalls Träger der eigenen Allele (Genvarianten) sind. Das Maß für Fitness und evolutionären Erfolg ist die Frequenz der eigenen Gene in den wieder reproduktiv aktiven Nachkommen. Der Verwandtschaftsgrad bestimmt maßgeblich die Kooperationsbereitschaft. Wie John Maynard Smith es einmal sinngemäß ausdrückte, würde er sich entweder für zwei eigene Kinder oder zwei Geschwister aufopfern (Anteil der eigenen Gene 50 %) oder aber für vier Halbgeschwister, vier Enkel (25 %) oder acht Nichten/Neffen. Hamilton begründete mit dem Konzept der Gesamtfitness, warum die meisten Weibchen sozialer Insektenstaaten als Arbeiterinnen besser daran tun, für ihren Verwandtenklan zu sorgen, als selber zu reproduzieren, da sie aufgrund von Besonderheiten im Vermehrungsmodus mit ihren Schwestern stärker verwandt sind, als sie es zu eigenen Nachkommen wären. Es kann daher unter Umständen einen stärkeren Gewinn für die eigene Gesamtfitness bedeuten, die erfolgreiche Reproduktion Verwandter (als Helfer, meist der Eltern) zu unterstützen, als selber mit geringem Erfolg zu reproduzieren. In diesem Lichte ist auch zu sehen, wenn, wie früher in der Großfamilie üblich, (selber bereits postreproduktive) Großeltern an Ausstattung und Erziehung ihrer Enkel mitwirken und damit über die Förderung von deren zukünftigem Reproduktionspotential letztlich ihre eigene Gesamtfitness erhöhen.
Der *Fokus* der Soziobiologie liegt daher auf dem *adaptiven Wert von Verhalten*, insbesondere auf Kooperation (zwischen Verwandten oder auf Gegenseitigkeit) und Konflikten, auf der *Fitnessrelevanz sozialer Interaktionen*, etwa der Partnerwahl.
Soziobiologie und *Öko-Ethologie* stellen auf der Basis der *Individualselektion* ein recht geschlossenes Theoriegebäude zur evolutionären Erklärung tierischen und menschlichen Verhaltens dar. Das grundlegende Konzept der gesamten modernen Biologie ist die *Individualselektion*; der in der älteren Literatur häufig auftauchende Terminus des »*Arterhaltungswerts*« von Merkmalen, einschließlich des Verhaltens, ist dagegen mißverständlich. Tiere wie Menschen konkurrieren innerhalb von Populationen miteinander, möglichst viele ihrer eigenen Gene in die nächste Generation zu bringen (»inklusive Fitness«, siehe oben), und sind nur *nach Maßgabe des Verwandtschaftsgrades oder auf Basis*

von Gegenseitigkeit altruistisch. Genereller »arterhaltender« Altruismus ist evolutionär nicht stabil (Fisher 1930). *Daher sind Tiere wie Menschen im Grunde nicht »am Überleben der Art« interessiert, sondern an kurzfristigen fitnessfördernden Vorteilen.* Das »Überleben der Art« ist daher Folge von, nicht aber (evolutionäre) Ursache für Verhalten. Daß das Prinzip Eigennutz (einschließlich Nepotismus) das Überleben der Art dermaßen gut gewährleisten kann, daß sich diese schließlich selbst gefährdet, zeigt die weltweite menschliche Bevölkerungsexplosion.

Diese Konzepte der modernen Verhaltensbiologie gelten prinzipiell und uneingeschränkt auch für den Menschen.

Gut an diesem System der »peer reviews« ist, daß viel Zweitklassiges gar nicht über den Ladentisch kommt, was wiederum einen Segen für die gegenwärtigen Wissenschaftler bedeutet, welche in der Publikationsflut ohnehin beinahe ertrinken. Sie müssen darauf mit zunehmender Spezialisierung reagieren, ob sie es wollen oder nicht. Ohne im Detail weiter darauf einzugehen, kann man diesen Zustand als ein Grunddilemma der modernen Naturwissenschaften betrachten. Ganz parallel zu anderen Bereichen des Gesellschaftslebens, wie in der Architektur oder der Mode, ist aber das Korsett des Stiles und der Dogmen in der Wissenschaft der 90er Jahre, jenes der Schulen, Konzepte und Paradigmen, gelockert; Erklärungsmonismen sind, wo immer man hinschaut, gefallen; Leuten, die vorgeben, im Besitz irgendwelcher *Wahrheiten* zu sein, ist daher sofort und tief zu mißtrauen. Das Feld ist parallel zur Gesellschaft, in der wir leben, pluralistischer als je zuvor. Dies gilt sogar für die Psychologie mit ihrer im Vergleich zur Ethologie verwirrenden Vielfalt verschiedener Schulen und Theorien. Ohne eigentlich zu wissen, wohin der Hase läuft, beginnt man zu akzeptieren, daß es nicht eine einzig richtige Lehrmeinung geben kann, sondern daß der Vielschichtigkeit von Verhalten und Psyche eine »Vielfalt der Themen und Methoden« (Jüttemann 1992) entsprechen muß (vgl. Abschnitt »Ethologie und Psychologie«, S. 283). Auf einem anderen Blatt steht, daß man von seiten der Öffentlichkeit einfache, klare Antworten von der Wissenschaft erwartet, was mit dem angesprochenen Pluralismus unvereinbar ist (Exkurs 5, S. 65).

So war auch die Wissenschaft vom tierischen Verhalten seit ihrem Entstehen einem beständigen Wandel unterworfen, wovon das folgende Kapitel berichten soll.

Die Anfänge bei Darwin und in der Tierpsychologie

Genau wie politische Systeme der Gegenwart nur aus ihrem geschichtlichen Werdegang zu verstehen sind, ist es schwierig, über den gegenwärtigen Status der Ethologie nachzudenken, ohne ihre Vergangenheit zu kennen. Gerade am Beispiel der Verhaltensforschung ist der für jeden Wissenschaftszweig gültige lenkende Einfluß von bestimmenden Persönlichkeiten und der zwischen ihnen ausgetragenen, oft gar nicht so fachlichen Fehden zu zeigen. Ganz besonders deutlich wird bei der Interpretation der Ergebnisse der Ethologie die Verzahnung mit dem ideologischem Weltbild der jeweiligen Forscher. Detailliert würde solch ein geschichtlicher Überblick selbst im Falle einer jungen Wissenschaft wie der Ethologie Bände füllen. Daher führt die räumliche Beschränkung dieses Buches zu einer oberflächlichen und subjektiven Darstellung. Die Aufgabe wird dadurch erleichtert, daß in jüngster Vergangenheit einige Übersichtsartikel zu diesem Thema erschienen sind, etwa von Barlow (1989, 1991) und Dewsbury (1989). Diese Beiträge entstanden aus dem Bedürfnis, die Position der Ethologie im letzten Jahrzehnt unseres Jahrtausends neu zu bestimmen. Kurze Zusammenstellungen finden sich auch bei Heinroth (1974) und Oeser (1992). Eine eingehende Darstellung des Weges der Vergleichenden Verhaltensforschung, ihrer antithetischen Entstehung aus Vitalismus und Mechanismus zeichnet Lorenz (1992). Eine ausführliche deutschsprachige Bearbeitung dieses Themas aus neuerer Sicht ist längst überfällig, kann aber auch hier nicht geboten werden.

Die Unkenntnis der historischen Entwicklung der Verhaltenswissenschaften hat unter anderem zur Folge, daß hierzulande in breiteren Kreisen, ja selbst in der nicht-ethologischen Biologie-Kollegenschaft weitgehend das Verständnis für die gegenwärtigen Zielsetzungen der Ethologie fehlt. Und wenn Lorenz im privaten Kreis das Wort »Soziobiologe« gelegentlich als Schimpfwort gebrauchte, obwohl (oder gerade weil) bereits Hinde (1966) eine Synthese zwischen der klassischen Ethologie und der Soziobiologie anbahnte, dann ist dies erklärungsbedürftig.

Im Prinzip läßt sich auch die Ethologie auf den Adam der Naturwissenschaften, Aristoteles, zurückführen. Gräbt man nur ausdauernd genug, dann tauchen sowohl in Europa als auch in der Neuen Welt viele Leute in den Tiefen der Geschichte auf, die sich schon lange vor uns für tierisches Verhalten interessierten und darüber auch schrieben. Kurze Zusammenstellungen der Urgeschichte der Verhaltensforschung finden sich in der Einleitung zu Tembrocks »Grundlagen der Tierpsychologie« (1962) oder im Beitrag von Oskar Heinroth zur »Geschichte der Verhaltensforschung« im (trotz seines Alters empfehlenswerten) Sonderband von »Grzimeks Tierleben« über Verhaltensforschung (1974).

Woher stammt das Interesse am Verhalten?

Tiere stehen nicht bewegungslos in der Landschaft und setzen wie Pflanzen ihren Assimilationsfarbstoff dem Licht aus, sondern sind heterotroph. Folglich müssen sie ihre Nahrung suchen oder erjagen und dabei verhindern, selber gefressen zu werden. Sie müssen Partner finden, Nachkommen zeugen und aufziehen, denn das ist schließlich die Essenz des evolutionären Wettbewerbs (Exkurs 11, S. 225). Kurz, Tiere wie Menschen müssen sich *verhalten*. Darum beobachteten Menschen immer schon nicht nur das äußere Erscheinungsbild der sie umgebenden Tiere, sondern die Gesamtheit ihrer Gestalt, einschließlich der charakteristischen Bewegungen und Interaktionen mit ihrer Umwelt. Diese Fähigkeit zur Tierbeobachtung machte in einer Zeit, da Menschen noch selber jagten und von Beutegreifern bedroht waren, wahrscheinlich maßgebend den Überlebenswert unseres evoluierenden Erkenntnisapparates aus.

Wie weit man die Wurzeln der bewußten Tierbeobachtungen in die Tiefen der Geschichte wachsen läßt und wo man die Grenze zu den unvermeidlichen und überlebensnotwendigen Wahrnehmungen von Menschen in Kontakt mit Tieren zieht, ist letztlich Geschmacks- und Definitionsfrage. So müssen wohl unsere steinzeitlichen Vorfahren im Rahmen ihrer Jagd- und Tiergötterkultur durchaus genaue Tierbeobachtungen angestellt haben; über die Identifikation mit Tieren mag Gruppenbewußtsein, mögen Religionen gewachsen sein (Hernegger 1976). Menschen, deren Überleben von Jagd oder Tierhaltung abhängt, müssen das Verhalten dieser Nutztiere genau genug kennen, um es *vorhersagen* zu können und damit erfolgreich zu sein. Es genügte ihnen also nicht, Tiere zu beobachten; sie mußten, um zu überleben, (bewußte oder unbewußte) Hypothesen über tierisches Verhalten bilden. Die sichernde Beute verrät Aufmerksamkeit; ein nach oben gereckter Hals der verharrenden Tiere muß also in jedem Beutegreifer die Hypothese aktivieren, daß die prospektive Beute nun wachsam sei, und die Vorhersage zur Folge haben, daß jede kleinste Bewegung auf Seite des Räubers die Flucht der Beute zur Folge hätte. Fehlinterpretationen durch den Raubfeind produzieren Mißerfolge.

Man kann damit übrigens recht anschaulich begründen, warum *induktiven* Ansätzen in der Naturwissenschaft unbedingt Vorrang vor der eher philosophiestämmigen *Deduktion* zu geben ist (Exkurs 5, S. 65): Ein steinzeitlicher Jäger, der auf Basis seiner eigenen Beobachtungen und der anderer Klanmitglieder das Verhalten von Höhlenbären und Säbelzahntigern vorhersagte (also *induktiv* an die Sache heranging), hatte mit Garantie eine höhere Überlebenswahrscheinlichkeit als einer, der versuchte, sein Bild vom Verhalten des Säbelzahntigers rein spekulativ zu bilden, also *deduktiv* vorging.

Somit befanden sich unsere Vorfahren schon recht nahe daran, was Naturwissenschaften ausmacht. Beobachtungen werden erst dann zur Wissenschaft, wenn durch sie Welt- und Gegenstandsbilder verändert oder bestätigt werden. Solche Bilder, also Hypothesen und Theorien, werden im Bereich der Wissenschaft rational ausformuliert und dadurch für andere nachvollziehbar. Diese charakteristische Verzahnung von Theorie und empirischen Daten ist der bislang einzige rationale Weg zur Erforschung von Gesetzmäßigkeiten der Natur. Damit werden die Vorgänge in der Natur vorhersagbar (sonst stimmte mit unserer Theorie wohl etwas nicht), was für jeden Anwender, wie gerade dargelegt, ein entscheidender Vorteil ist. So betrachtet, sind natürlich Verhaltensbeobachtungen keine menschliche Domäne. Daß Tiere einfühlsame Beobachter sind, wissen alle, die mit ihnen zu tun hatten. Bereits kleinste Änderungen in den Motivationszuständen von Individuen anderer Arten werden erkannt, sollte das für den jeweiligen Beobachter fitnessfördernd, also günstig für dessen eigene Überlebens- und Reproduktionsrate sein. Diese tierische Analyse von für Menschen oft noch unzugänglicher Information über die Absichten anderer, etwa von Räubern oder Beute, verläuft auf solch feinem Niveau, daß die englischen Öko-Ethologen John R. Krebs und Nicholas B. Davies (denen man wahrhaftig keinen Hang zum Mystischen nachsagen kann) dafür den Begriff »mind-reading« prägten.

Verhalten zwischen Instinkt und Vernunft

Für eine lange Reihe griechischer Philosophen waren Beweggründe für Tierbeobachtungen die Suche nach der Seele, z. B. bei Thales, oder sogar die Begründung der Abstammung des Menschen vom Tier (!), wie bei Anaximander. Damit ist bereits klar, daß die wissenschaftlichen Tierbeobachtungen entsprechend der Geistesgeschichte des Abendlandes aus der idealistischen Tradition kommen. Erst in den letzten 150 Jahren beginnt sich mühsam die Erkenntnis durchzusetzen, daß die beiden dominierenden Dualismen des Idealismus, nämlich das Leib-Seele-Problem und die Tier-Mensch-Abgrenzung, deduktionistische Chimären sind, daß die Wissenschaftler lange auf der Leimrute des eigenen Intellekts klebten und die in den Naturwissenschaften so wichtige Wahrnehmung weitgehend vernachlässigten (vgl. Lorenz 1992).

Bereits Aristoteles schilderte eine Fülle von Beobachtungen, zum Beispiel über Balzverhalten und Vogelgesang, und kam zu dem Schluß, daß tierisches Verhalten sowohl triebhaft als auch zweckmäßig sei. So lieferte er denn auch eine zutreffende Analyse der Funktion des Territorialverhaltens bei Adlern. Eine andere Gruppe von Denkern der Antike wird als Atomisten bezeichnet. Sie führten Ursachen und Wirkungen auf die kleinsten Teile der Materie, die Atome, zurück. Sie folgerten, daß Tiere und Menschen aus denselben Stoffen aufgebaut seien und deshalb auch ihre Seelen gleich sein müßten. Dies führte zu einer langen Tradition der vermenschlichenden Interpretation tierischen Verhaltens, welche bis in die Tierpsychologie des frühen 20. Jahrhunderts hineinwirkte und offenbar in der gegenwärtigen »Hausverstandspsychologie« der kognitiven Ethologen seine Fortsetzung findet (Griffin 1991). Der Grundstein einer von vielen Auseinandersetzungen um die Antriebe des Verhaltens war gelegt, nämlich ob tierisches Verhalten triebhaft-zweckmäßig oder über einsichtiges Denken gesteuert sei. Fortan war die Verzahnung von Wissenschaft und Ideologie ein ständiger Begleiter der Interpretation tierischen und menschlichen Verhaltens, mag man das vom wissenschaftlichen Standpunkt aus bedauern oder gegen den Hintergrund seiner eigenen Weltanschauung begrüßen.

Im Mittelalter hatten die Kleriker das Monopol auf Gelehrsamkeit; es wurde ausschließlich deduziert. Aristoteles und andere Denker der Antike, nicht die eigene Anschauung waren die Quellen naturwissenschaftlicher Erkenntnis, womit Naturwissenschaften im heutigen Sinne nicht existierten. Trotz vieler Textstellen über tierisches Verhalten stammen daher keine wesentlichen Erkenntnisse aus dieser Zeit. Man zog es in scholastischer Manier vor, über Naturerscheinungen zu philosophieren und diskurieren, anstatt einfach nachzusehen. Empirismus wurde als Mangel an christlichem Glauben und daher als Charakterschwäche betrachtet. Die damalige Diskussion darüber, ob Fliegen vier oder sechs Beine hätten, bedarf keines weiteren Kommentars.

In der Renaissance finden sich bereits Ansätze zu systematischen Beobachtungen und kongruenten Interpretationen von Verhaltensmechanismen, etwa bei Julius Caesar Scaliger (um

1500). Die absolute Vorherrschaft des dogmatischen Denkens wurde brüchig; man durfte auch wieder relativ öffentlich darüber nachdenken, ob Tiere eine Seele hätten, ob ihre Handlungen vernunftgesteuert oder automatenhaft seien, wie es zum Beispiel René Descartes oder Gomez Peireira taten. Man beobachtete vor allem wieder. Glisson (1623) schrieb in bemerkenswert genauer Art über die Beziehung zwischen Reiz und Reaktion (Bewegung). Einen beinahe schon Lorenzschen Instinktbegriff findet man bei Dilly (1691), den man heute wohl als Neuroethologen oder Verhaltensphysiologen bezeichnen würde.

Relativ dicht werden Tierbeobachtungen in der Literatur der Aufklärung; es geht wieder vor allem um das Problem der Seele und der Abgrenzung des Menschen vom Tier. Nebenbei bemerkt, ist der Ausdruck »das Tier« eigentlich eine Abstraktion für alles Nicht-Menschliche. Lorenz bemerkte dazu, daß dieser Ausdruck eine Erfindung von Menschen sei, welche nichts von Tieren verstünden; es gibt schließlich nicht nur *ein* Tier und *einen* Menschen, sondern viele verschiedene. Das ist aus unserer modernen Sicht der Individualselektion nur zu unterstreichen. Typusdenken war damals Standard, ist aber heute aus guten evolutionstheoretischen Gründen gründlich verpönt.

William Harvey interpretierte etwa in der Mitte des 17. Jahrhunderts Instinkte als Zeichen des »göttlichen Hauchs«. Auch in der Folge blieb der Instinktbegriff besonders durch die Vitalisten, die ihn einer Erklärung weder für bedürftig noch für zugänglich hielten, stark metaphysisch besetzt. Heinroth verwendete ihn daher gar nicht, Lorenz nur ungern (1992). Heute ist die Verwendung des Instinktbegriffes vor allem wegen seiner umgangssprachlichen Unschärfe problematisch.

Besonders wissenschaftlich tätige Geistliche, wie der Pfarrer Johann Friedrich Zorn oder der Abbé von Condillac, betonten immer wieder die Triebhaftigkeit und die Zweckmäßigkeit (Teleologie) des Verhaltens, wohl auch deshalb, weil sich diese Interpretation vorzüglich mit einem göttlichen Willen als Ursache vertrug. Auch hier zeigt sich die Anfälligkeit der Verhaltenswissenschaften für ideologisch motivierte Interpretationen, was von der damaligen Gegenposition bestätigt wird. Denn was lag näher, als daß die Vertreter der aufgeklärten Wissenschaften den Verstand als Basis für tierisches Verhalten heranzogen und damit nach unserem gegenwärtigen Wissen eher noch weiter danebenlagen als ihre zumeist klerikalen Opponenten? Eine der fatalen Folgen dieser an den antiken Atomismus anschließenden Theorie der Vernunftsteuerung tierischen Verhaltens war eine weitgehende Vermenschlichung der Tiere. Der wohl bekannteste Vertreter dieser Richtung, Alfred Brehm, machte mit seinem Werk »Brehms Tierleben« diese Vermenschlichung derart populär und verankerte sie so fest im Bewußtsein der Öffentlichkeit, daß sie auch heute noch, also fast 150 Jahre später, dort zu finden ist. Auch heute noch terrorisieren uns in der populären Literatur das »hochmütige Kamel«, der »listige Fuchs«, der »stolze Adler« und viele andere. Aber vielleicht bürden wir hier Brehm etwas zuviel an Verantwortung auf. Ist es denn nicht eine typisch menschliche Eigenschaft, unsere Selbsterfahrung ständig in unsere Umgebung zu projizieren? Das liegt wahrscheinlich daran, daß Auslöser auch bei uns Menschen eine wichtige Rolle spielen (Grammer 1993). Wir übertragen die Bedeutung menschlicher Mimik und Körperhaltung einfach auf Tiere. Natürlich ist des Adlers Mimik *kein* Ausdruck von Stolz und Kühnheit, sondern Ergebnis der Selektion von Schnabel und Überaugenwülsten im Zusammenhang mit seiner Lebensweise.

Wegen der unterschiedlichen Ansätze, Sichtweisen und Interpretationen der Naturforscher nach der Aufklärung ist es müßig, genau entscheiden zu wollen, ab wann man die Tierpsychologie als exakte Wissenschaft gelten lassen kann. Das hängt von den handelnden Personen ab, die zu unterschiedlichen Zeiten durch unvoreingenommene Beobachtung oder auch durch sauber geplante Experimente die anthropomorphen Interpretationen ablösten, also die philosophisch-deduktive Arbeitsweise durch die naturwissenschaftlich-induktive ersetzten. Charles Darwin als wohl bedeutendster Naturforscher ist hier sicherlich an erster Stelle zu nennen. Im allgemeinen wurde dieser Schritt aber erst sauber von den Materialisten und Mechanisten, also von Lorenz und seinen Zeit-

und Kampfgenossen, dazu auch von seinen Lieblingsfeinden, den Behavioristen, vollzogen. Nach Erscheinen von Darwins Hauptwerk, der »Entstehung der Arten durch natürliche Zuchtwahl«, im Jahre 1859 hätte eigentlich klar sein müssen, daß mit dem Darwinschen Mechanismus der Selektion auch die Entstehung und Funktion von Verhalten erklärbar ist. Aber dahin war noch ein langer Weg. Darwin selbst war, wohl dem Zeitgeist entsprechend, Anhänger der klassisch-aufgeklärten Tierpsychologie, daß nämlich Tiere und Menschen dieselben Sinneseindrücke, Empfindungen, Leidenschaften usw. hätten, wenn auch in unterschiedlichem Ausmaß. Eine weitere, wahrhaft kuriose Station auf den verschlungenen Wegen zur modernen Verhaltensforschung war der sogenannte Psycho-Lamarckismus. Instinkte wurden als zur Gewohnheit gewordene und dann sich vererbende (darum Lamarckismus) Verstandeshandlungen (darum die Vorsilbe Psycho-) interpretiert. Das läuft dem heutigen Verständnis von Evolution natürlich diametral entgegen, demzufolge individuelle Erfahrungen (wenn überhaupt) über Selektion, nicht aber über individuelle »Assimilation« Zutritt zum Erbmaterial der Keimbahn finden können.

Doch die Wegbereiter der Synthese der Verhaltensforschung mit dem Darwinismus formierten sich bereits. Die bedeutendsten waren im ausgehenden 19. Jahrhundert August Weismann in Deutschland, der aufgrund seiner genetischen und entwicklungsbiologischen Arbeiten zu Geschlossenheit und Kontinuität der Keimbahn den Psycho-Lamarckismus ablehnte, sowie der Engländer C. Lloyd Morgan und schließlich der zu Lebzeiten recht unbekannte Amerikaner Otis Whitman. Letzterer folgerte auf der Basis seiner vergleichenden Untersuchungen vor allem an Tauben (Whitman 1898, 1919), daß die Darwinsche Theorie auch für Instinkte – Whitman gebrauchte diesen Begriff im modernen, nichtmetaphysischen Sinn und meinte damit eine vererbte Verhaltensanweisung, entsprechend der arteigenen Triebhandlung Oskar Heinroths bzw. den Erbkoordinationen von Konrad Lorenz – gültig sei, und schuf somit tatsächlich das geistige Fundament für die moderne Vergleichende Verhaltensforschung. Sein Schüler Wallace Craig tat dann den nächsten wichtigen Schritt und trennte Appetenz- von Endhandlung.

Auch in der Frühphase wurde viel Arbeit aus purem Interesse an Tieren geleistet, eine Hauptmotivation für induktive Verhaltensforschung generell. Auf theoretischem Gebiet jedoch dominierte bald die Frage, ob tierisches und menschliches Verhalten angeboren oder erlernt sei. In der europäischen Tierpsychologie herrschte vielfach ein recht diffuses Bedürfnis vor, der tierischen Intelligenz (im menschlichen Sinne) auf die Schliche zu kommen; man versuchte zu ergründen, wie weit das Pferd zählen, wie stark die Taube abstrahieren könne, und tut dies z. T. noch heute. Der Erkenntnisgewinn bezüglich der Evolution kognitiver Fähigkeiten war vielfach gering, da meist weder auf ein artgemäßes Umfeld noch auf Leistungsdispositionen und -motivationen Rücksicht genommen wurde, die nicht nur von Art zu Art, sondern auch innerartlich zwischen verschiedenen Stadien der Lebensgeschichte unterschiedlich sein können. Außerdem wurden diese Untersuchungen kaum breit vergleichend, sondern meist an einer eher zufällig ausgewählten »Modelltierart« durchgeführt; ein echter ökologischer Bezug fehlte in der Regel. Wieweit diese Projekte einen Beitrag zum Verständnis der Stammesgeschichte menschlicher kognitiver Fähigkeiten leisteten, bleibe daher dahingestellt. Erst seit wenigen Jahren kommt es zu einer raschen Neubelebung der kognitiven Ethologie (siehe S. 268).

Das Tier-Mensch-Kontinuum und der genetische Determinismus

Auf einer anderen Ebene war es das von Darwin erstmals explizit angesprochene Kontinuum zwischen tierischem und menschlichem Verhalten, welches die frühe und spätere Verhaltensforschung nährte. Tatsächlich war Darwins 1872 erschienenes Buch »The expression of the emotions in man and animals« für viele Zeitgenossen und deren anthropozentrisches Weltbild eine Provokation. Viele betrachten dieses Buch als jenen Paukenschlag, mit dem die Ära der modernen Ethologie begann. Damit startete Darwin nicht nur eine der größten Auseinandersetzungen in der Geschichte der Ethologie, sondern bereitete – sicherlich ungewollt – den Boden für einen der folgenschwersten Mißbräuche in der Wissenschaftsgeschichte überhaupt. Dem Zeitgeist entsprechend, wurde Darwin als ideologisches Zugpferd vor den sozialdarwinistischen Karren gespannt. Gesellschaftliche Unterschiede seien »blutsbedingt« (heute würde man das »ererbt« nennen) und daher durch Erziehung nicht zu verändern. Die gesellschaftliche Einmauerungs- und Absicherungsstrategie der oberen Zehntausend ist aus der industriellen Revolution und dem sich langsam organisierenden Industrieproletariat erklärbar.

Dieses Gedankengut hielt sich erstaunlich lange und bildete sogar, als Kulmination, die pseudowissenschaftliche Basis für Hitlers eugenisch-rassistisches Terrorregime. Viele europäische Biologen, allen voran Ernst Haeckel, prägten den sozialdarwinistischen Zeitgeist; es gab sogar amerikanische Vertreter dieser Richtung. Daß auch Lorenz vor dem Krieg in einer Nebenrolle das Seine zur Rechtfertigung der Eugenik beitrug, mag uns heute unangenehm berühren, läßt sich aber durch Originaltexte belegen (Lorenz 1940). Diese Tatsache unter den Teppich kehren zu wollen ist gerade gegen den Hintergrund der von Rassismus geprägten deutschen und österreichischen Vergangenheit (und leider, so scheint es, auch wieder der Gegenwart) keine Lösung. Es wurde in jüngster Zeit versucht, die Schatten in Lorenz' Schaffen aufzuarbeiten (Bischof 1991, Wuketits 1990). Ein Weggenosse und Assistent aus Lorenz' Königsberger Zeit, Paul Leyhausen, bezeugt durchaus glaubwürdig, daß sein damaliger Chef weder ein Nationalsozialist war noch dem kollektiven Lebensstil und den damaligen Führertypen irgendwelche Sympathien entgegenbrachte, ganz im Gegenteil (persönliche Mitteilung). Lorenz war einer von vielen Biologen, die zeitgeistig, vielleicht opportunistisch solche Ansichten äußerten. Die Biologie war eine wichtige Stütze der NS-Ideologie (Bäumer 1990). Fest steht, daß die Bedeutung der eugenischen Äußerungen Lorenz' von seinen Kritikern zum Teil maßlos übertrieben, ja dazu benutzt wurden, den wissenschaftlichen Wert der Lorenzschen Theorie zu diskreditieren. Fest steht aber auch, daß Lorenz seine damals immerhin in einer Fachzeitschrift publizierten Äußerungen (1940) nie in gleichwertiger Form zurücknahm und es damit seinen Kritikern leicht machte. Leider ist diese dunkle Ecke noch immer einer der Gründe dafür, daß gelegentlich Ethologie und rechte Ideologie gleichgesetzt werden, was natürlich völliger Unsinn ist. Daß gegenwärtig Irenäus Eibl-Eibesfeldt, der aufgrund seiner Bekanntheit das Bild der Ethologie in der Öffentlichkeit maßgeblich prägt, politische Empfehlungen in Ausländer- und Zuwandererfragen abgibt, dient zwar nicht gerade der Entflechtung von Wissenschaft und Ideologie, macht aber auch deutlich, daß dies wahrscheinlich weder zu erreichen noch wünschenswert ist; Wissenschaftler müssen einfach aus dem Elfenbeinturm heraustreten und Verantwortung übernehmen. Eibl-Eibesfeldt ist ein sehr differenzierter Standpunkt zuzubilligen (1988, 1994). Leider bleibt jedoch im Zuge der vereinfachenden medialen Aufbereitung der Eindruck zurück, Ethologie würde sich (wieder einmal) zur Rechtfertigung einer rassistischen Politik hergeben, was sicherlich nicht der Fall ist.

Vor dem Hintergrund der Geschichte des Sozialdarwinismus ist es, um einen Vorgriff zu tun, verständlich, daß in den USA die Soziobiologie nach ihrer offiziellen Begründung durch Wilson (1975) mißtrauisch, teils mit offener Ablehnung aufgenommen, ja wieder mit ähnlichen Argumenten bekämpft wurde wie einst der Sozialdarwinismus. Man befürchtete nicht ganz zu Unrecht ein Wiederaufleben eines sozialen, rassischen und sexistischen Determinismus. (Anmerkung zum Begriff »Determinismus«: Der *psychologische Determinismus* besteht darin, jedes Verhalten auf bestimmte Ursachen zurückzuführen, während der *biologische Determinismus* die relative Unveränderbarkeit von vererbtem Verhalten durch Umwelteinflüsse betont.)

Der Weg in die Vergleichende Verhaltensforschung und Ethologie

Bereits seit Ende des 19. Jahrhunderts wurde sowohl von Biologen als auch von Psychologen in Europa, vor allem aber in den USA rege an tierischem Verhalten geforscht (Dewsbury 1989;

Exkurs 2, S. 25). O. Whitman, W. M. Wheeler, W. Craig, G. W. Peckham, um nur einige Namen zu nennen, betrieben naturwissenschaftliche Tierbeobachtungen und enthielten sich anthropomorpher Interpretationen. Besonders Otis Whitman (1898) wie auch später Oskar Heinroth (1910) und Konrad Lorenz (1941) verglichen Verhaltensweisen zwischenartlich. Sie sind daher die Begründer der *Vergleichenden Verhaltensforschung*. Diese Richtung nützt Unterschiede zwischen in ihrer Herkunft vergleichbaren (homologen) Verhaltensweisen, um stammesgeschichtliche Rückschlüsse zu ziehen. Ganz wichtig waren auch Verhaltensphysiologen wie zum Beispiel Jacques Loeb, die bahnbrechende Arbeiten zu den einfachen Orientierungsmechanismen der Tiere, den Tropismen, lieferten.

Auch in Europa gab es prominente Vertreter der Tierpsychologie, wie die frühe Verhaltensforschung bezeichnet wurde, etwa Otto Koehler, Oskar Heinroth und viele andere. Ansätze und Fragestellungen waren vielfältig, aber erst Konrad Lorenz, Niko Tinbergen und Erich von Holst schafften es in den 50er Jahren, das kunterbunte Stückwerk in einem in sich konsistenten Theoriengebäude unterzubringen (Exkurs 3, S. 33).

Die klassische Tierpsychologie dagegen führte in eine Sackgasse. Es war die scheinbar unvermeidliche Rückwirkung von Konzepten und Begriffen aus der Psychologie des Menschen nebst einer teilweise ungenügenden vergleichenden Tierkenntnis sowie generell eine deduktive Arbeitsweise und die freie Durchmischung von physiologischen und psychischen Vorgängen (vgl. Lorenz 1992), welche eine vorurteilsfreie Interpretation, eine eigenständige und fachlich einwandfreie Entwicklung der Verhaltenswissenschaften aus der Tierpsychologie heraus behinderten. Dabei versuchte man damals durchaus, menschliches und tierisches Verhalten in einem einheitlichen Konzeptrahmen zu sehen. Lorenz und andere Biologen, etwa Jakob von Uexküll, standen, obwohl unterschiedlichen Lagern zugehörig, der Unterscheidung von Tier- und Humanpsychologie immer ablehnend gegenüber: »Es gibt nur *eine* Psychologie« oder: »Für den Biologen gibt es keine *Tier*psychologie!«, kann man vielerorts lesen. Im Zusammenhang mit dem Verhältnis zwischen Ethologie und Psychologie (S. 283) wird zu diskutieren sein, warum diese Forderung immer noch nicht verwirklicht ist.

Mit dem Auftreten von Whitman und seinen europäischen Ethologenkollegen war das Rennen um die Naturwissenschaftlichkeit der Verhaltensforschung noch lange nicht gelaufen, ganz im Gegenteil. Ihre Ergebnisse gingen um die Jahrhundertwende sowohl in Europa als auch in den USA im Streit zwischen den *Vitalisten* und *Mechanisten* unter – ein Kampf der Blinden gegen die Lahmen, wie wir heute wissen. Wahrhaft in einer Fußangel der tierpsychologischen Tradition hingen die aus der idealistisch-geisteswissenschaftlichen Tradition kommenden Vitalisten und Zweckpsychologen (z. B. Edward C. Tolman). Sie betonten einmal mehr die Zweckmäßigkeit der Instinkte, sahen aber als ihre Ursache eine Naturkraft, die *Vis vitalis*, an, welche einer Erklärung weder zugänglich noch bedürftig sei, und verweigerten sich der Naturwissenschaft der Aufklärung, besonders aber dem Darwinismus, der das einigende Konzept aller biologischer Richtungen des 20. Jahrhunderts werden sollte. »Wir betrachten den Instinkt, aber wir erklären ihn nicht« (Johan A. Bierens de Haan). Freiwillige Selbstbeschränkung in der Forschung also, und die ist bekanntlich weder nützlich noch wirksam. Nebenbei bemerkt: Dies gilt auch für die gegenwärtig immer stärker werdenden staatlichen Regulierungstendenzen, etwa in den allgemein als heikel angesehenen Gebieten der Gentechnologie oder der Verwendung fötalen Gewebes. Wissenschaft ist wie die Evolution weder gut noch schlecht, sie *ist* einfach. Wenn Probleme entstehen, dann durch die mißbräuchliche Anwendung wissenschaftlicher Ergebnisse im Spannungsfeld der Politik.

Trotzdem gab es unter den Vitalisten bedeutende Verhaltenswissenschaftler, die durchaus induktiv arbeiteten, etwa Jakob von Uexküll (1934). Dieser verschloß sich allerdings einer rational-darwinistischen Erklärung der ebenso mannigfaltigen wie offensichtlichen Anpassungen von Organismen an ihre Umwelt genauso wie Teilhard de Chardin. Wie die meisten anderen Naturwissenschaftler seiner Zeit war Uexküll dem Typus-Denken verhaftet. Für ihn waren die Anpassungen der Organismen an ihren Lebensraum ein Ergebnis unveränderlicher Baupläne.

Zu den materialistischen, reduktionistischen Mechanisten auf der anderen Seite zählt man vor allem die von Wundt angeführten *Assoziationspsychologen*, *Behavioristen* wie Thorndike und Skinner und die auf den bahnbrechenden Erkenntnissen von Pawlow aufbauenden *Reflexologen*. Alle diese Richtungen sind als naturwissenschaftlich-induktionistisch einzustufen. Die Vokabeln *materialistisch, reduktionistisch* und *mechanistisch* mögen alles andere als sympathisch klingen. Sie sollen aber wertfreie Bezeichnungen für die Grundeigenschaften des naturwissenschaftlichen Ansatzes darstellen (Exkurs 5,6, S. 65, 76): *materialistisch*, weil alle Erscheinungen unserer Welt auf Basis der Interaktionen der Materie, ohne *deus ex machina*, ohne Bezug auf ein transzendentales Prinzip, zu erklären sein sollten; *reduktionistisch*, weil man niemals Systeme in ihrer gesamten Komplexität untersuchen kann, sondern allemal Parameter von Untersystemen (eine gewisse Ausnahmestellung hält hier der vergleichende Ansatz); und *mechanistisch*, weil es eben die Gesetzmäßigkeiten von Physik und Chemie sind, die letztlich die Materie und unser Verhalten bestimmen.

Im Gegensatz zu den Vitalisten bestritten die materialistisch eingestellten Mechanisten, daß ein transzendentales Prinzip zur Erklärung der belebten Welt, insbesondere des Verhaltens, erforderlich sei. So gab es für Lorenz natürlich keinen vom Körper selbständigen Geist, sondern es war klar, daß jedwede »seelischen«, also geistig-kognitiven und subjektiv-psychischen Leistungen auf der Basis von objektivierbaren physiko-chemischen Vorgängen im Gehirn zustande kommen. Mittlerweile stützt eine rasch anwachsende Basis an Daten diese damals noch recht deduktiv gewonnene Überzeugung des jungen Lorenz (vgl. z. B. »Spektrum der Wissenschaft« 1992, Spezialausgabe »Gehirn«).

Die Reflexologen führten alles Verhalten auf Reflexe, ausgelöst durch Außenreize, zurück. Eine Fülle von Wissenschaftlern, einschließlich dem jungen Konrad Lorenz und Karl von Frisch, hingen der Reflextheorie an. Daß aber selbst komplizierte Verhaltensabläufe nichts anderes als Reflexketten, also Reaktionen auf die Meldungen der äußeren und inneren Sinnesorgane sein sollen, wurde schließlich durch von Holst gemeinsam mit Lorenz widerlegt. Sie zeigten, daß es im zentralen Nervensystem Zentren gibt, die bestimmte zeitlich-räumliche Bewegungsmuster generieren, und daß Verhalten durchaus spontan aus dem Inneren von Tieren kommen kann, unabhängig von Außenreizen.

Aus zoologisch-materialistischer Richtung war die Motivation für die Untersuchung tierischen Verhaltens das Interesse an der Naturgeschichte von Tieren einerseits, oft aus schlichter Liebhaberei, und sie kam andererseits aus einer in den USA bereits fruchtbaren experimentellen Tradition, welche vor allem auch wertvolle methodische Ansätze beisteuerte. Verständlich, daß die auf diesem Gebiet vorerst dominierenden vergleichenden Psychologen Tiere untersuchten, weil sie mehr über menschliches Verhalten erfahren wollten. Bekannt wurden in diesem Zusammenhang vor allem die Lernstudien und Arbeiten zur Verhaltensentwicklung. Die psychologische Schlagseite in den amerikanischen Verhaltenswissenschaften führte zu einer starken Betonung des Menschen als Forschungs*ziel* (während paradoxerweise der Mensch als Forschungs*gegenstand* der Ethologie erst durch den vom Lorenz-Schüler Eibl-Eibesfeldt [1994] ausgehenden Ansatz der *Humanethologie* wieder größeres Gewicht gewann). Darunter litt die zoologisch und stammesgeschichtlich orientierte Verhaltenswissenschaft vor allem in den USA; wie sehr dies der Fall war, ist daran zu ersehen, daß noch ein erst kürzlich erschienener Artikel (Staddon 1989) den bezeichnenden Titel trägt: »Animal psychology: The tyranny of anthropocentrism«. Tierisches Verhalten *per se* war lange Zeit in der vergleichenden Psychologie kein Thema. Die berechtigte Forderung von Konrad Lorenz (1992), die Vergleichende Verhaltensforschung müsse die Grundlagenwissenschaft der Psychologie werden, verhallte ziemlich unbeachtet. Erst in jüngster Zeit, über die Hintertür der Primatologie, hält dieser Lorenzsche Grundsatz Einzug in die Psychologie.

Trotz der reichen US-amerikanischen Tradition, aber vielleicht gehemmt durch deren Mensch-Zentriertheit, gelang schließlich die Integration der Ethologie in Europa. Eine Synthese in den USA wurde wohl durch die extrem gegensätzlichen Richtungen der Experimentalpsychologen, der Zweckpsychologen und der Behavioristen verhindert; der Aufstieg von Lorenz und Tinbergen wurde dadurch hingegen katalysiert.

Wichtiger Wegbereiter, Lehrer und väterlicher Freund für Konrad Lorenz – und von diesem auch als Begründer der modernen Verhaltensforschung bezeichnet – war Oskar Heinroth. Zwischen den Weltkriegen Direktor des Berliner Tiergartens, hatte Heinroth Zugang zu einer Fülle von Tierarten, was eine Voraussetzung für Vergleichende Verhaltensforschung darstellt. Heinroth stellte wie später Lorenz vergleichende Untersuchungen an Enten und Gänsen an und entdeckte die innerartliche Formkonstanz von Verhaltensweisen (1910). Er nannte diese Verhaltensweisen arteigene Triebhandlungen. Im Namen steckt bereits, daß sie wie körperliche Merkmale vererbt werden und natürlich auch so evoluieren. Zwischenartlich variieren diese *homologen* Triebhandlungen im Einklang mit der stammesgeschichtlichen Verwandtschaft von Arten, sie sind also zur Rekonstruktion des Stammbaums ebenso brauchbar wie körperliche Merkmale (Exkurs 3, S. 33). Somit kamen Heinroth und Whitman, zunächst ohne voneinander zu wissen, zu ganz ähnlichen Ergebnissen – die Vergleichende Verhaltensforschung als Wissenschaft war begründet.

Jahre ihres Lebens und sehr viel Energie steckten die Eheleute Oskar und Katharina Heinroth in die Handaufzucht aller Vogelarten, deren sie nur habhaft werden konnten. Daraus entstand mit dem dreibändigen Werk »Die Vögel Mitteleuropas« (Heinroth und Heinroth 1966) eine der bis heute wohl umfangreichsten Informationsquellen zur Verhaltensentwicklung von Tieren. Obendrein ist dieses Werk recht amüsant zu lesen; das Kapitel über die Kolkraben sei als Einstieg empfohlen.

Ein weiterer wichtiger wissenschaftlicher Zeitgenosse war Julian Huxley, der am Beipiel der Balz der Haubentaucher (1914) die Evolution von ritualisiertem Verhalten beschrieb.

Konrad Lorenz und die Ethologie

Was war nun der Part von Lorenz bei der Begründung des Wissenschaftszweiges der Vergleichenden Verhaltensforschung? Er arbeitete, wie Oskar Heinroth, breit vergleichend. Eine Inventur der von ihm meist im Freiflug und in Gruppen gehaltenen, oft handaufgezogenen Vogelarten, welche er in seinen Briefen an Heinroth zwischen 1930 und 1940 (herausgegeben von Otto König 1988) erwähnt, ergab deren 77; berücksichtigt man, daß er wahrscheinlich nicht alle von ihm gehaltenen Vogelarten erwähnte, so ist dies eine sehr konservative Schätzung. Dazu kommen noch einige Dutzend anderer Wirbeltiere, von Fischen bis zu Säugetieren.

Konrad Lorenz entwickelte, wie bereits erwähnt, die meisten zentralen Konzepte der Ethologie (Exkurs 3, S. 33), die zwar da oder dort korrigiert werden mußten, aber dennoch bis heute nichts an Aktualität und Konfliktpotential verloren haben (Exkurs 4, S. 56). Er vereinigte schließlich diese Konzepte gemeinsam mit anderen zu einem tragfähigen theoretischen Gebäude. Selbst eine unvollständige Aufzählung der wichtigsten Entdeckungen von Lorenz liest sich wie die Inhaltsangabe eines Lehrbuches der klassischen Ethologie. So gehen eine Vielzahl von Begriffen auf Lorenz bzw. seine maßgebliche Beteiligung zurück: das *angeborene auslösende Schema* (später von einer Kommission unter Vorsitz von Otto Koehler auf *angeborenen Auslösemechanismus, AAM,* normiert), *Erbkoordination, Spontaneität* und *Staubarkeit* von Verhalten, *Appetenz* und *Endhandlung*, die *Motivation*, welche Verhalten moduliert, das *psychohydraulische Modell*, *Prägung*, die *Instinkt-Dressur-Verschränkung* usw. Lorenz war es, der den Grundstein für heute so Selbstverständliches wie die materielle Basis psychischer Vorgänge legte. Er war es, der eloquent verständlich machte, daß unser Erkenntnisapparat als Spiegelbild einer realen Welt evoluierte, und der damit der idealistischen Philosophie Boden entzog. Große Bedeutung hat Lorenz auch auf dem Gebiet der Erarbeitung einer sauberen naturwissenschaftlichen Wissenschaftstheorie für die Verhaltensforschung. So wies er unter anderem den Irrweg der rein deduktionistischen Arbeitsweise zurück und betonte die Notwendigkeit, die objektivierbaren physiologischen Mechanismen sauber von ihren Auswirkungen, dem subjektiven Erleben, zu trennen. Selbst wenn nicht alle Lorenzschen Hypothesen einer kritischen Überprüfung standhielten (Exkurs 4, unten): Er war für die Entwicklung der Ethologie unentbehrlich. Gerade mit seinen kontroversiellen Konzepten initiierte er weltweit eine große Anzahl wichtiger Untersuchungen.

Exkurs 4: Ethologie: Die Kritik an der Lorenz-Tinbergenschen Theorie

In der Vergangenheit wurde die Lorenz-Tinbergensche Theorie (Lorenz 1978) vor allem von Lerntheoretikern kritisiert, denen die Erbkoordinationen, also die stark genetisch determinierten Verhaltenselemente, ein Dorn im Auge waren. Differenzierte Bedenken, etwa jene Lehrmans (1953) zu Kaspar-Hauser-Versuchen als tauglicher Nachweismethode von Erbkoordinationen oder der Hinweis auf die grundlegende Sinnlosigkeit der Unterscheidung zwischen »angeborenem« und »erlerntem« Verhalten, sind anzuerkennen (Lamprecht 1981; Exkurs 8, S. 118).
Schweres Geschütz fuhr dann die Bonner Ethologin Hanna Maria Zippelius in ihrem Buch »Die vermessene Theorie« (1992a) auf. Sie bestreitet die Allgemeingültigkeit der Lorenz-Tinbergenschen Theorie, stellt sie als inkonsistent dar und zweifelt vielfach die empirischen Daten an, auf welchen sie begründet ist. Zippelius versuchte eine Theorie zu Fall zu bringen, die ohnehin längst einem alten Gebäude gleicht und ziemlich unbeachtet vor sich hin bröckelte; andere Kollegen arbeiteten die vergangenen 30 Jahre an ihren zumeist öko-ethologischen und soziobiologischen Problemen, ohne sich viel um dies alte Gemäuer zu kümmern. Nur in den Schulbüchern wird diese Theorie noch gepflegt und teils zum Dogma erhoben. Man könnte zu dem Schluß kommen, die Entwicklungen der Ethologie seien in den 60er Jahren stehengeblieben. Es läßt bezüglich der Hol- und Bringschuld von Wissenschaftlern und Öffentlichkeit tief blicken, daß Abiturienten heute noch aus allen Wolken fallen können, wenn sie erfah-

ren, daß Tiere zumeist *nicht* um Arterhaltung bemüht sind und daß nicht alle Auslöser »angeboren« sind. Die Lorenzschen Theorien sind zu Glaubenssätzen verkommen, kritischer Wind ist daher grundsätzlich zu begrüßen.

Gelegentlich fand man, daß frühe Ergebnisse, welche die Theorie stützten, kaum reproduzierbar waren, wie im Falle des aggressionsauslösenden roten Bauches von Stichlingen (Tinbergen 1948, Lamprecht 1993a,b). Einiges war schlicht falsch, wie die noch heute in nahezu jedem Schul-Lehrbuch reproduzierten Tinbergenschen Flugfeindattrappen (1949), die zeigen sollen, daß sogar die Umrisse möglicher Luftfeinde bei Küken weitgehend angeboren sind, also »Schlüsselreize« darstellen. Und dies, obwohl bereits Schleidt (1961) zeigte, daß naive Küken auf jedes dunkle Objekt, welches mit einer bestimmten Winkelgeschwindigkeit über sie hinweggezogen wurde, mit Alarm reagierten, sie also »erblichermaßen« wohl auf einfache Reizkombinationen, nicht aber auf eine komplexe Gestalt spezifisch reagieren.

Diese Ergebnisse erregten in der Öffentlichkeit kein Echo und wurden von der Fachwelt beinahe kommentarlos zur Kenntnis genommen. Im Bewußtsein letzterer wandelte sich die klassische Lorenz-Tinbergensche Theorie zunehmend von einem unmittelbar-physiologischen Erklärungsschema zu einem kybernetischen Denkmodell, das jahrzehntelang als konzeptuelle Stütze der wissenschaftlichen Arbeit gute Dienste leistete, das man aber getrost dann als nicht mehr notwendig zur Seite legen kann, wenn situationsbezogen-direkte, mehrdimensionale und physiologische Erklärungsprinzipien für Verhalten etabliert sind. Längst war die Theorie entsprechend kommentiert und relativiert worden (Hinde 1966, 1982, McFarland und Huston 1981). So hat etwa Lorenz sein Konzept der Staubarkeit von Verhalten sicherlich zu universell ausgelegt. Das Beispiel der Aggression (Lorenz 1963) zeigt, daß diese stark anlaßbezogen eingesetzt wird (Archer 1988); sie staut sich gewöhnlich nicht unspezifisch auf, so daß etwa auf eine längere friedliche Periode Individuen ihre »aufgestaute Aggression« unbedingt »abreagieren« müßten.

Die scharfe Attacke von Zippelius wirbelte daher zunächst bei einigen Wissenschaftsjournalisten und dann auch in der Öffentlichkeit wesentlich mehr Staub auf als unter Fachkollegen. Es wurde der Eindruck erweckt, als ob alle Einsichten, zu denen Lorenz und Tinbergen je gelangt sind, Schrott wären; manche deduktionistischen Humanisten, offenbar unfähig, Ideologie von Wissenschaft zu trennen, ließen sich mit einem »Ich hab' es immer schon gewußt!« in ihren Lehnstuhl fallen und hielten die Abrechnung mit Lorenz für gelaufen. War wirklich alles falsch? Natürlich nicht! Zippelius hat aber sicherlich recht, daß viele Modelle der klassischen Ethologie zu starr ausgefallen und in ihrer kybernetischen Ausformung zu fern der tatsächlichen Realität angesiedelt sind, daß es oft an empirischen Belegen mangelt und zum Teil komplexe Hilfskonstruktionen errichtet werden mußten, um Beobachtungen in Einklang mit der Lorenzschen Theorie zu bringen.

Daß es zu der maßlos übertriebenen Behauptung kam, die klassische Theorie sei widerlegt, mag unter anderem darauf zurückzuführen sein, daß die Diskussion unter Fachkollegen um das Buch von Zippelius auf einem relativ hohen Niveau geführt wurde. Journalisten aber müssen ihre Geschichten »verkaufen«, und eine Schlagzeile, die da lautet »Teilaspekt der Lorenz-Tinbergenschen Theorie muß überdacht werden« verkauft sich sicherlich schlechter als die Behauptung, *alles* sei falsch gewesen. In erster Linie hat Zippelius mit ihrer Kritik weit über das Ziel hinausgeschossen. Das klingt wie eine Verteidigungsbehauptung für Lorenz und Tinbergen, was mir aber fern liegt. Es sei auf die differenzierten Stellungnahmen von Lamprecht (1993a,b) und Witte (1993) verwiesen.

Die Komplexität der Materie verbietet es, sie hier im Detail zu erörtern. Das wäre ein eigenes Buch wert, zumal auch Wissenschaftspsychologie mit im Spiel zu sein scheint. Einer der Ansatzpunkte der Kritik von Zippelius waren die durch ihre Diplomandin Eipasch nicht nachvollziehbaren Versuche von Tinbergen (1949) und Tinbergen und Perdeck (1950), mittels der Pickraten von Möwenküken auf Eltern-Schnabelattrappen zu untersuchen, ob dies ein »angeborener Schlüsselreiz« sei und auf welche Reize es ankäme. Da die für die Replikation verwendeten Methoden mit jenen des Originalversuchs aber nicht identisch waren und andererseits unklar ist, welcher der methodischen Ansätze nun gültig ist, läßt sich kaum entscheiden, wer »recht« hat. In diesem Zusammenhang nahm man zunächst an, daß »Schlüsselreize«, also Auslöser für Erbkoordinationen, großteils erblich seien, während es sich nun zunehmend herausstellt, daß zumeist nur grobe Reizkombinationen bzw. eine rasche Lernfähigkeit genetisch disponiert sind. Für die Gültigkeit der Theorie ist es aber ziemlich unerheblich, ob Auslöser rein vererbt oder das Ergebnis eines prägungsähnlichen Lernprozesses sind. Bereits die Nomenklatur der frühen Ethologie unterschied den »angeborenen Auslösemechanismus« (AAM) von einem »erworbenen Auslösemechanismus« (EAM) und einem hybriden, dem EAAM (erworben-angeborener Auslösemechanismus). Der beste Beleg für die Meriten der Lorenz-Tinbergenschen Theorie ist ihre ungebrochene Aktualität als konzeptuelle Basis der Neuroethologie (Bischof 1989), also in der Erforschung der (verhaltensrelevanten) Funktionen des Nervensystems.

Um bei der Gebäude-Metapher zu bleiben: Es ist etwas Putz abgefallen. Man mißt dem alten Palast heute vielleicht nicht mehr dieselbe Bedeutung zu wie früher. Die Fundamente sind aber im wesentlichen gesund, das alte Theoriegebäude wird also nicht einstürzen. Man muß es auch nicht zur Gänze abreißen; stückweises Renovieren, teilweises Einreißen von Trennwänden und eine flexiblere Nutzung reichen völlig aus.

Mit Niko Tinbergen, einem weiteren Begründer der klassischen Ethologie und Wegbereiter der Öko-Ethologie, verband Konrad Lorenz eine lebenslange Freundschaft und weitgehende Übereinstimmung in den Konzepten. Weitere Meilensteine der Entwicklung der Ethologie waren sicherlich die Berufung Tinbergens nach Cambridge (England) und die Installierung eines Max-Planck-Instituts für Verhaltensphysiologie für Konrad Lorenz, zuerst in Buldern in Westfalen, dann in Seewiesen am Starnberger See, zusammen mit seinem Partner Erich von Holst. Ganz wichtige Stützen der neuen Richtung waren die Schaffung eines entsprechenden Publikationsorgans, der »Zeitschrift für Tierpsychologie« (heute: »Ethology«), durch Otto Koehler sowie die regelmäßigen Tagungen der Deutschen Ethologischen Gesellschaft. Auch nur auf die bedeutendsten Schüler und Nachfolger von Tinbergen und

Lorenz einzugehen würde den Rahmen einer kurzen Darstellung der geschichtlichen Entwicklung der Verhaltenswissenschaften sprengen.

Die Ethologen und die anderen

Alte Auseinandersetzungen innerhalb der Verhaltensbiologie wurden durch Synthesen geschlichtet, neue Konflikte sind an ihre Stelle getreten. Das Forschungsgebiet entwickelte sich enorm in die Breite, es gibt heute eine Vielzahl verschiedener Richtungen und Ansätze. Verhaltensgenetik und -endokrinologie sind zu nennen; die moderne Molekularbiologie ermöglicht es, tatsächliche Verwandtschaftsverhältnisse zu ergründen, und gab so in den letzten Jahren der bereits etwas stagnierenden Öko-Ethologie und Soziobiologie neuen Schwung; notfalls kann man etwa mit dem Verfahren der PCR (polymerase chain-reaction) aus Spuren von Gewebsresten wieder genügend Erbmaterial für die Analyse von Verwandtschaftsbeziehungen herstellen, wie aus der gerichtsmedizinischen Praxis bereits hinlänglich bekannt ist. Auch auf vielen anderen Randgebieten werden rasche Fortschritte erzielt, etwa bei der Erforschung der Gehirnmechanismen, der Basis für jegliches Verhalten. Ein Querschnitt durch die neueren Entwicklungen ist Thema des letzten Teiles dieses Buches.

Wir kennen heute soviel mehr Fakten als Lorenz und Tinbergen, aber sind wir deswegen viel gescheiter geworden? Jedenfalls sind wir immer noch meilenweit davon entfernt, die Ursachen von Verhalten, der Psyche und des Soziallebens zu verstehen. Der größte Fortschritt liegt wahrscheinlich in der Anerkennung eines Konzept-Pluralismus und damit der Berechtigung und Notwendigkeit, viele verschiedene Ebenen der Erklärung für Verhalten heranzuziehen, sofern diese mit der evolutionären Theorie vereinbar sind.

Die Verhaltenswissenschaft – mit der Betonung auf *Wissenschaft* – wurde also ab Beginn unseres Jahrhunderts vor allem durch zwei Richtungen vertreten, durch die vorwiegend US-amerikanischen Behavioristen und die vorwiegend europäischen

Ethologen. Waren die frühen Ethologen vorerst ebenfalls Anhänger der Reflexlehre, so distanzierte sich Lorenz später von dieser Richtung. Gerade die Mechanisten waren durch ihren Hang zu Erklärungsmonismen zur starken Verallgemeinerung gefundener Ergebnisse geprägt. So erklärten die Behavioristen jegliches Verhalten über Lernen durch Versuch und Irrtum; die Reflexologen glaubten offensichtlich an den alleinseligmachenden bedingten Reflex. Lorenz anerkannte die Richtigkeit und weitreichenden Konsequenzen beider Entdeckungen, sah diese Einzelmechanismen aber mit Recht als ungenügend an, das gesamte Verhalten zu erklären; er zeigte die Möglichkeit spontaner Verhaltensentstehung auf und plädierte zunächst für Pluralismus.

Biologen konnten der Ansicht Edward L. Thorndikes und B. Frederic Skinners nicht zustimmen, daß es keinen Unterschied mache, Lernvorgänge bei Tauben, Affen oder Ratten zu studieren, daß daher auch die Stammesgeschichte auf diesem Gebiet keine Rolle spiele. Der Konflikt der die prädisponierenden Effekte der Evolution negierenden Behavioristen mit den Ethologen war vorprogrammiert. Das Hauptinteresse der letzteren galt ja gerade der stammesgeschichtlichen Entwicklung von Verhaltensweisen; der Standpunkt der extremen Behavioristen wurde daher mit Recht als unzureichend abgelehnt. Viel ist bereits über diesen ehemaligen Konflikt geschrieben worden. Die extremen Standpunkte der Behavioristen sind heute Geschichte, ihre Ansätze und Methoden aber sind mittlerweile gewinnbringend in die moderne Ethologie eingeflossen.

Es wurde bereits von Lorenz darauf hingewiesen, daß die behavioristische Doktrin (wie viele Deduktionismen) mehr mit Ideologie als mit Wissenschaft zu tun hatte. Ein einheitlicher Lernmechanismus quer durchs Tierreich wurde vorerst nicht hinterfragt, sondern als gegeben angenommen. Ist man nur reduktionistisch genug, so scheint diese Ansicht heute zumindest auf der Ebene der Synapsen, also der recht dyamischen Verbindungen zwischen Nervenzellen zuzutreffen; am Modell der Meeres-Nacktschnecke *Aplysia*, aber auch am Säuger-Hippocampus (ein alter, für das Anlegen von Gedächtnisinhalten entscheidender Teil unserer

Hirnrinde) wurde gezeigt (Kandel u.a. 1991), daß bei Gebrauch synaptischer Verbindungen über Kalziumströme Kurz- und Langzeitveränderungen an diesen Kommunikationsstellen zwischen Nervenzellen stattfinden, welche die Durchlässigkeit für zukünftigen Informationsfluß verändern. So versucht heute etwa die Gruppe des US-amerikanischen Physiologen und Psychologen Eric Kandel alle Lernvorgänge auf die Dynamik an Synapsen zurückzuführen. Sicherlich ein wichtiger Mechanismus, aber ist das die ganze Geschichte? Die Erforschung von Gedächtnis und Denken bleibt *die* Herausforderung für die Neurobiologie des 21. Jahrhunderts.

Auch an Ratten, die von einer sehr reizarmen in eine gut strukturierte Umgebung versetzt wurden, fand man in der Großhirnrinde eine markante Zunahme synaptischer Verbindungen (Bennett 1977, zitiert nach Shepherd 1983). Synapsen und ihre postsynaptischen Gegenstücke, die sogenannten »spines«, sind auch im Gehirn von erwachsenen Säugetieren relativ plastisch und durch Gebrauch beeinflußbar. Sie scheinen eine zentrale Rolle bei Lernen und Gedächtnis zu spielen, wahrscheinlich über die Kompartimentierung eines der universellsten und wichtigsten Botenstoffe im Organismus, der Kalziumionen. Niemand bezweifelt, daß die synaptischen Mechanismen eine bedeutende Rolle beim Lernen spielen, aber Lernvorgänge sind sicherlich nicht nur Einzelereignisse an Synapsen; es bedarf der Koordination, um sinnvolle Informationsströme und nicht nur chaotisch-unorganisierte Pakete von Information zu speichern und abzurufen. Die Kandelsche Theorie erklärt daher nicht, wie komplexes Lernen zustande kommt, denn da wird die Sache komplizierter. Auf Basis der synaptischen Mechanismen kommen höhere Integrationsebenen ins Spiel.

Wissenschaft und Ideologie

Es wurde von den Behavioristen behauptet, daß Verhalten großteils oder sogar zur Gänze erlernt sei. Für uns Menschen (wie alle anderen Organismen) würde dies bedeuten, daß wir alle als unbeschriebene Blätter zur Welt kämen und uns allein unsere Erziehung, das Umfeld, in dem wir aufwuchsen, zu den Persönlichkeiten formte, welche wir nun sind. Die Vererbbarkeit von Verhalten, ja sogar erbliche Lerndispositionen wurden zunächst abgelehnt. Der Mensch wäre demnach also beinahe uneingeschränkt form- und manipulierbar. Wieder ist die Verbindung dieses wissenschaftlichen Dogmas zur politischen Ideologie klar zu erkennen. Bei den politischen Systemen der beiden Großmächte nach dem Zweiten Weltkrieg fiel eine solche Doktrin auf fruchtbaren Boden, denn beide wollten, aus völlig gegensätzlichen Ideologien heraus, einen »neuen Menschen« schaffen. Und dies, obwohl die US-Demokratie und der UdSSR-Totalitarismus zweifellos völlig verschiedene Systeme waren. Die Gründe für die seltene Einigkeit der Hauptwidersacher im Kalten Krieg waren wahrscheinlich auf beiden Seiten verschieden gewichtet. Hatte es den Totalitaristen vor allem die vermeintliche totale Lenkbarkeit des Menschen angetan, so mag dies auf der westlichen Seite wohl auch eine Rolle gespielt haben; wichtiger war hier aber sicherlich, daß das Bild eines völlig freien und daher selbstverantwortlichen Menschen dem Geist der amerikanischen Verfassung entspricht. Daher hatte der Langzeiterfolg der behavioristischen Doktrin in den USA zwei Väter: Diese Geisteshaltung harmonierte nicht nur hervorragend mit dem traditionell liberalen »American way of life« (im besten Sinne), sondern lieferte andererseits eine scheinbar solide wissenschaftliche Basis für die Ablehnung des Sozialdarwinismus. Letzterer war ja zumindest unterschwellig bis über die Mitte dieses Jahrhunderts in Europa noch vorzufinden; er hätte in den USA mit ihren immanenten Rassenproblemen gefährlichen Zündstoff bedeutet. Viel später wurde aus demselben Grund der Soziobiologie (Wilson 1975) in den USA ein recht heißer Empfang bereitet.

Aber Doktrin bleibt Doktrin und hat mit Wissenschaft nichts zu tun, ganz egal, wie gesellschaftlich nützlich und ethisch positiv sie auch sein mag. Daß die totale Formbarkeit des Menschen Illusion ist, belegt anschaulich und überzeugend der Zusammenbruch des Systems im ehemaligen Ostblock. Trotz erheblichen Erziehungsaufwandes gelang es über all die Jahrzehnte offensichtlich nicht, den »sozialistischen Menschen« zu schaffen. Auch auf der anderen Seite der Erde scheint der »American dream« zu einer ausgeleierten Floskel verkommen; daß mit dem »American way of life« vor allem eine liberale Geisteshaltung, bürgerliche Moral und Ideale gemeint waren und nicht das Schwelgen im verschwenderischen Konsum, ist fast vergessen; die ursprünglichen Ideale der alten Demokratie sind korrumpiert. In den 90er Jahren unseres Jahrhunderts bildete sich in den USA eine Zweidrittelgesellschaft, ein Drittel der Bevölkerung lebt auf dem Niveau eines Dritte-Welt-Landes. Nach neueren Schätzungen der Clinton-Administration sind 7 Millionen Amerikaner ganz oder teilweise obdachlos, was rd. 5% (!) der Bevölkerung entspricht. Realität und Staatsverfassung klaffen immer weiter auseinander. Auch die Desintegration, die Abgrenzung zwischen ethnischen Gruppen, schreitet voran; die USA befinden sich, wie ihre eigenen Soziologen bemerken, in einem Zustand des »Turmbaus zu Babel«. Gegenmaßnahmen, etwa die Zwangsdurchmischung in den Schulen durch das System des »busing«, muten hilflos an; sie erweisen sich als kontraproduktiv, da sie, von oben verordnet, von den betroffenen Menschen nicht akzeptiert werden. Ganz parallel zur ehemaligen UdSSR steht offenbar auch in den USA ein idealistisches Gesellschaftsmodell vor dem Bankrott.

Ein später Triumph für Konrad Lorenz, welcher der totalen »Machbarkeit des Menschen« immer widersprochen hat; eine späte Niederlage für Pawlow, Thorndike und Skinner, aber auch ein Lehrstück über die negativen Folgen der Gängelung der wissenschaftlichen Ratio durch Ideologie und Doktrinen. Tatsächlich weisen Ergebnisse neuester Zwillingsforschung (Bouchard u.a. 1990) darauf hin, daß sich rd. 70% der Persönlichkeitsstruktur ziemlich unabhängig von der Umwelt während des Heranwachsens entwickeln, also eine erhebliche erbliche Komponente aufweisen.

Exkurs 5: Wissenschaftstheorie 1: Hypothesen müssen testbar sein – die »Wahrheit« in der Wissenschaft

Im wesentlichen ist es das Ziel jeder wissenschaftlichen Arbeit, zu ermitteln, ob *Unterschiede zwischen zwei oder mehreren Gruppen* bestehen, und die *Ursachen* für diese Unterschiede festzustellen. Solche Unterschiede wird es fast immer geben. Angenommen, wir hätten zwei große Säcke mit Bohnen und es wäre uns nur erlaubt, aus jedem der beiden Säcke je eine Handvoll zu entnehmen; wir müßten aufgrund dieser recht bescheidenen Stichprobe entscheiden, ob die Größe der Bohnen in den beiden Säcken gleich oder unterschiedlich sei. Wir sollten daher im Zusammenhang mit jeder gestellten Aufgabe in der Lage sein, zwischen zwei Hypothesen unterscheiden zu können, zwischen der 0-Hypothese und der Arbeitshypothese. In unserem Bohnenbeispiel würden die beiden gegeneinander zu testenden Hypothesen lauten:

1. *0-Hypothese*: Kein Unterschied. Die Bohnen entstammen derselben Grundgesamtheit (identische Bohnensorte, Anbauort, Erntezeit, Trocknungsmethode usw.).
2. *Arbeitshypothese*: Die Bohnen entstammen unterschiedlichen Grundgesamtheiten, d. h. die Durchschnittsgrößen aller Bohnen in jedem der beiden Säcke sind tatsächlich verschieden.

Um zwischen den beiden Hypothesen mit einer bestimmten Wahrscheinlichkeit unterscheiden zu können, gibt es eine Fülle verschiedener statistischer Tests; welche man davon anwenden kann, entscheidet die Datenstruktur. Diese Tests berücksichtigen, wenn sie auf Normalverteilung basieren (wie auf die Bohnengrößen anzuwenden), zumeist den Mittelwert, den Streu der Daten und die Zahl der gezogenen Stichproben.

Zeichnung 2 zeigt die Verteilung der Bohnengrößen für zwei Fälle:

1. Die Stichproben entstammen derselben Grundgesamtheit (0-Hypothese bestätigt).
2. Die Stichproben entstammen unterschiedlichen Grundgesamtheiten (Arbeitshypothese bestätigt).

Ein Mittelwertvergleich durch bloßes Hinschauen erlaubt in den illustrierten Fällen keine Entscheidung zugunsten oder gegen

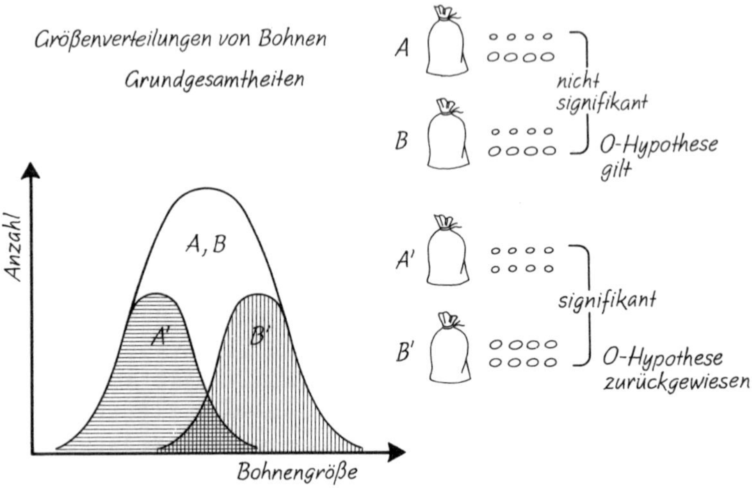

Zeichnung 2: Die Entscheidung, ob Grundgesamtheiten gleich oder verschieden sind, ist ein Hauptproblem der Naturwissenschaften. Im vorliegenden Beispiel soll aufgrund einer begrenzten Stichprobe (n = 8) entschieden werden, ob die 0-Hypothese gilt (Grundgesamtheiten gleich, im Falle der Säcke A und B) oder zurückgewiesen werden kann (Grundgesamtheiten verschieden, Säcke A' und B'). Für diesen Zweck müssen geeignete statistische Tests herangezogen werden, da eine solche Entscheidung durch bloßen Augenschein nicht getroffen werden kann. Das Signifikanzniveau des Unterschiedes gibt die Wahrscheinlichkeit eines Irrtums bei der Ablehnung der 0-Hypothese an.

eine der beiden Hypothesen, womit klar wird, daß die beiden Hypothesen tatsächlich gegeneinander getestet werden müssen. Die Fälle (in unserem Beispiel Bohnen) aus den verschiedenen Grundgesamtheiten müssen dabei in ihrer Größe nicht sauber getrennt sein, sondern können überlappen. Ein geeigneter Test wird bei ausreichender Stichprobenanzahl trotzdem einigermaßen verläßlich über die Zugehörigkeit der beiden Proben Auskunft geben.

Am Ausdruck »einigermaßen verläßlich« läßt sich demonstrieren, wie es um den Begriff der »*Wahrheit*« *in der Wissenschaft*

bestellt ist. Jede Entscheidung zugunsten oder gegen die 0-Hypothese fällt auf der Basis von *Wahrscheinlichkeit.* Die Irrtumswahrscheinlichkeit in % gibt an, wie hoch die Wahrscheinlichkeit ist, daß unsere Entscheidung für oder gegen die 0-Hypothese zutrifft. Liegt also eine Irrtumswahrscheinlichkeit von 5% vor, dann ist mit 5%iger Wahrscheinlichkeit die getroffene Entscheidung falsch. Anders ausgedrückt: Von 100 Entscheidungen werden 5 falsch sein, also die beiden Grundgesamtheiten werden als verschieden beurteilt, obwohl sie gleich sind und die 0-Hypothese aufrechtzuerhalten wäre. Aber selbst bei sehr geringen Irrtumswahrscheinlichkeiten, etwa von unter 0,01%, tragen wir immer noch ein Restrisiko von 1/10000, daß die getroffene Entscheidung nicht zutrifft. Da aber jegliche Entscheidung zwischen Hypothesen immer auf Basis von Irrtumswahrscheinlichkeiten fällt, können Entscheidungen in der Wissenschaft bestenfalls mit »an Sicherheit grenzender Wahrscheinlichkeit« getroffen werden, sind aber niemals unumstößliche »Wahrheit«.
Diese Einsicht ist nicht neu, sie ist nur eine andere Ausformulierung des bereits von David Hume (1711–1776) formulierten *Induktionsproblems.* So ist der Satz »Alle (Höcker-)Schwäne sind weiß« zwar zutreffend, aber doch niemals »wahr«, also weder ein Naturgesetz noch eine Gewißheit; er ist nicht beweisbar. Denn wer garantiert, daß nicht doch einmal ein schwarzer (Höcker-)Schwan auftaucht?

Wahrheit, Glaube, Wissenschaft
Hypothesen müssen also testbar und zumindest potentiell falsifizierbar sein (Popper 1974), sonst qualifizieren sie sich nicht als wissenschaftliche Hypothesen, sondern sind Mythen, die in der Naturwissenschaft nichts verloren haben. Die Aussage »Gott hat die Welt erschaffen« *mag wahr sein*, aber sie liegt außerhalb des Zuständigkeitsbereiches der Naturwissenschaften, weil sie *nicht testbar, nicht falsifizierbar* ist. Man *kann* dran glauben. Woran man aber im Gegensatz dazu nicht glauben *darf*, sind naturwissenschaftliche Hypothesen. Wenn also ein Naturwissenschaftler erklärt, er sei fest von der Richtigkeit einer Hypothese *überzeugt*, hat er eigentlich den Boden der Naturwissenschaften bereits verlassen. Es liegt also im Wesen von Hypothesen, daß sie

nicht einfach akzeptiert, geglaubt werden dürfen. *Wahr* können sie niemals sein, sondern höchstens mit einer bestimmten Wahrscheinlichkeit zutreffen.
Komplizierter wird die Sache dadurch, daß es *»harte«* und *»weiche«* Hypothesen gibt. Die *»harten«* treffen Aussagen über *gegenwärtige Wirkgefüge* und sind testbar im eigentlichen Sinne. So ist etwa die Aussage, daß geschlechtsspezifische Steroidhormone die Ausbildung der sekundären Geschlechtsmerkmale bewirken, direkt durch Entzug bzw. Substitution dieser Hormone belegbar. *»Weiche«* Hypothesen betreffen hauptsächlich *historische Abläufe*. Evolutionäre, also geschichtliche Hypothesen können nicht experimentell »getestet«, wohl aber glaubhaft gemacht werden. Strenggenommen gehören sie daher ins Reich der Mythen (Popper 1976). Dennoch erlauben es die Fossilbelege sowie andere Ansätze, z. B. Artvergleiche, solche Hypothesen dermaßen gut zu belegen, daß die Unterscheidung zwischen »harten« und »weichen« Hypothesen zwar wissenschaftstheoretisch berechtigt ist, für die Praxis aber oft belanglos bleibt.

Die Spirale des wissenschaftlichen Fortschritts: Induktion und Deduktion

Als *Induktion* bezeichnet man den Vorgang des Ableitens allgemeiner Sätze von Beobachtungen, also die *Entwicklung von Theorie. Deduktion* dagegen ist das *Überprüfen bereits vorhandener Theorie* mittels empirischer Daten bzw. mit Hilfe des gezielten Experiments. Man braucht kein großer Gelehrter zu sein, um zu erkennen, daß Induktion und Deduktion zwei Seiten einer Medaille darstellen, daß die alternierende Abfolge zwischen den beiden den Forschungsprozeß in Gang hält. Das erklärt auch, warum naturwissenschaftliche Forschung nie an ein definitives Ziel gelangen kann. Die induktiv-deduktive Methode wurde bereits von Aristoteles dargestellt.
Induktion kann es ohne Deduktion nicht geben und umgekehrt. Ohne den Schritt zur Verallgemeinerung vollziehen zu wollen, ist das Sammeln von Daten letztlich sinnlos. Und sind solche allgemeinen Zusammenhänge einmal etabliert, dann müssen sie sich an der Wirklichkeit bewähren, was wiederum im nächsten Induktionsschritt zu ihrer Modifizierung führen kann.
Wenn Konrad Lorenz gegen die Deduktion wetterte, dann nur,

weil er sah, daß in der wissenschaftlichen Praxis zu seiner Zeit allzu rasch zur Verallgemeinerung geschritten wurde oder man allgemeine Sätze von zweifelhaftem Wert dadurch *bestätigen* (nicht überprüfen!) wollte, daß man die passenden Daten dazu suchte. Diese Gefährdung wissenschaftlicher Arbeit durch menschliche Unzulänglichkeiten, wie Eitelkeit und Festhalten am eigenen Vorurteil, besteht heute unverändert.
Durch die *induktiv-deduktive Methode* nähern sich wissenschaftliche Aussagen der Wahrheit asymptotisch an, können sie aber niemals erreichen. Grund dafür ist das oben skizzierte Induktionsproblem.

Objektive Aussagen durch subjektive Wissenschaftler? Erklärungsmonismen, Denken in Gegensätzen, Alternativhypothesen

Ziel aller Wissenschaften ist es, die Welt zu erklären, zu objektivieren und damit vorhersagbar zu machen. Dem stehen aber Eigenschaften unserer Sinnesorgane, unseres Gehirns gegenüber, die uns dieses Vorhaben nicht gerade erleichtern (vgl. Grammer 1988, Lorenz 1943). Evoluiert, um Reproduktionsraten zu optimieren, müssen ständig große Informationsmengen auf Kategoriezugehörigkeit untersucht werden. Lorenz (1969) bezeichnet dies als »Prägnanztendenz« des Menschen, die sich unter anderem dadurch äußert, daß wir beinahe zwanghaft alle Phänomene erkennen, einordnen, benennen wollen. Wahrscheinlich gibt es diese Eigenschaft in abgestufter Form bei fast allen Tieren. So entstand ein »ratiomorpher« Apparat, der uns entsprechende »Denkzwänge« auferlegt (Riedl 1981b, 1984); obzwar er hervorragend geeignet ist, einfache Optimierungen durchzuführen (Poundstone 1992), muß er doch erst individuell und methodisch diszipliniert lernen, in weiteren Bereichen *objektiv* zu denken.
Die für Naturwissenschaften nötige Objektivierung erfordert eine *a-priori*-Definition der Werkzeuge und Methoden. Wenn jemand zu Recht gegen das hemmende Methodendiktat wettert, so sollte klar sein, daß wir dieses im gewissen Ausmaß zur Überwindung der eigenen Unzulänglichkeit benötigen. Wir müssen unsere eigene, subjektive Umwelt (im Sinne von Jakob von Uexküll [1934] am ehesten als »Welt unserer Wahrnehmung« zu ver-

stehen) überwinden und auf der Basis objektiver, physikalischer Messungen arbeiten. Unsere Sinnesorgane, unser Erkenntnisapparat sind nicht geeignet, die physikalische Wirklichkeit zu erfassen, und zwar aus folgenden Gründen:

1. *Unsere Sensorien sind ungeeignet.* Sie können fehlen, beispielsweise für Radioaktivität, für magnetische oder elektrische Felder, und zudem messen unsere *Sinnesorgane keine absoluten Werte*, sondern *Kontraste*, welche sie noch zusätzlich verstärken. Da also die individuelle menschliche Wahrnehmung nicht von sich aus objektiv ist, benötigen wir *Hilfsmittel*, um unsere physikalische Umwelt, der auch die Raum-Zeit-Bewegungen, also das Verhalten anderer Organismen angehören, *reproduzierbar* zu machen, sie durch standardisiertes Quantifizieren zu erfassen. Dazu schufen Menschen sich *Instrumente mit Meßkonstanz*. Diese sind im einfachsten Fall Ergänzungen unserer Sinnesorgane. So sind wir kaum in der Lage, die tatsächliche Umgebungstemperatur zu schätzen. Dieselben 20° C Raumtemperatur mögen uns, abhängig von unserer jeweiligen Vorgeschichte, kalt oder warm vorkommen, eine Temperaturerhöhung auf 21° C nehmen wir bereits als spürbare Erwärmung wahr. Das Instrument zur Objektivierung ist hier schlicht ein Thermometer.

2. *Unser Erkenntnisapparat neigt offenbar dazu, in linearen Kausalitäten zu denken.* Einfache, monistische Erklärungen werden komplexeren vorgezogen. Alles *muß* möglichst *eine einzige Ursache* haben, das in der Dynamik vernetzter Systeme auftretende Chaos ist in unserer Vorstellungswelt nicht repräsentiert. Menschen wollen die Welt vollständig in ordentlichen, also deterministischen Systemen erklären. Wenn–dann-Hypothesen dominieren (Grammer 1988, Lorenz 1973). Wissenschaft ist eine der möglichen Erklärungsmethoden, Religion eine andere. Chaos finden wir wahrscheinlich bedrohlich, weil es Vorhersagbarkeit untergräbt und damit keinen (oder nur fallweisen) Überlebenswert hat.

Diese Prägnanztendenz treibt uns dazu, ständig nach möglichst generellen Erklärungsprinzipien zu suchen. Den Monotheismus kann man als einen Kulminationspunkt dieser Entwicklung ansehen, als Erklärung des Universums durch ein einziges Prinzip. Besonders in der Ökologie suchte man bisher mit mäßigem Erfolg nach allgemeinen Prinzipien, die für das Verhalten möglichst aller

Populationen, möglichst aller Ökosysteme zuträfen. Fruchtbarer wird diese Suche erst durch eine neue Generation von Modellen, die statt an der gesamten Population am Individuum ansetzen (Judson 1994).
Eine *Grundproblem* der Suche nach Allgemeingültigkeit sind *negative Ergebnisse*, die um so wahrscheinlicher werden, je allgemeiner das Ziel angesetzt ist. Es gilt die allen negativen Ergebnissen gemeinsame Grundproblematik, daß es entweder das gesuchte Prinzip nicht gibt oder daß man es (aufgrund eines falschen Ansatzes etwa) noch nicht gefunden hat. Negative Ergebnisse sind in dieser Hinsicht nicht schlüssig; unsere Sucht nach möglichst universellen Erklärungen wird uns immer wieder in Sackgassen manövrieren.
Differenziertes Denken in Alternativhypothesen fällt uns anscheinend schwer, nicht nur in der Wissenschaft. Erfolglose Politik etwa sucht immer nach einem *Sündenbock* und findet den auch meistens. So neigt man in der Öko-Ethologie etwa dazu, die Verteilung von Tieren mit der Verteilung lebensnotwendiger Ressourcen zu erklären. Das ist sicherlich richtig, es zeigte sich aber, daß in vielen Fällen die tatsächliche Verteilung einen Kompromiß aus Ressourcen und Raubfeinddruck darstellt, daß also der Parameter Ressourcenverteilung nur einer von vielen ist und daß Tiere sich vielmehr auf Ressourcen*verfügbarkeit* einstellen. Beispiele ließen sich viele finden. Es gilt die Regel, daß jedes beobachtbare Phänomen mehr als nur *eine* Ursache hat.
3. *Unser Erkenntnisapparat neigt zur Kontrastbildung*. Daraus scheint eine allgemeine menschliche Tendenz zu entspringen, im Sinne der Prägnanztendenz in Gegensatzpaaren zu denken: gut – böse, Inländer – Ausländer, alt – jung, schwarz – weiß, Freund – Feind, Stadt – Land, Schaf – Wolf... alles Alltagsdualismen, die man endlos fortsetzen könnte. Wer kennt nicht die Spielchen und schulischen Übungen, welche alle darauf beruhen, das Gegenteil zu einem bestimmten Begriff zu suchen. Man neigt dazu, die Endpunkte von Kontinuen, die solche Dualismen darstellen, höher einzuschätzen als die Zwischentöne. Journalisten neigen besonders dazu, solche Endpunkte überzubetonen, was wiederum eigentlich nur die Bedürfnisse des Marktes, der Medienkonsumenten widerspiegelt. Klare Aussagen (ja oder nein, so oder anders, wenn – dann) sind positiv belegt, während

differenziert abwägende Zeitgenossen eher zu den »Intellektuellen« gezählt werden, denen öffentliches Mißtrauen sicher ist. Beinahe unnötig zu erwähnen, daß dieser menschliche Denkzwang zur Kontrastbildung ein schwerwiegendes Hemmnis für differenzierende Wissenschaft und ihre Akzeptanz darstellt. Aber die Naturwissenschaft beschreibt eben keine schwarzweiße Welt, sondern deren Grautöne.

4. *Unser Erkenntnisapparat ist nicht objektiv, er blendet aus*, was er nicht sehen will. »Aber Kind, wozu hast du denn deine Augen?« soll der alte Lorenz gesagt haben, als ihn eine Mitarbeiterin Mitte der 80er Jahre fragte, ob es nicht möglich wäre, einen Computer für die Forschung an den Grünauer Gänsen anzuschaffen. Diese Episode zeigt den Gegensatz zwischen den Befürwortern der ganzheitlichen *Gestaltwahrnehmung* und den reduktionistischen *Quantifizierern*. Ein Problem der Gestaltwahrnehmung ist, daß sie ohne die Hilfe der Quantifizierung objektives Arbeiten unmöglich macht und damit kein Instrument der Naturwissenschaften sein kann. Lorenz war dem Vernehmen nach enttäuscht, als er hörte, daß eine Auswertung umfangreicher Schar-Daten der Seewiesener Graugänse ergab, daß diese, obwohl im Prinzip lebenslang gebunden, doch wesentlich häufiger den Partner wechseln, als es den Anschein hatte, also bloßes Hinschauen vermuten ließ (Exkurs 9, S. 143). Derselbe Lorenz hielt häufiges Triumphgeschrei für das Zeichen einer »guten« Paarbindung. Ein bißchen Quantifizieren unsererseits zeigte das Gegenteil: Gerade die Ganter instabiler Paarungen hatten die höchste Triumphgeschrei-Frequenz (Mausz u. a. 1992). Wenn sich also ein qualitativ derart genauer Beobachter wie Konrad Lorenz in solch einfachen Fragen der Häufigkeit des Auftretens irren konnte, bedarf es keines weiteren Kommentars, warum Quantifizierung ein Grunderfordernis der Naturwissenschaft ist.

Alles hat natürlich seinen Preis, und der heißt Reduktionismus: Die Quantifizierung von Merkmalen stellt eben keine Form der (ganzheitlichen) Gestaltwahrnehmung dar, sie ist aber mit ihr nicht unvereinbar (Schleidt 1984).

Statistik bietet Instrumente zur geistigen Disziplinierung vor der Datenerhebung und zur Auswertung und Interpretation derselben an. Daß Statistik bedeutet, mit Zahlen zu lügen, ist sowohl

eine dümmliche Schutzbehauptung Unkundiger als auch eine reale Gefahr. Die Instrumente der Statistik und Wahrscheinlichkeitsrechnung stellen allerdings, richtig angewandt, unsere wichtigsten Hilfsmittel gegen den Selbstbetrug dar, wie bereits aus dem Abschnitt über Wahrheit und Wissenschaft hervorging.
Natürlich gibt es vielfältige Möglichkeiten, mit falsch angewandter Statistik willentlich oder unabsichtlich zu lügen. Das beginnt bei einer der Grundgesamtheit nicht adäquaten Probennahme, erstreckt sich über die Mißachtung von Voraussetzungen für statistische Verfahren (etwa der Normalverteilung) bis hin zur irreführenden graphischen Darstellung von Daten. Manipulationsmöglichkeiten gibt es wahrlich viele, was man aber nicht der Methode, sondern den Anwendern anlasten muß. Schnelle Computer mit der bestmöglichen Statistik-Software sparen zwar Rechenzeit, entheben aber die Anwender nicht der Verantwortung, dic richtigen statistischen Prozeduren anzuwenden. Das »Lügen durch Zahlen« ist daher eine tatsächlich bestehende Gefahr, der wir uns aber stellen müssen, da jegliche wissenschaftliche Arbeit, im induktiven wie deduktiven Bereich, ohne Statistik undenkbar wäre.
Statistik erlaubt nicht nur den Vergleich zwischen zwei Gruppen, sondern bietet auch im multivariaten Bereich Möglichkeiten, aus einer großen Zahl von erhobenen Variablen so etwas wie eine »sekundäre Gestalt« zu rekonstruieren, etwa durch Faktorenanalyse. Gewonnen wird durch diesen Umweg über Statistik die Reproduzierbarkeit. Anwendungsbeispiele betreffen die evolutionäre und ontogenetische Hirnentwicklung bei Karpfenfischen (Kotrschal und Palzenberger 1991), Schwimmpfade von Fischen (Essler und Kotrschal 1994) oder die Abschätzung von physiognomischer Ähnlichkeit bei Graugänsen (Imhof und Kotrschal, in Vorbereitung).

Meinungsunterschiede zwischen Wissenschaftlern
Einer der häufigsten Vorwürfe der Öffentlichkeit gegenüber Wissenschaftlern betrifft deren Konfliktfreudigkeit: Man könnte glauben, daß zwei Wissenschaftler zu einem bestimmten Thema gewöhnlich mindestens drei verschiedene Meinungen vertreten. Das hat mehrere Ursachen, wovon einige das Resultat des wissenschaftlichen Prozesses und daher akzeptabel, andere

wiederum das Ergebnis menschlicher Unzulänglichkeit und daher im Rahmen der Naturwissenschaften inakzeptabel sind. Um mit letzteren zu beginnen: Man bedient sich leider allzuoft des wissenschaftlichen Deckmantels, um Gruppeninteressen durchzusetzen. Wer kennt sie nicht, die »unfehlbaren Experten« irgendwelcher Lobbies, die, direkt oder indirekt von ihren Auftraggebern abhängig, deren Interessen mit der Autorität akademischer Titel vertreten. Dieser klare Mißbrauch ist besonders infam, weil oft schwierig zu durchschauen, und auch, weil er die Wissenschaft in Verruf bringt, ohne daß sie dafür verantwortlich zu machen ist.

Wofür sie etwas kann und wofür sie sich nicht zu schämen braucht, sind die aus dem wissenschaftlichen Prozeß stammenden Meinungsverschiedenheiten. Zu einem geringeren Teil betreffen diese die Gültigkeit von Ansätzen und Methoden, die wiederum für die Aussagekraft der resultierenden Daten entscheidend sein können. Überwiegend jedoch entstehen Meinungsverschiedenheiten bei der Interpretation ein und derselben Daten, was natürlich Irritationen verursacht. Diese Diskussionen sind Teil des wissenschaftlichen Prozesses. Zum ersten sind wissenschaftliche Aussagen nicht »wahr«, sondern werden auf Grundlage definierter Wahrscheinlichkeiten getroffen (siehe oben), was natürlich Interpretationsspielraum zuläßt. Zum zweiten drehen sich die Spiralen des induktiv-deduktiven Prozesses selbst auf der Basis derselben Daten bei verschiedenen Arbeitsgruppen selten in dieselbe Richtung. Dermaßen auftretende Konzeptunterschiede führen wieder zu unterschiedlichen Arbeitshypothesen und Testansätzen. Dies tritt um so eher auf, je größer der von den Daten erlaubte Interpretationsspielraum ist. Das heißt nicht notwendigerweise, daß die einen recht haben, während die anderen irren – es ist ein Beleg für die Vielfalt und Komplexität dieser Welt.

So ist zweifelsfrei belegt und daher auch von allen ernsthaften Wissenschaftlern akzeptiert, daß die Ozonlöcher über den Polen der Erde größer werden oder daß der steigende CO_2-Gehalt der Erdatmosphäre mit einem Temperaturanstieg korreliert. In der Interpretation ist man sich schon nicht mehr so einig. Abhängig von den verwendeten Klima-Simulationsmodellen reichen die Vorhersagen für die Folgen dieser Entwicklung für Klima und

Leben auf der Erde von vernachlässigbar über regional bis global katastrophal. Keine Woche vergeht, ohne daß widersprechende Berichte in der wissenschaftlichen Literatur erscheinen. Hier sind die Naturwissenschaften im Bereich der Simulationen an die Grenzen ihrer Leistungsfähigkeit gestoßen. Wir werden damit leben müssen, daß auch wissenschaftlich nicht alles »machbar« bzw. vorhersagbar ist.
Damit könnte man sich begnügen und sich als Wissenschaftler in den Elfenbeinturm zurückziehen. Das wäre aber der falsche Weg, hieße es doch, die Welt den schillernden Kindern der Irrationalität zu überlassen. Die zukünftige Klima-Entwicklung ist ein gutes Beispiel für wissenschaftliche Verantwortung in einer Grauzone abseits harter Daten. Es ist unbestritten, daß CO_2 genauso wie viele andere menschengemachte Emissionen zu Veränderungen in der Biosphäre führen. Der Streit dreht sich darum, wie schlimm die Folgen sein werden. Hier wäre es selbstverständlich falsch, zu warten, bis diese Folgen tatsächlich eintreten, um sie dann naturwissenschaftlich *nachzuweisen*. Natürlich sind wir verpflichtet, die schlimmsten Vorhersagen zur Basis unserer gegenwärtigen Maßnahmen zu machen.

Der Unterschied zwischen Doktrin und Wissenschaft ist einfach darzustellen: Während doktrinäre Pseudowissenschaft die Aufgabe hat, deduktiv vorgefaßte Meinungen zu bestätigen (was viele sogenannte wissenschaftliche Gutachter leider ebenfalls tun), läßt sich ein »wahrer« Wissenschaftler vor keinen Karren spannen und verallgemeinert nur auf der Basis vorliegender Daten. Auf der Basis solcher Daten gefaßte Meinungen nennt man Arbeitshypothesen. Diese wiederum liegen der darauffolgenden Datenaufnahme zugrunde, welche darauf abzielen sollte, die ursprünglichen Hypothesen zu testen und gegebenenfalls zu verwerfen (Exkurs 5, S. 65). Nur wenn dies trotz Bemühens nicht gelingen sollte, wird die vormalige Arbeitshypothese als (vorläufige) Erklärung angenommen. Daß auch viele Wissenschaftler ihre Lieblingshypothesen trotz gegenteiliger Behauptungen nicht gerne »zum Frühstück verzehren« und lieber über Daten hinwegsehen, die ihre Hypothesen gefährden könnten, scheint zutiefst menschlich, verpflichtet aber zu fachlichem Mißtrauen jeglicher wissenschaftlichen Aussage gegenüber. Man muß sich der Stärken und Schwächen dieser induktiv-deduktiven naturwissenschaftlichen Arbeitsmethode bewußt sein, um wissenschaftliche Ergebnisse richtig nutzen und interpretieren zu können (Exkurs 5, 6, S. 65 und unten). Die verbreitete Verwechslung von wissenschaftlichen Ergebnissen mit Wahrheit mag das Ihre zur heute weit verbreiteten Wissenschaftsfeindlichkeit und zur Flucht in verschiedensten mystischen Hokuspokus beitragen.

Exkurs 6: Wissenschaftstheorie 2: Die »Not« der Naturwissenschaften – Reduktionismus versus »Holismus«

Naturwissenschaften nach der Aufklärung sind *materialistisch, mechanistisch* und *reduktionistisch*. Gerade das wird ihnen heute vielfach zum Vorwurf gemacht. Die Begriffe *Materialismus* und *Mechanismus* beziehen sich darauf, daß auch die Phänomene des Lebens, um die sich die Biologie kümmert, restlos aus den Gesetzen der Materie erklärbar sein müssen. Das ist in der Physik relativ einfach, wird aber in der Biologie, wo es vielfach um komplexe, ja chaotische Systeme geht, schwierig. Ein Rückgriff auf die Metaphysik, auf eine »höhere Instanz«, etwa eine *Vis vitalis*, ist aber trotzdem im Rahmen der Naturwissenschaft weder sinnvoll noch erlaubt, weil damit neben der kausalen Begründbarkeit u. a. die *Reproduzierbarkeit* – ein Grunderfordernis für die Ergebnisse der Naturwissenschaften – beeinträchtigt würde und etwa im Bereich der Evolution dem spekulativ-mystischen Kreationismus Tür und Tor geöffnet wäre. Letztlich ist die *a-priori*-Annahme einer metaphysischen Instanz Deduktionismus in Reinkultur und mit (induktionistisch zu betreibender) Naturwissenschaft unvereinbar (Lorenz 1992). Schlicht unsinnig ist auch der umgekehrte Weg, nämlich Gott und die Auferstehung aus der Physik heraus berechnen zu wollen (Tipler 1994).
Besonders schmerzlich mag in unserer Zeit, in welcher das Wort »*ganzheitlich*« ein positiv besetztes Schlagwort ist, der Zwang zum *Reduktionismus* anmuten. Bedeutet dies doch, um bei einer Metapher von Konrad Lorenz zu bleiben, den Versuch, die Funktion eines Automobils aus der Beschreibung seiner zerlegt

vorliegenden Einzelteile zu ergründen. Es mag mit Mühe gelingen, die Funktion des Motors zu rekonstruieren, wie dieser die Räder treibt, zu zeigen, daß ein Auto also *fährt*. Unergründbar ist aber aus diesem Ansatz, *wohin* und *zu welchem Zweck* das Vehikel rollt. Genauso arbeiten aber letztlich insbesondere die *experimentellen Naturwissenschaften*, die dem methodischen Zwang unterliegen, immer nur eine einzige Variable in einem System verändern zu dürfen, um gültige Aussagen über ursächliche Wirkungsbeziehungen treffen zu können.
Damit verbietet sich den Naturwissenschaften anscheinend die Arbeit mit komplexen dynamischen Systemen von selbst, wie z. B. einem Individuum in seinem Lebensraum oder gar einer Sozietät, die aus interagierenden Individuen in einem Lebensraum besteht. Wollte man etwas über die Wirkbeziehungen eines Hormons auf Individuen und ein Sozialsystem wissen, so hätte man mit Zellkultur und kontrollierten Milieus zu beginnen, sich dann die Wirkung dieses Hormons auf die individuelle Entwicklung anzusehen usw. Im Prinzip ist das auch so. Manche eloquenten Kritiker lehnen daher mit einem logisch scheinbar richtigen Argument die Naturwissenschaften ab oder schränken zumindest ihre Kompetenz stark ein: Es wird darauf hingewiesen, daß man aus der Kenntnis der Teile nicht auf die Eigenschaften des Systems rückschließen könne, da aus deren Zusammenwirken ganz neue Systemeigenschaften entstünden. So wäre es tatsächlich unmöglich, das Wesen eines Menschen aus der Kenntnis der Struktur und Funktion all seiner Organe, Herz, Nieren, Eingeweide, ja sogar Gehirn, zu erkennen.
Mit ihrem rigorosen Methodenanspruch stellen sich die Naturwissenschaften komplexer Systeme also scheinbar eine fatale Falle: Man erforscht in einer Zeit, da Menschen und Biosphäre um das Überleben ringen, mit Akribie die Handbewegungen des Japan-Makaken beim Waschen der Kartoffel und beweist damit eigentlich nur die eigene Impotenz, die Welt zu erklären (könnte man meinen). Natürlich ist die Ganzheitlichkeit nicht von den Esoterikern gepachtet, sondern muß anzustrebendes Ideal eines jeden vernünftigen Naturwissenschaftlers bleiben, denn aus der Not des Reduktionismus eine Tugend machen zu wollen wäre engstirnig und würde den Widerstand aller Menschen mit Hausverstand gegen diese Art der Wissenschaft rechtfertigen.

Wissenschaftspessimisten sind allerdings im Irrtum, wenn sie glauben, das Korsett des Reduktionismus sei nicht zu sprengen. Sie übersehen, daß es eine Reihe naturwissenschaftlich zulässiger »Krücken« gibt, die es den Naturwissenschaftlern erlauben, zu gültigen Aussagen über die Funktion (und deren Ursachen) des Gesamtsystems zu kommen. Zu nennen wären

1. *die »unvoreingenommene« Beobachtung*,
2. *der vergleichende Ansatz,*
3. *Modellbildung und Simulation,*
4. *ein vernetzter experimenteller Ansatz*

und, als wichtiges methodisches Rüstzeug in unterschiedlichsten Ansätzen,

5. *statistische Methoden*, die es erlauben, *mehrere Variablen* gemeinsam zu hantieren bzw. den gleichzeitigen Einfluß mehrerer Parameter auf Systeme aufzutrennen.

1. *Die »unvoreingenommene« Beobachtung* war die bevorzugte Methode von Konrad Lorenz, weil sie im Gegensatz zum Experiment *induktionistisch* ist, also (scheinbar) ohne *a-priori*-Hypothesen auskommt (Exkurs 5, S. 65). Es ist eine Binsenweisheit, daß man vor der Planung jeglichen Experiments erst sein System durch eingehende Beobachung kennenlernen muß. Damit erhält man Information, wie sich ein System verhält, *wie* also seine Teile zusammenwirken, nicht aber, *warum*. Natürlich entspringen jeder »unvoreingenommenen« Beobachtung zunächst eher intuitive Ideen über Ursächliches. Diese Ideen bilden die Basis für Arbeitshypothesen und jegliche Theoriebildung, die dann wiederum die einzig erlaubte Basis für ein kontrolliertes Experiment ist. Somit ist Experimentieren der einzige naturwissenschaftlich harte Ansatz, vorher vermutete Ursachenzusammenhänge auch *nachzuweisen*, also zu belegen. Ein *Beweis* im mathematischen Sinn ist diese härtestmögliche naturwissenschaftliche Aussage allerdings nicht, da sie niemals mit absoluter Sicherheit, sondern aufgrund der Variabilität biologischer Systeme nur mit einer bestimmten Wahrscheinlichkeit getroffen werden kann (zum Induktionsproblem vgl. Exkurs 5, S. 65). Eigentlich gibt es sie gar nicht, die »unvoreingenommene« Beobachtung, darum auch die Anführungszeichen. Denn das würde bedeuten, daß jemand mit einem *Tabula-rasa*-Gehirn,

ohne die geringste Ahnung wozu, ein x-beliebiges System beobachtete, einfach so. Diese Annahme ist absurd. Natürlich hat jeder »unvoreingenommene« Beobachter eine gewisse Erwartungshaltung, und sei es nur, daß er seine Viecher lieb und interessant findet. Gründe dafür mögen im Unbewußten liegen, aber es gibt sie, womit das Wort »unvoreingenommen« eigentlich als Selbstbetrug entlarvt ist. Das Lorenzsche Tabu, an Beobachtungen mit einer Arbeitshypothese heranzugehen, saß tief. Als ich von einer ehemaligen Mitarbeiterin erfahren wollte, was der eigentliche Grund für Lorenz' Interesse an Halfterfischen gewesen sei, lautete die Auskunft zunächst, daß sie ihn eben interessiert hätten und er sie schön gefunden habe. Erst nach längeren Umwegen kam heraus, daß Lorenz bestimmte Erwartungen bezüglich ihres Soziallebens hegte.

Lorenz wußte natürlich selber, daß es die »unvoreingenommene« Beobachtung strenggenommen nicht gibt. Was er meinte, war, *induktiv* an die Sache heranzugehen, also zunächst einmal einfach zu beobachten, was Tiere tun, und erst anschließend Hypothesen zu bilden, nicht aber umgekehrt. Darum auch seine Abneigung gegen das »Testen von Hypothesen«. Zu oft war gerade dem jungen Tierkenner Lorenz bewußt geworden, daß Beobachtungen so hingebogen oder ausgewählt werden können, daß man mit ihnen sogar die absurdesten Hypothesen zu stützen vermag. Im Sinne der induktiven Datenerhebung behält also die (möglichst) »unvoreingenommene« Beobachtung immer ihre Gültigkeit.

Die eher ganzheitliche Beobachtung kann also vieles lehren; um Ursachenzusammenhänge zu belegen ist sie aber ungeeignet. Anders betrachtet, stellt sie einen Weg dar, aus einer »Sicht von oben« den Wald als Ganzes auszumachen, bildet eine unentbehrliche Basis dafür, in diesem Wald einzelne Bäume zu untersuchen, ohne Gefahr zu laufen, die Gesamtheit aus den Augen zu verlieren.

2. *Der vergleichende Ansatz* stellt noch mehr als die Beobachtung eine im Vergleich zum Experiment ganzheitlich orientierte Systembetrachtung »von oben« dar. Sie ist daher besonders geeignet, vernünftige Arbeitshypothesen zu bilden und die Gefahren des Reduktionismus zu vermeiden. Vergleichen kann man

auf vielen Ebenen. So ist der Artvergleich die geradezu klassische Methode, um zu erfahren, *wozu* etwa Strukturen wie Körperbau und Verhaltensweisen gut sind, welchen Anpassungswert sie haben. Genannt seien klassische Arbeiten zur Beziehung zwischen Lebensraum, Ernährung, Körpergröße und Sozialsystem bei verschiedenen Wirbeltieren (Crook 1964, Crook und Gartlan 1966, Jarman 1974). Ein anderes Beispiel betrifft die Struktur des Gebisses und die Ernährungsweise bei den Schleimfischen des Mittelmeeres (Kotrschal und Goldschmid 1983). Alle untersuchten 14 Arten tragen Schneidezähne, ähnlich unserem menschlichen Gebiß. Die Algenfresser in dieser Runde haben breite Gebisse, mit vielen feinen Zähnen. Arten, in deren Darm grobe, hartschalige Tiere wie etwa kleine Schnecken und Muscheln gefunden wurden, zeigen pinzettenartige Gebisse, die mit wenigen, aber kräftigen Zähnen besetzt sind. Die Struktur des Gebisses *korrelierte* also hervorragend mit der Ernährung. Naheliegender Schluß war, daß es eine deterministische, also nicht-zufällige Beziehung zwischen Nahrung und Gebiß gibt. Da Korrelationen noch nichts über Ursachenbeziehungen aussagen, lag der zweite Schritt nahe, die an den Mittelmeerfischen gewonnene Arbeitshypothese zu *testen*. Weil evolutionäre, daher historische Fragestellungen nicht experimentell, also »hart-naturwissenschaftlich« testbar sind, wurde ein »weicher« Test gewählt: Ein weiterer Artvergleich an 34 Arten schleimfischartiger Fische aus dem Golf von Kalifornien zeigte, daß die deterministische Beziehung zwischen Gebißstruktur und Ernährung nicht so einfach verallgemeinert werden kann, sondern daß die vererbten Werkzeuge der Fische Flexibilität in ihrer Nahrungswahl nicht ausschließt (Kotrschal und Thomson 1986, Kotrschal 1989). Ein paradoxer, nicht erwarteter Zusammenhang zeigte sich schließlich bei einer Ausweitung des Vergleichs auf alle wichtigen Gruppen von tropischen Riff-Fischen, nämlich daß ein höherer Grad an »morphologischer Spezialisierung« des Gebisses generell mit einer höheren Flexibilität bei der Nahrungswahl einhergeht (Kotrschal 1987).

Vergleichen kann man natürlich nicht nur Arten, sondern alles, was im Licht einer Fragestellung sinnvoll ist, etwa Individuen in Populationen oder sogar verschiedene Alters- oder Lebensgeschichte-Stadien desselben Individuums. Der vergleichende Ansatz ist also nicht nur geeignet, größere Zusammenhänge und Arbeitshypothesen zu finden, sondern kann, an zusätzlichen Systemen angewandt, auch zu deren Test dienen (Exkurs 5, S. 65).

3. *Modellbildung und Simulation*. Um die Allgemeingültigkeit von *Prinzipien* der Ökologie, aber auch des Verhaltens zu belegen, werden *Modelle* erstellt. Zur möglichst *detaillierten* Vorhersage des Verhaltens von Systemen dienen dagegen *Simulationen*. Auf allen Gebieten der Naturwissenschaften erfuhren beide Bereiche einen gewaltigen Aufschwung, der mit der Entwicklung leistungsfähiger Rechner und Theorien gekoppelt ist. Als Faustregel sollte eine gute Simulation so viele Details wie möglich, ein gutes Modell aber so wenige Details wie möglich enthalten (Maynard Smith 1974).
Modelle bieten eine gute Möglichkeit, zu überprüfen, ob Prinzipien generell gültig sind (Exkurs 7, S. 92). Dazu müssen die Vorhersagen des Modells natürlich wieder mittels empirischer Daten getestet werden. Ein passendes Beispiel dafür ist die Anwendung des Grenzwerttheorems für die Entscheidung von Staren, wieviel Nahrung sie in Abhängigkeit von der Distanz zwischen Nistkasten und Nahrungsfläche sammeln sollen (Kacelnik 1984; Exkurs 7, S. 92; Zeichnung 3). Die Frage, nach welchen Gesichtspunkten Lebewesen Entscheidungen treffen, ist spieltheoretisch seit von Neumann und Morgenstern (1944) unverändert aktuell (Poundstone 1992).
Simulationen sollten dagegen möglichst genaue Vorhersagen bezüglich des Verhaltens von Systemen erlauben. Aktuelle Beispiele sind etwa jene Simulationen, die versuchen, Voraussagen über zukünftige Klimaverschiebungen in Abhängigkeit vom Treibhauseffekt zu machen.
Da niemals alle Variablen und Randbedingungen berücksichtigt werden können, sind Modelle natürlich *per se* reduktionistisch, zielen aber auf generell gültige Aspekte des Systemverhaltens. Sie sind also auch legitime Werkzeuge, um gemeinsam mit anderen Ansätzen den Reduktionismus zu überwinden.

4. *Ein vernetzter experimenteller Ansatz* kann eine Gerüststruktur aufbauen, welche die systemblinde Froschperspektive des Einzelexperiments zu überwinden vermag. So wurde die Funk-

tion des Steroidhormons Testosteron nicht nur dadurch erforscht, daß man Veränderungen bei Kastraten wahrnahm, sondern es wurden auch Substitutionsexperimente durchgeführt (Berthold 1849, Becker u.a. 1992), also durch künstliche Zufuhr von Testosteron wieder männliches Aussehen und Verhalten induziert; man stimulierte die Ausschüttung oder blockierte dieselbe, testete die Reaktion des Testosteronwertes im Blut auf die Darbietung von Weibchen oder Rivalen, untersuchte die Wirkung des Hormons auf Hirngebiete und neuronale Botenstoffe usw. Jedes einzelne dieser Experimente gibt wenig Aufschluß über die Gesamtheit der vielfältigen Wirkungsweisen des Hormons, durch die vernetzende Zusammenschau aber entsteht ein differenziertes Bild des Systems.

Es erscheint zunächst absurd, je aus der bloßen Kenntnis der Struktur des Erbmaterials die Entstehung komplexer Lebewesen erklären zu wollen. Durch ein Netz von Experimenten wissen wir aber mittlerweile zumindest ansatzweise, was Gene dazu bringt, aktiv zu werden und Proteine zu kodieren, wie die Übersetzung der Erbinformation in den Phänotyp funktioniert und wie man diese Vorgänge beeinflußt. Gerade Experimente an Taufliegen zur Klärung, wie es zur Ausbildung einer bestimmten Anzahl gleicher, homologer Körpersegmente kommt, sind in diesem Zusammenhang an vorderster Stelle zu nennen. Ohne sich um obsolete Fachgrenzen zu kümmern, zogen hier Molekular- und Entwicklungsbiologen, Morphologen, Zoologen und Mediziner an einem Strang. Obwohl jedes der Einzelexperimente hoffnungslos reduktionistisch scheint, ist es die Gesamtheit der sich gegenseitig kohärent stützenden Ergebnisse, die uns an der Schwelle zum dritten Jahrtausend einem Gesamtverständnis der Entstehung von Individuen nahebringt.

Daß das Ganze mehr als die Summe seiner Teile ist, trifft unverändert zu. Dies bedeutet aber nicht automatisch, daß es unmöglich wäre, aus einer planmäßigen Erforschung der Teile auf das Ganze rückschließen zu können. Die modernen Naturwissenschaften haben vielfach den Beweis dafür angetreten, daß es möglich ist, zumindest weite Teile des Ganzen zu erklären nicht durch eine *Addition* der Einzelergebnisse, sondern durch ihre *Vernetzung*.

Es ist also durchaus möglich, mit einer Vielfalt an naturwissenschaftlichen Ansätzen, die alle in sich reduktionistisch sind, zu einer vernünftigen ganzheitlichen Sicht biologischer Erscheinungen zu kommen, ohne daß hierzu über den Materialismus und Mechanismus hinausgehende Zusatzannahmen nötig wären.

Der Konflikt Behaviorismus – Ethologie

Aber zurück zur Verhaltensforschung. Ethologen und Behavioristen wurden sozusagen Lieblingsfeinde. Dieser Gegensatz war persönlich und tief. Das gilt für Konrad Lorenz vor allem für die Jahre nach dem Zweiten Weltkrieg, während seine Auseinandersetzung mit dem Behaviorismus in seinem »Russischen Manuskript« (erstmals veröffentlicht 1992) noch recht objektiv verläuft.

Nicht vergessen werden darf in dem Konflikt die Gegenseite. Obwohl natürlich Lorenz zu Recht schon frühzeitig die dogmatische, mit seinen eigenen Erkenntnissen unvereinbare Haltung dieser Gruppe kritisierte, brach die offene Auseinandersetzung doch erst nach dem öffentlichen Angriff Daniel S. Lehrmans (1953) auf Lorenz aus. Dafür waren sicherlich nicht nur rein fachliche Gründe maßgebend, sondern auch die jüngste deutsche Geschichte, die Massenvernichtung von Juden im Dritten Reich. Lehrman war jüdischer Herkunft und machte Lorenz aufgrund einiger seiner während des Krieges erschienenen Schriften (Lorenz 1940) zumindest implizit für die Verbrechen des nationalsozialistischen Regimes mitverantwortlich (vgl. Wuketits 1990). So war denn auch die erste Version von Lehrmans Manuskript Lorenz gegenüber persönlich verletzend (Hess, zitiert nach Barlow 1989). Der Herausgeber mußte auf Lehrman einwirken, das Manuskript zu entschärfen. Ungeachtet dessen, daß diese Publikation der Ausgangspunkt einer fruchtbaren Diskussion und schließlich einer Synthese durch andere Wissenschaftler wurde, fanden beide keine rechte Gesprächsbasis mehr. Gerade auf der Basis der von Lehrman kritisierten Konzepte der Erbkoordination und des Triebmodells wurde von Ethologen und Physiologen in den 50er und 60er Jahren viel empirische Forschungsarbeit geleistet. Dabei stellte sich der Dualismus *angeborenes* gegen *erworbenes* (erlerntes) Verhalten als grobe gedankliche Vereinfachung und daher als nicht nützlich heraus; man erkannte vielmehr, daß in der individuellen (ontogenetischen) Entwicklung das Verhalten jedes Organismus in einem komplizierten, oft unentwirrbaren Wechselspiel von endogenen Dispositionen und Reizen aus der Umwelt reift. Lehrman (1970) vermerkte, daß Lorenz zwar versuche, seine ursprünglichen Positionen besser zu erläutern, sie aber inhaltlich nicht wesentlich modifiziert habe.

Der Aufstieg der evolutionären Richtungen

In den 60er Jahren, einer Zeit der Stagnation der »klassischen« Ethologie, wurden schließlich die Öko-Ethologie und Soziobiologie marktbeherrschend, die einstmals so gefeierten klassischen Konzepte verschwanden in der Versenkung, ohne eigentlich adäquat durchforscht worden zu sein. Dies gilt nicht für den Bereich der Neuroethologie. Daß ausgerechnet für die Physiologie die klassische Ethologie eine brauchbare Konzeptbasis darstellt, unterstreicht deren allgemeine Gültigkeit.

Es erfolgte ein Wandel des wissenschaftlichen Interesses: weg vom eigentlichen Verhalten und dessen zugrundeliegenden Mechanismen, hin zu dessen Selektionswert (Exkurs 1, S. 24). Der Vorgang ist aus mehreren Gründen verständlich. Einmal traf das schwindende Erklärungspotential der klassischen Konzepte in der Ethologie mit einer gewissen wissenschaftlichen Stagnation und Inaktivität auf seiten einiger ihrer Hauptexponenten zusammen. Wichtige »opinion leaders«, etwa Erich von Holst oder Klaus Immelmann, starben viel zu früh. Zum anderen liegt es wohl in der menschlichen Forschernatur, daß möglichst umfassende Erklärungen für Erscheinungen in der Natur bevorzugt werden. So wie sich Materialeigenschaften am befriedigendsten aus der Atomphysik erklären lassen, ist die letztliche, die *evolutionäre* Relevanz des Verhaltens von Individuen die an Erklärungswert reichste Ebene des Verhaltens. Kein Wunder also, daß die meisten Verhaltensbiologen in den vergangenen 20 Jahren soziobiologisch und öko-ethologisch arbeiteten und sich damit konsistent in das große Theoriengebäude der Evolutionsbiologie einfügten.

Die zweite Synthese der Ethologie: Öko-Ethologie und Soziobiologie

Von der Gruppen- zur Individualselektion: kleine Schritte mit großer Wirkung

Lorenz gegen die Soziobiologie: ein Kampf gegen Windmühlen

Wie bereits erwähnt, war Konrad Lorenz in zwei grundlegende wissenschaftliche Auseinandersetzungen verwickelt. Mit dem Behaviorismus gab es von seiner Seite keinen wirklichen Frieden, nur einen Waffenstillstand; der wissenschaftliche Fortschritt machte aus einem Entweder-oder ein Sowohl-als-auch. Die zweite große Kontroverse trug der reife Lorenz eher lustlos mit den Öko-Ethologen und Soziobiologen aus. Meiner Vermutung zufolge ging es dabei von seiner Seite aus mehr um Ästhetik und Werte denn um fachliche Inhalte. Dem romantischen Wunschdenken von der Harmonie in der Natur, bestimmt von selbstlosen Leistungen der Einzelindividuen für die Gemeinschaft, in der frühen Ethologie stand die kalte Ästhetik eines von Kosten-Nutzen-Rechnung, Eigennutz, Ökonomie und Nepotismus diktierten Verhaltensbildes der Öko-Ethologie und Soziobiologie gegenüber. Nach Bemerkungen im Briefverkehr der alten Ethologengarde zu schließen, wurde die Bedeutung der neuen Richtung unterschätzt. Wilsons und Dawkins' Standpunkte wurden von Lorenz als semantisch überspitzte, anthropomorphe Formulierungen von Inhalten betrachtet, die »man« ohnehin schon lange wüßte, geboren vielleicht aus einem Profilierungsbedürfnis der Jungen. Sie wußten tatsächlich viel, die Alten, aber sie hätten es eben auch kundtun sollen: Nichtpublizierte Inhalte existieren in der Wissenschaft einfach nicht.

Ein wichtiger rationaler Grund für die Ablehnung der neuen Richtungen durch Lorenz mag darin gelegen haben, daß sich die Art, wie hier Forschung betrieben wurde, nicht mit seiner ziemlich strikten Vorstellung einer induktiven Methode der Naturwissenschaft deckte. In der Öko-Ethologie und Soziobiologie geht man auf der Basis von starken Konzepten an das Erheben von Daten:

Individualselektion, Fitnessmaximierung, inklusive Fitness, um nur einige zu nennen. Man arbeitet also strenggenommen hauptsächlich deduktionistisch, was natürlich (zu Recht) das Mißtrauen des Altmeisters geweckt haben muß; die Stärke der Öko-Ethologen und Soziobiologen ist die »unvoreingenommene« Beobachtung wahrlich nicht. Gegen Deduktion im Sinne von Karl R. Popper wäre auch nichts einzuwenden: Es soll nach Beispielen gesucht werden, um die bestehenden Hypothesen zu falsifizieren. In der Praxis dominiert aber die Suche nach Beispielen, welche geeignet sind, die bestehende Theorie zu bestätigen. Dieser Ansatz war Lorenz gleichermaßen immer suspekt und doch zu eigen. So schreibt er in seinem »Russischen Manuskript« (1992, S. 78): »Auf einem völligen Verkennen des Wesens aller induktiven Methode aber beruht folgendes Verfahren, das in der Verhaltensforschung und Psychologie häufig noch für völlig zulässig und ›naturwissenschaftlich‹ erachtet wird: Es wird auf Grund ganz weniger Tatsachen eine Hypothese gebildet und *nachträglich nach Beispielen gesucht*, welche diese Hypothese zu unterstützen geeignet erscheinen. Demjenigen, der in dieser Weise die statistische Natur aller induktiven Forschung übersieht, sei gesagt, daß es keine noch so absurde und blödsinnige Hypothese gibt (und für solche schien Lorenz manche der neuen Konzepte zu halten, Anm. des Verfassers), für welche sich bei einer derart voreingenommenen Auswahl der Tatsachen nicht reichlich ›Beispiele‹ beibringen ließen.«

Eigentlich unnötig zu betonen, daß es in den Naturwissenschaften gar nicht möglich ist, *entweder* induktiv *oder* deduktiv zu arbeiten; wissenschaftliche Arbeit ist ein ständiger Spiralprozeß, der von Beobachtungen zur Bildung von Arbeitshypothesen und zu deren Überprüfung durch weitere Beobachtungen oder Experimente führt, was zumeist zur Modifikation der originalen Arbeitshypothese führt und weitere Beobachtungen und Experimente nach sich zieht (Exkurs 5, S. 65).

Es ist, ganz abgesehen von den vorangestellten Überlegungen, ziemlich einsichtig, warum es nicht Konrad Lorenz war, der die zwingende Verbindung zwischen Verhalten und ökologischen Randbedingungen zum Brennpunkt seiner Arbeit machte. Von

Anbeginn bevorzugte Lorenz zahme Wildtiere in seiner Obhut als Forschungsobjekte und kam so zu detaillierten Einsichten über Ablauf und Mechanismen von Verhalten. Verständlich, daß die Frage nach dem evolutionären Warum und Wozu von Niko Tinbergen und anderen Forschern gestellt wurde, die ihre Zeit vorwiegend mit der Beobachtung von freilebenden Wildtieren verbrachten. So legte der tierhaltende »Bauer« Lorenz die maßgeblichen konzeptuellen Grundsteine für die Verhaltensphysiologie und den zwischenartlichen Vergleich, während der Wildtiere beobachtende »Jäger« Tinbergen das Fundament für die Erforschung des Anpassungswertes von Verhaltensweisen lieferte (Festetic 1983).

Tinbergen bereitete den Boden für die Öko-Ethologie

Tinbergens wie Lorenz' wache Geister und lebenslange Neugier (von Lorenz für ein neotänes menschliches Merkmal gehalten) ließen sie in bester induktiver Manier ein buntes Spektrum von Organismen untersuchen, was sich als wichtige Voraussetzung zur Entdeckung von Gesetzmäßigkeiten des Verhaltens herausstellte. Natürlich ist das keine Spitze gegen jene Forscher, die zeitlebens einem einzigen Tiermodell die Treue halten, sei es der Honigbiene oder einem Fadenwurm oder sogar dem Menschen, und so tiefgreifende Erkenntnisse über biologische Prozesse sammeln. Das muß kein »falscher« Weg sein, denn das induktive Lorenzsche Grundspielchen des »Was es so alles gibt«, also einer gründlichen Bestandserhebung der vorhandenen Muster als Grundlage für jegliche Verhaltensforschung, kann man durchaus auf verschiedenen Ebenen betreiben.

Ein Beispiel soll die beobachtend-experimentelle Arbeitsweise Tinbergens erläutern: Als er solitäre Wespen, sogenannte Bienenwölfe (Tinbergen und Kruyt 1938), in seiner frühen Forscherphase beobachtete, fiel ihm deren verblüffendes Heimfindevermögen auf. Wobei zu bemerken ist, daß jenes selbstgegrabene Loch im Boden, welches diese Wespen wiederholt aufsuchen, eigentlich nicht ihr eigenes Heim, sondern das ihrer Kinder ist (wenn man Maden als solche bezeichnen darf). Der Frage, wie Bienenwölfe es schaffen, nach dem Jagdflug eines ihrer Brutlöcher punktgenau anzusteuern, ging Tinbergen nach, indem er einfach markante Steinchen in Lochnähe parallel verschob; das Loch blieb natürlich, wo es war. Prompt suchten die Bienenwolfweibchen ihre Löcher um jene Strecke versetzt, um welche ihre Landmarken, die Steinchen, versetzt worden waren. Damit war gezeigt, daß die Raumorientierung dieser Tiere zumindest im Nahbereich über den Vergleich eines gelernten Schemas mit visuell wahrgenommenen Landmarken erfolgt. Auf eine klare Frage erbrachte ein einfaches Experiment eine klare Antwort. Natürlich blieben – wie immer in der Wissenschaft – viele Fragen offen, gemäß der Faustregel, wonach jede beantwortete Frage viele neue bedingt. So wäre es natürlich wichtig zu wissen, über welche Lern- und Speicherleistungen das Sinnes- und Nervensystem eines Insekts diese sagenhafte Ortsgenauigkeit schafft.

Ein anderes, mittlerweile in allen Lehrbüchern der Verhaltensbiologie zitiertes Beispiel Tinbergenscher Arbeit ist das Eischalen-Entfernen bei Lachmöwen. Diese Vögel brüten in lockeren Kolonien, zum Beispiel in den niederländischen Dünen (Tinbergen 1953b). Ihre Brutbiologie wurde von Tinbergens Arbeitsgruppe untersucht. Es ist jeweils nur ein Partner des Möwenpaares am Nest, während der andere mit Fressen beschäftigt ist. Und selbst der oder die gerade Brütende benötigt eine gelegentliche Pause. Während der Abwesenheit des Elters sind die Eier auf ihre fleckige Tarnfärbigkeit angewiesen, um nicht von Freßfeinden, wie z. B. Krähen, entdeckt zu werden. Es fiel dem genauen Beobachter auf, daß die Möwen nach dem Schlüpfen der Jungen die Eischalen vom Nest wegtragen. Dieses Verhalten nimmt im gesamten Zeitbudget einer Möwe nur einen verschwindenden Bruchteil ein, wird daher leicht übersehen oder nicht beachtet. Und doch, so schloß Tinbergen, muß diese Verhaltensweise wichtig sein, sonst würde der Elternvogel die Eischalen wohl am Nest liegenlassen. *Überlebens*wichtig, genaugenommen, sonst wär's im Evolutionsprozeß nicht selektioniert worden. Überlebenswichtig allerdings nicht im Sinne von Alles-oder-nichts: Eine nicht entfernte Eischale ist nicht unbedingt das Todesurteil für ein Küken, aber seine Risiko, verspeist zu werden, steigt.

Eine plausible Arbeitshypothese war rasch gefunden: Da die Innenseite der Eischale nicht tarnfarben, sondern weiß ist, fällt diese bereits über große Distanz auf, würde den Neststandort verraten und Küken oder restliche Eier zur leichten Beute der Krähen machen. Man pinselte also Hühnereier tarnfarbig à la Möwe und legte diese in den Dünen aus. Aufgebrochene Möwen-Eischalen wurden diesen tarnfarbigen Eiern in 15 cm, 1 m und 2 m Distanz zugesellt. So konnte gezeigt werden, daß Krähen doppelt so viele Eier finden, wenn aufgebrochene Schalen in 15 cm, verglichen mit 2 m Entfernung, liegen. Das Wegtragen der Eischale ist also eine bedeutende Maßnahme gegen Raubfeinde.

Damit endet die Geschichte allerdings noch nicht. Um das Risiko, von Krähen entdeckt zu werden, zu minimieren, sollte der Vogelelter die Eischalen sofort nach dem Schlupf entfernen. Dies geschieht aber nicht. Und zwar deswegen, weil Kolonienachbarn keine Hemmungen haben, das eben geschlüpfte, noch nasse und darum gut schluckbare Küken zu kannibalisieren (nicht gerade ein Verhalten, welches *zum Besten der Art* wäre). Um dieses Risiko zu verringern, muß der Elter mit der Entfernung der Eischale zumindest warten, bis sein Küken trocken ist und dem Nachbarn daher im Halse stecken bliebe, würde der versuchen, es zu fressen. Es ist also ein zweifaches Risiko gegeneinander abzuwägen, eine *optimale* Entscheidung bezüglich des Zeitpunkts zu treffen, *wann* die Eischale entfernt werden muß, um das Überleben des Nachkommen zu optimieren. Dieser Zeitpunkt wird ziemlich genau dann sein, wenn das Junge gerade getrocknet ist.

Öko-Ethologie: von der Ökonomie der Tiere

Sowohl im Falle der Bienenwölfe als auch bei den Möwen haben die auf genauen Beobachtungen basierenden, sehr einfachen Freilandexperimente Tinbergens gezeigt, *daß und in welcher Weise* die untersuchten Verhaltensweisen adaptiv sind. Eine exakte Vorhersage, wann die Eischalen denn nun entfernt werden sollten, ist aber so nicht möglich. Dazu benötigt man Modelle, etwa auf der Basis der oben angestellten Überlegung. Spontane Einwände dagegen könnten lauten: Warum und wozu sollten wir daran interessiert sein, auf die Sekunde genau vorhersagen zu können, *wann* genau *wieviel* Nahrung *wo* aufgenommen wird? Welchen Erkenntnisfortschritt soll es bringen, auf das Joule genau die Kosten oder den Profit diverser Verhaltensweisen zu errechnen? Ist das der Einfluß des Zeitgeistes in der Ethologie? Was soll dieser buchhalterische Kleinkram, entspringt dieser vielleicht gar dem Minderwertigkeitsgefühl der Biologen, die endlich nach dem Muster der Physik auch aus der Ökologie und der Ethologie eine exakte Wissenschaft formen wollen? Vielleicht. Jedenfalls ist das Streben nach größtmöglicher Genauigkeit in der Wissenschaft sicherlich kein Schönheitsfehler, sondern legitimes Ziel. Denn qualitative Ergebnisse sind gut, aber Vorhersagbarkeit zu erzielen und die damit verbundene Gewißheit, den Spielregeln für Verhalten, für Zusammenleben wieder ein Stück nähergekommen zu sein, ist besser. Und ein Modell, welches geeignet ist, die realen Systeme zu simulieren, kann schon ziemliche Sicherheit über die Bedeutung der beteiligten Faktoren geben. Trotzdem kann selbst von den besten Modellen nicht erwartet werden, daß sich deren Ergebnisse exakt mit den empirisch erhobenen Daten decken (siehe unten).

Der Zwang, optimal zu handeln, oder besser: optimale Entscheidungen zu treffen, entspringt der engen Einbindung von Tieren in ihre ökologischen Randbedingungen, verbunden mit dem aus dem evolutionären Mechanismus kommenden Erfolgszwang, mehr reproduktive Nachkommen zu hinterlassen als andere Mitglieder der Population. Der Eindruck vom fröhlich singenden Vogel, der den Tag in harmonischem Naturgenuß verbringt, ist grundfalsch. Natürlich ebenso falsch ist die Annahme, daß ein kastrierter und darum von seinem Geschlechtstrieb nicht mehr beunruhigter Singvogel in einem gutgeheizten Käfig bei voller Futterschüssel im Paradies lebt. Es mangelt ihm exakt an jenen Reizen, welche vom Korsett der natürlichen Zwänge (Konkurrenz, Räuber, ungünstige physikalische Faktoren usw.) ausgehen, woran sich das gesamte adaptive Verhaltensgefüge dieses Vogels im äonenlangen Werden angepaßt hat, wie sich Konrad Lorenz möglicherweise ausgedrückt haben würde; dies einschließlich der Freßfeinde, vor denen er gelegentlich flüchten *will*. Der materielle Wohlstand in Sicherheit stellte für unseren Vogel eine künstlich verarmte Umgebung dar.

Derselbe intakte Vogel in Freiheit hat natürlich andere Probleme, welche die Öko-Ethologen beschäftigen (Exkurs 7, S. 92); ständig muß er aufpassen, nicht zu verhungern und nicht selber gefressen zu werden, muß zum richtigen Zeitpunkt einen Partner finden, muß zu anderen Zeiten oft über weite Strecken in die richtige Richtung ziehen, und das alles, um in seiner oft nur kurzen Lebenszeit Nachkommen zu hinterlassen. Da das Angebot an Nahrung und Geschlechtspartnern begrenzt und daher der Konkurrenz unterworfen ist, da unterschiedliche Nahrungsquellen sich nicht nur im Angebot unterscheiden, sondern auch im Raubfeind- und Konkurrenzdruck und der Tag schließlich nur 24 Stunden hat, sind Tiere gezwungen, äußerst ökonomische Entscheidungen zu treffen, sonst passiert ihnen ganz analog zu einem schlecht organisierten Wirtschaftsunternehmen der Bankrott, also ein vorzeitiger Tod oder ein Leben ohne Nachkommen, was evolutionär betrachtet ein So-gut-wie-tot-Sein bedeutet.

Modellierte Tiere

So sind ständige Abwägungen durchzuführen. Mit anderen Worten: Tiere sollten die einkommenden Informationen mit bereits gespeicherten Sollgrößen vergleichen, um im relativ komplexen Umfeld »richtige«, d. h. ihre Fitness fördernde Entscheidungen treffen zu können (Exkurs 7, S. 92). Und eben diese Entscheidungen nachzuvollziehen und damit besser zu verstehen dienen Modelle. Ein Modell sollte ein möglichst genaues Abbild der Wirklichkeit schaffen und erlauben, verschiedene Vorgänge im modellierten System nachzuvollziehen. Eine Gruppe von besonders erfolgreichen, die sozusagen das Rückgrat der Öko-Ethologie bilden, sind Optimalitätsmodelle. Es werden Regeln aufgestellt, welche Entscheidung ein Tier unter gegebenen Randbedingungen fällen sollte, um bezüglich einer bestimmten Währung das Optimum an Gewinn in bezug auf die investierten Kosten zu erhalten.

Exkurs 7: Einige Modelle in der Öko-Ethologie

Alle Tiere *müssen* ökonomisch handeln; solche, die mehr (und bessere) Nahrung finden, können mehr Nachkommen aufziehen, denn das ist schließlich die Essenz des evolutionären Spieles. Das klingt ziemlich trivial, denn was hindert Tiere schon, sich genügend Nahrung einzuverleiben? Die Konkurrenten und Feinde zum Beispiel. Freilebende Tiere können fast niemals kompromißlos schlaraffische Nahrungsquellen nutzen, sondern müssen ständig Kosten bzw. Gefahren und Nutzen gegeneinander abwägen, etwa das Risiko, zu verhungern, gegen das Risiko, gefressen zu werden. Sie müssen also ständig Entscheidungen treffen. Räuber haben daher einen maßgeblichen Einfluß darauf, ob und wo ihre prospektive Beute selber Nahrung aufnimmt. Da Tiere durch Hunger unterschiedlich motiviert sein können (von satt bis unmittelbar vor dem Verhungern), kann die Entscheidungsregel nicht fix sein, also einfach lauten, ein bestimmtes Risiko für einen bestimmten Gewinn in Kauf zu nehmen. Genau das zeigten Manfred Milinski und Mtarbeiter in Versuchsserien mit Stichlingen, unterschiedlich dichter Wasserflohbeute und sie bedrohenden Eisvogelattrappen (1985).
Die Risikoabschätzung zwischen Fressen oder Gefressenwerden ist nur eine von vielen Einschätzungsleistungen, mit denen jedes Tier im täglichen Leben konfrontiert ist. Daher müssen von Tieren ständig *optimale Entscheidungen* getroffen werden, denn nur so können sie entsprechende Überschüsse für die erfolgreiche Vermehrung erwirtschaften: Bis an welche Ertragsgrenze sollte man eine bestimmte Nahrungsquelle nutzen, bevor man eine neue sucht? Wie weit im Umkreis sollte man Nahrung suchen? Soll man ein Territorium verteidigen? Wie groß muß/darf es sein?
Natürlich sind optimale Entscheidungen auch in Bereichen zu treffen, welche direkt die Vermehrung und damit die Fitness be-

treffen: Viele Fische müssen sich »entscheiden«, ob sie bereits früh im Leben relativ wenige Nachkommen haben »wollen« oder das Risiko auf sich nehmen, noch eine Zeit zu wachsen, dann aber viel mehr Nachkommen erzeugen können. Singvogelweibchen müssen »entscheiden«, ob sie erstes Weibchen bei einem Männchen mit mäßiger Territoriumsqualität werden »wollen« oder lieber zweites Weibchen eines Männchens mit gutem Territorium. Vogelmännchen müssen sich »entscheiden«, ob sie sich ganz der Versorgung der Erstbrut widmen »wollen« oder sich lieber nach weiteren Weibchen umtun. Vielfach müssen sich die Männchen »entscheiden«, ob sie tatsächlich die Kosten der Verteidigung eines Territoriums auf sich nehmen, um zu Kopulationen zu gelangen, oder sich lieber als alternative »Strategen« Kopulationen erschleichen, ohne viel dafür zu leisten usw.
Dieser Bereich der *optimalen Entscheidungen*, die Währungen und Regeln, mit denen Tiere umgehen, die Randbedingungen, denen sie unterworfen sind, ist der zentrale Bereich der Öko-Ethologie. Die Anführungsstriche an den Zeitwörtern im vorhergehenden Absatz beziehen sich darauf, daß alles so klingt, als ob das Leben ein kompliziertes Schachspiel wäre, welches nur von den intelligentesten Spielern gemeistert werden könnte. Erstes stimmt, zweites nicht. Es wird keinesfalls verlangt, daß Tiere (und Menschen, etwa im sozial-sexuellen Bereich) bewußte, kühl durchüberlegte Entscheidungen treffen. Die Strategieanweisungen sind evolutionär eingebaut. Situationen müssen nicht bewußt werden, es reichen spezifische Appetenz, Belohnungs- und Strafsysteme – also Hunger, der Suche auslöst, Lust bei Begegnung mit Nahrung oder Sozialpartnern, Angst vor Räubern und überlegenen Rivalen –, daß Tiere sich nahe an den situationsspezifischen Optima bewegen.
Modelle dienen nun dazu, bezüglich definierter *Währungen* (z. B. Energiegewinn oder -ersparnis, Raubfeindrisiko usw.) und *Entscheidungsvariablen* (z. B. fressen oder flüchten, weiter ausbeuten oder Suche neuer Nahrungsquellen, sozial oder territorial sein usw.) im Zusammenhang mit sorgfältig definierten *Randbedingungen* (z. B. Qualität der Nahrungsquelle, des Territoriums, Nahrungsaufnahmekapazität, Raubfeinddruck u. a.) *quantitative* Vorhersagen über die Entscheidung von Tieren zu treffen. Ziel von Modellen ist es also, evolutionäre Spielregeln

besser zu verstehen, zu Vorhersagbarkeit zu kommen und damit den adaptiven Wert konkreter Entscheidungen beurteilen zu können, ja sogar Hilfen für rationale Entscheidungen im Bereich des Naturschutzes zu geben.
Die Voraussagen des Modells werden aber durch die Entscheidungen der Tiere bestenfalls weitgehend, nie aber vollständig erfüllt. Je nach Geschmack und Standpunkt paßt das Modell dann entsprechend gut oder schlecht. Das Modell kann unzutreffend oder ungenau in der Auswahl der Parameter sein. Andererseits darf man nicht annehmen, Tiere seien immer im Besitz aller Informationen, z. B. über Nahrungsdichten und Feindgefahr. Wie denn auch, wenn sie keine Erfahrung machen konnten? Tiere müssen Erfahrungen sammeln, anders ausgedrückt: Sie müssen immer eine gewisse Rate an Fehlentscheidungen treffen, um nahe am Optimum bleiben zu können. Wie sollten sie sonst wissen, wo dieses liegt?
Einen weiteren Streich spielt die Funktion unserer Sinnesorgane, die keine exakten Meßwerte liefern, sondern eher Gegensätze erkennen (Exkurs 5, S. 65), welche uns die Einschätzung von *mehr* oder *weniger* erlauben, wie im dritten der nachfolgenden Beispiele erläutert wird.

1. *Wie weit – wie viel?*
Alex Kacelnik lieferte das ob seiner Eleganz und Vollständigkeit mit Recht wohl meistzitierte Modell der Öko-Ethologie (1984). Stare, die Junge füttern, haben eine gewisse Distanz von der Nisthöhle zum Futterplatz zurückzulegen und laden dort ihren Schnabel vorzugsweise mit Käferlarven voll, die sie aus dem Boden eines Rasens zirkeln, um sie nach der Rückkehr ans Nest ihren Jungen zu verfüttern. Da also der Schnabel nicht nur Transport-, sondern auch Sammelinstrument ist, kommen mit zunehmender Beladung beide Funktionen in immer größeren Konflikt. Laden sie die ersten 4, 5 Larven relativ rasch, so steigt darüber die Suchzeit immer mehr an, um bei 8 ein Maximum zu erreichen; mehr geht nicht (Zeichn. 3). Die Währung des Spieles lautet Energiemaximierung für die Jungen, denn die sollen möglichst rasch flügge werden. Sollen die Eltern nun bereits mit schnell gefundenen 4 Larven zurückfliegen oder lange bleiben und erst mit dem Maximum von 8 Larven abfliegen? Wie das

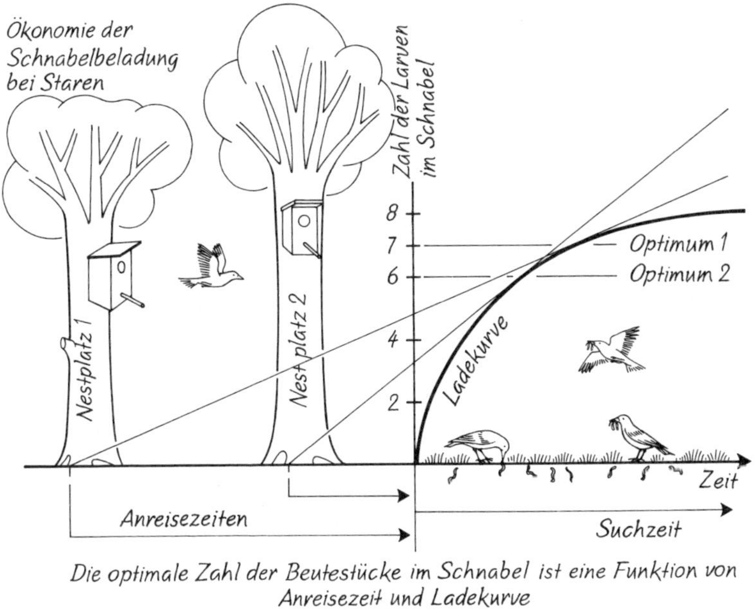

Zeichnung 3: Stareneltern optimieren ihre Entscheidungen, wie lange sie auf einem Rasen wurmartige Käferlarven suchen sollten bzw. wann sie wieder zum Nistkasten zurückkehren sollten, in Abhängigkeit von der Flugstrecke zwischen Nest und Futterplatz und der Form der Ladekurve. Diese ergibt sich daraus, daß es in Abhängigkeit der bereits im Schnabel festgehaltenen Beutestücke immer schwieriger wird, weitere aufzunehmen. Mehr als 8 Larven kann ein Star nicht aufnehmen. Das Optimum liegt um so höher, je weiter ein Vogel anfliegen muß. Im gegebenen Beispiel ist das Optimum des weiter anfliegenden Stars bei 7 Larven, des anderen, mit näher gelegenem Nest, dagegen bei 6. Nach Kacelnik (1984).

Modell zeigt, kann die Antwort darauf nur lauten: Das kommt darauf an, nämlich auf die Distanz zwischen Nest und Nahrungswiese. Je kürzer der Anflug, desto eher sollten sie wieder zurückfliegen, und umgekehrt. Das Maximum ist also nicht immer ein Optimum. Empirische Daten zeigen, daß sich wirkliche Stare statistisch gesehen erstaunlich nahe an den Vorhersagen des Modells bewegen, daß aber Individuen natürlich entsprechende Abweichungen zeigen.

2. *Fressen oder gefressen werden?*
Zu den klarsten Untersuchungen zum Thema Nahrungssuche unter Feinddruck zählen die Arbeiten von Manfred Milinski (1985) und Mitarbeitern zur Nahrungssuche von Stichlingen unter Bedrohung durch Eisvögel. Hohe Beutedichten erlauben hohe Fangraten, daher greifen hungrige Stichlinge vorzugsweise dichte Schwärme von Wasserflöhen an. Das Dilemma für die Stichlinge ist dabei, daß sie sich bei hohen Beutedichten sehr auf das Fangen konzentrieren müssen, da der »Konfusionseffekt«, also die Verwirrung des Räubers durch die Beute, mit deren steigender Gruppendichte ebenfalls ansteigt. Das bedeutet, daß Stichlinge, die an dichten Wasserflohschwärmen fressen, weniger gut auf Freßfeinde, etwa Eisvögel, aufpassen können, daher gefährdeter sind, selber gefressen zu werden, als Stichlinge, die an weniger dichten Schwärmen fressen. Tatsächlich bevorzugen nur mäßig hungrige Stichlinge und solche, die eben mit einer Räuberattrappe konfrontiert wurden, niedrige Beutedichten. Lieber langsamer fressen, dafür aber selber nicht gefressen werden! Als faszinierende Nebenerkenntnis zeigt sich, daß ein Hauptvorteil des Gruppenlebens, nämlich der erhöhte Schutz vor Freßfeinden, für die Wasserflöhe erst dann eintritt, wenn ihr Räuber selber unter Druck gerät. Der Eisvogel macht die Gruppenverteidigung der Wasserflöhe gegen Fische erst wirksam.

3. *Fressen in der Gruppe: ideale freie Gänse?*
Wenn Tiere begrenzte Ressourcen wie z. B. Nahrung nutzen, kommt es zwangsläufig zu Konkurrenz, die entweder über Freßraten ausgetragen wird (*Ausbeutungskonkurrenz*) oder dadurch, daß Individuen die Nahrungsquelle gegenüber anderen verteidigen (*Interaktionskonkurrenz*). Ausverkaufskunden an einem Wühltisch wären ein Beispiel für ersteres, während Obstbäume in einem umzäunten Garten eher zu den verteidigten Ressourcen gehören (wie zumindest die ehemaligen Lausbuben unter uns aus ihrer Kindheit wissen). Abhängig von Nahrungsdichte, -qualität und Motivation kann das eine in das andere umschlagen (Kotrschal u. a. 1993).
Das einfachste Modell, wie sich Konkurrenten in Abhängigkeit vom Ressourcenangebot und voneinander verteilen sollten, stellt die »ideale freie Verteilung« dar (Fretwell 1972, Fretwell

und Lucas 1969, Kacelnik u. a. 1992). Wenn Tiere fähig sind, sich entsprechend der Profitabilität zu verteilen, dann sollten sie zunächst die reichsten Nahrungsquellen aufsuchen, die ihnen die maximalen Freßraten erlauben. Je mehr Tiere aber dort ankommen, desto geringer wird ihr Gewinn, bis es schließlich für Neuankömmlinge lohnender sein kann, weniger reiche Nahrungsquellen anzusteuern, an denen aber auch der Konkurrenzdruck geringer ist. Zwei wichtige Voraussetzungen für dieses Modell drücken sich bereits in der Überschrift aus: Es müssen in dem Sinne »ideale« Tiere sein, daß sie im Besitz aller Informationen sind, und sie müssen »frei« sein, dorthin zu gehen, wo es für sie am lohnendsten ist. Es darf also keine Despoten geben, die sie daran hindern. Die Verteilung der Kunden an Supermarktkassen ist ein gutes Beispiel für dieses Modell (Krebs und Davies 1981): Man stellt sich dort an, wo man hofft, am schnellsten durchzukommen. Milinski (1988) bestätigte dieses Modell durch Versuche mit Fischen (Stichlingen) mit der Wahlmöglichkeit zwischen zwei Nahrungsquellen, die konstante, aber ungleiche Futterraten abgaben.
Trotz Fehlens aggressiver Auseinandersetzungen kommt es vor, daß, aus welchen Gründen immer, Individuen nicht identisch in ihrer Konkurrenzfähigkeit sind, daß also manche rascher fressen als andere. Das Modell ist also abzuändern: Individuen sollten sich bei gegebener Ressourcenverteilung nicht nach der Verteilung der bereits vorhandenen Individuen, sondern nach den Summen der Konkurrenzfähigkeit (kompetitives Gewicht) der bereits Anwesenden richten (Sutherland und Parker 1985). Wenn die Schwelle zur Annahme der weniger guten Nahrungsquellen bei 3 dort anwesenden, vollen Konkurrenten liegt, sollte sie bei 6 Konkurrenten liegen, wenn diese nur die halbe Konkurrenzfähigkeit aufweisen. In der Supermarkt-Analogie wäre dies der Fall, wenn ein Kassierer doppelt so schnell wäre wie der andere. Die Warteschlange beim schnellen sollte doppelt so lang sein wie die beim langsamen. Einen ähnlichen Effekt sollte der Füllungsgrad der Einkaufswagen in der Schlange haben.
Graugänse leben in großen, komplexen Gruppen (Exkurs 9, S. 143). Sie genießen nicht nur die Vorteile des Gruppenlebens, sondern müssen auch mit dessen Nachteilen, z. B. mit der Konkurrenz um Nahrung, zurechtkommen. Tatsächlich konkurrie-

ren Individuen in der Schar auf eine komplexe Weise sowohl durch Ausbeutungs- wie auch Interaktionskonkurrenz (Kotrschal u. a. 1993). Bietet man hungrigen Gänsen auf großen Flächen Körner an, so herrscht zumindest anfangs reine Ausbeutungskonkurrenz; Gänse picken so rasch wie möglich. Erst nach einigen Minuten oder nach Absinken der Körnerdichte unter eine kritische Schwelle beginnen Höherrangige gegen andere aggressiv zu werden und Teile der Fläche für sich zu monopolisieren, und das auch nur bei begehrter Nahrung wie Getreide. Werden die weniger begehrten, einen hohen Faseranteil aufweisenden Pellets gestreut, dann findet dieser Umschlag nicht statt. Dafür lohnt es sich offenbar nicht, die Mühe auf sich zu nehmen, andere zu vertreiben. Unter reiner Pelletfütterung handelt es sich also tatsächlich um »freie« Gänse, aber wie »ideal« verhalten sie sich? Die Frage lautet, zwischen welchen Randbedingungen hochsoziale Tiere wie Gänse ihre Nahrungswahlentscheidungen treffen müssen.
Um dieser Frage nachzugehen, bietet die Theorie der Idealen Freien Verteilung einen guten Ausgangspunkt. Die Nahrung muß in Schar-adäquater Form, also flächig verteilt geboten werden, am einfachsten in unterschiedlichen Dichten auf zwei aneinandergrenzenden Feldern. Außerdem darf die Datenaufnahme nur in den ersten Minuten erfolgen, da nur dann die Gänse standardisiert hungrig sind und die Anfangsdichte noch nicht wesentlich unterschritten ist. Der Theorie entsprechend sollten die Gänse sich nach der Profitabilität richten, also danach, wieviel Nahrung pro Zeit aufgenommen werden kann. Ein adäquates Maß dafür sind die Pickraten. Es stellt sich also die Frage, welche Randbedingungen die Verteilung der Gänse auf Hoch- und Niedrigdichtefeld und ihre Pickraten beeinflussen.

a) *Verteilung der Gänse, Nahrungsdichten, Pickraten und Flächengrößen*

Bei Nahrungsdichten von 1000 Körnern pro m^2 bzw. 3000 Körnern pro m^2 waren die Pickraten entsprechend der Vorhersage aus dem Modell (Kacelnik u. a. 1992) auf beiden Feldern gleich, die Gänse verteilten sich aber recht konstant 1:2. Es waren also zwei Drittel der Gänse auf dem Hochdichtefeld, der Nahrungsdichte entsprechend hätten es aber drei Viertel sein sollen. Da die Pickraten auf beiden Feldern gleich waren und sich auf beiden Flächen ein repräsentativer Scharquerschnitt von Gänsen befand, ist anzunehmen, daß keine Unterschiede zwischen den Gänsen in ihrer Konkurrenzfähigkeit bestehen. Es ist daher unklar, warum sich die Gänse zwar tendenziell, nicht aber genau nach den gebotenen Pelletdichten verteilten. Vermutlich erlauben die Sinnesorgane den Tieren zwar die Feststellung, auf welcher Seite es mehr gibt, nicht aber quantitativ, um wieviel mehr.

Keinen Einfluß hatte die Feldgröße. Die 1:2-Verteilung der Gänse stellte sich unabhängig davon ein, ob die Feldgrößen $2 \times 25\ m^2$, $2 \times 50\ m^2$ oder $2 \times 100\ m^2$ betrugen; für uns zusätzlich zur fehlenden Aggression ein klarer Hinweis darauf, daß es sich tatsächlich um »freie« Gänse handelt, denn gäbe es versteckte Interaktionskonkurrenz, dann hätte die Gänseverteilung auf den kleinen Feldern gegen 1:1, auf den großen Feldern gegen 1:0 zugunsten des Hochdichtefeldes gehen müssen.

b) *Besteht die Schar aus lauter gleichwertigen Konkurrenten, oder unterscheiden sich Pickraten bei konstanter Nahrungsdichte etwa zwischen den Individuen mit unterschiedlichem sozialem Status?*

Im Gegensatz zu einer vorhergehenden Untersuchung, die mit Getreide durchgeführt wurde (Kotrschal u.a. 1993), konnten mit relativ hohen Pelletdichten kaum Unterschiede in den Pickraten zwischen den sozialen Klassen gefunden werden. Tendenziell, aber nicht signifikant fraßen die noch im Familienverband lebenden Jugendlichen am schnellsten. Bei den gegebenen Versuchsbedingungen kann man daher davon ausgehen, daß die Schar aus ziemlich gleichwertigen Ausbeutungskonkurrenten besteht. Möglicherweise divergieren die Pickraten der sozialen Klassen erst bei geringeren Körnerdichten stärker.

Es gab übrigens keinen Unterschied in sozialem Status, Rang, Alter oder Geschlecht zwischen den Gänsen, die das Niedrig- bzw. Hochdichtefeld nutzten. Scharmitglieder nutzen also beide Flächen gleichmäßig.

c) *Welchen Einfluß auf die Gänseverteilung hat das Bedürfnis zum Gruppenleben? Wie wirkt sich also steigender Abstand zwischen beiden Nahrungsflächen auf die Verteilung aus?*
In einer Serie von Versuchen wurden zwei 50-m^2-Felder (1000 bzw. 3000 Körner/m^2) im Abstand von 1 m bzw. 11 m zueinander geboten. Während bei geringem Abstand die Gänseverteilung erwartungsgemäß wieder annähernd 2:1 war, näherte sie sich bei weitem Abstand etwa 5:1. Nur ein Sechstel der Schar entschied sich für das Niedrigdichtefeld. Je weiter die Flächen voneinander entfernt sind, desto mehr neigen die Individuen dazu, sie nacheinander in geschlossener Schar auszubeuten. Hier wird wahrscheinlich von den Gänsen die Schutzfunktion der Schar vor Raubfeinden gegen den potentiellen Nutzen einer nicht konkurrierten Nahrungsquelle in Rechnung gestellt. Risiko vermeiden ist unter Umständen wichtiger als kurzfristiger Energiegewinn.

d) *Welchen Einfluß haben Faktoren wie Temperatur oder Bedrohung durch Raubfeinde auf Pickraten und Gänseverteilung?*
Daß Temperatur einen starken Einfluß auf Pickraten haben kann, war ein Zufallsergebnis, als zwischen zwei Versuchsserien mit gleichen Pelletdichten stark unterschiedliche mittlere Pickraten auftraten. Der einzige Unterschied zwischen den Versuchen war die Temperatur, die während der ersten Serie im Schnitt +1 °C betrug. Die zweite Serie wurde während einer anschließenden Kälteperiode durchgeführt, mit einer mittleren Temperatur von −10 °C. In der Kälte fraßen die Gänse etwa ⅓ mal langsamer; das verlangsamte »handling« der Körner durch den kalten Schnabel war offensichtlich dafür verantwortlich.
Noch keine systematischen Untersuchungen führten wir zur Frage des Zusammenhangs zwischen Fressen und Fluchtbereitschaft durch. Zufallsbeobachtungen zeigten, daß Gänse, die durch vorangegangene Störungen »nervös« sind (was man am ständigen Sichern merkt), die Flächen nur zögernd annehmen, recht langsam fressen und wenig auf ihre Verteilung achten. Aufgrund der Theorie und entsprechender Ergebnisse an anderen Systemen (Milinski 1988, Pitcher 1986, Power 1984) ist vorauszusagen, daß die Pickraten sich bedroht fühlender Gänse natürlich sinken. Schwer vorhersagbar ist, wie sich die Gänse

verteilen werden, da dichte Pellets im Gegensatz etwa zu dichten Wasserflohschwärmen (Milinski 1985) kaum einen Verwirrungseffekt auf den »Räuber«, also die Gans, ausüben können, im Gegenteil: Auf Hochdichteflächen kann man auch dann rascher fressen, wenn man sich mehr auf die Umgebung konzentrieren muß. Die Gänse sollten unter Feindbedrohung entweder weniger auf ihre Verteilung achten oder aber die Hochdichteflächen bevorzugen.
Versuche mit einem angeleinten Hund als Feinddarsteller zeigten einen signifikanten Anstieg des Sicherverhaltens und einen damit zusammenhängenden Abfall der Pickraten. Die Verteilung der Gänse, die ohne Feinddarsteller etwa 2:1 zugunsten des Hochdichtefeldes (5mal größere Dichte als Niederdichtefeld) ausfiel, tendierte bei Anwesenheit des Hundes gegen 1:1, der Unterschied war aber nicht signifikant. Keinerlei Auswirkungen gab es auf die Verteilung unterschiedlicher Individuen (bezüglich Alter, Sex, Rang, sozialem Status) über die beiden Felder.
Es ist also durch Wahl der Versuchsbedingungen durchaus möglich, mit »idealen freien Graugänsen« zu arbeiten. Verschiedene Tests eines im Grunde einfachen Modells zeigten eindrucksvoll, daß auch Gänse im engen Netz des Wirkungsgefüges der Lebensumstände ständig und recht flexibel fein balancierte Entscheidungen treffen.
Die Bedeutung solcher Ergebnisse geht über die Gänse hinaus. Diese ökologisch und evolutionär begründeten Prinzipien der Entscheidungsfindung sollten für alle unter ähnlichen Randbedingungen stehenden Tiere einschließlich Mensch gelten. Es handelt sich dabei um Systemeigenschaften, die ganz parallel zu den Gänsen auch auf die Wirtschaft umlegbar sind, etwa auf Gruppen kooperierender Firmen.

Um Verhalten modellieren zu können, ist eine durch Beobachtung erworbene genaue Grundkenntnis des Systems erforderlich. Dann muß als erster Schritt die *Währung* festgelegt werden. So kann ein nahrungssuchender Vogel seinen eigenen *Energiegewinn maximieren*, um in kürzester Zeit möglichst viel Fett zu speichern; das machen viele Vögel vor dem Zug. Energiemaximierer sind gewöhnlich auch fütternde Elternvögel, nur stecken sie ihren Gewinn in den Nachwuchs. Derselbe Vogel kann während anderer Jahreszeiten unter ganz anderen Zwängen stehen. Im Winterquartier wird zum Beispiel oft die *Freßzeit minimiert*. Im letzteren Fall heißt die Devise: Energie sparen, zu Hause bleiben, sich so möglichst wenig den Freßfeinden aussetzen und auf diese Weise die eigene Überlebenswahrscheinlichkeit erhöhen. Energiemaximierung ist also nicht die einzige, sondern eine von vielen möglichen Währungen von Optimalitätsmodellen. Als weitere wichtige Annahmen müssen die *Randbedingungen* und die *Entscheidungsvariablen* in das Modell eingehen. Die Währungen sind ebenso variabel wie die Randbedingungen, die Alternativen der zu treffenden Entscheidung sind frei festsetzbar (Exkurs 7, S. 92).

Alle Modelle dienen der Vorhersage der Entscheidung von Tieren. Wurden die Annahmen richtig gewählt, dann sollten sich die abgeleiteten Vorhersagen weitgehend mit dem beobachteten Verhalten der Tiere decken. Es stimmt natürlich, daß Modelle nur einen kleinen Teilaspekt der wirklichen Welt abdecken können und die Komplexität natürlicher Systeme unzureichend oder gar nicht erfassen.

Unabhängig davon, ob ein bestimmtes Modell das Verhalten von Organismen adäquat beschreibt oder nicht, liegt der große Vorteil von Modellen doch darin, daß man gezwungen ist, exakte Arbeitshypothesen zu formulieren und die beteiligten Variablen genau zu bedenken. Dieser Zwang zur Exaktheit ist bei beobachtenden und beschreibenden Ansätzen weniger stark ausgeprägt. Es trifft auf Modelle zu, was für die Wissenschaft im allgemeinen zutrifft: Der Weg ist oft wichtiger als das Ziel. Die jahrzehntelange Beschäftigung der Öko-Ethologen mit Entscheidungen bedingte das Wiedererstarken der Kognitiven Ethologie. Als klar wurde, zu welch komplexen geistigen Leistungen Tiere befähigt sind (z. B. Häher, die bis zu 30000 Samenkörner verstecken und sie zu über 90% wiederfinden), war man immer weniger bereit, sie als »Verhaltensmaschinen« zu betrachten, kurz: Man interessiert sich wieder dafür, wie Tiere denken.

Ein Hauptgrund für Unschärfen in den Modellen der Öko-Ethologie scheint zu sein, daß der Einfachheit halber Allwissenheit der Tiere, zum Beispiel über Ressourcenverteilung und -qualität, angenommen wurde, was sicherlich unrealistisch ist. Daher interessieren nun wieder verstärkt die *Mechanismen* des Informationserwerbs, die Näherungsverfahren, welche Tiere verwenden, um etwa die Qualität von Futterplätzen, den energetischen Wert von Nahrung abzuschätzen; wie sie herausfinden, ob es besser für sie ist, sich einer Gruppe anzuschließen oder allein zu bleiben, ob es sich um einen guten Partner handelt. Vielfach werden dazu indirekte Reize benutzt. So reicht es für eine zufällig vorbeikommende Möwe, eine Aggregation von fressenden Möwen anzusteuern, um einigermaßen sicher zu sein, daß es dort Nahrung gibt. Der Vogel braucht den Reichtum der Futterquelle nicht direkt abzuschätzen, wenn etwa der Reichtum einer Nahrungsquelle und die dortige Aggregation von Artgenossen in Zusammenhang stehen.

Suchbilder

Es war eine Entdeckung von großer Tragweite, daß Räuber lernen, wie ihre Beute aussieht, daß sie also sogenannte *Suchbilder* erwerben. Durch Lernen können sich Räuber ein Schema anlegen, mit dem dann die Bilder aus der Umwelt verglichen werden. Das macht ihre Beutesuche effizienter. Die Auswirkungen dieses einfachen Vorgangs auf Individualverhalten von Räuber und Beute, auf die Selektion bestimmter Beutemerkmale und auf Ökosysteme sind aber beträchtlich. Luc Tinbergen beobachtete in niederländischen Wäldern, daß insektenfressende Vögel bestimmte Beutearten mit höherer Frequenz nahmen, als letztere im Lebensraum vorkam. Er führte dieser Bevorzugung auf die Bildung eines Suchbildes für diese Beute zurück. Als Effekt dieser Suchbild-bedingten Bevorzugung eines Beutetyps wird häufig wahrgenommene Beute überproportional zu ihrer Häufigkeit genommen, ohnehin seltene Beute ist dagegen unterproportional im Nahrungsspektrum vertreten. Man beachte, daß es dabei nicht auf die *tatsächliche* Häufigkeit der Beute ankommt, sondern auf die *subjektive*, also die Frequenz, mit der ein Räuber die Beute entdeckt. Daraus folgt, daß Beute gut daran tut, sich zu verstecken bzw. zu tarnen. Von der Freqenz des Entdecktwerdens kann wiederum die Fähigkeit von Räubern abhängen, Suchbilder anzulegen. Ein kleines bißchen mehr an Tarnung kann also unter Umständen eine starke Verringerung des Freßfeinddruckes bringen. Soweit die groben Grundlinien dieser Geschichte, von der Seite der Beute betrachtet.

In einem evolutionären »Rüstungswettlauf« bezüglich der Such- und Abwehrstrategien muß neben der prospektiven Beute auch der Räuber in Betracht gezogen werden. Die Gegenmaßnahme des Räubers liegt u. a. in einer Verbesserung seiner Fähigkeit, auch besser versteckte oder getarnte Beute zu finden, z. B. über eine Verbesserung seiner Suchbild-Bildung, also seiner Wahrnehmungs- und Lernleistung. Somit kann Beute einen bedeutenden Selektionsdruck auf die Verbesserung mancher »Intelligenzleistungen«, also der kognitiven Fähigkeiten von Räubern ausüben.

In einer vergleichenden Untersuchung von relativen Gehirngrößen (Gehirnvolumen/Körpervolumen) von hawaiianischen Riff-Fischen fanden Bauchot u. a. (1977), daß diejenigen Fische die größten Gehirne aufweisen, die ihrer Beute aktiv nachjagen. Ähnlich große Gehirne hatten aber auch die möglichen Beutefische, die offenbar ziemlich umsichtig sein müssen, um nicht von einem dieser »intelligenten« Räuber erwischt zu werden. Die relativ kleinsten Gehirne wurden bei den Lauerern unter den Räubern gefunden, die so lange gut getarnt umherliegen, bis sie im richtigen Augenblick das Maul weit aufzureißen, um ein argloses Beutefischchen einzusaugen; in 20 Millisekunden, dem Fünftel einer hundertstel Sekunde, ist des Tages Arbeit getan. Sollte Hirnvolumen irgend etwas mit Leistungsfähigkeit zu tun haben, dann darf man aus dieser Geschichte wohl schließen, daß ein evolutionärer Räuber-Beute-Wettlauf kognitive Fähigkeiten verbessern kann. In diesem Zusammenhang liegt natürlich bezüglich der beinahe explosionsartigen Evolution der geistigen Leistungsfähigkeit des Menschen die Spekulation nahe, daß ein besonderer Selektionsdruck auch daher kam, daß die ursprünglichen Menschen sowohl

Jäger als auch Gejagte waren. Das ist aber sicherlich nur ein Teilaspekt der Erfolgsgeschichte des menschlichen Gehirns.

Zurück zu Vögeln und Insekten. Die Bildung eines Suchbildes durch ein Individuum läßt sich durch eine Lernkurve darstellen. Da wohl das Phänomen, nicht aber der genaue Verlauf dieses Lernprozesses im Freiland zu beobachten ist, haben sich Öko-Ethologen eine recht clevere Apparatur einfallen lassen und einen Vogel gefunden, den amerikanischen Blauhäher, der fast mit Begeisterung darin die »Testperson« spielte. Pietrewicz und Kamil (1981) bauten eine Skinner-Box, in welcher Bilder von Insekten projiziert werden konnten. »Glaubt« der Vogel, ein (mehr oder weniger gut getarntes) Insekt erkannt zu haben, pickt er einen Knopf und erhält eine Belohnung. War seine Entscheidung falsch, bekommt er nichts, oder der zeitliche Abstand zur nächsten Bildpräsentation wird erhöht. Wie auch in Freiheit wirkte sich also eine Fehlentscheidung auf eine Verlängerung der Suchzeit des Vogels aus und verminderte damit seine Effizienz. Zeigte man nun im Zuge einer Bilderserie abwechselnd entweder nur die Borke eines Baumes oder denselben Untergrund mit einer einzigen Art gut getarnter Nachtschmetterlinge, so steigerte der Vogel rasch seine Erkennungsleistung von anfänglich etwa 70 % richtige Enscheidungen auf bis zu 100 %. Mit dieser Lernkurve war die Bildung eines Suchbildes auch experimentell nachgewiesen. Noch interessanter war allerdings das Ergebnis, wenn dem Vogel in Zufallsreihenfolge zwei unterschiedliche Farbvarianten eines getarnten Nachtschmetterlings gezeigt wurden. Es ist schon lange bekannt, daß manche getarnten Insekten in verschiedenen Morphen, also Erscheinungsbildern existieren, ohne daß die Funktion eines solchen Polymorphismus besonders einsichtig gewesen wäre; erklärt wurde er oft damit, daß auch der Untergrund in verschiedenen Ausführungen vorliege, dieselbe Schmetterlingsart also ein weiteres Spektrum von sie tarnenden Unterlagen zur Verfügung habe. Das kann durchaus der Fall sein, aber der oben erwähnte Versuch lieferte ein im Lichte unseres gegenwärtigen Verständnisses des evolutionären Mechanismus besseres Argument: Die Testvögel schafften es bei abwechselnder Präsentation der zwei Ausbildungsformen desselben Schmetterlings nämlich nicht, ein Suchbild auch nur für eine der beiden Morphen aufzubauen. Es konnte also gezeigt werden, daß Polymorphisms eine effiziente Gegenstrategie gegen die Suchbild-Bildung bei Räubern sein kann. Räuber selbst selektionieren unter Umständen ihre Beutepopulationen auf die für die letzteren idealen Verhältnisse von Morphen, also unterschiedliche körperliche Ausbildungsformen, indem sie eine der Morphen so lange bevorzugen, bis sie entsprechend selten bzw. die andere entsprechend häufig wurde, um dann auf die andere Form umzusteigen.

Der Begriff Beute gilt, nebenbei bemerkt, nicht nur für Nahrung tierischen Ursprungs, genausogut können Pflanzenfresser für bestimmte Pflanzenarten Suchbilder aufbauen. In Grünau stehen den Gänsefamilien jedes Frühjahr zumindest 50 freßbare Pflanzenarten in nennenswerten Quantitäten zur Verfügung. Tatsächlich genützt werden jedes Frühjahr aber nur ganz wenige Arten. Das wäre allein noch nicht so aufregend. Was aber tatsächlich auf Suchbild-Bildung schließen läßt, sind die jährlich wechselnden »Moden«. Was im Vorjahr mit Begeisterung gefressen wurde, kann im darauffolgenden Frühjahr total »out« sein (Walther 1980). Gössel lernen offenbar in ihren ersten Lebenstagen ein kleines Inventar von Pflanzenarten, nach denen man eben pickt. Das wird sehr konservativ beibehalten, andere Pflanzen werden konsequent ignoriert.

Mit dem Suchbild wurde gezeigt, daß einfache kognitive Prozesse im »Alltagsverhalten« von Tieren durchaus eine wichtige Rolle spielen. Suchbilder können aber auch planktonfressende Fische bilden, d.h. Tiere, die man wohl nicht für besonders intelligent halten würde. Für eine ausgeprägte Intelligenzleistung sollte man die Fähigkeit zur Suchbild-Bildung auch nicht halten, eher für eine spezialisierte Wahrnehmungsfähigkeit, angepaßt an eine sowohl kurzzeitig als auch in evolutionären Zeiträumen instabile Umwelt.

Muß alles »angepaßt« sein?

Als darwinistischer Öko-Ethologe nimmt man zunächst einmal recht bereitwillig an, daß jede Struktur, jede Verhaltensweise eines Organismus in der richtigen Situation fitnessfördernd sei. Dieses alles erklärende Credo der sogenannten »Adaptionisten« mußte zwangsläufig Widerstand hervorrufen und wurde prompt von Evolutionsbiologen als »panglossian« (etwa: alles erklärend) kritisiert (Gould und Lewontine 1979): Man könne für alles und jedes ein Geschichtchen erfinden, warum es adaptiv sein müsse, und damit alles (scheinbar) erklären. Warum aber soll z. B. die Flügeldeckenstruktur vieler Käfer nicht bloß ein (selektiv neutrales) Nebenprodukt der Entwicklung sein? Dasselbe gilt für Farbmuster und Steigungswinkel von Schneckengehäusen usw. Was kostenneutral sei (d. h. sich bezüglich der Fortpflanzungsrate weder positiv noch negativ auswirkt), wird von der Selektion geduldet. Daß es Merkmale einschließlich Verhaltensweisen gibt, welche nicht durch den direkten Zwang zur Anpassung geformt wurden, sondern Epiphänomene von Entwicklungsvorgängen bzw. physiologischen Mechanismen oder aber schlicht stammesgeschichtliches »Mitbringsel« darstellen, ist nicht unwahrscheinlich, stellt aber natürlich die wissenschaftliche Untersuchung vor ein Dilemma: Verhaltens- oder sonstige Merkmale, die offensichtlich funktionslos sind, für welche also in jedem denkbaren Versuch die 0-Hypothese nicht widerlegt werden kann, lassen uns direkt ins Induktionsproblem schlittern (Exkurs 5, S. 65). Gerade bei der Annahme, daß es Strukturen geben könnte, welche nicht adaptiert sind, ist Vorsicht geboten. Angenommen, es gäbe Vögel mit grauer Schnabelfarbe. Vielleicht, weil diese Färbung chemisch einfach und energetisch günstig im Köper herzustellen ist? Für welche Aufgaben sollte ein grauer Schnabel denn besser geeignet sein als ein weißer, blauer, brauner oder grüner? Angenommen, man würde 100 verschiedene Arbeitshypothesen zur Funktion der Schnabelfarbe Grau samt zugehöriger Tests entwickeln und hätte in allen Fällen ein negatives Ergebnis, die Schnabelfarbe Grau hätte also keinen besonderen Anpassungswert in der Vermeidung von Freßfeinden, Anlockung von Beute, im sozialen Bereich usw.: Wie können wir sicher sein, daß nicht die 101. Arbeitshypothese zutrifft? Mit anderen Worten: Gerade bei Tests des adaptiven Wertes von Strukturen ist ein negatives Ergebnis niemals endgültig. Während ein positives Resultat eindeutig ist, läßt ein negatives immer die Optionen von »kein Anpassungswert« bzw. »unpassende Arbeitshypothese« offen. Aber selbst positiven Ergebnissen gegenüber ist immer höchste Vorsicht angebracht; Alternativhypothesen werden dadurch natürlich nicht ausgeschlossen. Monokausale Erklärungen gaukeln oft die trügerische Sicherheit vor, schon alles »im Griff zu haben«. Polykausale Modelle kommen Ursache-Wirkungs-Netzen in der Natur meist wesentlich näher. Monokausale Erklärungen entsprechen offenbar den menschlichen Denkstrukturen und schaffen geistige Geborgenheit, sind aber angesichts der Komplexheit lebender Systeme trügerisch (Exkurs 5, S. 65).

Aber zurück zum Anpassungswert der Schnabelfarbe: Der Protest der Eingeweihten tönt jetzt laut genug, um endlich zu verraten, daß ein Beispiel gewählt wurde, an welchem Burtt (1984) tatsächlich zeigen konnte, daß diese scheinbar nebensächliche Laune der Natur sehr wohl wichtig sein kann. Wartenjagenden amerikanischen Fliegenschnäppern, also Vögeln, die ihre Insektenbeute von Ansitzen aus mit kurzem Vorstoß erbeuten, wurde der graue Schnabel weiß-glänzend lackiert, und prompt zogen sie sich von besonnten Warten in den nahrungsärmeren Schatten zurück, da wahrscheinlich der helle Schnabel die visuellen Insektenjäger blendete. Dieses Beispiel zeigt also, daß auch Merkmale, welche uns intuitiv nebensächlich vorkommen mögen, sehr wohl adaptiv sein können.

Die Kritik am Adaptionismus einfach abzuschmettern wäre ebenso unklug, wie sich dadurch in allzu große Verunsicherung stürzen zu lassen. Es gibt schließlich aus den angeführten Gründen keine Alternative für die Arbeitshypothese, daß morphologische Strukturen, physiologische Vorgänge und Verhalten prinzipiell angepaßt seien. Nur ist diese Annahme nicht der Weisheit letzter Schluß. Man darf nicht einfach *annehmen*, daß jegliches Verhalten adaptiv sei, man muß es allemal nachweisen und auch zeigen, wie wichtig eine bestimmte Merkmalsausprägung für die Fitness ihres Trägers ist.

Soziobiologie

Nepotismus, Egoismus und Wie-du-mir-so-ich-dir

Die moderne Öko-Ethologie läßt sich kurz als quantitativer Ansatz der Untersuchung der Konsequenzen von Verhalten auf die Fitness charakterisieren (Exkurs 3, S. 33). Es geht dabei um nicht weniger als um das Wesen und den Mechanismus der Evolution. Die Öko-Ethologie bildet damit die solide Grundlage, wohl aber nicht den ausschließlichen Grund für die anhaltende Blüte der Verhaltenswissenschaften in den letzten 20 Jahren. Dieser Aufschwung ist vor allem auf das Konzept der Verwandtenselektion zurückzuführen: Hamilton (1964), Wilson (1975) und andere Autoren zeigten die entscheidende Bedeutung des Verwandtschaftsgrades für Interaktionen zwischen Tieren. Auf diesem Konzept der inklusiven Fitness (Exkurs 3, S. 33) beruht die Soziobiologie, die in jüngster Zeit wohl erfolgreichste Richtung der Verhaltensbiologie, vor allem deswegen, weil dadurch soziale Organisation biologisch erklärbar wurde (Bezzel 1993). Zudem bildet sie die Basis für die Einsicht, daß Kultur evoluiert bzw. in der Evolution wurzelt (Bonner 1983).

Ethologen war schon lange aufgefallen, daß nicht alle Tiere immer nur auf den eigenen Vorteil bedacht sind, sondern anderen helfen, sich sogar für andere aufopfern bzw. auf die eigene Reproduktion verzichten. Sie verhalten sich, als wären sie am »Überleben der Art« interessiert. Dieser Altruismus stellt natürlich für einen konsequent gedachten Darwinismus ein großes Problem dar. Im Sinne des gruppenselektionistischen Weltbildes von Konrad Lorenz war so etwas aber gar nicht verwunderlich. Vor allem die beliebten Naturdokumentationen des Fernsehens trugen das Ihre dazu bei, den »Zum Besten der Art«-Gedanken so tief ins öffentliche Bewußtsein einzupflanzen (wie übrigens auch die durchwegs irreführenden Ideen von der »Harmonie in der Natur« oder auch vom »ökologischen Gleichgewicht«, Pimm 1991), daß er, wie zu befürchten ist, noch lange das evolutionäre Credo der breiten Öffentlichkeit darstellen wird.

So tief sitzt diese Überzeugung, daß selbst heute noch sogar manche biologisch Versierte die geistige Gefolgschaft verweigern, geht man daran, den romantischen Mythos vom »Überleben der Art« zu hinterfragen. Diesem Widerstand, die traditionelle Sicht von Altruismus und Gruppenselektion über Bord zu werfen, entspricht wahrscheinlich ein tief in uns steckendes Bedürfnis nach Harmonie in und mit der Natur. Wer akzeptiert schon gerne Dinge, wie sie wirklich sind, wenn die Möglichkeit besteht, sie im vertrauten, wenn auch falschen Sinne zu interpretieren? Vor diesem Hintergrund ist der Aufruhr verständlich, den Hamilton (1964), Wilson (1975) und andere verursachten, als sie mit dem in bezug auf Genetik und evolutionäre Mechanismen schlüssigen Konzept der Individualselektion (Exkurs 3, S. 33) antraten, um Kooperation im Tierreich zu erklären. Nicht nur, daß sich neue Ideen in der Wissenschaft anfangs eher zäh verbreiten – auf dieses Konzept reagierten viele wie auf eine kalte Dusche. Dies um so mehr, als aufgrund der allseits akzeptierten Kontinuität zwischen tierischem und menschlichem Verhalten das Prinzip Eigennutz konsequenterweise auch auf den Menschen anzuwenden ist. Schützenhilfe kam von der bereits vorher entwickelten Spieltheorie (Maynard Smith 1976, Poundstone 1992), die aber natürlich keine empirischen Daten, sondern nur Modelle beisteuern kann. Welch scheinbare Verletzung anerkannter Prinzipien der gesellschaftlichen Ethik und Moral: Der in menschlichen Gesellschaften weit verbreitete, aber vielfach geächtete Nepotismus – ein biologisches Grundgesetz, als solches *natürlich* und daher gut? Nicht unbedingt. (Zum Verhältnis zwischen evolutionären Verhaltensstrategien und Ethik vgl. S. 258.)

Die Natur bietet zahlreiche Beispiele für Altruismus, also selbstlose Hilfe oder sogar Aufopferung für Artgenossen. So verzichten etwa die allermeisten Weibchen bei staatenbildenden Insekten auf die eigene Fortpflanzung und sorgen offenbar lieber als Arbeiterinnen für das Fortkommen ihrer Schwestern. Bei Kämpfen zwischen Männchen gibt es fast immer Ritualisierungen im Verhalten, die verhindern, daß es sofort zum Beschädigungskampf um wichtige Ressourcen, meist den Zugang zu den Weibchen, kommt. Bei vielen Vögeln, aber auch manchen Fischen und Säugetieren bleiben entweder die vorhergehenden Jungen oder sogar nichtverwandte Individuen bei den Brütern und helfen ihnen durch Füttern des Nachwuchses oder durch Verteidigung des Territoriums. Eigentlich recht einleuchtend, daß zunächst das Auftreten dieser Phänomene dadurch erklärt wurde, daß sie das *Überleben der Art* fördern würden. Natürlich tun sie das offensichtlich *auch*, aber deswegen anzunehmen, sie wären *selektioniert* worden, bedeutet Ursache und Wirkung zu verwechseln. Warum dem so ist, bedarf einiger Erklärung.

Beginnen wir beim Grundstein der Darwinschen Theorie, bei der Einheit der Selektion: Das ist in den allermeisten Fällen das Individuum, nicht aber die Gruppe oder gar die Art. Konsequent weitergedacht sind eigentlich die Gene die Einheiten der Selektion (Dawkins 1977), ihr Konkurrenzkampf treibt das Verhalten der Tiere und Menschen. Was zunächst völlig absurd klingt, wurde teils von Molekularbiologen belegt: So liefern sich mütterliches und väterliches Genom sogar noch im Körper des Embryos heftige hormonale Kämpfe um das Wachstum desselben (Hurst u. a. 1992). Von väterlichen Genen kodiertes Hormon (IGF-II) versucht das Wachstum des Embryos anzukurbeln, also mehr mütterliche Ressourcen für den Nachkommen zu requirieren, als die Physiologie der mütterlichen Seite zu investieren bereit ist. Als Gegenmaßnahme bildet das mütterliche Genom Rezeptormoleküle, die nur dazu dienen, das durch väterliche Gene kodierte Wachstumshormon zu inaktivieren. Der strategische Kampf der Geschlechter um Fortpflanzungserfolg (siehe unten) setzt sich also sogar noch im Nachkommen fort.

Das Individuum ist daher jener »Sack voller (miteinander konkurrierender) Gene«, der sich ständig in einer realen Umwelt zu bewähren hat, was hier ganz konkret bedeutet: mehr Nachkommen hinterlassen als die nächsten Konkurrenten. Denn gelingt dies nicht, dann ist eine Verwandtschaftslinie, sind deren Gene bald erloschen. Alle heute lebenden Individuen aller Arten sind offenbar die Nachkommen erfolgreicher Individuen, denn die weniger erfolgreichen Linien sind bereits ausgestorben. Und dieses Spiel um den Fortpflanzungserfolg wird in jeder Generation wieder neu gespielt. Erklärt die Öko-Ethologie, wie Individuen ihre Ressourcennutzung für den letztlichen Zweck der Fortpflanzung optimieren, so gibt uns die Soziobiologie das passende konzeptuelle Rüstzeug zur Untersuchung der Frage, wie die Individuen in der Konkurrenz mit Artgenossen um die Zahl der Nachkommen bestehen können (Exkurs 3, S. 33). Es mag vordergründig nicht so aussehen, aber wir alle, d.h. alle sexuell reproduzierenden Organismen auf der Welt, sind auf Reproduktions-Optimierung hin konzipiert. Solche Strategien lenken auch unser menschliches Verhalten (vgl. S. 223).

Der amerikanische Populationsgenetiker Fisher (1930) argumentierte bereits plausibel, daß *das Individuum, nicht aber die Gruppe die Einheit der Selektion ist*: Angenommen, es gäbe eine Population von rückhaltlos altruistischen Lemmingen, die, weil sie sich eben so stark vermehren, von Zeit zu Zeit kollektiven Selbstmord begingen, damit das Überleben der Art sicherten, da sie den wenigen Überlebenden wieder einen Lebensraum voller verfügbarer Ressourcen hinterließen. Da Verhalten zum Gutteil genetisch begründet ist (Exkurs 3, S. 33), variieren, genau wie körperliche Merkmale auch, Verhaltensmerkmale innerhalb von Populationen um einen Mittelwert; man denke nur an Körpergewicht bzw. -größe: Es gibt an den jeweiligen Enden der Frequenzverteilung dieses Merkmals besonders große bzw. kleine Individuen (Exkurs 5, S. 65). Es wird also in unserer Population von Altruisten einige geben, die ganz besonders altruistisch sind, aber auch einige, deren Aufopferungsbereitschaft für die Art eher gering entwickelt ist. Im Selbstmordritual der Lemminge würden daher überwiegend die eher wenig altruistischen überleben. Außerdem ist damit zu rechnen, daß gelegentlich Mutationen Betrüger hervorbringen, die gar nicht altruistisch sind. In ganz wenigen Generationen wird also unweigerlich aus einer Population von überwiegenden Altruisten eine Bande von Egoisten. Altruismus kann also keine evolutionär stabile Strategie sein, daher sind alle Organismen prinzipiell egoistisch.

Damit wird das »Überleben der Art« zum Sekundäreffekt im Konkurrenzkampf ums Replizieren der eigenen Gene. Wir sehen uns mit einer Welt konfrontiert, die vom Egoismus beherrscht wird, in welcher man einander nur dann beisteht, wenn es um das Fortkommen der eigenen Gene geht. Dafür sind besonders Verwandte prädestiniert, die je nach Verwandtschaftsgrad anteilig Gene gemeinsam haben. Nach dem Verwandtschaftsgrad richtet sich dann auch recht direkt die Kooperationsbereitschaft. Je größer der Anteil an gemeinsamen Genen, desto mehr kann man durch Verwandtenförderung auch für die eigene Fitness tun. Zur Zusammenarbeit mit Nichtverwandten ist man allenfalls bereit, wenn diese wiederum gleiches mit gleichem vergelten und daher zumindest ein symmetrischer eigener Vorteil herausspringt.

Es ist also nicht weit her mit der Harmonie in der Natur – Konflikte bestimmen die Welt. Paarpartner gehen Zweckbündnisse ein, wenn diese zur Aufzucht der gemeinsamen Kinder nötig sind; man sucht einander auch bei der Kinderaufzucht zu »übervorteilen«. Niemals investieren beide Partner gleichmäßig in die Nachkommen. So sind innerhalb der Familien die Konflikte vorprogrammiert: Männchen und Weibchen gelingt es aufgrund der asymmetrischen Anfangsinvestitionen in Nachkommen nur über unterschiedliche Strategien, ihren Fortpflanzungserfolg zu optimieren; darum sind Seitensprünge und gegenseitiges Ausnutzen die Regel, nicht die Ausnahme. Ein anderer evolutionärer Konflikt besteht zwischen Eltern und Nachkommen: Kinder wollen aus Gründen, die noch zu diskutieren sein werden (S. 205), immer mehr von ihren Eltern, als diese zu geben bereit sind.

Heute sieht es nach Sieg auf allen Linien für die Individualselektion aus, die alte Gruppenselektion hat offensichtlich ausgedient. Plötzlich war auch erklärbar, warum es bei der Übernahme von Weibchen und Weibchengruppen durch neue Männchen, etwa bei Löwen, Gorillas und anderen Affen, aber gelegentlich auch beim Menschen, zu Kindestötungen kommt. Mit Arterhaltung hat das wohl nichts zu tun, und als »pathologisch« kann es wohl auch nicht abgetan werden, wenn Kindestötung ein regelmäßiger Bestandteil dieses sozialen Wechsels ist, außer man unterstellt, daß alle Männchen einer Art pathologisch veranlagt wären. Sehr wohl erklärbar sind aber diese Kindestötungen im Lichte der Individualselektion: Die mordenden Männchen haben eben nichts davon, die Nachkommen fremder Väter aufzuziehen, da diese fremden Nachkommen nicht ihre Gene tragen. Zudem bleibt ihnen meist nur begrenzte Zeit für die eigene Reproduktion. Es liegt daher in ihrem vitalen Interesse, daß die ihnen zur Verfügung stehenden Weibchen rasch wieder empfängnisbereit werden, was der Fall ist, wenn diese Weibchen keine Nachkommen mehr zu versorgen haben. Das Töten fremder Nachkommen erhöht daher den Reproduktionserfolg auf seiten der Männchen, nicht aber jenen der Weibchen, denen in den angesprochenen Systemen meist keine Alternative bleibt, weil sie keine Möglichkeit haben, sich gegen den Kindermord zu wehren. Dieser ist daher eine Strategie, die sehr wohl den Männchen zugute kommt, den weiblichen Interessen aber massiv zuwiderläuft – ein klassischer Konflikt von vielen mit direkten Wurzeln in der Evolution, der bis in den menschlichen Bereich hinein wirksam ist (Grammer 1993, Voland 1993; vgl. auch S. 241).

Das wiedererwachte Interesse am Verhalten und seinen Mechanismen

Die klassische Ethologie ist unverzichtbare Basiswissenschaft für die evolutionär orientierte Öko-Ethologie und Soziobiologie, denn warum sich Tiere verhalten, ist nicht zu beantworten, ohne zu wissen, wie sie es tun

Verhalten als »black box«?

Diese Überschrift mag überraschen: Worum geht es denn in der Verhaltensbiologie eigentlich, wenn nicht um Verhalten? Öko-Ethologen und Soziobiologen beschäftigen sich mit den *evolutionären Konsequenzen*, nicht sosehr aber damit, wie Verhalten nun eigentlich abläuft. Man behandelte die Verhaltensmechanismen über 20 Jahre lang als eine Art »black box«, vergleichbar mit der Behandlung des Versuchstieres im frühen Behaviorismus oder des Gehirns durch die Kybernetiker: Man untersuchte, wie Tiere auf bestimmte ökologische und soziale Bedingungen, also auf verschiedene Umwelten, reagieren, aber kaum, was dabei *im* Tier vor sich ging. Man prüfte allemal, ob Tiere zu optimalen Entscheidungen befähigt sind, vernachlässigte aber die Frage, wie diese zu solchen Entscheidungen kommen. Die Theorie war der Forschung am Tier weit voraus. Wohl um den rasant abfahrenden Zug nicht zu verpassen, ließ man jene Gebiete, die man für weniger wichtig hielt, etwas links liegen. Das zeigen die Titel der in den vergangenen Jahren in den führenden Zeitschriften der Verhaltenswissenschaften veröffentlichten Arbeiten. In »Ethology« oder in »Animal Behavior« dominierten Öko-Ethologie und Soziobiologie, und es wurde ein eigenes, mittlerweile sehr angesehenes Journal namens »Behavioural Ecology and Sociobiology« gegründet.

Das Pendel schlägt nun wieder deutlich in die Gegenrichtung aus, in Richtung mechanistischer Ethologie. Was Niko Tinbergen mit seinen vier Fragen empfahl (Exkurs 1, S. 24), nämlich möglichst viele Erklärungsebenen – jene der individuellen Entwicklung, der physiologischen und evolutionären Ursache sowie der evolutionären Geschichte – zu berücksichtigen, kehrt wieder verstärkt als Forschungsansatz und Forschungsgrundsatz zurück. Man ist sich heute darin einig, daß Verhalten auf allen seinen Ebenen, d.h. in Vernetzung mit seinen grundlegenden Randbedingungen, untersucht werden sollte. So ist es nicht nur wichtig, den Anpassungs- und Überlebenswert zu untersuchen, sondern genauso jene Mechanismen und Strukturen, welche Verhalten direkt steuern, also Sinnesorgane, Nervensystem, Motorik, Hormone usw. Namen wie Lorenz, Tinbergen, von Frisch, von Holst und andere Klassiker tauchen wieder in einschlägigen Arbeiten auf.

Vor allem zur Beurteilung evolutionärer Modelle ist es wichtig zu wissen, *wie* denn nun eigentlich ein Vogel Nahrungsdichten, Konkurrenz- oder Raubfeinddruck abschätzt, nach welchen Reizen, mittels welcher Mechanismen Dungfliegenmännchen über die Kopulationsdauer entscheiden usf. Viele dieser Fragen hängen mit Leistungen des Nervensystems, des Hormonhaushaltes oder anderer Subsysteme zusammen und sind daher ohne fundierte Kenntnisse auf diesen Gebieten nicht zu lösen. So ist die eher mechanistische »klassische« Ethologie sowohl eigenständige Wissenschaft als auch Basiswissenschaft für die evolutionären Richtungen. Ganz entscheidend ist die Frage, wann und wie Verhaltensweisen erstmals in der Individualentwicklung auftreten. Verhalten entsteht natürlich erst aus komplexen Interaktionen zwischen den (Lern-)Dispositionen und der Umwelt des Individuums. In diesem Wechselspiel entsteht das art- und individuenspezifische Verhaltensinventar. Und schließlich ist es äußerst wichtig für die richtige Deutung der Herkunft und Funktion von Verhalten, über dessen geschichtlichen, also evolutionären Werdegang Bescheid zu wissen. Da es weder fossilisierte Verhaltensweisen gibt und wir auch keine Zeitreisen zurück in die Erdgeschichte unternehmen können, um die Vorfahren der heute lebenden Tiere zu beobachten, bleibt uns nur der Ansatz der Vergleichenden Verhaltensforschung. Hier kann man zwei Wege beschreiten: Wie von den Begründern dieses Zweiges, Heinroth und Lorenz, praktiziert, kann man (möglichst stereotype) Verhaltensweisen ganz genau wie die körperlichen Merkmale dazu benutzen, Stammbäume zu rekonstruieren. Ein zweiter, genau umgekehrter Weg besteht darin, daß man versucht, die Ausbildung einer Verhaltensweise mit einem auf anderen, etwa körperlichen Merkmalen basierenden Stammbaum zur Deckung zu bringen, um so eine recht genaue Hypothese der historischen Entwicklung dieser Verhaltensweise zu gewinnen. Einmal also stammesgeschichtliche Forschung mit Hilfe von Verhalten, das andere Mal stammesgeschichtliche Verhaltensforschung an Verhalten.

Nimmt man die Tinbergensche Forderung nach Integration der verschiedenen Untersuchungsebenen ernst, so ergibt sich, daß die Anforderungen an künftige Generationen von Verhaltenswissenschaftlern steigen werden; gefragt ist nicht mehr ein Entweder-oder, sondern sowohl ein breites Wissen über Tiere als auch ein hoher Grad an Fokussierung, was die Forschungsziele betrifft. Eine breite Ausbildung in den Verhaltenswissenschaften sollte mit Spezialkönnen, etwa auf dem Gebiet der Neuro- oder Hormonphysiologie, zusammentreffen und so immer tiefere Einblicke in die dem Verhalten zugrundeliegenden Mechanismen gestatten.

Vererbt oder tradiert? Der Umwelteinfluß beim Heranwachsen

Stamps (1991) führt mehrere Gründe dafür an, warum die klassische Ethologie die evolutionären Richtungen fundiert und ergänzt: Es ist mehr Information nötig, um Fragen zur Evolution von Verhalten beantworten zu können. Im Zuge vieler Untersuchungen an hochsozialen Insekten, Vögeln oder Säugetieren erkannte man, wie wichtig das elterliche Verhalten für Ausbildung und Weitergabe phänotypischer Merkmale sein kann. Der Phänotyp, also das Erscheinungsbild des Individuums, ist sowohl von dessen Genen als auch von der Art der Umwelt, in welcher es aufwächst, bestimmt; dabei kann man den *Grad der Erblichkeit in einer bestimmten Umwelt* angeben, nicht aber, welcher *Anteil* eines Merkmales generell ererbt bzw. erworben wäre (Lamprecht 1981; Exkurs 8, S. 118). Bei vielen Tieren wird ebendiese Umwelt maßgeblich von den Eltern beeinflußt. Diese elterlichen Effekte (in der Literatur als »maternale Effekte« bezeichnet, obwohl auch die Väter maßgeblich dazu beitragen können, wenn sie sich an der Brutpflege beteiligen) können stark die Intensität und Richtung der Selektion und damit die evolutionären Veränderungen beeinflussen. So bestimmen etwa die Nahrungsqualität und -menge, welche Vogelnestlinge von ihren Eltern erhalten, deren spätere Körpergröße; Investitionsunterschiede beginnen schon bei der Dottermenge, die ein Weibchen dem einzelnen Ei zuteilt. Überlebenswahrscheinlichkeiten der Nachkommen können so manipuliert werden. Ein Elter mit begrenzten Ressourcen vermag beispielsweise entweder viele kleine oder wenige große Nachkommen großzuziehen. Auf diese Weise kann es vorkommen, daß Merkmale von Eltern mit denen ihrer Kinder korreliert sind, ohne daß dieses Merkmal direkt genetisch festgelegt wäre. Menschliche Fettleibigkeit etwa, welche durch Ernährungstraditionen innerhalb der Familie entsteht, ist ein gutes Beispiel. Wie wir heute wissen, kann sehr vieles, was man früher der genetischen Disposition zuschrieb, durch soziale Tradition weitergegeben werden, angefangen von Nahrungspräferenzen bis zum Gesangsdialekt, den viele Singvögel im Herbst von älteren Männchen erlernen, und zur Rangstellung und Sozialisierung von Individuen, die in vielen Affengesellschaften über die Mutter weitergegeben wird (Alcock 1989, McFarland 1989).

Exkurs 8: Die Unterscheidung zwischen »angeborenem« und »erworbenem« Verhalten ist sinnlos

Erbkoordinationen, Triebhandlungen oder *»angeborene Verhaltensweisen«* sind Synonyme für jene Bausteine des Verhaltens, die im Zentrum der Lorenz-Tinbergenschen Theorie stehen (Lorenz 1978). Hier stoßen wir aber sofort auf Probleme. Denn außer jenen Merkmalen, die bereits bei der Geburt vorhanden sind, wie etwa Gliedmaßen, Geschlecht, Saugreflex usw., gibt es keine »angeborenen« Merkmale, also auch keine »angeborenen« Verhaltensweisen. Schließlich entwickelt sich Verhalten immer in Wechselwirkung mit individuellen Umwelten.

Wissenschaftlich verwendete man den Begriff »angeboren« aber eigentlich in einem anderen Sinn, nicht im Zusammenhang mit der Geburt, sondern man meinte damit hochgradig erbliche Merkmale, die kaum während der Entwicklung durch Umweltbedingungen beeinflußbar sind (Lamprecht 1981). Was zunächst als rein semantisches Problem erscheint, hat inhaltliche Bedeutung.

Einen scheinbar klaren Weg, den Einfluß der Umwelt und der Gene voneinander abzutrennen, stellen Kaspar-Hauser-Versuche dar (Lorenz 1966). Man läßt Tiere isoliert unter weitgehendem Reizentzug aufwachsen. Was von ihrem Verhalten noch übrigbleibt, sofern sie diesen – für soziale Tiere fallweise grausamen – Versuch überhaupt überleben, sei »angeboren«. *Weitgehender* Reizentzug, hieß es eben. Um gültige Ergebnisse zu erbringen, sollte die Reizabschirmung aber *vollständig* sein. Und gerade das ist unmöglich. Es bleibt als Reizquelle immer noch der eigene Körper, die Begrenzung des Käfigs. Lebewesen können in der Regel nicht unter vollständigem Erfahrungsentzug aufgezogen werden, was die Aussagekraft solcher Versuche entsprechend mindert.

Dies ist einer der Punkte, die bereits Lehrman (1953) an Kaspar-Hauser-Versuchen kritisierte. Ein anderer schwerwiegender Kritikpunkt betrifft die mit Reizentzug verbundenen unspezifischen Veränderungen im Organismus, die dann natürlich zu Verhaltensänderungen führen, die aber mit der Frage, wie weit spezifische Verhaltensweisen erblich sind, nichts zu tun haben. Ratten kann man beispielsweise gar nicht isoliert aufziehen, da sie ohne Stimulierung der Ano-Genitalregion keinen Urin abgeben können und daran sterben. Versuche, Hunde unter völligem sozialem Reizentzug aufzuziehen, ergaben bedauernswerte Individuen mit autistischen Zügen, indifferent sogar gegenüber starken Schmerzreizen. Solche Tiere lassen natürlich keine Aussagen zum Thema »angeboren – erworben« zu. Besonders drastische Auswirkungen hat Reizentzug auf die Reifung des Gehirns. Das geht so weit, daß man durch visuellen Reizentzug in kritischen Phasen bei Säugetieren verhindern kann, daß sich der visuelle Kortex normal entwickelt (Blakemore und Cooper 1970). Aber auch Ratten aus reizarmen Laborhaltungen, deren Hirnrinde nach Versetzen in eine reich strukturierte Umgebung

durch Synapsenbildung erheblich zunimmt (Shepherd 1983), zeigen, wie stark der Gesamtorganismus durch Reizentzug verändert werden kann.
Dies heißt aber nicht, daß Kaspar-Hauser-Versuche wertlos sein müssen. So konnte Kear mit eben geschlüpften (also Kaspar-Hauser-)Entenküken zeigen, daß junge Bodenenten vor einer Kante zurückweichen, während Baumentenküken versuchen, über diese Kante runterzuspringen, also ein Verhalten ausführen, das bei diesen Nestflüchtern dazu dient, das Nest in einer Baumhöhle zu verlassen. Ein klarer Nachweis also von tatsächlich weitgehend erblichem Verhalten mittels eines einfachen und unproblematischen Kaspar-Hauser-Versuchs.
Heute neigt man zur Auffassung, die Unterscheidung »angeboren – erworben« sei ziemlich bedeutungslos, vor allem aber wissenschaftlich unergiebig (Hinde 1966, Eibl-Eibesfeldt 1975). Dies deswegen, weil sich alle Merkmale, auch Verhalten, in ständiger Interaktion zwischen Genen und Umwelt entwickeln. Genexpression kann durch Umweltreize entweder angekurbelt oder gebremst werden. Schließlich ist die Individualentwicklung ein dynamischer Prozeß, und was im Augenblick vor sich geht, basiert auf dem Ergebnis der vorangegangenen Gen-Umwelt-Interaktion. So können geringe anfängliche Unterschiede in der Reizsituation von genetisch identischen Individuen über Rückkoppelungen mit ihrer Umwelt zu individuell recht unterschiedlichen Entwicklungen führen. Beispiele aus der Zwillingsforschung zeigen, daß, vorsichtig geschätzt, immerhin 30% der Variabilität in der Individualentwicklung umweltbedingt sind. Ein anderes Beispiel betrifft die Lagerung von Föten in der Gebärmutter. Geringe Unterschiede in der diffundierenden Menge der für die Sexualisierung des Gehirns zuständigen Geschlechtshormone hängen davon ab, ob der Fötus neben einer Schwester oder einem Bruder gelagert war (vom Saal 1979). Das Verhalten des Individuums in der Geschlechtsreife kann dadurch erheblich beeinflußt werden. Es ist auf direktem Wege nicht meßbar, wieviel in der Ausprägung eines Merkmals erblich, wieviel umweltbestimmt ist. Man kann aber mit Aufzucht- und Kreuzungsexperimenten ermitteln, welche die erbliche Komponente eines Merkmals im Hinblick auf bestimmte Umweltbedingungen während seiner Ausbildung ist. Werden Verhaltensweisen innerart-

lich stereotyp gezeigt, dann liegt die Annahme nahe, daß es sich dabei um Verhaltensweisen handelt, die unter Regie eines weitgehend starren (d.h. gegen Reizeinflüsse abgeschotteten) Entwicklungsfahrplans heranreiften. Für diese invarianten Merkmale wird im allgemeinen Sprachgebrauch wohl auch in Zukunft der Begiff »angeboren« verwendet werden, obwohl der Terminus »erblich« zutreffen würde. Es besteht die Gefahr, daß dieser Sprachgebrauch auch weiterhin das schwerwiegende Mißverständnis nähren wird, ein Verhalten sei *entweder* »angeboren« *oder* »erworben«.

Ein weiteres Beispiel ist die Partnerwahl. Es ist intuitiv klar, daß in Populationen von Tieren (einschließlich des Menschen) nicht völlig zufällig gepaart wird, sondern daß sich Partner nach gewissen Kriterien zusammenfinden, und sei es bloß deren räumliche Nähe. Je stabiler die daraus hervorgegangenen sozialen Bindungen, desto aufwendiger wird der vorhergehende Auswahlprozeß sein müssen; darum sind etwa bei Langzeit-monogamen Vögeln ausgedehnte »Verlobungsperioden« nicht selten (»...drum prüfe, wer sich ewig bindet...«). Jedenfalls werden zukünftige Partner getestet (Choudhury und Black 1993). Die freie Durchmischung innerhalb von Populationen durch Zufallspaarungen, wie von Populationsgenetikern als Basis für ihre Modelle gerne angenommen, stellte sich als Chimäre heraus.

Daß sich die Partnerwahl an Vorbildern orientieren kann, ist bekannt. Wer zählt die Männer, die bei Partnerinnen landen, welche ihrer Mutter ähnlich sind? Andererseits sollte direkter Inzest zumeist vermieden werden. Der daraus resultierende Ödipuskonflikt ist aus biologischer Sicht diskutierbar (Bischof 1985). Verglichen mit dem im Gehirn geprägten, als Vorbild abgelegten Schema vor allem der Geschwister muß der Partner gewisse Ähnlichkeiten oder Unähnlichkeiten aufweisen, je nachdem, welcher Grad an Inzucht (oder deren Vermeidung) im Moment gerade opportun scheint; somit wäre diese Art der Partnerwahl eine Methode, die genetische Variabilität an die Variabilität der Umwelt anzupassen. Dies wäre ein wichtiger Regelmechanismus des Individuums zur Erhöhung seiner Fitness. Der Nachweis dieser Hypothese der adaptiven Inzucht ist naturgemäß schwierig. Einschlägige Ergebnisse stammen bislang von Versuchen an Wachteln und Hühnern (Bateson 1983). Ein Projekt an der Grünauer Graugansschar (Imhof, nicht veröffentlicht) erbrachte keine Hinweise auf Partnerwahl im Zusammenhang mit der physiognomischen Ähnlichkeit.

Jedenfalls sind die elterlichen Manipulationsmöglichkeiten an den Nachkommen vielfältig und hängen sowohl vom jeweiligen Sozial- und Brutsystem als auch vom Gleichgewicht der Kräfte im Interessenkonflikt zwischen Eltern und Nachkommen ab. Bei den Menschen ist dies der Bereich der Erziehung und der Generationenkonflikte.

Es kann sogar so weit gehen, daß Eltern, meist natürlich die Mutter, das Geschlechterverhältnis ihrer Nachkommen manipulieren, mit dem Effekt einer Erhöhung der eigenen Fitness. Wie von Clutton-Brock u.a. (1982) gezeigt, produzieren rangniedere Rothirschkühe vor allem weibliche Nachkommen. Der Grund dafür scheint zu sein, daß Söhne dieser rangniederen Mütter von Haus aus einen Startnachteil gegenüber den Söhnen ranghoher Mütter aufweisen, der im schlechteren Zugang zu Ressourcen begründet ist; damit haben die Söhne der Rangtiefen nur geringe Chancen, je Platzhirsch zu werden, was aber Voraussetzung für eine erfolgreiche Reproduktion der Männchen wäre. Da bei den Rothirschen, wie bei vielen anderen Säugetieren, wenige Männchen alle Nachkommen zeugen, aber alle Weibchen ziemlich gleichmäßig reproduzieren, ist es also für rangtiefe Weibchen eine bessere Strategie, auf Nummer Sicher zu gehen und über ihre Töchter relativ wenige Enkel zu bekommen, als sich auf das Hasardspiel einzulassen, über Söhne möglicherweise Großmutter vieler Enkel zu werden, wahrscheinlich aber gar keine Enkel zu bekommen. Für die ranghohen Weibchen dagegen liegen die Gewinnchancen genau in der umgekehrten Strategie. Das Gechlechterverhältnis der Nachkommen von Hirschkühen mit mittlerem Rang ist folgerichtig ziemlich genau 1:1. Rangtiefe produzieren mehr Töchter, Ranghohe mehr Söhne. Der Mechanismus der Geschlechterselektion durch die Weibchen ist noch unklar. Da aber von der Befruchtungswahrscheinlichkeit her das Geschlechterverhältnis 1:1 sein sollte, ist wahrscheinlich ein selektiver Abtreibungsmechanismus im Spiel. Selbst das ist also keine menschliche Erfindung.

Bei Ratten konnte gezeigt werden, daß die Art des Umgangs mit den Säuglingen maßgeblich deren Verhalten als Erwachsene bestimmt; individuelle Eigenschaften, wie Aktivitätsraten, Lernfähigkeit und Stressresistenz, werden bereits im Säuglingsalter beeinflußt. Beobachtungen an Rhesusaffen zeigten, daß auch komplexe Persönlichkeitsmerkmale, wie etwa Sozialisierbarkeit und Vertrauenswürdigkeit, von der Mutter auf die Kinder über Generationen weitergegeben werden und so richtiggehende Familiencharakter-Traditionen entstehen; genetisch festgelegt ist daran wahrscheinlich sehr wenig, wie Transplantationsversuche von Babys zwischen verschiedenen Familien bei Affen zeigten: Kinder selbstbewußter Weibchen wuchsen unter Obhut nervöser Mütter zu nervösen Jungtieren heran und umgekehrt (Hinde und Stevenson-Hinde 1986).

Sogar die Lagerung des Fötus in der Gebärmutter neben einem Bruder oder einer Schwester kann die Persönlichkeitsstruktur, das Verhalten der erwachsenen Individuen beeinflussen (vom Saal 1979). So sind weibliche Ratten, die *in utero* neben männlichen Geschwistern lagerten, aggressiver als Schwestern weiblicher Föten. Bei Prairiemäusen wurde gezeigt, daß Weibchen, welche *in utero* neben männlichen Geschwistern lagen, weiter vom Geburtsort wegwanderten als weibliche Nachbarn weiblicher Föten; in diesem Sozialsystem, wie bei den meisten Säugetieren, wandern nämlich die jungen Männchen aus, während die Weibchen gewöhnlich nahe am Geburtsort bleiben. In diesen Fällen gehen Steroidhormone vom Bruder auf die Schwester über, vermännlichen deren Nervensystem und beeinflussen damit sogar das Auswanderungsverhalten.

Partnerwahl

Früher nahm man an, daß Präferenzen für die Partnerwahl genetisch festgelegt seien. Vielfach ist das auch so, zum Beispiel in vielen Fällen, in denen Weibchen die Männchen aufgrund bestimmter Auslöser wählen. So werden bei Witwenvögeln, Pfauen und vielen anderen Vögeln die Weibchen das Männchen mit den längsten und symmetrischsten Schwanzfedern wählen (Møller 1988); bei anderen Tieren sind es Farbflecken, akustische Signale oder auffällige Bewegungsweisen, welche das Weibchen zu seiner Wahl veranlassen. Diese scheinbar so zwecklosen, ja dem Überleben hinderlichen Merkmale liefern den Weibchen wahrscheinlich wichtige Informationen über die genetische Qualität des Partners (Watson und Thornhill 1994). Partnerpräferenzen – und umgekehrt Inzesttabus – könnten aber auch durch Prägung, also Lernvorgänge in der Juvenilphase entstehen.

Auch Weibchen, welche sich an Balzarenen ihren Paarungspartner aussuchen, können natürlich nicht direkt dessen Gene analysieren, sie verwenden dazu ganz bestimmte Reize. Es genügt, wenn das Weibchen jenes Männchen wählt, das am besten seinen (meist nach oben offenen) Ansprüchen genügt: das den lautesten Balzruf von sich gibt, den größten roten Fleck auf der Brust trägt, die längsten (und/oder symmetrischsten) Schwanzfedern zeigt, am höchsten springt, am schnellsten läuft usw. Die Kriterien sind mannigfaltig, das Prinzip scheint immer gleich zu sein. Wäre ein in Hinblick auf das verlangte Kriterium noch »besseres« Männchen vorhanden als der momentan Auserkorene, dann würde das Weibchen den anderen vorziehen. Ohne Gegenmechanismus würde diese Art von Partnerwahl zur Eskalation des entsprechenden Merkmals führen. Ginge es nur nach der Vorliebe der Weibchen, so hätten die armen Pfauenmännchen wahrscheinlich bald kilometerlange Schwanzfedern. Freßfeinde sorgen wohl dafür, daß die Produkte sexueller Selektion nicht völlig ausufern, sich irgendwo an einem Kompromiß zwischen individueller Überlebenswahrscheinlichkeit und sexueller Attraktivität einpendeln.

Warum legen Weibchen aber letztlich Wert auf solch extravagante Merkmale, die das Überleben eher behindern als fördern? Wohl weil ihre Mütter schon dieselbe Vorliebe hatten und weil sie damit die Wahrscheinlichkeit erhöhen, Söhne zu produzieren, welche dieses in bezug auf die weibliche Vorliebe wichtige Merkmal ebenfalls in reichlichem Maße ausbilden, daher für Weibchen attraktiv sind und daher wahrscheinlich die Väter vieler Enkel sein können. Ihre Töchter werden wiederum eine deutliche Vorliebe für dieses Merkmal aufweisen und so dafür sorgen, daß der Selektionsdruck auf die Männchen nicht nachläßt.

Andererseits kann sich ein Weibchen darauf verlassen, daß der Auserwählte relativ »gute Gene« besitzt (denn mehr bekommt sie im Extremfall der Balzarenasysteme von den Männchen nicht); das Männchen muß wohl guten Zugang zu Ressourcen haben und kann nicht stark parasitiert sein, sonst würde das entscheidende Merkmal nicht in dieser prächtigen Form ausgebildet sein; das Männchen überlebte *trotz* der Belastung durch dieses Merkmal, das ja im täglichen Überlebenskampf ein *Handicap* darstellt. Das Weibchen kann sich also einigermaßen darauf verlassen, daß der Auserwählte, welcher schließlich das kostspieligste Merkmal am Platz mit sich herumschleppt, »gute Gene« bezüglich Überlebenstüchtigkeit und Fitness aufweist. Zahavi (1984) hatte diese erst auf den zweiten Blick attraktive Idee vom Handicap-Prinzip in der sexuellen Selektion.

Wenig erfreulich, wenn auch höchst einsichtig ist der dritte aktuelle Grund, warum man sich plötzlich wieder intensiver für Verhaltensmechanismen interessiert: Immer mehr Arten sterben durch direkte oder indirekte Einwirkung des Menschen aus, durch unsere Hände, vor unseren Augen. Oft würden schon einfache Maßnahmen, etwa die konsequente Reduktion der nächtlichen Beleuchtung von Stränden mit schlüpfenden Meeresschildkröten, genügen, um eine Gefährdung von Populationen zu vermindern. Ein uns näherliegendes Beispiel betrifft Bären in Österreichs Wäldern: Mit den richtigen Begleitmaßnahmen wäre es durchaus möglich, diesen imposanten Tieren wieder permanentes Heimatrecht zuzugestehen.

Man muß aber natürlich *wissen*, also vorhersagen können, wie Tiere auf Veränderungen ihrer Umwelt reagieren, um die richtigen Maßnahmen treffen zu können. Und das ist heute notwendig, denn die Natur einfach sich selber überlassen bedeutet auf einer von Menschen überfluteten Welt mit großer Wahrscheinlichkeit den Untergang von Lebensräumen und Organismengemeinschaften. Hier stehen die Verhaltenswissenschaften, vor allem aber steht die Politik auf dem Prüfstand; die Qualität der Erkenntnisse und der daraus abgeleiteten Maßnahmen wird am Erfolg direkt meßbar, denn aussterbende Arten sind unerbittliche Meßinstrumente.

Konrad Lorenz und die Soziobiologie

Erst der kleine Schritt von der Gruppen- zur Individualselektion führte zu einer tragfähigen Basis für die Verhaltenswissenschaften

Altruismus – Egoismus

Der Darwinist Konrad Lorenz blieb bis zuletzt *Gruppenselektionist*, zumindest nach außen hin. Was er wirklich dachte, ist aus den vorhandenen Quellen schwierig zu rekonstruieren, aber für plakative Schwarz-weiß-Malerei war er viel zu klug. Die Öko-Ethologie und Soziobiologie hingegen beruhen auf strikter *Individualselektion*. Warum ist diese Unterscheidung bedeutend? Weil es hier schlicht um den Mechanismus von evolutionären Veränderungen, um die Einheit der Selektion geht; im Fall der Gruppenselektion, zuletzt etwa von Wynne-Edwards (1962) vertreten, ist diese Einheit die Gruppe, im anderen Fall das Individuum. Das ist keineswegs ein geringfügiger Auffassungsunterschied, sondern die Ursache für kontrastierende Weltbilder, was sofort klar wird, wenn man sich die Konsequenzen überlegt (Exkurs 3, S. 33).

Wohl am sichtbarsten kommen die Unterschiede zum Ausdruck, versucht man zu erklären, wem bestimmte Verhaltensweisen nützen (außer etwa den Ethologen selber, die damit ihr Brot verdienen). Bei Lorenz, bei vielen anderen und selbst noch in neueren Schul-Lehrbüchern kann man vom *»Arterhaltungswert«* des Verhaltens lesen. Es wird also angenommen, daß sich Individuen einer Art (Population) so verhielten, daß das Überleben der Art (Population) optimiert würde. Das mag eine uns genehme, weil humanistische Ansicht sein, nur hat sie sich durchwegs als nicht zutreffend erwiesen.

Ein wenig Wissenschaftspsychologie: Lorenz und das Individuum

Der Gerechtigkeit halber scheint es hier notwendig, doch etwas genauer auf das Evolutionsbild von Konrad Lorenz einzugehen. Trotz seiner Vorliebe für die Floskel vom »Arterhaltungswert« gibt es Hinweise dafür, daß er auch die Individualselektion sah (Lorenz 1978). Er verstand allerdings Gruppen- und Individualselektion nicht als zwei gegensätzliche Paradigmen, sondern eher als die zwei Seiten derselben evolutionären Medaille. Auf lange Sicht gesehen mag er damit recht behalten. Das läßt sich auch durch seinen Briefverkehr mit Fachkollegen belegen, wo er über das Tamtam von Wilson, Dawkins und anderen die Meinung vertrat, daß diese »angeblich neuen« Theorien nichts anderes seien als eine überspitzt-anthropomorphe Formulierung des Evolutionsbildes der Altvorderen einschließlich seiner selbst. Die Grundeinsicht in die Richtigkeit der Individualselektion war jedenfalls bei Lorenz vorhanden, wie das letzte Interview vor seinem Tod, veröffentlicht im Magazin »Geo« (1989), belegt: »Wir neigen dazu, wenn wir ein kompliziertes Verhaltenssystem sehen, wie zum Beispiel Rangordnung oder Eifersucht, zu glauben, daß das einen Sinn hat, für die Art günstig ist. Das muß aber nicht sein. Es kann sein, daß das *nur für die Fortpflanzungsquote günstig, für die Art ungünstig* ist« (meine Hervorhebung). Das ist meines Wissens der klarste Beleg dafür, daß Lorenz zumindest mit einem Bein auch im Lager der Individualselektionisten stand. Wicklers (1991) Annahme, daß Lorenz die individualselektionistischen Ideen wieder fallenließ, da er in seinem Buch über die Ethologie der Graugans (Lorenz 1988) nur vom »Arterhaltungswert« schrieb, trifft daher nicht zu. Der Wert dieses Buches als Originalquelle ist zudem zweifelhaft, da der Text von Mitarbeitern überarbeitet und mitgestaltet wurde. Es kann nur darüber spekuliert werden, warum Lorenz den Schritt zum konsequenten Individualselektionisten nicht vollzogen hat.

Es gab vermutlich eine Reihe von Gründen für die Ablehnung der Soziobiologie durch Konrad Lorenz. Fachliches ist nicht von Persönlichem zu trennen. Überdies trat der Hauptexponent der Soziobiologie, Edward O. Wilson (1975), mit sehr viel unnötigem Gepolter an. Er machte damals mit seinem Anspruch, weite Bereiche der Sozialwissenschaften inklusive Ethologie, Soziologie, Psychologie und Anthropologie zu assimilieren, eine Synthese recht schwierig und mögliche Verbündete kopfscheu, so auch Lorenz.

Wichtige Gründe für die Zurückweisung der Soziobiologie und der damit verbundenen Individualselektion durch Konrad Lorenz sind in seiner Persönlichkeitsstruktur zu orten. Zum Glück für die folgenden Überlegungen war bereits Vater Adolf Lorenz als bahnbrechender Facharzt der Orthopädie ein berühmter Mann, und die Familie Lorenz bestand aus vielfältig begabten Leuten. So übte Bruder Albert nicht nur den Beruf eines Arztes und Assistenten seines Vaters aus, sondern hinterließ mit dem Buch »Wenn der Vater mit dem Sohne« (Lorenz 1965) eine Sammlung von Geschichten, die nicht nur amüsant zu lesen sind, sondern vor allem einen Eindruck von der Atmosphäre in jener Familie vermitteln, in welcher Konrad aufwuchs. Geld war offenbar kein Thema, es war meist reichlich vorhanden, und man benutzte es, sich innerhalb eines großbürgerlichen Lebensstils auch Luxuswünsche zu erfüllen. Gerade der kleine Konrad wurde materiell verwöhnt. Dazu kam eine recht große Toleranz gegenüber den Marotten der Familienmitglieder. Konrads Eigenart war es, die Familie mit allen möglichen, mehr noch aber ziemlich unmöglichen Haustieren zu nerven. Wen wundert's, daß der unter solchen Bedingungen Aufgewachsene Gespräche über Geld zumindest als uninteressant, wahrscheinlich als peinlich empfand – »Finanzminister« im Hause von Konrad Lorenz war seine Frau Gretl, die es auch in der schwierigen Kriegs- und Nachkriegszeit schaffte, die Familie über Wasser zu halten.

Während seiner langen Zeit als Direktor am Max-Planck-Institut war es nicht nötig, um Geld zu streiten, es gab genügend davon. Es ist überliefert, daß Lorenz sogar dazu neigte, das Institutsbudget zu niedrig anzusetzen, und mehr als einmal soll der MPG-Vertreter in der jährlichen Budgetsitzung den »Leibassistenten« von Lorenz in Buldern und im frühen Seewiesen, Wolfgang Schleidt, zur Seite genommen haben, um ihn besorgt zu fragen: »Sagen Sie mal, mit den geringen Mitteln kann das doch wohl nicht gehen?« Lorenz soll bei solchen Sitzungen wie auch bei anderen ihm unangenehmen Gelegenheiten und Gesprächsthemen dazu geneigt haben, blitzschnell abzuschweifen, um begeistert und ausführlich die neuesten Gänsegeschichten zu erzählen. Diese geringe Bereitschaft, um Geld zu kämpfen, sollte sich ab seiner Emeritierung im Jahre 1973 gelegentlich recht spürbar auswirken, als seine Forschungsstätten in Grünau und Altenberg nach Versiegen des Geldstromes aus Deutschland fortan von österreichischer Seite finanziert wurden, und das nicht allzu üppig. Lorenz hatte in diesen Dingen den Behörden gegenüber offenbar wenig Durchsetzungskraft, seine Mitarbeiter litten all die Jahre nicht selten unter würgenden Finanzproblemen. Daß man in Grünau selbst aus dem Verkauf von Hühnereiern der Forschungskasse Geld zuzuführen versuchte, ist leider kein Witz (sicherlich auch kein Ruhmesblatt für Österreich). In besonders prekären Situationen, wie z. B. 1980 und wieder 1984, als Bestrebungen im Gange waren, seine Projekte nicht mehr weiter zu finanzieren, ging aber auch der Altmeister auf die Barrikaden, wie der entsprechende Briefverkehr belegt.

Ein anderer Aspekt der Persönlichkeit von Konrad Lorenz war eine noble Einstellung den Mitmenschen gegenüber. Man kann nur darüber spekulieren, wieviel auf seine Frau Gretl zurückzuführen ist, daß die klassischen Werte des Bürgertums, etwa Großzügigkeit und Toleranz, Partnertreue und eine altruistische Sicht der Gesellschaft, bei ihm offenbar einen sehr hohen Stellenwert hatten. Sein gegen diesen humanistisch-konservativen Hintergrund oft unkonventionelles Auftreten bis ins hohe Alter und seine Vorliebe für praktische Scherze, die er offenbar von seiner Mutter mitbekommen hatte, stellen dazu keinen Gegensatz dar.

Was hat das alles mit unserem Thema, der Individualselektion, zu tun? Vor diesem Hintergrund wird verständlich, warum Lorenz geradezu verurteilt war, die Öko-Ethologie und noch viel mehr die Soziobiologie aus seinem Herzen, seinem Bauch heraus abzulehnen. Es lag ihm gar nicht, wie ein Buchhalter Kosten und Nutzen von Verhalten zu berechnen. Beinahe stereotyp nahm er daher lieber an, Verhalten sei angepaßt, und das zum Besten der *Art* (wozu ohnehin Offensichtliches erforschen?). Die Alternative zu seinem Gruppenselektionismus, die Individualselektion, hätte ihn gezwungen anzuerkennen, daß Tiere wie Menschen eben nicht zum Besten der Art handeln, sondern durchwegs stockegoistisch sind. Nun war aber gerade Lorenz einer der Hauptvertreter dafür, daß Verhalten, daß soziale Systeme evoluiert sind. Er vertrat überzeugt die Darwinsche Auffassung, daß tierisches und menschliches Verhalten ein Kontinuum bilden, was schließlich in die Evolutionäre Erkenntnistheorie mündete und in weitreichende und weitblickende Forderungen, die Vergleichende Verhaltensforschung als Grundlagenwissenschaft der Psychologie einzuführen (Lorenz 1992). Lorenz hätte also logischerweise auch anerkennen müssen, daß der Egoismus als Triebfeder menschlichen Handelns nicht Resultat einer pathologischen Entwicklung ist, etwa der »Verhausschweinung« des ursprünglich edel-altruistischen »Wildtyp«-Menschen, sondern *das* natürliche Vermächtnis unserer evolutionären Geschichte darstellt. Diese Uneinsichtigkeit führte auch zu entsprechenden Konsequenzen in seinem Werk. So sind die – vielen Lorenz-Jüngern ans Herz gewachsenen – »Acht Todsünden« (Lorenz 1973) geprägt vom Denkunterschied zwischen altem Gruppenselektionismus und neuer Individualselektion (Exkurs 3, S. 33). Gegen den Hintergrund seiner eigenen Persönlichkeit das Individuum, ja schlimmer noch, dessen Egoismus als die Triebfeder der Evolution anzuerkennen mußte Konrad Lorenz als kultiviertem Humanisten daher zuwider gewesen sein. Und hätte er selber den Wandel zustande gebracht, was hätte seine engste

Vertraute Gretl dazu gesagt? So waren es wahrscheinlich nur vordergründig fachliche Hemmnisse, daß Lorenz nicht als Speerspitze die neuen Richtungen anführte, sondern dagegen ankämpfte, letztlich einen Kampf gegen Windmühlen führte.

Tatsächlich haben wohl alle wissenschaftlichen Auseinandersetzungen eine psychologische, persönliche Komponente. Im Fall Lorenz findet man zu diesem Thema in seinen Biographien (Festetic 1983, Wuketits 1990) wenig. Da ist das Lesen zwischen den Zeilen der Familienbiographie (Lorenz 1965) und mancher seiner eigenen Schriften (Lorenz 1985) schon ergiebiger. Mit Norbert Bischof (1991) ist schließlich einer angetreten, den oft kitschigen Cocktail der Lorenz-Klischees auszukippen, um uns »reinen Wein« über die Psyche des Altmeisters einzuschenken. Bischof war Assistent von Lorenz in dessen wissenschaftlichem Exil in Deutschland. Aus dieser Nähe ist ein in vieler Hinsicht faszinierendes, wenn auch nicht unproblematisches oder gar objektives »Psychogramm« von Konrad Lorenz entstanden.

Wozu übrigens ein Lorenz-Psychogramm, wozu überhaupt Psychogramme berühmter Persönlichkeiten? Ist der Blick in die Kinderstube und ins Schlafzimmer wirklich nötig, muß man über die Marotten eines Anton Bruckner Bescheid wissen, das Sexualleben von Mozart ausloten, um deren Werke verstehen und schätzen zu können? Bischof begründet diese Notwendigkeit mit der Themenauswahl im Werk von Lorenz, die zu erklären die Wissenschaftstheorie nicht mehr ausreiche, es müsse ein *wissenschaftspsychologischer* Ansatz gefunden werden. Gemeint sind jene dunklen, eugenischen Flecken auf dem Vorkriegswerk des sonst so geschätzten Verhaltensforschers (Lorenz 1940). Wenn Bischofs Analyse gültig ist, dann sollte sie auch auf die Kontroversen, etwa mit der Soziobiologie, anwendbar sein, die mit rationalen Argumenten ebenfalls nicht ganz durchleuchtbar ist.

Bischof setzt bei der Kindheitsgeschichte an, findet einen überaus erfolgreichen Vater, der Konrad zeitlebens die von ihm so gesuchte Anerkennung verweigerte, und eine angeblich gefühlskalte Mutter; Zuwendung wird durch materielles Verwöhnen ersetzt. Vieles im Werk von Konrad Lorenz wird als autobiographisch gesehen, die Lorenzschen Attacken werden als Autoaggression diagnostiziert; so erklärt der Autor vor allem die eugenischen Äußerungen des jungen Lorenz. Na klar, ist man zu denken geneigt, ist es nicht so, daß das Werk aller schöpferisch Tätigen deren Interessen, letztlich also deren ontogenetisches Werden widerspiegelt? Es wird kaum mehr zu klären sein, ob Bischof ins Schwarze getroffen oder aber überinterpretiert hat. Sein Buch enthält noch einen weiteren, wissenschaftspsychologisch faszinierenden Aspekt: Unüberhörbar ist der gekränkte Unterton des Verfassers, von der Vaterfigur Lorenz immer auf Distanz gehalten worden zu sein. Hier wiederholt sich sein eigentliches Thema in berührender Weise, spiegelt sich der Lorenzsche Vater-Sohn-Konflikt auf der Ebene des Autors wider. Der charismatische Lorenz war offenbar für viele aus seiner Umgebung eine Identifikationsfigur. Wen wundert's, daß er diese Rolle nicht immer spielen wollte oder konnte?

Was bleibt, ist die Gewißheit, daß die Persönlichkeitsstruktur von Wissenschaftlern stark ihr Tätigkeitsfeld, ihre Themenauswahl und Theorienneigung beeinflussen kann. Beispiele gäbe es viele. So führt Willi (1975) an, daß viele Analytiker davor zurückschrecken, Paartherapie durchzuführen, weil sie selber Eheprobleme hätten. Wenn solche subjektiven Menschen das Substrat der Wissenschaft darstellen, dann kann es wohl von Haus aus nicht weit her sein mit der Objektivität der Wissenschaft. Strenge Denkdisziplin ist daher erforderlich; Wissensverzicht kann der Preis für Objektivität in den Naturwissenschaften sein. Bedauerlich zwar, aber im Moment sind keine Alternativen zur strengen naturwissenschaftlichen Methode in Sicht (Exkurs 5, S. 65).

Tradition und Gegenwart an der Konrad-Lorenz-Forschungsstelle in Grünau

Wissenschaft zwischen Ratio und Emotion

Mit Theorie und Realität verhält es sich wie mit hochraffiniertem Zucker und Zuckerrohr. Der weiße Zucker, den wir täglich verwenden, ist ein »hochabstrahiertes« Naturprodukt, welches man eigentlich nur einschätzen kann, wenn man Zuckerrohr und -rübe wachsen sah, roch, schmeckte, den Produktionsprozeß durchschaut. Was sollen also intellektuell noch so faszinierende ethologische Theorien, wenn man deren Basis nicht kennt? Und wie anders sollte man die Verbindung zur datenerhebenden Basis herstellen als über Schlaglichter auf den alltäglichen Betrieb an unserer Forschungsstelle? Dieses Beispiel ist in vieler Hinsicht nicht repräsentativ, da natürlich jede Institution ihr eigenes, unverwechselbares Profil zeigt. Daher sind aus der Grünauer Realität keine Schlüsse auf den Alltag an anderen Stationen und Instituten zu ziehen. Die Verfahrensregeln aber, Rüben in Zucker bzw. aus Tieren Theorien zu raffinieren, sind überall gleich.

Morgendämmerung im Almtal. Fröstelnd warten wir vor dem Institutsgebäude auf die Ankunft unserer Graugänse. Noch streift kein Sonnenstrahl die umliegenden Berge, nur die rosa Gipfel des Toten Gebirges im Talschluß südlich unseres Standortes deuten den nahen Sonnenaufgang an. Endlich fernes, heiseres Geschnatter der anfliegenden Gänse. Schon umkreisen laut rufend die ersten Trupps das Haus, inspizieren mißtrauisch den Landeplatz. Unser Antwortrufe beruhigen, die ersten Vögel formen ihre Schwingen zu bremsenden Glocken; rasch stürzen sie auf uns zu und setzen rüttelnd vor unseren Füßen auf.

Von einem unserer Gäste höre ich während dieses Schauspiels eine wohlbekannte Frage: »Was gibt's an den Gänsen denn eigentlich noch zu forschen? Wurde von Professor Lorenz nicht ohnehin schon alles bearbeitet?« Diese Frage wird uns sehr häufig gestellt. Konrad Lorenz betonte bis zuletzt unermüdlich, daß die Arbeit erst begonnen hätte. Es war ihm nicht mehr vergönnt, sein Hauptanliegen einer »Längsschnittstudie«, d. h. Langzeituntersuchungen zur Entwicklung sozialen Verhaltens über Generationen hinweg in der Gänseschar, selber durchzuführen. Über die vergangenen 17 Jahre wurde in Grünau, vorher in Seewiesen am Starnberger See von allen Gänsen protokolliert, aus welchen Familien sie stammen, mit wem sie sich verpaarten, wann, wo und mit welchem Erfolg sie brüteten, wie viele Kinder großgezogen wurden usw. Diese Protokolle werden fortgesetzt. Wir werten die bereits vorhandenen Daten aus, um daraus Grunderkenntnisse über die Dynamik und Funktion der Sozialstrukturen der Graugänse zu gewinnen. Gerade diese genaue und langfristige Kenntnis der Schar macht die Grünauer Graugänse zu einem einzigartigen Modell tiersoziologischer Forschung. Die Grünauer Gänse gehen auf die Schar im westfälischen Buldern zurück, die in den frühen 50er Jahren begründet wurde. Mit ihren über 40 Jahren zählt diese Schar zu den am längsten kontinuierlich unter Beobachtung stehenden freilebenden Tiergruppen der Welt. Konrad Lorenz hinterließ damit ein lebendes Erbe im Sinne einer echten wissenschaftlichen Kulturtradition, welches behutsam verwaltet werden muß. Er selbst verglich den wissenschaftlichen Wert dieser Schar wiederholt mit dem der Schimpansen von Jane Goodall (im afrikanischen Gombe).

Natürlich führen wir vor allem neue Projekte an den Gänsen durch. Es gibt sowohl neue Problemstellungen als auch neue methodische Ansätze. Zur reinen Beobachtung treten verstärkt Experimente. Unser Ziel ist es, den Ursachen von Verhalten und Sozialsystemen näherzukommen. Die Grundprinzipien des Soziallebens können bei sehr verschiedenen Tierarten, wie z. B. Gänsen, Wildschweinen, aber auch beim Menschen, recht ähnlich sein. Wir arbeiten daher an den Graugänsen nicht nur, weil uns deren Biologie interessiert, sondern weil sie sich hervorragend für diese Art von Grundlagenforschung eignen. Wir wollen nicht den Menschen über die Gans erklären; das wollte auch Konrad Lorenz nie, trotz mancher einschlägiger Unterstellungen von seiten seiner Gegner. Der in diesem Zusammenhang immer wieder geäußerte Vorwurf des »Biologismus« geht ins Leere. Aber Gänse sind ein ebenso gutes Modell für die Erforschung sozialer Gesetzmäßigkeiten wie die häufig untersuchten Affen.

Die Gänse sind die gleichen geblieben, die Menschen an der Forschungsstelle nicht. Bei dem Neubeginn von 1990 wurde mit meiner Person ein neuer örtlicher Leiter bestellt, und Sepp Hemetsberger wurde als bereits Gänse-erfahrener technischer Assistent eingesetzt. Nach und nach kamen mit Hilfe von Projektgeldern noch andere Mitarbeiter dazu. Seit Dezember 1991 kümmert sich Harry Essler um Fisch-Schwimmpfade und Statistik. Barbara Fischer und Franz Waldenberger bearbeiten Aspekte des Sozialverhaltens der Graugänse, Petra Fleischmann und Katharina Hirschenhauser den Zusammenhang zwischen Hormonen und Verhalten. Marianne Imhof maß physiognomische Ähnlichkeiten bei Gänsen, und Gertrude Drack beobachtete freilebende Kolkraben. Die Liste der Diplomanden und Dissertanten wird ständig länger.

Natürlich war der Lorenzsche Rock um ein paar Nummern zu groß und entsprach wohl auch in seinem Schnitt nicht mehr ganz unserem heutigen Geschmack; doch man gewöhnt sich daran und ergänzt diesen Rock um eigene, besser passende Kleidungsstücke. Nie wollte ich als Kind Feuerwehrhauptmann oder Dampfschiffkapitän werden, aber so eine Station mit richtigen Tieren, das wollte ich schon immer haben. Die Graugänse in ihrem Almtaler Lebensraum selber erleichterten den Umstieg. Waren es in Seewiesen freifliegende Gänse an einem eingezäunten Teich, so sind es im Almtal wirklich wilde Gänse mit einem ausgeprägten Raum-Zeit-Muster, »herrliche« Gänse, wie Konrad Lorenz sie in Briefen an Freunde zuweilen euphorisch beschrieb.

Jahrelang hatte ich Lorenz mehr verehrt als verstanden und befand mich damit wohl in guter Gesellschaft, denn Idole sitzen vor allem im Herzen. Ein bekennender Lorenzschüler und -verehrer flüsterte mir einst ehrfürchtig-schaudernd zu, daß es keinen Sinn hätte, sich Konrad als Vorbild zu nehmen, denn dafür taugten eben nur Menschen (nicht aber geniale Halbgötter, wie, seiner Meinung nach, Lorenz wohl einer gewesen sein mußte)... Obwohl ziemlich übertrieben, steckt darin doch ein Körnchen Wahrheit. All das könnte bange machen in den wenigen Momenten, welche unsere Arbeit Zeit zur Reflexion läßt. Wie soll man da je hineinwachsen? Soll man überhaupt? Sollte man die alten Konzepte und Ansätze nicht einfach rausschmeißen, um völlig neu zu beginnen? Es gilt den passenden Mittelweg zu finden. Als einer, der mit Ausnahme von Telefongesprächen nie persönlich Kontakt mit Lorenz hatte, bin ich von jenem Vater-Sohn-Verhältnis frei, in welchem der charismatische Lehrer wohl viele seiner Schüler prägte. Frei sowohl von einer übergroßen Verehrung als auch von den zugehörigen Konflikten (Bischof 1991).

Man soll die Sache nüchtern sehen. Die Grünauer Graugansschar ist sein lebendes Erbe, ein sensibler Nachlaß von großem wissenschaftlichem Potential. Es wird darauf ankommen, was wir daraus machen. Mehr als hölzerne Möbelstücke und staubige Protokolle sind die Graugänse die Garanten zeitlich-räumlicher Kontinuität. Mit einigem Schweiß sollte es uns gelingen, auf dem alten Fundament aufzubauen, neue Fragen anzupacken, unsere Arbeit auf andere Tiere auszudehnen. Man mag ihn mögen, den Zeitgeist, oder auch nicht: Tatsächlich scheint der Name Konrad Lorenz in den Ohren der Öffentlichkeit etwas von seinem Glanz verloren zu haben. Das ist natürlich ungerecht, zwingt uns aber um so mehr, ein eigenständiges Profil zu entwickeln.

Wir wollen die Grünauer Gänseschar wissenschaftlich optimal nutzen. Wenig Sinn hätte es, in Konkurrenz mit großangelegten Freilandstudien, etwa zur Populationsstruktur und -dynamik von Gänsen, treten zu wollen; dafür stehen uns zu wenige Individuen zur Verfügung. Unser großer Vorteil besteht darin, daß wir den sozialen Hintergrund jeder einzelnen Gans genau kennen und unsere Untersuchungen zur Funktion des Soziallebens daher auf der Ebene des Individuums durchführen können. Denn gerade im Individualverhalten liegt die Schnittstelle zur Evolution. Mit modernsten Methoden wird nun und in den kommenden Jahren in vielen Projekten untersucht, welche Vor- und Nachteile die für

Graugänse typischen engen Paar- und Familienbindungen mit sich bringen, welche ökologische Bedeutung das Schar- und Familienleben hat. Die hormonellen Grundlagen der Auslösung und Entwicklung sozialen und sexuellen Verhaltens, die Auswirkungen frühkindlicher Erfahrung auf die spätere Partnerwahl und die Entwicklung des Sozialverhaltens, die Mechanismen der Partnerwahl, Lebens-Reproduktionsstrategien bei Weibchen und anderes mehr stehen auf unserem Programm. Letztlich geht es also sowohl um die Mechanismen als auch um die evolutionäre Relevanz von sozialem Verhalten.

Wissenschaftliche Arbeit läßt sich natürlich nur begrenzt planen; so ist in vieler Hinsicht der Weg wichtiger als das Ziel. Es ist nicht immer vorhersagbar, auf welche interessanten Phänomene man in der Zukunft stoßen wird. Vorhersagbar aber ist, daß uns die Fragen sicherlich nicht ausgehen werden.

Es wird methodisch anders als früher gearbeitet. Verhalten *muß* quantifiziert werden, um reproduzierbar untersucht werden zu können. Daher noch ein Wort zur wohlbekannten Lorenzschen Kritik an den »Quantifizierern«, also jenen Wissenschaftlern, die nicht nur ihrer Gestaltwahrnehmung vertrauen wollen, sondern so profane Instrumente wie Maßband, Stoppuhr oder Zählgerät einsetzen. Dies deswegen, weil man Stimmen hören konnte, die da meinten, daß die Neuerungen nicht im Lorenzschen Sinne seien, daß dies nicht sein Arbeitsstil gewesen wäre. Mag sein, aber wir sind kein Wissenschaftsmuseum. Quantifizieren ist kein Selbstzweck, sondern dient der Objektivierung und Standardisierung. Daß Konrad Lorenz *generell* gegen das Quantifizieren gewesen wäre, ist im übrigen nachweislich falsch. Wogegen er auftrat, war hirnloses Messen und Zählen ohne profunde Kenntnis der untersuchten Tiere. Im achten Jahrzehnt seines Lebens schrieb er, der wiederholt (beinahe stolz) erwähnt hatte, in seinem Leben noch nie eine Arbeit mit einer Kurve publiziert zu haben, zwischen 1978 und 1980 in einigen Briefen an seinen Freund Tinbergen in freudig-ironischem Unterton, daß er nun erstmals selber unter die Quantifizierer gegangen sei und die Zahl der aggressiven Interaktionen zwischen seinen Halfterfischen protokolliere. Das stimmte allerdings nicht ganz, hatte er doch bereits 20 Jahre vorher in Seewiesen Artinteraktionen von tropischen Riff-Fischen quantifiziert (unveröffentlichte Protokolle).

Wie es zur Grünauer Konrad-Lorenz-Forschungsstelle kam, und warum sie noch immer existiert

Die Forschungsstelle für Ethologie in Grünau, das Zentrum der Grauganarbeit des späten Konrad Lorenz, wäre im Jahre 1989 beinahe den Entropietod gestorben: Einfach auslaufen und zerbröckeln lassen, so die recht typische österreichisch-maghrebinische Problemlösungsstrategie. Aber dazu kam es schließlich doch nicht. Die Arbeit weiterzuführen war eines der dringendsten, testamentarisch festgelegten Anliegen von Konrad Lorenz: »Nun wünsche ich mir an allererster Stelle, daß die Longitudinalstudien an Gänsen fortgesetzt werden. Die sind imstande, Antworten auf Fragen zu geben, die von vielen Leuten aufgeworfen wurden, auch von Soziobiologen, denen ich im übrigen kein Urteil zuerkenne« (Zitat aus einem Tonband, aufgenommen von Bernd Lötsch am 26. März 1988 in Altenberg bei Wien, im Wohnhaus von Lorenz).

Der harte Seitenhieb des klassischen Ethologen auf die Soziobiologen ist nicht zu überhören. Die fachlichen und menschlichen Aspekte der Ablehnung dieser gar nicht mehr so neuen Richtung der Verhaltensforschung durch Lorenz haben uns ja schon beschäftigt (vgl. S. 126). Soviel an dieser Stelle: Eine Synthese dieser Arbeitsrichtungen ist heute gelungen, und dem dringenden Wunsch von Lorenz, seine Longitudinalstudien fortzusetzen (gemeint sind Langzeitbeobachtungen zum Sozialverhalten der Gänseschar), wird natürlich entsprochen, schon allein deswegen, weil diese Daten unabdingbar für alle weiteren Projekte an unseren Gänsen sind.

Die Forschungsstelle in Grünau verdankt ihre Existenz dem Zusammenwirken glücklicher Umstände. Es war ein Blitzstart. Als Lorenz 1973, zum Zeitpunkt der Nobelpreisverleihung, auf dem Höhepunkt seines internationalen Ruhmes als Direktor der Seewiesener Abteilung für Verhaltensphysiologie der Max-Planck-Gesellschaft emeritierte, war er gerade 70 Jahre alt, also für einen notorisch Wissensdurstigen gerade im besten Forscheralter. Rasch hatte er seinem Nachfolger, Wolfgang Wickler, Platz zu machen. Die Max-Planck-Gesellschaft war aber bereit, seine weiteren Forschungen noch einige Zeit zu unterstützen. Nun forschte Lorenz nicht an Ratten oder anderem Allerwelts-Laborgetier, sondern mit freifliegenden Gänsen. Die Herbergssuche mit diesen ungewöhnlichen Haustieren war vorerst schwierig. Otto König, der damals als Gast der Herzog-von-Cumberland-Stiftung im Almtal Projekte über Rauhfußhühner betrieb, vermittelte mit Hilfe des damaligen Forstverwalters der Stiftung, Karl Hüthmayr, worauf alles plötzlich fast »wie am Schnürl« ging. Hüthmayr rief seinen damaligen Chef, Ernst August Prinz von Hannover, an, der innerhalb kurzer Zeit sein Einverständnis erklärte. Der Entschlußkraft dieser beiden Männer verdanken wir daher letztlich die Existenz der Forschungsstelle. (Anmerkung: Der Cumberland-Wildpark bzw. Grünau liegen in einem wunderschönen Tal der nördlichen Kalkalpen, etwa 50 km südlich von Linz, und sind von dort aus mit dem Auto oder mit der Eisenbahn bequem in einer Stunde zu erreichen. Im Süden endet dieses Tal mit dem Almsee, in dem sich die schroffen Mauern des Toten Gebirges spiegeln.)

Da die Zeit drängte, wurde rasch ein schönes, geräumiges altes Forst- und Mühlengebäude, umgeben von gänsegerechten Wiesen, adaptiert; nahe dem Wildparkgelände wurden abseits des Besucherstroms Teichanlagen sowie drei kleine Hütten zur Handaufzucht von Gänsen geschaffen, welche die zunächst scherzhafte Lorenzsche Bezeichnung »Oberganslbach« bis heute tragen. Da bei freilebenden Gänsen immerhin die Möglichkeit bestand, daß diese in der neuen Almtaler Umgebung weiter als in Seewiesen umherstreifen, wurden auch Gespräche mit Jagdpächtern geführt, um sie zu bitten, die Gänse (die schließlich jagdbares Wild darstellen) nicht abzuschießen. Nach kurzer Zeit wählten die Gänse den Almsee und nicht, wie beabsichtigt, die näheren, aber kleineren Teichanlagen im Cumberland-Wildpark zum Übernachten, zum Mausern und teilweise auch als Brutort. Dies führte zu gelegentlichen Konflikten mit den Seepächtern, zumal die Zahl der Gänse bis 1990 auf 220 angestiegen war. Durch eine Reduktion des Bestandes an Nonnengänsen sowie die Abgabe überzähliger Graugänse sank allerdings deren Zahl bis Winter 1992 auf 120, ein absolutes Minimum, um an der Gruppe weiterhin sinnvolle Sozialforschung durchführen zu können.

Bereits im Sommer konnte die Übersiedlung der Gänse beginnen. So einfach war das allerdings nicht, denn wie hindert man diese flugtüchtigen Gewohnheitstiere daran, sofort wieder nach Seewiesen zurückzukehren? Mit Geduld und Glück. Die »Generalstabschefin« dieser Übersiedlung, Lorenz' Seewiesener technische Assistentin Heidi Buhrow (noch heute Mitarbeiterin bei Jürg Lamprecht in Seewiesen), kann ein Lied davon singen. Um den Tieren eine möglichst schonende Eingewöhnung zu ermöglichen, wurden ihre Schwungfedern nicht beschnitten, manche wurden allerdings flugunfähig während der Mauser ins Almtal gebracht. Außerdem wurden sie in sozialen Gruppen übersiedelt und von ihnen vertrauten Menschen noch längere Zeit intensiv betreut und begleitet. Trotzdem konnten von den etwa 100 Übersiedlungskandidaten, die in Transportkisten oft mehrmals von Seewiesen nach Grünau gebracht werden mußten, nicht allzu viele zum Bleiben veranlaßt werden. Und selbst die bildeten in den ersten Jahren eine recht instabile Schar, manche Paare flogen weiterhin zum Brüten an die bayrischen Voralpenseen; zwei Paare aus dieser Zeit, Schwarzkopf und Airotsohn sowie Carola und Egelb, tun dies trotz ihres Alters von über 20 Jahren immer noch, um regelmäßig im Sommer bzw. Herbst mit ihren flüggen Jungen ins Almtal zurückzukommen. Nur die Schwarzkopf-Kinder haben lange genug mit der Gruppe Kontakt, um sich zu integrieren; zumindest einige von ihnen bleiben. Störungen (z. B. Drachenflieger) konnten in den ersten Jahren die Gänse aus dem Tal treiben und weit über das Land versprengen. Erst allmählich bildete sich die heutige, stabile Schar. Viele Handaufzuchten und intensive örtliche Betreuung durch vertraute Menschen ließen jene Schartraditionen entstehen, die sie jetzt im Almtal halten. Der Anfang war somit nicht problemlos.

Als unmittelbare Folge des mit Lorenz verbundenen Medieninteresses stieg auch das Interesse an Grünau. Vorher bereits als netter, ruhiger Sommerfrische- und Wintersportort bekannt, war nun der Name Grünau mit jenem von Konrad Lorenz verbunden. Eine kleine, bunte Runde internationaler Besucher kam und kommt auch wegen Lorenz und seiner inzwischen berühmten Gänse in unser Tal. Filmberichte über die Grünauer Gänse hatten internationale Resonanz und liefen unter anderem im kanadischen und japanischen Fernsehen.

Im Februar 1992 begann ich die Lorenzsche Korrespondenz mit seinen Fachkollegen aus den Jahren 1974 bis 1989 nach Stellen abzusuchen, in welchen er sich auf seine Arbeit in seinem privaten Riff, dem Altenberger Aquarium, bezieht. Dies, um den Konzeptrahmen für seine Fischprotokolle und deren Herausgabe abzustecken. Es fiel dabei besonders auf, daß es kaum einen Brief an einen Fachkollegen gibt, in dem er nicht seine Grünauer Forschungsstelle mit Begeisterung erwähnt, sogar noch häufiger als sein Altenberger Aquarium. Ohne Übertreibung kann man daher behaupten, daß Grünau mit seinen Bibern und Wildschweinen, besonders aber mit seinen Gänsen das wichtigste Anliegen des späten Konrad Lorenz war. Leider ist es auch nicht übertrieben zu behaupten, daß das wohl konstanteste Merkmal dieser Forschungsstelle die Regelmäßigkeit der Finanzierungskrisen war. Dabei begann alles recht solide, solange in den ersten Jahren noch die Max-Planck-Gesellschaft für die Kosten aufkam. Nachdem man aber in Deutschland zu der verständlichen Meinung gekommen war, genug Starthilfe gegeben zu haben, war es an der Zeit für die österreichischen Stellen, zu übernehmen. Als es nun galt, sich nicht nur im Ruhm des anwesenden Nobelpreisträgers zu sonnen, sondern auch finanzielle Verantwortung zu übernehmen, begann der Schlamassel. Eher lustlos übernahm die Österreichische Akademie der Wissenschaften im Auftrage des Wissenschaftsministeriums die Oberhoheit. Ständige Antrags- und Berichtspflichten bei nur halbjährlich gewährten Mitteln begleiteten Konrad Lorenz und seine Mitarbeiter. Es ist beschämend, daß man nicht imstande war, die Arbeit des einzigen damals im Lande weilenden Nobelpreisträgers ganz einfach mit einem bescheidenen Fixbetrag zu unterstützen.

Am 26. Februar 1989 starb Konrad Lorenz. Das offizielle Nachkriegsösterreich hatte es vorgezogen, ihn beinahe zeitlebens außerhalb seiner Grenzen und auf Kosten anderer wirken zu lassen. Schon wieder ein typisch österreichisches Schicksal? Nicht ganz. Nach seiner gleichzeitigen Emeritierung als Direktor des Max-Planck-Institutes für Verhaltensphysiologie in Seewiesen/Bayern war es Lorenz, wie erwähnt, schließlich dank des Nobelpreises möglich geworden, im reifen Seniorenalter in Österreich Fuß zu fassen. Und das nicht nur im wissenschaftlichen Sinn – seine natürliche, patriarchalische Autorität sowie die Einsicht, daß so manches faul sei im Staate Österreich, ließ den notorisch unpolitischen Lorenz zum öffentlichkeitswirksamen Umweltgewissen eben dieses Staates werden. So hatte er maßgeblichen Anteil am negativen Ausgang der Volksabstimmung über die Inbetriebnahme des Atomkraftwerks Zwentendorf und auch daran, die Zerstörung der letzten Reste von Donau-Auen in Österreich (durch den geplanten Bau eines Donaukraftwerks bei Hainburg) zumindest vorläufig zu verhindern.

Ihr kompliziertes Gesellschaftsleben macht Gänse zu den Primaten unter den Vögeln und zu faszinierenden Objekten der Forschung

Die Grünauer Graugänse waren bereits die Hauptdarsteller in zwei auch für Laien gut lesbaren Büchern: dem von Lorenz mit dem Ehepaar Kalas verfaßten »Jahr der Graugans« (1979) sowie dem Verhaltensinventar der Graugans »Hier bin ich – wo bist du?«, dem letzten größeren Werk von Konrad Lorenz, entstanden unter Beteiligung von Michael Martys und Angelika Tipler (1988). Trotzdem soll auf Gänse hier wieder eingegangen werden, denn Verhaltensforschung ohne Tiere wäre wie Ethologie ohne Lorenz. Faszinierend ist ihr bisher wenig verstandenes, hochkompliziertes Zusammenleben, welches sogar uns Menschen als notorische Sozialtiere staunen läßt und manche Ähnlichkeit mit Affengesellschaften aufweist (Kummer 1988a; Exkurs 9, unten). Schließlich geht es darum, wie manche Gänseindividuen viele Nachkommen hinterlassen und warum es viele andere nicht schaffen.

Exkurs 9: Soziale Strukturen in einer Graugansschar

Dominanzhorizonte
Auf den ersten Blick erweckt eine Graugansschar den Eindruck eines Heringsschwarmes: eine Ansammlung identischer Individuen. Aber bereits beim zweiten Hinschauen sieht man, daß nicht zwischen allen Individuen gleiche Abstände herrschen, daß einzelne Gruppen zusammenhalten und gemeinsam umherziehen. Die Gliederung in soziale Untereinheiten wird sichtbar. Dies sind die »politischen« Grundeinheiten der Gänsegesellschaft. Durch das Band des Triumphgeschreis gebunden (Lorenz 1988), ist man untereinander friedlich, grenzt sich aber gegen den Rest der Schar aggressiv ab. Die *Grundeinheit* der Schar ist sicherlich das heterosexuelle Paar, das ganzjährig zusammenbleibt, unabhängig davon, ob in Begleitung von Nachkommen oder nicht. Wenigen Paaren gelingt es, flügge Junge aufzuziehen (siehe unten), die den gesamten Herbst und Winter, vom Flüggewerden bis zum erneuten Beginn der Balz im darauffolgenden Frühjahr, mit ihren Eltern zusammenbleiben; sie bilden neben den 1–2jährigen Geschwistergruppen, die nicht mehr in Begleitung ihrer Eltern und noch nicht verpaart immer noch zusammenhalten, die größten Untereinheiten in der Schar. Selten, aber regelmäßig treten Trios auf, die dadurch entstehen, daß sich entweder ein Weibchen an ein Männchenpaar anschließt oder ein zweites, meist jüngeres Weibchen bei einem bestehenden heterosexuellen Paar Anschluß sucht. Schließlich bilden sich bei einem Schar-Geschlechter-Verhältnis von > 55% Männchen vermehrt Paare zwischen diesen.

Die Frage stellt sich, warum die ohnehin in der Schar lebenden Individuen so erpicht auf engeren sozialen Anschluß sind. Das ist für die heterosexuellen Paare während der Fortpflanzungszeit einfach zu beantworten, denn dazu braucht man einen heterosexuellen Partner. Aber warum werden die Paarbindungen ganzjährig aufrechterhalten, warum bleiben die Familien und anschließend die Geschwistergruppen so lange zusammen, warum schließen sich gar zwei Männchen bei Weibchenmangel zu einem Paar zusammen? All das mag vielerlei Gründe haben (Lamprecht 1987). Auf jeden Fall sind solche Zusammenschlüsse, die Triumphgeschreigemeinschaften (Fischer 1965), als soziale Allianzen zu betrachten, die im Effekt eine wesentlich höhere Stellung in der Schar-Rangordnung bewirken, als alleinstehende Gänse jemals erreichen könnten. Letztere sind die »underdogs« in der Gänsegesellschaft. Die Ranghöchsten sind die Junge führenden Paare, gefolgt von ebendiesen Jungen. Es folgen in der Reihenfolge absteigender Ranghöhe die verpaarten Ganter, verpaarten Gänse und Mitglieder von Geschwistergruppen. Die Ranghöhe wiederum bestimmt die Verfügbarkeit von Ressourcen, wie Nahrung oder Geschlechtspartnern, und damit indirekt die individuelle Fitness. Die Untergruppen einer Graugansschar können daher teils als Kooperativen unter Verwandten, teils als »Machiavellische Allianzen« zwischen Fremden betrachtet werden, die erforderlich sind, um die individuellen Interessen im Konkurrenzfeld der Schar zu wahren. Pointiert formuliert leben Graugänse deswegen in der Schar, weil sie müssen, und sie versuchen durch individuelle Allianzen, ihre Interessen so gut wie möglich gegenüber den anderen Gruppenmitgliedern zu wahren.

Obwohl die individuellen Variationen groß sind, findet man je nach Geschlecht und sozialer Stellung typische Rollen, die besonders durch unterschiedliche Frequenzen und Intensitäten von Aggression, Sichern und Fressen gekennzeichnet sind. So zum Beispiel sind Familienganter die aggressivsten Individuen in der Schar, sie sind ständig angespannt, sichern viel und fressen relativ wenig. Auf sie geht maßgeblich die Ranghöhe der Familie zurück (Lamprecht 1986a, b); je jünger und je zahlreicher die Gössel, um so stimulierter sind die Ganter. Die Familienweibchen sind wesentlich weniger aggressiv, sichern und fressen viel.

Die Jungen fressen viel, sichern und drohen aber wenig. Aber immerhin drohen und sichern vier Junge zusammen schon etwa soviel wie ein Ganter usw. Das Rollenverhalten von Männchen in Ganterpaaren unterscheidet sich von heterosexuell gebundenen Männchen. Kompliziert wird die Sache noch dadurch, daß das Rollenverhalten einen ausgeprägten Jahresgang aufweist. So etwa sind Ganter im Frühling am aggressivsten, am friedlichsten dagegen in der Winterschar (siehe unten).

Lebensgeschichten
Bereits von Anbeginn herrschen ungleiche Startbedingungen für individuelle Karrieren: Die Eier eines Geleges sind unterschiedlich groß. Da Überleben in den ersten Tagen mit dem Schlupfgewicht zusammenhängt, haben die aus den größeren Eiern schlüpfenden Gössel einen Startvorteil – ein klarer Fall von mütterlicher Manipulation (siehe S. 200). Bereits nach wenigen Tagen brechen kurzzeitig heftige Kämpfe zwischen den Gösseln aus, eine Rangordnung wird etabliert. Junge Männchen sind in dieser frühen Phase bereits erheblich aggressiver und in der Regel dominant über ihre weiblichen Geschwister; je nach Verfassung der Individuen wird diese Rangordnung immer wieder umgestoßen. Nach etwa zwei Monaten sind die Jungen flügge und verbleiben noch bis ins darauffolgende Frühjahr im Familienverband. Wenn die Eltern wieder in Balzstimmung kommen, trennen sich die Jungen von ihnen und beginnen erste Beziehungen zu möglichen künftigen Partnern zu knüpfen, was sich darin äußert, daß man mit »Winkelhals« balzt und wie beiläufig ständige Nähe hält. Diese »Verlobungen« zerfallen im Frühsommer wieder, bilden aber oft den Grundstein für eine langanhaltende Paarbeziehung. Die Geschwister schließen sich wiederum zusammen und verbringen manchmal sogar ein zweites Jahr mit ihren Eltern, wenn diesen keine neue Aufzucht gelang.
In ihrem zweiten Jahr wird es schließlich ernst, es kommt zur Paarbildung, wobei es manchmal erst den 3jährigen Männchen gelingt, eine Partnerin zu sichern. Meist erfolgt die Paarbindung mit dem Verlobungspartner. Eine erfolgreiche Jungenaufzucht kann aber noch auf sich warten lassen und ist in der Regel älteren Weibchen bzw. Paaren vorbehalten.
Im »Typus«-Fall einer monogamen Gänsepartnerschaft bleiben

die Paarpartner über ein Jahrzehnt zusammen; unsere ältesten stabilen Paare waren 17 bzw. 19 Jahre verpaart. Gerade im Alter werden Trennungen wieder häufiger, wobei meist die Weibchen den alten Ganter zugunsten eines jüngeren aufgeben, wie in der Paargeschichte von Blasius und Sinda illustriert (siehe S. 154). Meist trennt allerdings frühzeitig ein Unfall die Paarpartner, wobei häufig das brütende Weibchen von Raubfeinden erbeutet wird und ein Witwer zurückbleibt. Aus diesem Grund liegt das Durchschnittsalter der Weibchen in der Schar bei 7 Jahren, das der Ganter dagegen bei 8. Über 10jährige Ganter, die ihre Partnerinnen verloren, haben in der Regel wenig Chancen, sich wieder zu verpaaren. Oft existieren sie als Einzelgänger noch einige Jahre am Rand der Schar dahin, bis sie, psychosomatisch geschwächt, ihren Parasiten oder einem Freßfeind zum Opfer fallen. Andere wiederum gehen »Männerfreundschaften« ein und können dermaßen sozial stabilisiert ein hohes Alter erreichen, wie es beim erst mit 27 Jahren im Herbst 1993 verschwundenen »Herrn Viel« der Fall war. Beziehungsprobleme betreffen vor allem Männchen, von denen es immer wieder Individuen gibt, die es jahrelang nicht schaffen, eine Partnerin an sich zu binden, und deren Chancen mit steigendem Alter schwinden. »Beziehungslose« Weibchen treten dagegen recht selten auf. In beiden Fällen liegen die Ursachen dieser sozialen Inkompetenz mit einiger Wahrscheinlichkeit in sozialen Störungen während der Jugendentwicklung. Nach Auswertung der Paarungsdaten von 112 Weibchen, die zusammen 171 Paarungen bzw. 566 Verpaarungsjahren entsprechen, beträgt die durchschnittliche Verpaarungsdauer etwa 3 Jahre. Die Partnerschaft vor einer »Scheidung«, also einer sozialen Trennung, die beide Paarpartner überleben, hält nur 2,9 Jahre, während Paarungen, die durch Unfall oder Tod des Partners getrennt werden, im Schnitt 3,4 Jahre bestehen. Immerhin 20% aller Paare scheiden sich. In etwa 80% der Fälle aber endete die Partnerschaft mit Tod oder Verschwinden des Partners, überwiegend des Weibchens.

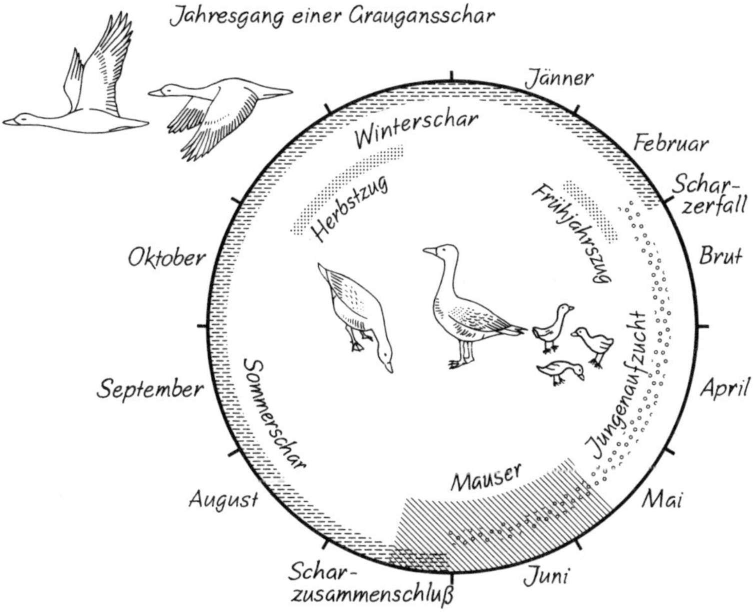

Zeichnung 4: Jahresrhythmische Veränderungen bei Graugänsen: Balz, Brut bzw. Aufzucht der Jungen erfolgen außerhalb des Scharverbandes. Nach Beendigung der Großgefiedermauser schließen sich Brüter und die Mehrheit der Nichtbrüter zu Sommerscharen zusammen, die gegen den Herbst größer werden können. Ein Wintereinbruch gibt das Signal für den Zug ins Winterquartier. Um den Frühjahrszug in das Brutgebiet zerfallen die Familien und schließlich auch der Scharverband.

Der Jahresgang des Scharlebens

Eine Gänseschar hält keineswegs das ganze Jahr über gleichmäßig eng zusammen, das Jahr ist voller sich regelmäßig wiederholender Ereignisse, welche die Funktionen des Soziallebens widerspiegeln (Zeichn. 4).

Anfang März steigt bereits die Aggressionsbereitschaft der Männchen, Rivalen kämpfen um die Gunst von Weibchen, die Familien zerfallen, Paare sondern sich ab, sie suchen nach einem

Nistplatz, nicht zu nahe an anderen, wo das Weibchen, gut getarnt, durch Ausmulden im dürren Gras ein Nest anlegen kann. Anschließend legt die Gans alle 2 Tage ein etwa 150–200 Gramm schweres Ei in ihr einfaches, gut getarntes Nest. Nach jedem Ei wird das Nest wieder bedeckt; gebrütet wird erst, wenn das Gelege komplett ist. Während dieser Zeit kopulieren die Paarpartner täglich einige Male, sie halten sehr eng zusammen, meist weniger als einen halben Meter. Erst wenn das letzte ihrer 3–6 Eier gelegt ist, beginnt die Gans mit der Brut. Eine 3 kg schwere Gans legt also innerhalb von 12 Tagen etwa ein kg an Eiern, zu deren Bildung hauptsächlich ihre Fettreserven herhalten müssen; eine wahrlich enorme physiologische Leistung!
Während das Weibchen 28 Tage alleine brütet und dabei täglich nur einige 10 Minuten Brutpausen einlegt, hält sich das Männchen entweder unauffällig in der weiteren Entfernung des Nestes, wohl um den Neststandort nicht zu verraten. Oder er gesellt sich zur Restschar, um eventuell noch da oder dort eine weitere Kopulation zu ergattern. Die kurzen und seltenen Brutpausen verbringt das Paar gemeinsam. Nur diese wenigen Minuten pro Tag stehen der während dieser Zeit stark abmagernden Gans zur Nahrungsaufnahme zur Verfügung. Es kommt sogar manchmal vor, daß eine Gans ihre Reserven zu früh aufbraucht und nur wenige Tage vor dem Schlüpfen der Jungen die Brut aufgeben muß. Die Gössel schlüpfen synchronisiert meist innerhalb weniger als einer Stunde. Dazu verständigen sie sich bereits Tage vor dem Schlüpfen durch drei verschiedene Arten von Lauten, die auch zur Kommunikation mit der Mutter dienen: ein sozialer Kontaktlaut, ein Protestlaut, der anzeigt, daß sich das Gössel im Ei nicht wohl fühlt, und schließlich einer, der Wohlbefinden vor dem Einschlafen verkündet. Die brütende Mutter reagiert recht spezifisch auf diese Laute und hält auch selber akustisch Kontakt mit den Jungen in den Eiern.
Mit Schlüpfen der Jungen, März oder April, ist das Paar wieder zusammen, die Junge führenden Paare schließen sich zu lockeren Gruppen zusammen. Wenige Wochen nach dem Schlupf setzt die Großgefiedermauser ein, welche die Gänse flugunfähig und sehr scheu macht. Die erfolgreichen Paare werden gleichzeitig mit ihren Kindern, Juni–Juli, wieder flügge. Der Großteil der Schar verbringt die Mauser scheu und unnahbar in einer

dichten Gruppe an einem Gewässer, manchmal in einiger Entfernung von den Familien.
Mit erneuter Flugtüchtigkeit findet sich die Schar mit anfänglichen Reibereien wieder zusammen. Die Sommerschar unternimmt zusammen tägliche Weidezüge, um abends wieder auf einer sicheren Wasserfläche zum Übernachten einzufallen. Im Spätherbst sammeln sich die Scharen zu riesigen Gruppen zum Abflug ins Winterquartier. So sammeln sich Zehntausende Graugänse jährlich im burgenländisch-ungarischen Seewinkel, weiden auf den abgeernteten Feldern und sind ein leichtes Ziel (Tausende werden dort jährlich sinnlos abgeknallt). Sie warten auf das Signal zum Abflug in Form eines Wintereinbruchs. Nun sind die Gänse am schwersten, die Fett-Tanks sind gefüllt, Energie für den langen Flug. Nur wenn Schnee und Eis die Nahrungsflächen versiegeln, machen sie sich auf den mehrere tausend Kilometer weiten Zug nach Nordafrika, oft, um nur wenige Wochen später zurückzukommen und nach dem Zerfallen der Scharen erneut mit dem Brutgeschäft zu beginnen.

Die ungleiche Verteilung von Erfolg und Mißerfolg. Wer schafft es, Kinder aufzuziehen?

Sinda, die erfolgreichste Gans in der Grünauer Schar, zog mit 2 Männchen in 17 Brutsaisonen insgesamt 34 flügge Junge groß. Wie bei hochsozialen Tieren die Regel, ist der Fortpflanzungserfolg sehr ungleichmäßig über die Schar verteilt. Wenige Individuen hinterlassen viele Kinder, viele Individuen wenige oder gar keine. Wie aus Daten von 192 Weibchen der Grünauer Schar der vergangenen 20 Jahre hervorgeht, haben nur etwa ein Drittel je erfolgreiche Brutversuche unternommen, d.h. Nester gebaut und Eier erbrütet. Nur 47 dieser 192 Gänse (25%) schafften es, flügge Junge aufzuziehen, und nur 10 Weibchen (5%) zogen mehr als 10 flügge Junge auf.
Junge Weibchen, die selber noch kein Nest anlegen, verlieren gelegentlich ihre Eier auf der grünen Wiese. Häufiger allerdings versuchen sie, diese in die Nester anderer Weibchen dazuzulegen, und werden damit zu innerartlichen Brutparasiten (Petrie und Møller 1991). Weigmann und Lamprecht (1991) zeigten bei Streifengänsen, daß dieses Dazulegen nicht zufällig geschieht, sondern daß die parasitierenden Weibchen ältere, erfolgreiche

Weibchen bevorzugen. Falls die Parasitinnen entdeckt werden, vertreiben die Nestbesitzerinnen diese auch mit Gewalt. Gelege, deren Größe solchermaßen etwa 10 Eier übersteigt, werden verlassen. Es ist gerechtfertigt, von »Parasitismus« zu sprechen, da die Schlupfraten der Eier der Nestinhaberin signifikant absinken (Weigmann und Lamprecht 1991). Die Schlupfraten der parasitischen Eier sind recht gering, aber natürlich größer als Null, daher ist Brutparasitismus besonders für junge, unerfahrene Gänse eine Strategie, die erlaubt, zumindest ein Minimum an Nachkommen zu produzieren; sie machen das Beste aus ihrer schlechten Situation.

Es gibt also drei Mechanismen, die bewirken können, daß die Junggänse in einer Familie nicht oder nur teilweise die Nachkommen des führenden Paares sind: Seitensprünge, Brutparasitismus sowie Durchmischen von Gösselgruppen wenige Tage nach dem Schlupf. Da Eltern und Junge einander kurz nach dem Schlüpfen noch nicht individuell kennen, zieht gewöhnlich das dominante Paar mit allen Gösseln davon. Dem unterlegenen Paar könnte es recht sein, da schließlich die anderen die eigenen Kinder aufziehen. Dem ist aber nicht so, weil Geschwistergruppen über 6 Gössel nicht mehr gut gehudert werden können, was sich in den ersten Wochen nach dem Schlupf in einer höheren Todesrate dieser Jungen niederschlagen könnte. Zudem scheint es wichtig für den künftigen Fortpflanzungserfolg zu sein, wenn das Paar den Winter in Begleitung von Nachwuchs zubringt.

Gänse brauchen einige Anlaufzeit, um wirklich reproduktiv erfolgreich zu werden. Die älteren, 10–21jährigen Gänse produzieren im Schnitt 2 flügge Junge pro Jahr, die jüngeren, 2–9jährigen Gänse dagegen nur 0,5. Tatsächlich ist die signifikante positive Beziehung zwischen Alter und Erfolg nur bei den älteren Gänsen festzustellen, nicht aber bei den jüngeren. Gänse zumindestens in der Grünauer Schar werden also erst wirklich erfolgreich, wenn es ihnen gelingt, älter als 10 Jahre zu werden, was gar nicht so einfach ist und erheblich über der durchschnittlichen Lebenserwartung für Weibchen von etwa 7 Jahren liegt. Nur 25 von 192 Weibchen (13 %) schafften dies, trotz fehlendem Jagddruck. Haupttodesursachen sind Raubfeinde wie Fuchs und Adler, aber auch Unfälle und Parasiten.

Wenn der Fortpflanzungserfolg derart ungleichmäßig verteilt ist und anscheinend sehr davon abhängt, wie Individuen das soziale Spiel beherrschen, ist dessen evolutionäre Bedeutung klar. Daher das Interesse der Biologen am Sozialleben.

Die ins Almtal übersiedelten Gänse lebten sich gut ein und vermehrten sich seither auf etwa 150 Tiere. Ihren Tages- und Jahresrhythmus paßten sie den örtlichen Verhältnissen an. Die Schar enthielt im Jahre 1991 etwa 45 Paare, deren Partnerschaft meist über Jahre besteht. Die 60 nicht verpaarten Tiere setzen sich etwa zur Hälfte aus unter zweijährigen Jungvögeln, zur anderen Hälfte aus verwitweten älteren Gänsen zusammen. Einen Überblick über ihre Biologie und ihr kompliziertes Sozialleben gibt Exkurs 9 (S. 143). Unser ältester Ganter verschwand mit 27 Jahren im Herbst 1993. Somit sind Längsschnittuntersuchungen an diesen Tieren langfristige Unternehmen, denn Graugänse können recht alt werden. Wie alt, weiß niemand so ganz genau. In Gefangenschaft erreichen zumindest Hausgänse 60 Jahre, unter den rauhen Almtaler Bedingungen sind 20 Jahre bereits ein stolzes Alter. Fragen nach dem Höchstalter der Gänse sind häufig. Lorenz pflegte darauf gelegentlich zu antworten, er hätte einmal eine nachweislich über 30jährige Gans übernommen, nach weiteren 30 Jahren in seiner Pflege hätte sie schließlich der Fuchs gefressen. Nun sei er selbst schon so alt geworden, hätte zeitlebens mit Gänsen gearbeitet und könne nicht einmal sagen, wie alt diese würden... So seine Eulenspiegel-Geschichte mit wahrem Kern.

Der Jahresgang der Graugänse

Die Grünauer Gänseschar zeigt ein ausgeprägtes tägliches und saisonales Raum-Zeit-Muster (Lorenz u.a. 1979; Exkurs 9, S.143). Die Tiere übernachten auf der vor hungrigen Füchsen Schutz bietenden offenen Wasserfläche des Almsees; im Winter ziehen Teile der Schar die nahen Wildpark-Teiche vor. In der Morgendämmerung streichen die Gänse etwa 8 km nördlich, zur Futterstelle am Auingerhof, dem Institutsgebäude der Forschungsstelle. Untertags wechselt die Schar meist in den nahen Cumberland-Wildpark und stellt sich dort recht bereitwillig den Besuchern, weil diese ihren Tribut in Form von Erdnüssen entrichten. Am späten Nachmittag geht's zurück an den Auinger, in der späten Abenddämmerung kehrt die Schar wieder an den Almsee zurück.

Zur Zugzeit, im Spätherbst, werden die Gänse zuweilen unruhig; in Keilformation fliegen sie höher als sonst und verlassen gelegentlich auch für einen kurzen Ausflug das Tal, um sich am Abend doch wieder am Futterplatz einzufinden. Die saisonale Zugunruhe ist angeboren, wird von einer inneren Jahreszeituhr gesteuert, die Zugrouten dagegen werden in Form sozialer Traditionen weitergegeben. Unsere Gänse haben von ihren Eltern nie gelernt, wohin sie fliegen sollen, und bleiben daher im Almtal. Die kurzen Wintertage verbringt die Schar ruhig und friedlich an der Forschungsstelle; gelegentliche Angriffe überwinternder Adler halten sie allerdings auf Trab.

Bereits im Februar bringen die ersten Föhntage Frühlingsahnen. Die Gänse geraten erneut in Unruhe; nun ist es Zeit, um Partner zu werben, mit Rivalen zu streiten und schließlich frühestens im zweiten Lebensjahr eine Paarbindung einzugehen, welche ein ganzes langes Gänseleben andauern kann. Aber nicht andauern muß: Einem Partner kann etwas zustoßen. Wie unsere Protokolle zeigen, gibt es allerdings auch in etwa 20% der Fälle »Ehescheidungen«, im Schnitt im dritten Jahr der Partnerschaft. Im März–April fällt die Schar auseinander, die Paare sondern sich zum Brüten ab, denn Graugänse tun dies im Gegensatz zu Streifen- oder etwa Weißwangengänsen einzeln und nicht in Kolonien (Exkurs 9, S. 143). Erst nach der Großgefiedermauser, wenn die erwachsenen Tiere und die Jungen des Jahres flügge sind, kommt es zur Wiedervereinigung der Schar, die nun bis zum nächsten Februar zusammenhält.

Gänse unter Erfolgsdruck

Gänse sind deswegen faszinierende Forschungsmodelle, weil sie sowohl ein komplexes Sozialleben als auch einen von Individuum zu Individuum sehr unterschiedlichen Fortpflanzungserfolg aufweisen. Sinda, eine unserer »Vorzeigegänse«, ist dafür ein gutes Beispiel. Sie war bisher unsere scheinbar erfolgreichste Gans, mit insgesamt 34 flüggen Jungen. Scheinbar deshalb, weil mit Ausnahme der bereits toten Claire keine ihrer Töchter je eigene Junge großzog. Jeder Freilandethologe hätte also Sinda wegen ihrer zahlreichen Kinder als äußerst erfolgreich eingestuft. Unsere Daten zeichnen ein anderes Bild. Evolutionär gesehen, könnte man natürlich gleich auf die Mühen eigener Kinder verzichten, wenn die dann keine Enkelkinder produzieren. Es ist schließlich egal, ob eine genetische Linie eine Generation früher oder später erlischt. Sindas Linie ist sozusagen in einer großen Endblase verpufft. Warum sie zwar viele Kinder hatte, diese aber zumeist früh starben oder sozial inkompetent waren, wissen wir nicht. Es mag Zufall gewesen sein, der bekanntlich die Richtung der Evolution genauso und auf vielen Ebenen beeinflußt wie die natürliche Auslese, die Selektion. Es mag aber auch Sindas »Erziehung« gewesen sein. Sinda war nicht nur in ihrem Aussehen recht maskulin, sondern auch in ihrem Rollenverhalten. Wenn sie Junge führte, sicherte und drohte sie mehr als andere Weibchen in derselben Situation. Ob sie das bereits als »junges Mädchen« tat oder ob sich diese Eigenschaften erst dadurch herausbildeten, daß ihr Langzeit-Partner Blasius, verglichen mit anderen Gantern, eher friedfertig war, sie also kompensieren mußte, wissen wir nicht, da vergleichbare quantitative Verhaltensstudien von der jungen Sinda nicht vorliegen. Unter Umständen wird aber Sinda doch noch Großmutter. Etwa ein Duzend ihrer Kinder sind noch jung genug und könnten sich noch erfolgreich vermehren. Mit naturwissenschaftlichen Mitteln ist nicht zu ergründen, ob die Persönlichkeitsmerkmale Sindas maßgeblichen Anteil am Mißerfolg ihrer Töchter hatten. Schließlich ist es auch nicht ausgeschlossen, daß Inzucht im Spiele war, denn Gemahl Blasius war gleichzeitig ihr Onkel.

Dazu ist zu bemerken, daß Inzucht nicht automatisch schlecht sein muß. In freilebenden Populationen sollten Tiere den Inzuchtgrad an die Variabilität ihrer Umwelt anpassen. Wenn es gilt, in einer stabilen Umwelt die erfolgreichen Genkombinationen zu erhalten, sollte die Inzuchtrate hoch sein. In einem der wenigen

Tests zur Partnerwahl fand Bateson (1983), daß Wachteln etwa Cousinen und Cousins zweiten Grades vorziehen.

Die Kaskade der Kinder und Kindeskinder ist also das Maß für evolutionären Erfolg. Das Sozialverhalten von Individuen spielt dafür eine wichtige Rolle. Die genauen Zusammenhänge interessieren uns brennend, wir kennen sie aber noch nicht. Es wäre naiv, eine einfache, lineare Kausalität anzunehmen; zu viele Variablen sind hier im Spiel, als daß man es auf eine einfache Formel bringen könnte wie: Eine Gans und ein Ganter mit einem bestimmten Rollenverhalten sind am erfolgreichsten. Vielmehr ist anzunehmen, daß das System oder Teile davon sich relativ chaotisch verhalten. Daß die Naturwissenschaft bei solcher systemimmanenter Unvorhersagbarkeit im Dilemma liegt, sei hier nur am Rande vermerkt.

Wie unsere Daten zeigen, ist der Fortpflanzungserfolg tatsächlich sehr ungleichmäßig über die Schar verteilt. Wenige Individuen haben viele Kinder, viele Individuen wenige oder gar keine (Exkurs 9, S. 143). Das gilt auch für andere soziale Tiere. In den komplexen Kastenstaaten mancher Insekten reproduzieren gar nur mehr ein einziges oder wenige Individuen. Es gibt auch Beispiele von Säugetieren, etwa bei Wölfen, wo in einer Gruppe nur die ranghöchsten Individuen Nachwuchs haben. Noch komplizierter geht es bei den Nacktmullen zu, hochsozialen, ständig unterirdisch lebenden Nagetieren, deren Clans in Kasten, ähnlich wie eusoziale Insekten, organisiert sind; nur ein einziges Weibchen reproduziert, der Rest des Clans kümmert sich arbeitsteilig um die Nachkommen.

Die Saga von Sinda und Blasius

Eine wahrhaft herzzerbrechende Geschichte ist die von Sinda und Blasius, deren erster, verwickelter Teil fast an eine der im Fernsehen üblichen Familiensagas erinnert. Gerade diese Beziehungsgeschichte aber gibt tiefe Einblicke in die Komplikationen gänsischen Zusammenlebens. Zur Erinnerung eine kurze Zusammenfassung, was bisher geschah: Sinda, deren leibliche Eltern der Ganter Alfred und die Gans Blau-blau-grün waren, schlüpfte am 15.4.1974 in einem Grünauer Brutapparat und wurde von Sybille Schäfer handaufgezogen. Sinda war also Grünauerin der ersten Generation. Sie wuchs mit drei Schwestern, Jule, Alma und Alfra, auf, die aber alle bereits 1975 und 1976 umkamen. Blasius ist ein Jahr älter als Sinda, seine leiblichen Eltern waren Adonis und Rosa-weiß-grün-grün. Geschlüpft im Frühjahr 1973, wurde auch er von Sybille, allerdings noch in Seewiesen, aufgezogen. Am 12.6.1973 übersiedelte diese Handaufzucht-Familie, der neben Blasius auch noch die gerade flügge gewordenen Greif, Nikita, Muck, Yksy, Selma und ein weiteres Männchen (Rot-blau-gelb, das aber bereits kurz nach der Übersiedlung starb) angehörten, nach Grünau. Aus dieser Geschwisterrunde leben heute noch Muck und Blasius, Nikita verunglückte im Winter 1992; alle alten Brüder sind bzw. waren Witwer. Blasius verpaarte sich zunächst mit der Sinda-Schwester Jule, bis diese bei ihrem ersten Brutversuch am Almsee am 1.4.1976 von einem Fuchs getötet wurde. Sinda und Blasius sind seit dem 28.6.1976 verpaart. Von 1977 bis 1991 gab es 14 Bruten, die insgesamt 28 flügge Junggänse erbrachten. Die kurzen Zwischenspiele der jungen Sinda mit den Gantern Florian und Ado sowie die ständigen Abwehrkämpfe von Blasius, der zwar am Boden leicht zu besiegen war, aber eine gewisse Luftüberlegenheit entwickelte, sind bei Lorenz (1988) nachzulesen.

Hier nun die wahrhaft tragische Fortsetzung dieser Geschichte. Bereits die Jahre zuvor und auch im Frühjahr 1990 fiel auf, daß Blasius Sinda gegen die Avancen meist jüngerer Ganter nicht mehr erfolgreich verteidigen konnte. Sinda ist offensichtlich eine recht attraktive Gans, ebenso wie (an der Zahl ihrer Verehrer gemessen) etwa Dornröserl oder Lucia. Als Menschen wissen wir natürlich nicht, warum manche Gänse für alleinstehende Ganter im besten Alter anziehender wirken als andere, aber alle erwähnten Weibchen zeichneten sich durch einen überdurchschnittlich guten Bruterfolg in der Vergangenheit aus. Trotz der Unterlegenheit von Blasius hatte die Partnerschaft Bestand. Es war Sinda, die jahrelang den Werbungen der anderen nicht nachgab, sondern aktiv die Nähe von Blasius suchte. Das Paar hielt sich vor allem am

Rande der Schar auf und wich tage- bis wochenlang auf den Almsee aus, wenn besonders im Frühling der Ansturm der Rivalen zu groß wurde. So auch 1990, als Sinda mit Blasius von ihrem üblichen Neststandort auf einer Bülte am Almsee Gössel nach Obergansl-bach ins Aufzuchtgebiet führte. Kurzfristig war die Welt wieder in Ordnung, denn nichts scheint einen Ganter mehr aufzuputschen und eine Gänsepartnerschaft mehr zu stabilisieren als Gössel. Die Familie erlebte einen normalen Gänsesommer, -herbst und -winter; die Kinder (Selina, Samson und Silva) zeigten im Frühjahr 1991 eine normale »Verlobungsphase« (erste Kontaktaufnahmen mit zukünftigen Partnern). Es schien, als ob die Geschichte wie bisher weiterlaufen würde. Blasius zeigte seine übliche Verteidigungsschwäche, die aber dadurch kompensiert wurde, daß sich das Paar sehr früh, Anfang März, auf den Almsee zurückzog. Sinda errichtete ein Nest nahe dem letztjährigen Standort und legte vier Eier. Alles war in Ordnung, bis das Gelege zerstört wurde; dem Erscheinungsbild des Schadens zufolge muß es sich bei den Tätern um Raben oder Krähen gehandelt haben, welche die Eier zerhackten. Da Sinda bereits einige Tage gebrütet hatte, bestand keine Möglichkeit mehr für sie, Eier nachzulegen, das Paar würde also in diesem Jahr keine Nachkommen großziehen. Sinda und Blasius blieben zunächst bis Mitte Mai am Almsee, schlossen sich aber im Juni zum Mausern den anderen Familien in Oberganslbach an, sei es aus jahrelanger Gewohnheit, sei es, weil sie neugeschlüpfte Gössel attraktiv fanden (Graugänse sind ganz besonders »adoptiersüchtig«, was manchmal sogar zu Auseinandersetzungen um die gerade geschlüpften Gössel zwischen den Eltern und anderen, adoptierwilligen Gänsen führen kann). Als ich am 27. April 1991 ein Gänse-Ei aus dem Brüter auf die Wiese vor dem Haus legte, um es zu fotografieren, waren zufällig Sinda und Blasius anwesend und fühlten sich von dem Ei offenbar sehr angezogen. Sinda ging darauf zu und fing an, es zu rollen, zeigte also jene Erbkoordination, welche dem Zurückholen eines aus dem Nest gerollten Eies dient und die Lorenz und Tinbergen in ihrer klassischen Arbeit (1939) stellvertretend für andere Instinktbewegungen so genau beschrieben. Sinda konnte einem wegen ihres Brutverlustes schon leid tun.

Ab Ende Juni begann sich der Ganter Erot um Sinda zu bemühen. Er war zunächst ständig in der Nähe des Paares, drängte sich zwischen Sinda und Blasius, vertrieb Blasius häufig, um zurückzukehren und sein Triumphgeschrei gegen Sinda zu richten. Diese stimmte zunächst nicht ein, sondern versuchte wochenlang, den Kontakt mit Blasius zu halten. Obwohl sie von Erot ständig gehütet wurde, gelang es ihr, in der Nähe von Blasius zu bleiben. Es sah also zunächst so aus, als würde Sinda ihre Bindung zu Blasius aufrechterhalten wie in den Jahre zuvor in ähnlichen Situationen. Was 1991 allerdings fehlte, waren gemeinsame Gössel, welche die Paarbindung stabilisiert und Blasius' Verteidigungsbereitschaft stimuliert hätten. So sah ich denn auch zu meinem zunächst großen Erstaunen am 8. Juli 1991 Sinda aktiv Erot nachfolgen. Innerhalb der nächsten Minuten folgte ein Angriff von Erot auf Blasius, mit einem anschließenden Triumphgeschrei auf Sinda, die prompt in sein abschließendes Schnattern einfiel. Mit dieser Paarbindungszeremonie (Fischer 1965) war die Sache entschieden. Zu Mittag desselben Tages sah ich Erot mit Sinda kopulieren, was sich in den darauffolgenden Tagen regelmäßig und oft wiederholte. Da sowohl beim Weibchen als auch mit großer Wahrscheinlichkeit beim Ganter keine befruchtungsfähigen Geschlechtszellen mehr vorhanden waren (vier Monate nach der Fortpflanzungszeit!), sind diese Beobachtungen so nebenbei ein Beleg dafür, daß Kopulationen auch bei Gänsen nicht nur streng vermehrungsbezogen eingesetzt werden, sondern wahrscheinlich zusätzlich der Festigung der sozialen Bindung dienen; ähnliches ist ja bereits seit langem von Primaten, also Affen und Menschen, bekannt (Wickler und Seibt 1984) und wird als Paarbindungsmechanismus auch für monogame Vögel immer öfter beschrieben (Hunter u.a. 1993).

Eine 17 Jahre dauernde Partnerschaft war also zerbrochen bzw. vom Weibchen aufgekündigt worden. Die eigentliche Ursache für die Trennung war die offenbar sinkende soziale Kompetenz des alten Blasius, die mit einem Brutausfall zusammenfiel, für den er natürlich nicht verantwortlich war. Im Lichte der Daten von Jürg Lamprecht von den ehemaligen Seewiesener Streifengänsen war die Entscheidung Sindas evolutionär »vernünftig«. Lamprecht stellte zunächst keinen Zusammenhang zwischen dem Fortpflanzungserfolg und dem Alter des Paares fest. Führte er allerdings die Analyse getrennt nach Männchen und Weibchen durch, dann stellte sich heraus, daß der weibliche Fortpflanzungserfolg mit dem Alter zunimmt, was vielleicht ein Effekt der steigenden Gössel-Führungskompetenz durch Erfahrung ist. Der Erfolg der Männchen hingegen sinkt mit steigendem Alter, was auf sinkende Fertilität des Spermas zurückzuführen sein könnte oder auf eine Art sozialer Schwäche, die ja bei Blasius auch auftrat.

Damit ist es sinnvoll, daß Gänseweibchen evolutionär so programmiert sind, eine ausgefallene Brutsaison zum Wechseln des Partners zu verwenden, zumal wenn dieser wie im Falle Blasius bereits ganzjährig sich in der Dominanzhierarchie der Schar nicht mehr so behaupten konnte, daß die Fortpflanzungsinteressen des Paares optimal gewahrt würden. Sinda konnte also durch ihren Wechsel nur gewinnen, Blasius hingegen nur verlieren. Hinzu kommt, daß er als einziges Individuum in der Schar immer schon neurotisch auf seelische Anspannungen reagierte. Blasius neigt dazu, gelegentlich mit sich selber zu kämpfen, verstärkt unmittelbar nach der Trennung. Er faßt sich dabei mit dem Schnabel am linken Flügelbug und versucht, mit dem rechten auf sich selber einzudreschen, was zu einem wilden Ringelspiel führt. Bei diesen seltenen Spektakeln ist Blasius gewöhnlich von aufgeregten, hassenden (ein Verhalten, das gewöhnlich von Gänsen gegen einen Bodenfeind gezeigt wird) Schargenossen umgeben. Blasius' gemauserte Schwungfedern diesen Jahres waren weitgehend zerkaut – ein »fingernägelkauender« Ganter! Männchen diesen Alters werden beim Verlust ihrer Partnerinnen schlagartig zu den Parias in der Schargesellschaft; an den Rand gedrängt und auf der untersten Sprosse der Dominanzhierarchie, haben sie keine Chance mehr, eine Bindung mit einem anderen Weibchen einzugehen. Sie bleiben entweder allein oder gehen Bindungsallianzen mit anderen älteren Junggesellen ein. Blasius ist also evolutionär »so gut wie tot«. Häufig zieht bei Vögeln ein Partnerwechsel einen zumindest einjährigen Ausfall der Fortpflanzung nach sich (Newton

1989). Weibchen sollten es sich also gut »überlegen«, zu wechseln. Je geringer die Chancen auf zukünftige Fortpflanzung, desto stabiler sollten Weibchen auch an Männchen bescheidener Qualität festhalten (was immer die Qualitätskriterien sein mögen).

Obwohl die Verteidigungsleistung und soziale Kompetenz von Erot fatal an die von Blasius vor nur einigen Jahren erinnerte (sollte es auch für Gänse gelten, daß sie immer wieder auf denselben »Männertyp« hereinfallen?), gelang es dem Paar bereits 1992, also ohne Verzögerung, Junge großzuziehen. Sinda brütete wieder an derselben Stelle wie vorher, es wurden sechs Junge flügge! Es gab also nicht nur keinen reproduktiven Einbruch, der Erfolg mit dem neuen Ganter war dreimal so hoch wie in einem durchschnittlichen Blasius-Jahr, aber das kann natürlich Zufall sein. Längerfristige Daten hätten hier Klarheit geschaffen, aber dazu sollte es leider nicht mehr kommen (siehe unten).

An allen unseren Gänsefamilien führen wir regelmäßige quantitative Verhaltenserhebungen durch. Dabei fiel auf, daß Erot weniger aggressiv als andere Familienganter in der Winterschar war, Sinda dagegen wesentlich aggressiver als andere Familien-Gänse. Es scheint also, als würde sie das wenig engagierte Verhalten des Männchens kompensieren. Vielleicht aber war Sindas männchenartiges Verhalten einfach eine individuelle Eigenschaft, da auch aus der Vergangenheit berichtet wurde, daß sie aggressiver als andere Gänse war und sogar gelegentlich Rivalen von Blasius per Flügelbug in die Flucht schlug. Blasius hielt sich im Winter 1992/93 übrigens wieder öfter in Sindas unmittelbarer Nähe auf, ohne sofort von Erot oder ihr selber vertrieben zu werden.

Die Reaktionen der damals an der Forschungsstelle anwesenden Studenten waren mindestens genauso interessant wie das Gänsedrama selbst: Alle waren betroffen, Blasius wurde bedauert, das mitleidige Eingreifen zu seinen Gunsten konnten wir aber doch verhindern.

Im Frühjahr 1993 warteten wir gespannt auf die Fortsetzung unserer Gänse-Saga. Die Geschichte fand aber ein jähes Ende, als Sinda im April 1993 auf ihrem Nest mit fünf Eiern von einem Fuchs erbeutet wurde. Obwohl man sich als Beobachter emotionell heraushalten sollte, waren wir enttäuscht. – Die lebenslange Einehe ist zwar der »Typus« der Partnerbindung bei den Gänsen (siehe Lorenz [1988] zur Frage: Was ist »normal«?), aber eine Mehrzahl der realen Fälle streut um diesen »Typ« und macht ihn damit eher zur Ausnahme (Exkurs 9, S. 143). Es ist überliefert, daß Konrad Lorenz auf eine Auswertung von Paarbindungsdaten der Seewiesener Gänse eher enttäuscht reagierte; diese ergab nämlich, daß stabile Langzeitpaarungen gar nicht so häufig sind. Lorenz soll von seiner Mitarbeiterin Helga Fischer spontan mit dem Ausspruch getröstet worden sein: »Was willst du? Gänse sind schließlich auch nur Menschen.« Tatsächlich gibt es in der Gänsegesellschaft fast keine sozialen Erscheinungen, die man nicht auch beim Menschen finden würde. Umgekehrt ist das natürlich nicht so. Diese Ähnlichkeit der Systeme ist sicherlich auch ein Grund für die Faszination, welche für viele Leute von unseren Gänsen ausgeht. Oft bricht spontan der »Gänsetratsch« aus, wenn passionierte Gänseforscher aufeinandertreffen; was für Außenstehende wie übler Dorfklatsch klingt, die Affären und Rivalitäten innerhalb der Schar, die Vorlieben und Marotten einzelner Individuen, ist tatsächlich Teil unseres wissenschaftlichen Rüstzeugs. Was zunächst so unkompliziert aussieht wie das Nebeneinander der vielen Gänse, die eine Schar bilden, wird bei näherem Hinschauen zu einer komplex strukturierten Gesellschaft, mit manchen Anklängen an Primatensozietäten, aber auch vielen eigenständigen Zügen (Exkurs 9, S. 143).

Längst ist die Sonne hinter den hohen Bergflanken des Almtals verschwunden. Wir stehen noch immer in der Schar, betrachten nachdenklich unsere Gänse, jede mit ihrer eigenen Geschichte. Es ist schon recht dunkel geworden. Die herbstlich-bunten Wälder leuchten nicht mehr, nur noch die höchsten Bergspitzen zeigen ihr dunkles, mattes Abendrot. Wie am Morgen stehen wir bei unseren Gänsen und warten, diesmal auf ihren Abflug. Unruhe befällt die Schar. Die Gänse sortieren sich in Familien- und anderen sozialen Gruppen, stellen sich parallel in Abflugrichtung auf, gehen zueinander auf Startdistanz, etwa eine doppelte Flügellänge. Immer öfter hört man den »Fortgehlaut«, ein kurzes, hochfrequentes *gan-gan-gan-gan*; kopfschüttelnd und flügelschlagend bringen sie sich gegenseitig in Abflugstimmung. Zwischendurch sind Warnlaute zu hören, welche ihre Hemmschwelle zum Abfliegen weiter senken. Sie vermiesen, so scheint es, einander gegenseitig den Aufenthaltsort. Die Spannung ist den sichernden Gänsen deutlich anzusehen. In den letzten Sekunden steigern sich Fortgehlaut und Kopfschütteln weiter, gestatten es ziemlich genau, den Zeitpunkt vorherzusagen, wann endlich der erste Vogel mit ein paar Schritten Anlauf wegziehen wird, manchmal nochmals zögert, zurückfällt, um von einem anderen Gruppenmitglied mit kräftigen Flügelschlägen beim Start überholt, mitgerissen zu werden. Spätestens dann unterstützen auch die Nachzügler ihren ersten, luftgewinnenden Flügelschlag durch beidbeiniges Abspringen oder einen kurzen Anlauf, trachten danach, den Anschluß nicht zu verpassen. Die Flugmuskulatur gibt nun ihre volle Leistung, die Flächenbelastung der Flügel ist jetzt am größten. Bei jedem Aufschlag klatschen die Spitzen der Handschwingen über den Gänsen zusammen, bis sie nach einigen Dutzend Metern genügend Fahrt gewonnen haben, daß der Auftrieb sie zu tragen vermag und sie zu ökonomischem Gleitruderflug übergehen. Gruppe auf Gruppe streicht laut schnatternd in den dunklen Abend ab. Die Gänse gleiten zunächst mit sparsamen Flügelschlägen dicht über dem Fluß, noch immer laut rufend; beinahe berühren ihre Flügelspitzen das Wasser, so tief fliegen sie. Dann erst schwingen sie sich auf Baumwipfelhöhe, ziehen zurück zu ihrem Schlafplatz, der weiten Seefläche. Kaum mehr sind unsere Gänse gegen den schon nachtblauen Himmel auszumachen; auf rauschenden Schwingen verläßt uns auch der letzte große Trupp. Je dunkler die Dämmerung, desto mehr neigt die Schar zum Massenaufbruch. Aufgewirbelte Federchen schweben langsam wieder zu Boden. In wenigen Minuten werden die 120 Gänse die 8 km bis zum Almsee überwunden haben und weitab vom Ufer auf dem ruhigen nächtlichen Wasser einfallen. Wir bleiben in der Gewißheit zurück, daß sie wiederkommen, morgen früh.

Mit Gösseln leben: ein prägendes Erlebnis

Wie man etwas lernt, was man eigentlich gar nicht darf, aber für die wissenschaftliche Arbeit dringend braucht: »gänsisch« zu denken

18. Mai 1991: Nach der Morgenfütterung der Gänsefamilien in Oberganslbach sitze ich knapp nach sechs Uhr früh wieder in meiner kleinen Hütte, fröstelnd. Die drei Gössel neben mir bilden ein sternförmiges Knäuel im Wärmekegel des Gasstrahlers; die Hälse ineinandergeschlungen, sind sie eben mit wohligem Trillern eingeschlafen. Sie haben jetzt ein leichteres Leben als ihre von Gänseeltern geführten Altersgenossen. Ein Blick durch die beschlagene Fensterscheibe gibt die ungemütliche Gewißheit, daß draußen der Schneefall eben in Regen überging; immerhin wird's wärmer. Gasstrahler, Kochöfchen und Gaslampe brennen, die Temperatur in der Hütte erreicht langsam gemütliche 10° C. Eine Stunde habe ich jetzt für mich, dann werden meine Gössel wieder erwachen, wollen auf die Weide, und ich muß natürlich mit. Eine Stunde, um Tagebuch zu schreiben, zu frühstücken. Mir ist nicht nach wohligem Trillern zumute, die Füße und Finger sind eiszapfig, und daran wird sich den ganzen Tag wohl nichts ändern.

Seit ihrem Schlupf vor drei Wochen, am 28. April, bin ich nun meinen Gänschen Alleinerzieher und Bezugsperson, eingespannt in einem engen Rhythmus von Weiden und Hudern. Daß es die ganze Zeit regnet und auch der Winter immer wiederkehrt, ist Pech. Trotz der widrigen Umstände ist es aber ein schönes, beglückendes Erlebnis, so gar nicht aus unserer modernen Welt, mit diesen Tieren zu leben, als Ganter unter Gänsen sozusagen. So außergewöhnlich ist aber mein jetziges Leben auch nicht. Mit zahmen Wildtieren zu leben war die Lorenzsche Arbeitsmethode schlechthin. Zeitlebens umgab er sich mit vielen verschiedenen Tieren. Von ihm selber und anderen wurde dieser »Lebensstil« medienwirksam popularisiert. Über zwei Monate dauert es vom Schlüpfen bis zum Flüggewerden, und diese Zeit gehört ganz den kleinen Gänsen. Keine Minute wollen sie allein bleiben; kaum ist man außer Sicht, ertönt das »Pfeifen des Verlassenseins«, ein durchdringender Weinlaut, wie bei Menschenbabys ein Signal für die Eltern, herbeizueilen und zu beruhigen, bei den Kindern zu bleiben. Läßt man sie alleine schreien, so kann das Trauma schließlich zu Neurosen und Verhaltensstörungen führen, bei Gänsen wie auch bei Menschen.

Der radikale Tempowechsel im Lebensrhythmus ist Teil des Erlebnisses. Der Schlupf meiner Gössel entriß mich urplötzlich den erfüllten, allzuoft hektischen Tagen der wissenschaftlichen Arbeit und des Bürokrams und verdammte mich zu täglich 14 Stunden Spazierengehen. Nicht einmal aus der zurückgelegten Strecke kann der Reizflut-verwöhnte Mensch Abwechslung beziehen; 2 km sind in diesen ersten Wochen etwa unsere Tagesleistung. Gänschen sind keine Hunde, sie lassen sich nicht kommandieren, und wenn sie rasten wollen, hat man das als Elter zu respektieren. Höchstens mit Tricks wie Warnrufen und raschem Weglaufen kann man sie dann noch zum Nachfolgen bewegen, aber auch das nicht allzu oft. Innerhalb echter Gänsefamilien geht's bezüglich Aufbruch und Marschrichtung ebenfalls relativ demokratisch zu; Eltern folgen oft ihren sehr jungen Gösseln. Je älter diese allerdings werden, um so häufiger folgen sie ihren Eltern. Die Frage, was manche Gänse zu Führern, andere zu Nachfolgern macht, ist noch recht unklar und wird uns in den kommenden Jahren weiter beschäftigen. Das ist keineswegs eine kleine Nebenfrage. »Leadership«, wahrscheinlich der Ausdruck irgendeiner Art von Kompetenz (Lamprecht 1991, 1992), ist neben der Dominanz ein wichtiger Faktor zur Strukturierung von Gruppen nicht nur bei Gänsen.

Der ständige Regen macht meine Absicht zunichte, diese Zeit zum Lesen und Schreiben zu nutzen. Nichts als die eigenen Gedanken und oft nicht einmal das; nur innere Ruhe, Leere. Feuchtklamme Kälte auf der Haut harmoniert mit graublauer Seele. Die Zeit verliert an Bedeutung. Den sonst immer beschäftigten Zivilisationsmenschen berührt es nicht mehr, daß man nichts »tun kann«, es ist gut so. Der Mangel an Ablenkung erzwingt genaues Hinschauen, und so sehe ich Tag für Tag meine Kleinen fressen, baden, schlafen, wachsen usw., fast nichts entgeht mir. Zwar tragen sie Farbringe, aber zur persönlichen Identifizierung sind diese längst nicht mehr nötig. Oft weiß ich schon vorher, wie jede einzelne meiner drei »Adoptivtöchter« in verschiedenen Situationen reagieren wird. Und genaueste Gänsekenntnis zu erwerben war schließlich der Hauptzweck dieser seltsamen Übung.

Vier waren es zu Beginn, und die ersten Tage verliefen nach Plan. Vom ersten Anpicken der Eischale bis zum Schlupf vergingen eine Nacht und ein Tag. Bereits die schlüpfenden Gössel wurden intensiv betreut; es mag ziemlich verrückt anmuten, wenn jemand mit Eiern spricht, aber bereits zwei Tage vor dem Schlupf reagieren sie mit einem leisen *wiwi* auf meine Stimmfühlungslaute, sind schon in der Lage, sich mitzuteilen (Fischer 1965). Innerhalb weniger Stunden pickten alle vier die stumpfe Kappe des Eies kreisförmig ab, geschlüpft wurde synchronisiert innerhalb von 15 Minuten am 27. April 1991, um etwa 22 Uhr. Die Gössel sprengten die angepickte Eischale ab, fielen mit feuchten Daunen mitten ins Leben.

Da liegen sie nun, die trocknenden Daunen in den Hornscheiden eng dem Körper anliegend. Es sollte bis zum nächsten Morgen dauern, bis sie auf eigenen Füßen standen, aber sofort nach dem Schlupf streckten alle ihre Hälse mit einem kräftigen *wiwiwi* in meine Richtung vor, konnten zwar noch nicht stehen, wohl aber im raschen Sprint in meine Richtung laufen. Der darauffolgende Tag verging mit Hudern unterm Wollpullover und nur wenigen Ausflügen zu Fuß, ihr Dottervorrat ernährte sie noch; aus den feuchten, hilflosen Wesen wurden rasch flauschig-gelbe Daunenbällchen. Zwar noch wackelig auf den Beinen, können sie schon erstaunlich schnell laufen. Am nächsten Tag begann das Weiden. Vorerst wurde an allem gezupft, besonders intensiv an Pflanzen, die ihnen vom »elterlichen« Finger (an Schnabels Statt) gezeigt wurden. Eine halbe Stunde weiden, eine halbe Stunde hudern, das war der anfängliche Rhythmus. Hierin liegt die eigentliche Kunst jeder Gänsemutter. Die Gössel müssen viel weiden, um zu wachsen; als Pflanzenfresser läßt ihnen ihre Energiebilanz, die vor allem durch den recht geringen Energiegehalt der Nahrung und die beschränkte Kapazität ihres Verdauungstraktes bestimmt wird, wenig Spielraum. Sie dürfen auch keinesfalls unterkühlen. Je kälter und nässer es ist, desto enger ist diese Schere zwischen Freß- und Aufwärmzeit. Langsam nimmt die Bereitschaft der Gänsemütter zu hudern ab, und die 4–5wöchigen Gössel wärmen dann einander, indem sie Gösselhaufen bilden. Daß Kinder generell Leistungen der Eltern länger beanspruchen wollen, als diese bereit sind, ihnen zu gewähren, trifft auch für das Hudern zu. So trillerten noch meine 6wöchigen, schon fast ausgewachsenen Gössel, wenn sie sich sattgeweidet hatten. Da ich schließlich keine Gans bin, die auf ihre Energiebilanz zu achten hat, ließ ich sie auch noch als »Halbstarke« unter meinen Regenmantel kriechen, auch wenn die Kothäufchen, die sie in dessen Falten hinterließen, immer größer wurden. Was pflegte Konrad Lorenz in diesem Fall zu bemerken? »Wer mit Gänsen arbeitet, dem muß es Spaß machen, sich im Gänsekot zu suhlen« (seine tatsächliche Wortwahl soll etwas deftiger gewesen sein).

Besonders Violett, schon immer mein größtes Gössel, war von Anbeginn ziemlich hudersüchtig. Wie bereits von Sybille Kalas gesehen (1977), gab es besonders zwischen Tag 4 und 6 nach dem Schlüpfen gelegentlich handfesten Streit. Die Kleinen verprügelten einander und erreichten so rasch eine relativ stabile Rangordnung. Völlig harmonisch geht's in der Geschwisterschar allerdings nie zu, und bis zum Flüggewerden gab's wiederholt Streit und Umschichtungen der Rangordnung (Sybille, darauf angesprochen, bemerkte nur trocken: »...sind halt Weiber...«). Ein Jahr später, im Frühjahr 1992, bestätigte sich diese Instabilität bei zwei weiteren, größeren, gemischtgeschlechtlich handaufgezogenen Geschwisterscharen, betreut von Judith Drapela und Kathi Pieta. Was innerhalb von Geschwistern allerdings die Funktion einer Rangordnung sein soll, bleibt ziemlich rätselhaft. Daran und an den Wechselwirkungen des geschwisterlichen Soziallebens mit Hormonspiegeln wollen wir in den nächsten Jahren verstärkt arbeiten. Der klassisch-ethologische Schluß, die Etablierung einer Rangordung diene der Vermeidung von Aggression, ist erstens zirkulär und stimmt zweitens nicht mit den Beobachtungen überein. Es kommt nie wirklich zu stabilen Rangordnungen, und Palastrevolutionen sind an der Tagesordnung, nicht nur in Graugans-Geschwisterscharen. Man könnte daher auch argumentieren, daß Dominanzhierarchien Aggression geradezu erzeugen, weil sie ständig bestätigt werden müssen (Chance 1988). Viel eher scheinen dominante Tiere Vorteile zu haben, etwa einen besseren Zugang zur Nahrung, zu Geschlechtspartnern (beides für unsere Gössel-Geschwister nicht plausibel). Vielleicht geht es zumindest anfangs um die guten Huderplätze im mütterlichen Gefieder. Ob allerdings die irdischen Privilegien der Hochrangigen bloß ein Effekt oder aber evoluierte Funktion ihrer Ranghöhe sind, wird nur äußerst schwierig und höchstens im Einzelfall, nicht generell für alle Dominanzrang-Gesellschaften zu beantworten sein. Man sollte nicht vergessen, daß es die Dominanten auch etwas kostet, ihre Stellung zu erlangen und zu behaupten. Nicht auszuschließen ist natürlich, daß die Gössel für den »Ernstfall« üben, also für ihr späteres Erwachsenendasein in der Schar.

Das konstante Auftreten der ersten aggressiven Handlungen wenige Tage nach dem Schlupf läßt an Entwicklungsprozesse im Nerven- und Hormonsystem denken. Im Moment bevorzugen wir diese Hypothese, zumal sich herausstellte, daß Brüder immer ihre Schwestern dominieren. Da die Aggression der Männchen eine wichtige Grundlage für Dominanz und Fortpflanzungserfolg eines Gänsepaares darstellt (Lamprecht 1986a,b), liegt die Vermutung nahe, daß die frühkindliche Streitlust die Gänseknaben über hormonale Rückkoppelung (Kotrschal u. a., unpubliziert) und durch Bahnungsprozesse im Nervensystem für ihr Erwachsenenleben als Ganter vorbereitet.

Werden aus handaufgezogenen Tieren »normale« Gänse?

Nach wenigen Tagen entwickelte Grün, das Kleinste in meiner Gösselrunde, eine Hüftluxation, konnte kaum noch mitlaufen, schließlich nicht mehr selbständig aufstehen und mußte daher an einen pflegenden Kleintierzüchter abgegeben werden, zumal seine Geschwister immer aggressiver auf das Behinderte reagierten. So waren's nur noch drei, und die wurden auch problemlos flügge. Nun habe ich Gänse in der Schar, mit denen ich sozial zumindest noch während ihres ersten Winters verbunden war. Unsere Begrüßungszeremonien waren zunächst laut und extrovertiert. Heute üben sie sich meist in der vornehmen Zurückhaltung erwachsener Graugänse; alle drei sind bereits verpaart. Vor allem ihre räumliche Nähe zu mir, wenn ich mich in der Schar aufhielt, zeigt auch im Winter unsere intakte Sozialbeziehung. Wir kannten einander an der Stimme, und bis Februar 1992 antworteten sie auf meinen Kontaktschrei (welcher nicht Vorgewarnten den Angstschweiß ausbrechen läßt). Auf Zuruf kippten sie aus vollem Flug aus dem Himmel und landeten vor meinen Füßen. Eine wechselseitige soziale Bindung war entstanden. Zuneigung und soziale Beziehung allein wären natürlich eine ungenügende Basis für wissenschaftliche Arbeit, aber kein Purist kann mir einreden, daß die Wissenschaftlichkeit leidet, wenn man seine Untersuchungsobjekte *mag*, im Gegenteil. Ein positives emotionelles Umfeld ist Voraussetzung für gute kognitive Leistungen (Ciompi 1993).

Etwa ein Drittel unserer freifliegenden Schar ist handaufgezogen. Die bleiben zeitlebens zahm und menschenfreundlich, obwohl sie sich völlig normal mit anderen Gänsen verpaaren, oft erfolgreich Kinder großziehen. Verlieren Handaufgezogene ihren Gänsepartner, dann schließen sie sich allerdings wieder enger – Hals in Duckmäuserhaltung – an Menschen an.

Im Februar 1992 kam es schließlich zu einer Lockerung unserer Beziehungen. Im gleichen Ausmaß, wie sich Schwarzkopfrosa, ein stattlicher, 2½jähriger Ganter, für das Dreiganserlhaus interessierte (und meine Gänse sich offenbar für ihn), wurden ihre Antworten auf Kontaktversuche meinerseits schwächer, bis sie mich schließlich nicht mehr grüßten. Am 25. Februar beobachtete ich erstmals einen Kopulationsversuch des Ganters mit DAT, der aber noch eher nach Vergewaltigungsversuch aussah. Seit Sommer 1992 schlossen sich zwei mit dem Ganter Marx zu einem lokkeren Trio zusammen. Gelegentlich nehmen sie zwar noch Futter aus der Hand, vergrößern aber aktiv den Abstand, wenn ich ihnen näher als 1½ m komme; und das nicht, weil sie vor mir Angst hätten, es scheint einfach soziales Meiden zu sein, wie auch abgenabelte Kinder ihren Eltern in der Schar nicht mehr zu nahe kommen. Das ist wahrscheinlich ein Effekt der jahreszeitlich veränderten Hormonspiegel. War eben noch der Elternkumpan (Lorenz 1933) gefragt, so wechselt nun die Sozialpräferenz zum möglichen künftigen Paarpartner. Zugegeben, dieser Entzug der Sozialpräferenz meiner Adoptivgänse behagte mir anfangs nicht recht; er zeigt aber in eindrucksvoller Weise, wie glatt die Eingliederung von handaufgezogenen Gänsen in die Schar funktioniert. Inzwischen durchforsteten wir unsere umfangreichen Datensätze zum Sozialverhalten und fanden die 20% Handaufgezogenen in der Schar in keiner Weise auffällig. Spätestens ab ihrem zweiten Lebensjahr sind Menschen für Gänse nur noch interessant, wenn Futter zu erwarten ist; Menschen werden also vom Sozialkumpan zum Futterspender. Der Vorwurf mancher Kritiker, etwa eines Freundes von Thomas Bernhard, der einmal bemerkt hat, daß Lorenz seine Gänse zuerst verrückt mache, um dann der Welt einzureden, vernünftige Ergebnisse zu erhalten, trifft also nicht zu. Die große Manipulationsfreiheit ist tatsächlich ein Vorteil der Arbeit mit Gänsen gegenüber Affengruppen, bei denen es nicht möglich wäre, handaufgezogene Individuen wieder in die Gruppe zu integrieren.

Warum Handaufzucht?

Was ist die Zielsetzung der Betreuung von auf Menschen nachfolgegeprägten Gänsen? Die Schar zahm und damit für die wissenschaftliche Arbeit zugänglich zu halten ist sicherlich ein wichtiger Grund. Zudem erlaubt die Handaufzucht Beobachtungen aus nächster Nähe. Mit zahmen Tieren zu arbeiten war zeitlebens der wichtigste Ansatz von Konrad Lorenz. Ungeachtet aller möglichen Einwände verdanken wir dieser Methode, gepaart mit der großartigen Beobachtungsgabe des Altmeisters, viele der klassischen Grundkonzepte der Ethologie. Das ist auch der beste Weg, Tiere genau kennenzulernen. Es kann trügerisch und wissenschaftlich gefährlich sein, mit Tieren zu arbeiten, deren Verhalten, deren Biologie man nicht im Detail kennt. Allzuleicht führen fehlerhafte Ansätze zu bestenfalls zweifelhaften Daten, und die sind bekanntlich schlechter als gar keine. Daher ist es unabdingbare Voraussetzung, Gänse genau zu kennen, zu wissen, wie Gänse denken und fühlen, sofern man dazu als Mensch überhaupt in der Lage ist.

Wie wichtig eine genaue Kenntnis des Gänseverhaltens ist, erfuhren wir bereits eindrucksvoll im Winter 1990 im Zuge unserer experimentellen Arbeit zur Nahrungsnutzung von Graugänsen. Der erste Versuch, unsere scheinbar so zahmen Gänse zu hindern, bereits während des Futterstreuens die Fläche zu betreten, bestand aus einer rd. 2 m langen, in etwa 20 cm Höhe über dem Boden zwischen Gänsen und Futter gespannten Schnur. Der Erfolg war derart durchschlagend, daß es uns selbst am nächsten Tag noch nicht gelang, die Gänse wieder dazu zu bewegen, auch nur in die Nähe der Futterfläche zu kommen. Unser schönes Experiment mußte warten; Zeitverlust als Lehrgeld.

An meinen handaufgezogenen Gösseln führte ich eine Pilotuntersuchung über den Zusammenhang von Rangordnung, Nachfolgeverhalten und Hormonen durch. Selbstverständlich sind Daten von drei Gösseln nicht genug, um gesicherte Aussagen treffen zu können. Eine solche Vorstudie reicht aber aus, die Fragen und Arbeitsmethoden für eine ausführlichere Untersuchung genauer zu formulieren. Konkret wollten wir wissen, wie in den Geschwistergruppen Rang und Führungskompetenz mit den Steroidhormonen zusammenhängen. Von den zwei Handaufzuchten im Frühjahr 1992 wurden systematisch Kotproben und Daten zu sozialen Interaktionen gesammelt. Steroidhormone, vor allem die sowohl als Geschlechtshormone wichtigen und sehr verhaltenswirksamen Testosterone und Östrogene, passieren Zellmembranen relativ unbehindert und gelangen durch die Darmwand auch in den Kot. Über die Dauer der Darmpassage (bei Gösseln nur etwa 2 Stunden) bildet sich im Darminhalt ein Mittelwert-Äquivalent des Bluthormonspiegels. Das hat Vor- und Nachteile gegenüber der Hormonbestimmung aus dem Blutserum. So werden die oft kurzzeitigen Hormonspitzen im Blut ausgeglichen; man kann daher aus dem Kot diese nicht messen, sehr gut aber mittelfristig Hormonwerte mit Verhaltens- und sozialen Daten in Einklang setzen. Ein Nachteil ist sicherlich, daß im Darminhalt die Hormone als Stoffwechselprodukte vorliegen, was es zur Zeit noch unmöglich macht, zu bestimmen, welche Arten von Testosteronen bzw. Östrogenen im Blut vorlagen. Der Hauptvorteil liegt aber sicher darin, Proben nehmen zu können, ohne wie im Falle von Blutproben die Gänse dabei hantieren zu müssen (was sie gar nicht mögen). Eine neue immunologische Technik gestattet es, Hormonmengen mit bislang unerreichter Empfindlichkeit zu messen. Wenige tausend Moleküle in wenigen tausendstel Litern reichen für quantitative Bestimmungen aus. Erste Analysen unserer Proben von 1992 ergaben tatsächlich recht klare Entwicklungsmuster.

Das alles lag in jenem kalten Frühjahr 1991 noch in weiter Ferne. Die beschlagene Fensterscheibe der Hütte filtert meinen Blick auf die von Regenvorhängen grau getönten Teiche von Oberganslbach. Einige Nonnengänse staksen durch den Schnee; dieses Wetter hätte ihnen in ihren angestammten Brutgebieten nördlich des Polarkreises auch passieren können. Jene Graugänse, die sich noch nicht der Mauserschar am Almsee angeschlossen haben, stehen in Kleingruppen an den Teichrändern, die Füße in dem im Vergleich zum Schnee noch relativ warmen Wasser, den Kopf unter die Flügel gesteckt. Schlechtwetter und Kälte dämpfen ihre Aktivität; möglichst wenig Wärme verlieren, lautet die Devise. Die Führungsqualitäten der hudernden Mütter sind gefordert. Die Notwendigkeit zu weiden treibt sie trotz Vorsicht und der ständigen Bedrohung durch Füchse in den dichten Wald, wo kein Schnee den Unterwuchs bedeckt und genügend Kräuter als Nahrung zur Verfügung stehen.

Das Frühjahr 1991 sollte sich als das zweitkälteste des Jahrhunderts erweisen, mehr als drei Viertel aller Gössel der Schar kamen vor dem Flüggewerden um. Im Gegensatz dazu waren Frühjahr und Sommer 1992 zur Freude unserer Gänsebetreuerinnen die bislang wärmsten dieses Jahrhunderts, kaum Regen und subtropische Temperaturen sogar im Almtal. Nur wenige Gössel starben.

Forschung in der Kleingruppe

Gunda, Nadja, Niki, Marianne, Nora, Kathi und Geri waren die ersten in einer langen Reihe von Studenten, die seit dem Neubeginn 1990 im Zuge von Praktika in Grünau arbeiteten. Im Dezember 1991 eroberten Gisi und Hans die Forschungsstelle, um das Familienleben der Gänse zu untersuchen. Anschließend beobachteten Gudrun, Renate und Robert die Reaktion von Gänsen auf Adlerangriffe. Andere Praktikumsstudenten stellten Fütterversuche an den Graugänsen an, um zu überprüfen, wie Konkurrenz zwischen Scharmitgliedern ausgetragen wird. Wieder andere führten Freilandversuche mit Kolkraben durch, die neben den Gänsen zu unseren neuen Wappentieren werden.

Nachdem der politische Wille geformt war, die Lorenzschen Gänse auch nach seinem Tod weiterhin wissenschaftlich bearbeiten zu lassen, stellte sich die Frage, wie jene wissenschaftliche Produktivität zu erreichen wäre, welche man von uns mit Recht erwartete. Und das mit nur zwei Leuten in Fixpositionen, die alles, von der Hausmeisterarbeit über die nötige Verwaltungsbürokratie, Öffentlichkeitsarbeit bis zu den Lehrveranstaltungen, am Halse haben. Da bleibt wenig Zeit für die Planung und Durchführung von Versuchen und Beobachtungen, Datenaufnahme, Verrechnung, Schreiben der Publikationen, für die Pflege internationaler Kontakte und Kongreßbesuche. Und obendrein noch die Ausbildung der Studenten! Auf den Massenuniversitäten sind sie ein Alptraum für die Hochschullehrer, denn im Verein mit der dort herrschenden Bürokratur werden Studenten zuweilen als zusätzliche Sargnägel für die Forschung betrachtet. Auch in Grünau betreuen wir im Rahmen von Praktika, Diplomarbeiten und Dissertationen Studenten, aber für uns sind sie weniger Belastung denn wichtige Bereicherung, ja Ressource. Wir zerlegen nämlich Projekte in Teilprojekte, Mosaiksteinchen, die dann wiederum zu größeren Ergebnisteilen zusammengefaßt werden. Gruppen von jeweils zwei bis drei Studenten bearbeiten begrenzte Fragestellungen unter genauer Betreuung, was für beide Seiten profitabel sein kann: für die Studenten, weil sie nicht ausgetretene Praktikumspfade gehen und zum x-tenmal einen bestimmten Versuch wiederholen; für uns, weil wir so zu brauchbaren Daten kommen. Neben diesen Praktikanten stieg die Zahl der mit uns assoziierten Diplomanden und Dissertanten zwischen 1990 und 1993 auf zehn, womit die Grenze des Verkraftbaren erreicht wäre. Besonders stolz sind wir darauf, daß es sich dabei um ausgezeichnete Studenten der Universitäten Wien, Salzburg und Innsbruck handelt (eine Übersicht über die Projekte der Forschungsstelle gibt Exkurs 10).

Exkurs 10: Projekte und Arbeitsrichtungen an der Konrad-Lorenz-Forschungsstelle in Grünau

Jede Forschungseinrichtung zeichnet sich durch eine spezielle fachliche Ausrichtung aus, die durch ihre Geschichte und die aktuelle Entwicklung im Fachgebiet gekennzeichnet ist. Das gilt auch für die Konrad-Lorenz-Forschungsstelle. Von Lorenz haben wir unser wichtigstes Forschungsmodell, die Graugansschar, »geerbt«, was sich auch auf die Themenauswahl der Forschung auswirkt. Dem Paradigmenwechsel in der Verhaltensforschung entsprechend, wird an öko-ethologischen und soziobiologischen, also evolutionär-adaptiven Projekten gearbeitet, mindestens gleichwertig aber sind Projekte auf der physiologischen Ebene (Exkurs 1, S. 24), etwa zum Verhältnis von Hormonen und Verhalten. Daß auch an anderen Tieren gearbeitet wird, zeigt die folgende Übersicht über die Projektgruppen im Jahre 1994. Aufgrund der begrenzten Zahl an Mitarbeitern liegen die Schwergewichte der Forschung auf Gänsen, Fischen und Raben. Vorbereitende Arbeiten werden im Rahmen der Kleinsäuger durchgeführt, ein Flußuferläufer-Projekt ist in Planung.

1. GÄNSE: *Sozialleben, Kosten und Nutzen, individuelle Erfolgsstrategien.* Dissertationsprojekt: Hemetsberger; Diplomprojekte: Fischer, Fleischmann, Hirschenhauser, Imhof, Neumeyer, Waldenberger.
2. KOLKRABEN: *Erfolg durch Verstand. Kognitive Leistungen und flexible Strategien.* Dissertationsprojekt: Drack; Diplomprojekte: Fritz, Kabicher.

3. FISCHGESELLSCHAFTEN im alpinen Raum: *Konkurrenz, Räuber-Beute-Interaktionen.* Dissertationsprojekt: Essler; Diplomprojekt: Haginger.
4. KLEINSÄUGERGESELLSCHAFTEN im alpinen Raum: *Konkurrenz, Räuber-Beute-Interaktionen.*
5. FLUSSUFERLÄUFER: *Die Bedeutung von Störungen durch Menschen für Fortpflanzungserfolg und Überleben einer spezialisierten und bedrohten Brutvogelart.*

Bereits die Randbedingungen eines Praktikums im Almtal sorgen dafür, daß nur wirklich Motivierte bei uns landen. Man begibt sich aus den warmen Hörsälen der Universitäten in die ländliche Abgeschiedenheit auf Klausur; nachher ist vielen klar, warum wir das innere Almtal auch Klondike bzw. Ost-Sibirien nennen, aber bereut hat die Sache noch kaum jemand. Da nach Möglichkeit ein »open house« gepflegt wird, sind auch Studenten aus Japan, Brasilien, Schweden und Deutschland, ja sogar gelegentlich Journalisten auf der Suche nach (Selbst-)Erkenntnis gekommen und waren willkommen, aber nur wenn sie bereit sind, im üblichen Rahmen mitzuarbeiten.

Maximal drei Praktikumsstudenten nehmen wir für jeweils drei bis vier Wochen bei uns auf. Innerhalb von zwei Tagen lernen sie zunächst die grundlegenden Verhaltensweisen kennen, erahnen bereits, wie komplex die Sozialstruktur jener Tiere sein kann, welche man landläufig nur als Festtagsbraten kennt. Es berührt, etwa zuerst bei Lorenz (1988) die Lebensgeschichten von Blasius und Sinda nachzulesen und sie anschließend vor der Haustüre zu treffen. Gerade an diesem Fall kann man auch die Notwendigkeit klarmachen, sich als Beobachter emotionell so weit wie möglich herauszuhalten. Daß dabei Zuneigung zwischen Beobachtern und Beobachteten entsteht, ist nicht zu leugnen; auch das muß bewußtgemacht werden. In kurzer Zeit ist man motiviert, mehr über das Zusammenleben der Gänse erfahren zu wollen, entwickelt aber auch eine entsprechende Einsicht in die Notwendigkeit objektivierender Datenaufnahme mittels quantitativer Methoden (Martin und Bateson 1986).

Als nächster Schritt wird eine genaue Fragestellung erarbeitet, ein Versuchs- oder Beobachtungsprotokoll erstellt, das sich meist ohnehin aus unserer laufenden Forschungsarbeit ergibt. Man widmet sich schließlich einige Tage der Datenaufnahme und verwendet die letzte Woche zur Datenauswertung und zum Schreiben eines Praktikumsberichtes. Es liegt in der Natur der Sache, daß wir diese Projekte intensiv betreuen müssen, ist doch die zur Verfügung stehende Zeit begrenzt, und die Daten sollen »sauber« genug sein, sie auch verwenden zu können. Damit umgekehrt auch die Studenten davon profitieren und nicht zu Wasserträgern unserer wissenschaftlichen Arbeit geraten, liegt es an uns, sie nicht nur entsprechend intensiv bezüglich des *Wie* der Datenaufnahme zu betreuen, sondern vor allem permanente Diskussionen über das *Warum* zu führen. Der theoretische Hintergrund der Arbeit muß allen völlig klar werden.

Welch einen Gegensatz stellt dieses Praktikum zum üblichen Betrieb an einer Massenuniversität dar, wo es vorkommen soll, daß Hunderte von Studenten den Betreuer bestenfalls am Videoschirm sehen – Menschen als Matrikelnummern! Nicht nur die persönliche Betreuung, auch das Bewußtsein, tatsächlich verantwortlich Forschungsarbeit zu leisten, wirkt motivierend.

Die Aufenthaltsdauer der Studenten am Auinger ist kurz genug, um keinen Inselkoller aufkommen zu lassen. Bei uns ständig dort Anwesenden wirkt die gelegentliche Veränderung des sozialen Umfelds in dieselbe Richtung. Natürlich lernt man die Leute dabei kennen; mit der Mehrzahl der Studenten entwickelt sich ein angenehmes, freundschaftliches Klima; nur wenige, bei denen man nicht bedauert, daß sie das Haus wieder verlassen. Schließlich begegnet man einer großen Vielfalt von Persönlichkeiten und ist lange genug in Kontakt, diese auch kennenlernen zu können. So manch anfängliche Unauffälligkeit zeichnet sich durch überdurchschnittlich rasche Auffassungsgabe und gute Problemlösungskapazität aus. Wenn diese Eigenschaften auch noch mit sozialer Verträglichkeit zusammenfallen, dann sind die idealen Kandidaten für die wenigen verfügbaren Diplom- und Dissertationsplätze an unserer Forschungsstelle gefunden.

Die Bemerkung über soziale Verträglichkeit mag seltsam anmuten, aber für das Funktionieren einer Arbeitsgruppe ist ein gutes menschliches Klima sogar wichtiger als noch so hervorragende geistige Qualitäten. Was für Wirtschaftsmanager schon lange selbstverständlich ist, hat in der Wissenschaft immer noch geringe Priorität; Einzelkämpferbewußtsein herrscht vor. Soziale Qualitäten sind noch wenig gefragt, was sich besonders verheerend bei der Besetzung vakanter Lehrstühle an den Universitäten auswirken kann. Der soziale Zustand und damit die Produktivität vieler Arbeitsgruppen liegen dort dementsprechend im argen. Wie sagte doch Jelle Atema, der Direktor des Boston University Marine Program in Woods Hole, als ihm ein niederländischer Kollege einen Jungassistenten aus eigenem Stall schmackhaft machen wollte: »Don't tell me how good he is, is he nice?« Die vielfach gemachte Erfahrung bestätigt sich auch hier, daß die günstigsten Voraussetzungen für innovatives, produktives Arbeiten innerhalb einer kleinen, fast egalitären Gruppe bestehen, in ihrer Sozialstruktur wohl ähnlich den Verbänden unserer neolithischen Jäger-Sammler-Vorfahren. Auch eine Form von Wissenschaftspsychologie.

Es gibt an der Konrad-Lorenz-Forschungsstelle keine Trennung von Beruf und Privat. Man arbeitet nicht nur im Hause, man wohnt und lebt dort, und man wird ständig mit Fachlichem und den anderen Leuten im Hause konfrontiert. So kommt eine recht konzentrierte Atmosphäre zustande. Wir führen – in Grenzen – ein gemeinsames Leben, arbeiten zusammen, reden viel und feiern auch gelegentlich. Dieses Zusammenleben ist rein funktionell begründet, nicht etwa in einer sozialen Ideologie im Gefolge der späten 68er; Individualität hat Vorrang. Das soziale System ist durch die Randbedingung des gemeinsamen Interesses an der Arbeit (die ja aufhört, Belastung zu sein, wenn man's gerne tut) und der Insellage der Forschungsstelle geprägt. Es finden sich keine Leute, die sich schon am Montag nach dem Freitag sehnen, ganz davon abgesehen, daß es bürgerliche Wochenenden am Auinger, wie der alte Hausname unseres Gebäudes lautet, eigentlich nicht gibt. Das Leben hier orientiert sich am Rhythmus der Gänse und unserer eigenen Motivation; der übliche 8-Stunden-Tag, fünfmal pro Woche, ist nicht einmal Illusion. Jeder weiß hier, worauf er sich einläßt, und die Studenten haben natürlich selbst ein großes Interesse daran, ihre Praktikums-, Diplom- oder Dissertationsarbeiten abzuschließen.

Unser allererstes Projekt: »Vogelfüttern« im Almtal

Auch bei Gänsen kann die Stellung im sozialen System den Zugang zu Ressourcen bestimmen

Als im November 1990 unsere ersten Studenten kamen, mußte unser Einstiegsprojekt mehrere Kriterien erfüllen: Es sollte bei relativ einfacher und methodisch sauberer Durchführbarkeit einigermaßen gesichert Daten liefern, durfte also nichts beinhalten, was unsere Gänse in irgendeiner Form verärgern könnte; es sollte für Studenten geeignet sein, und es sollte natürlich um unser zentrales Thema, die Funktion von Sozialleben, angesiedelt sein. Zudem sollte es tatsächlich eine Fragestellung darstellen, zu deren Bearbeitung sich halbzahme Gänse ganz besonders gut eignen, denn wir wollten schließlich nicht (nur) unseren wissenschaftlichen Spieltrieb abreagieren, sondern uns auch innerhalb der internationalen Konkurrenz behaupten. Gleichzeitig wollte ich einen Anknüpfungspunkt für Themen finden, die ich bereits bei den Fischen bearbeitete. Solchermaßen hinreichend eingeengt, blieb als Thema eigentlich nur mehr die Ausbeutung von Nahrungsquellen durch die Schar. Sicherlich: Wir waren damit nicht gerade Begründer einer neuen Forschungsrichtung (was angesichts der Umstände auch etwas unbescheiden gewesen wäre), kulminierte doch die Literatur zum optimalen Nahrungserwerb bereits in den 80er Jahren, aber Konkurrenz ist und bleibt ein Thema großen wissenschaftlichen Interesses.

Kaum zu finden war in der Literatur eine angemessene Behandlung der Dynamik der Ressourcenausbeutung durch eine soziale Gruppe. Wir wollten also hungrige Gänse mit verschiedenen Nahrungsdichten konfrontieren, um zu untersuchen, wie sich die drei Grundverhaltensweisen in einer Freßsituation: Pickraten (Energieaufnahme), Sichern (gegen Freßfeinde) und Aggression (gegen Scharmitglieder), mit abnehmender Nahrungsdichte und zunehmender Sättigung entwickeln, und das nicht nur im Schardurchschnitt, sondern für Individuen aus den verschiedenen sozialen Gruppen. Kurz, es ging uns um die Nahrungsnutzung durch Individuen in der Gruppe in Abhängigkeit von deren sozialem Status.

Unsere Voraussetzungen waren denkbar günstig, mit 140 immer hungrigen und daher kooperativen Winterschar-Gänsen, zahm, mit wenigen Schritten zu erreichen. Weiterhin verfügten wir zu Beginn über drei Paar Studentenaugen und zwei Paar unserer eigenen. Es bedurfte nur noch einiger Säcke Getreide, Protokollblätter, Stoppuhren und etwas Glück mit dem Wetter. Bisher wurden drei Gruppen von Versuchen im Zusammenhang mit der Nahrungsnutzung durch Individuen in der Konkurrenzsituation einer Schar durchgeführt: erstens zur zeitlichen Dynamik der gemeinsamen Ausbeutung einer einzigen Nahrungsquelle; zweitens zur unterschiedlichen Nutzung von transportabler gegen nicht transportable Nahrung. Das dritte Projekt dreht sich um die »ideale freie Verteilung«, ein Konkurrenzmodell, welches voraussagt, daß Tiere sich entsprechend der Profitabilität von Nahrungsquellen verteilen sollten (Exkurs 7, S. 92). In diesen Versuchen sind Gänse hervorragend geeignete »Modelltiere«, aber alle anderen individuell bekannten Gruppentiere wie Gnus oder Menschen wären dazu ebenfalls geeignet.

Gänse am »kalten Buffet«: überlegene Schnellfresser

Im Zusammenhang mit der ersten Fragestellung war der Ansatz zunächst sehr einfach: Jeden Morgen wurde ein einziges Experiment durchgeführt, welches darin bestand, eine bestimmte Menge Getreide gleichmäßig über 50 m^2 Fläche zu verstreuen und die Verhaltensweisen der Gänse, nachdem sie die Futterfläche gestürmt hatten, in gleichmäßigen Zeitabständen zu protokollieren. Welche Dynamik im Verhalten würden die zunehmend sich sättigenden Gäste auf diesem »Nahrungsteppich« entwickeln, dessen Dichte zudem entsprechend abnimmt?

Es zeigte sich, daß sich zunächst alle Gänse rasch auf der Fläche verteilten und nichts anderes taten, als möglichst rasch Getreidekörner in sich hineinzuschaufeln. Erst als die Dichte der Körner auf etwa 1000 pro m^2 gesunken war, kam es zu den ersten Versuchen hochrangiger Gänse, Teile der Nahrungsfläche für sich zu monopolisieren, indem sie die anderen wegdrohten. Es kam also, wie theoretisch vorhergesagt, zu einem Umschlagen von Ausbeutungs- in Interaktionskonkurrenz bei einem gewissen Schwellenwert der Nahrungsdichte. Eine genaue Analyse zeigte, daß Niederrangige am schnellsten fraßen und als erste nach 5 bis 10 Minuten die Fläche wieder verließen, selbst wenn die Körnerdichte noch deutlich über der aggressionsauslösenden Schwelle lag. Sie kamen aber auf ihre Rechnung, da sie keine Zeit mit anderen Tätigkeiten verschwendeten. Die dominanten Familien dagegen blieben am längsten und beuteten die von ihnen verteidigten Areale zu Ende aus. Das war auch notwenig. Besonders die Ganter der Familien sichern viel. Sie brauchen daher doppelt so lange, um genauso viele Körner zu erlangen wie die rasch fressenden Singles. Tatsächlich bleiben Familien etwa 20 Minuten auf der Fläche. Nutznießer dieser Situation sind die Familienweibchen und die Kinder. Beide benötigen eine gute Energieversorgung: Weibchen, weil sie entsprechende Körperfettreserven für Zug und Eiablage im nächsten Frühjahr aufbauen müssen, die bereits flüggen Jungen dagegen, weil sie noch nicht ganz ausgewachsen sind.

So zeigte also dieser einfache Versuch bereits, daß das gemeinsame Ausbeuten einer Nahrungsquelle durch eine Graugansschar recht komplex sein kann, daß vor allem die Rangniederen nicht immer schlechter dran sein müssen, sondern, da sie keine Rücksichten auf irgendwelche sozialen Bindungen nehmen müssen, schneller fressen können als andere Scharmitglieder, was besonders bei reichen, flächig verteilten Nahrungsquellen zum Tragen kommt. Im wirklichen Graugansleben wären dies etwa abgeerntete Getreidefelder. Rangniedere sind daher unter diesen Umständen die überlegenen Ausbeutungskonkurrenten (Kotrschal u.a. 1993).

Ähnliche Einsichten erbrachten weitere Versuche: Zunächst

untersuchten wir die Konkurrenzfähigkeit von Gänsen unterschiedlicher sozialer Stellung in Abhängigkeit davon, ob die gebotene Nahrung transportabel ist oder nicht (Hemetsberger u. a. 1995). In einer dritten Serie von Versuchen im Winter 1993/94 boten wir unterschiedliche Körnerdichten auf zwei nebeneinanderliegenden Feldern an, um damit die Voraussagen aus einem einfachen Konkurrenzmodell, der »idealen freien Verteilung« (Fretwell und Lucas 1969), zu testen (eine Zusammenfassung der Ergebnisse findet sich in Exkurs 7, S. 92). Es zeigte sich, daß sich die Grünauer Gänse hervorragend eignen, die Auswirkungen verschiedener Randbedingungen auf die optimale Nahrungsaufnahme, wie Leben in der Gruppe und sozialer Status, Vermeiden von Freßfeinden sowie Verteilung und Qualität der gebotenen Nahrung, zu untersuchen.

Die Nachteile eines Freilandlabors

Naturkatastrophen: 23. Dezember 1991

Wir wurden recht eindrucksvoll daran erinnert, daß unser Freilandlabor nicht im sicheren Schoß einer Universität eingebettet ist. Nach starken Schneefällen Anfang Dezember 1991 kam die große Kälte mit Temperaturen bis −20 °C und anschließend das übliche Weihnachtstauwetter. Ein Westwettereinbruch brachte starken Regen. Dieser taute den Schnee, der gefrorene Boden nahm das abschießende Wasser nicht auf; schließlich führte in der Nacht vom 22. auf den 23. Dezember die Alm starkes Hochwasser, und die beiden sonst harmlosen Bäche zu beiden Seiten des Hauses schwollen zu reißenden Sturzfluten an. Die Morgendämmerung des 23. offenbarte das ganze Ausmaß der Verwüstung: Wo unsere Zufahrtsstraße war, schürften die Fluten einen gut 3 Meter tiefen Graben aus; die Futterwiese, unser Freilandlabor, war von einer Geröll-Holz-Mure verschüttet und teilweise weggerissen. Die Teiche am Haus waren entweder mit Schlamm gefüllt oder lagen nach Zerstörung der Dämme leer. Der Bestand an großen Zuchtforellen war vernichtet; es war ein fast skurriler Anblick, wie ein Mitarbeiter der örtlichen Forstverwaltung im Wettlauf mit hungrigen Kolkraben die halbtoten Fische von der darunterliegenden Wiese einsammelte.

Rund ums Haus also ein Bild der Verwüstung. Als um etwa 8 Uhr die Gänse in großen Trupps angeflogen kommen, finden sie alles so verändert, daß sie nicht landen; all unser Zurufen nützt nichts, sie kreisen lange, gewinnen dann wieder an Höhe, aus dem landebereiten Haufen bilden sich wieder Keilformationen, sie ziehen ab. Hoffentlich bleiben sie im Tal. Noch in Zugstimmung, könnte es durchaus sein, daß sie für eine Weile an einen anderen Voralpensee übersiedeln. Nicht nur, daß man an abwesenden Gänsen nicht forschen kann, es besteht außerhalb des Tales auch die Gefahr des Abschusses. Noch ist Jagdzeit, und Gänse sind schließlich jagdbares Wild.

Schließlich war es doch nicht so schlimm wie anfänglich befürchtet und schon gar nicht so schlimm, wie eine Zeitungsschlagzeile glauben machen wollte: »Gewaltige Mure vernichtete Gänsezucht«. Viele, die daraufhin besorgt anriefen, waren erstaunt, noch einen intakten Telefonanschluß vorzufinden, wo doch nicht einmal klar war, ob wir überhaupt mit dem Leben davongekommen wären. Die Gänse akzeptierten die umgestaltete Landschaft erstaunlich rasch; bereits am zweiten Tag nach dem Unglück wagten sie es schon wieder, vorsichtig neben dem Auinger zu landen, nach einem weiteren Tag nahmen sie schon wieder ihre gewohnten Rationen auf dem stark veränderten Futterplatz. Keine einzige Gans fehlte. Dennoch war der Schaden groß und erst ein halbes Jahr später nach erheblichem Aufwand an Zeit und Geld wieder behoben.

Überwinternde Adler sorgen für Aufregung in der Schar

Jeden Winter zeigt sich recht drastisch ein besonderer Vorteil des Gruppenlebens, der Schutz gegen Freßfeinde. Ein leises, näselndes *fraaa*, von einem oder mehreren der sichernden Vögel ausgestoßen, läßt alle erstarren. Den Hals nach oben durchgestreckt,

Abbildung 1: Der »Auinger«, ein trutziges, steinernes Forsthaus aus dem 18. Jahrhundert, ist der Sitz der Konrad-Lorenz-Forschungsstelle.

Abbildung 2: Graugänse in der Dämmerung eines kalten Wintermorgens im Anflug auf die Forschungsstelle.

Abbildung 3: »Es regnet Gänse.« Wie so oft im Winter wurde die Schar am 1. Januar 1992 durch einen Seeadler aufgejagt und landete schließlich nach einigem Kreisen wieder vor der Forschungsstelle.

Abbildung 4: An einem kühlen Wintermorgen protokollieren Studenten die Dynamik der Nahrungsaufnahme individueller Graugänse.

Abbildung 5: Vorfrühling am Almsee: Josef Hemetsberger mißt die Eier im Nest der Gans Violetta, während sich diese auf einer Brutpause befindet.

Abbildung 6: Ein etwa vier Wochen altes Gössel liegt völlig entspannt auf der Hand des »Gänsemädchens« Gudrun Pachler.

Abbildung 7: Überzählige Ganter werden im burgenländischen Wildpark von Pamhagen ausgesetzt, wo sie sich wieder an wildlebende Graugänse anschließen können. Josef Hemetsberger (hinten) und Kurt Kotrschal (vorne).

Abbildung 8: Johannes Fritz mit zwei seiner fünf handaufgezogenen Kolkraben im Frühjahr 1994. Johannes konnte u. a. nachweisen, daß Raben durch Nachahmung lernen.

Abbildung 9: Handaufzucht von Gänsen ist nur scheinbar romantisch, vor allem aber bis zur Erschöpfung anstrengend.

Abbildung 10: Ein Zusammentreffen von erstaunten Kindern mit Ingrid Greinstetter und ihren Schützlingen.

Abbildung 11: Im Frühjahr entwickeln sich gelegentlich heftige Flügelbugkämpfe der Männchen um die Weibchen, hier zwischen Mario (links) und Caligula (rechts) um die Gans Siro.

Abbildung 12: Während der Zeit des Eierlegens, im März, wird häufig kopuliert. Dabei wird die Gans vom Ganter beinahe völlig untergetaucht.

Abbildung 13: Die charakteristische »Nachspiel«-Stellung des Ganters (links). Die funktionelle Bedeutung dieses auffälligen Signals ist unklar.

Abbildungen 14–16: Mittagszeit und Sonnenschein: Anlaß genug, daß Gänse in wahre Badeorgien verfallen.

Abbildung 17: Eine Familie mit etwa zweiwöchigen Gösseln, das Weibchen näher an den Jungen als das Männchen. Die Eltern sind besonders wachsam.

Abbildung 18: Verdauen ist harte Arbeit – auch wenn es nicht so aussieht.

sichern die Scharmitglieder, um dann je nach Bedrohung sich entweder nicht weiter um die Sache zu kümmern oder eilig, aber geordnet auf die nächste Wasserfläche zu hopsen oder aber in überstürzter Flucht abzuheben und so lange zu kreisen, bis die Luft wieder rein scheint. Es sind Greifvögel, vor allem Adler, die solche recht spezifische Reaktionen hervorrufen.

Das Almtal ist – zum Glück – reich an wildlebenden Tieren, auch an Greifvögeln. Innerhalb von wenigen Tagen im Januar 1992 etwa konnten wir an der Forschungsstelle Überflüge von Stein- und Seeadlern, Habicht, Wanderfalken, Rauhfuß- und Mäusebussard beobachten, von den vielen Kolkraben, die von den Gänsen immer aufmerksam beobachtet werden, ganz zu schweigen. Und es sind natürlich die großen Adler, welche unsere Gänse unter ständiger Spannung halten. Seit Jahren horstet ein Steinadlerpaar irgendwo im Talschluß. Im Sommer lassen sie sich im Tal nicht blicken, da jagen sie auf den Hochflächen des Toten Gebirges. Im Winter dagegen liegt da oben alles unter einer dikken Schneedecke, die Murmeltiere halten ihren Winterschlaf. Der Nahrungsmangel treibt die Adler-Eltern mitsamt ihrem Jungen ins Tal. Der örtliche Wildpark mit seinen vielen Tieren und unsere stationäre Gänseschar scheinen für diese Überwinterer besonders anziehend. Hier finden sich viele potentielle Beutetiere innerhalb und außerhalb von Gehegen, so auch Gänse. Trotzdem wird nur ganz selten eine Gans in der Winterschar von einem Adler erbeutet. Fast unüberwindbar scheint hier der Schutz durch die Gruppe. Unter 140 Graugänsen ist nicht nur immer ein Hals oben, ein Auge wachsam, es sichern auch in der vollkommen ruhigen Schar immer mindestens 10% der Gänse, wobei nicht alle Individuen in der Schar gleich viel beitragen. Es gelingt einem Adler selbst mit der ausgefeiltesten Angriffstechnik kaum, diese wachsame Gesellschaft zu überraschen, was aber eine Voraussetzung für seinen Jagderfolg wäre. Zu diesem Thema führte Kenward (1978) Versuche mit einem Habicht und Taubenscharen durch. Je größer die Schar, desto geringer der Erfolg des Räubers. Waren auf einzelne Tauben noch über 80% der Angriffe erfolgreich, so fiel die Erfolgsrate bei Gruppengrößen von über 50 Tauben auf etwa 20%.

Dieser Effekt ist darauf zurückzuführen, daß mit steigender Gruppengröße der sich annähernde Feind bereits aus größerer Entfernung entdeckt wird.

So ist die häufigste Reaktion der Gänse auf das plötzliche Auftauchen eines Steinadlers ein leiser Warnruf und rascher, aber geordneter Rückzug auf die nächste Wasserfläche. Dort drängen sie sich in relativer Sicherheit zusammen, »wissen« sie doch, daß ein Steinadler sie auf dem Wasser nicht angreifen wird; schließlich bleibt immer noch das Fluchttauchen. Die Reaktion auf Adlerbesuch verläuft aber keineswegs stereotyp. Je größer die Gefahr, überrascht zu werden, desto nervöser reagieren die Gänse, so etwa bei schlechter Sicht durch Nebel oder starken Regen. Am 1. Januar 1992 überflog bei strahlendem Wetter ein Steinadler die an unserem Futterplatz sitzenden Gänse. Der Adler schwebte mitten im Tal und war sehr gut sichtbar. Die Gänse sicherten zwar, flüchteten aber nicht. Etwas später tauchte wahrscheinlich derselbe Adler aus der Sonne und aus der Deckung der Bäume hinter der Forschungsstelle in unmittelbarer Nähe der Gänse wieder auf, er war offensichtlich auf Jagdflug. Das Resultat war, daß die Gänse in ziemlicher Panik flüchteten. Es scheint, daß Gänse recht gut beurteilen können, wann ein Räuber »was vorhat«, also gefährlich ist. Dies ist auch von einigen anderen Räuber-Beute-Beziehungen bekannt. So werden auch Löwen, die gerade nicht jagen, von möglichen Beutetieren auf geringe Distanz herangelassen.

Wie an der Reaktion der Gänse zu erkennen ist, scheinen sie genau zwischen verschiedenen Luftfeinden unterscheiden zu können. Während einem Steinadler angemessen vorsichtig, aber nicht überstürzt begegnet wird, löst das Auftauchen eines Seeadlers fast immer panische Flucht aus. Ein bis zwei Individuen dieser riesigen Adler finden sich im inneren Almtal gewöhnlich als Wintergäste ein. Ihr Auftauchen veranlaßt die Gänse immer zum Auffliegen. Flucht aufs Wasser wäre sinnlos, ein Seeadler schlägt Beute eben auch auf oder unter der Wasseroberfläche. Tauchen dagegen andere, kleinere Greifvögel wie ein Rauhfußbussard oder ein Habichtweibchen auf, wird gesichert, bestenfalls recht langsam auf das Wasser geflüchtet; und für einen Mäusebussard riskiert man kaum ein Auge.

Nun ist der Anblick anschwebender Adler und flüchtender Gänse durchaus aufregend. Steht man bei dieser Gelegenheit mitten in der Schar, dann kann ein Flügelbug so manchen blauen Fleck verursachen. Auch die darauffolgende Landung, oft in Hausnähe (was den Tieren besonders sicher zu sein scheint), kann einem eine emotionelle »Gänsehaut« über den Rücken jagen. Ebenso plötzlich, wie sie aufstiegen, fallen sie, dicht auf dicht, wieder vom Himmel: »Es regnet Gänse.«

So ästhetisch Adlerbegegnungen auch sein mögen, so lästig können sie werden, zumal diese Ereignisse nicht gerade selten sind. Im Dezember und Januar 1992 gab es nur wenige Tage ohne Störungen durch Adler, an den meisten Tagen hatten wir mehrmals Besuch, manchmal bis zu zehnmal, insgesamt müssen es in den beiden Monaten an die 200 Anflüge gewesen sein. Natürlich hält das die Gänse munter, läßt den Verdacht, es handle sich um »degenerierte Haustiere«, erst gar nicht aufkommen. Aber man stelle sich vor, wir hätten, wie so oft, gerade einen Fütterungsversuch begonnen. Plötzlich der Alarmlaut: *fraa*. Flucht. Wir stehen vor einer leeren Fläche, einige Daunenfedern schweben auf uns herab – wieder ein Tag für die Datenaufnahme verloren. Nach der Landung sind die Gänse halbsatt, nervös, beginnen wohl trüppchenweise wieder zu fressen, an eine standardisierte Datenaufnahme ist aber nicht mehr zu denken. Aufs neue ein Beispiel dafür, daß es uns nicht möglich ist, alle Randbedingungen für unsere Versuche zu kontrollieren. Dabei sind Adler leider nicht die einzigen Störenfriede. Die Straße, welche am Haus vorbeiführt, ist zwar kaum frequentiert, aber auch ein gelegentlicher Holztransporter, eine Bau- oder Forstmaschine, bei entsprechendem Wasserstand Kajaks und Schlauchboote auf der Alm verursachen in Summe recht häufig Unruhe. An unspezifische, regelmäßige Störungen, z. B. Fahrzeuge, gewöhnen sich die Gänse bis zu einem gewissen Grad. Eine Gewöhnung an Freßfeinde wäre natürlich selbstmörderisch.

Adler können also empfindlich stören, stellen aber auch ein natürliches Experiment dar: Wo auf der Welt hat man schon eine halbzahme Gänseschar zur Hand, bei welcher verschiedene Adlerarten freiwillig Feinddarsteller spielen? Wir gingen also daran, aus der Not eine Tugend zu machen, und untersuchten systematisch verschiedene Aspekte der Reaktion der Gänse auf ihre Luftfeinde. Da Gänse nicht sprechen können, erfahren wir von ihnen nicht direkt, wie stark ihre Beunruhigung ist; unser einziger Ansatz ist ihr Verhalten. Einige wenige Parameter stehen zur Verfügung. Dazu gehören die Flugzeit, die Sicherraten nach der Landung sowie deren Abfall in einer Zeitreihe nach der Störung. Beunruhigte Gänse sichern viel, d.h. sie recken den Hals senkrecht in die Höhe und halten mit allen anderen Aktivitäten inne. Sollte sich die Beunruhigung noch steigern, werden schrille Warnlaute ausgestoßen, was auch die anderen Gänse veranlaßt zu sichern. Nicht immer muß dem eine konkrete Gefahr entsprechen. Gelegentlich kommt es vor, daß vor allem im Gefolge vorhergehender Störungen sich die Gänse gegenseitig durch Sichern und Warnen so aufschaukeln, daß bereits eine Kleinigkeit, eine unbedachte Bewegung, ein fallendes Blatt, ausreicht, sie in die Flucht zu schlagen. Will man solche Gänse im Vorstadium zur Massenhysterie wieder beruhigen, so gelingt dies meist, indem man ein paar Handvoll Getreide über die nervöse Schar streut. Schafft man es, die Hälse nach unten zu bringen, dann beruhigt sich die Schar gewöhnlich rasch. Die Analogie zu Pferden ist nicht zu übersehen, aber das nur nebenbei.

Wir stellten also einige einfache Fragen, welche wir durch eine Woche Datenaufnahme zu beantworten hofften: wie stark die Sicherraten nach einer Störung anstiegen, wie rasch diese wieder auf ein Grundniveau abfielen, ob wiederholte Störungen im Tagesverlauf zu einer Erhöhung der Sicherraten bzw. zu einer Verlangsamung des Abfalles führen. Kurz, wie stark ein potenter Luftfeind die Sicherungsanstrengungen der Gänse erhöhen kann. Es mag aufgefallen sein, daß unsere »Versuchsanordnung« auch handfeste Schwächen aufweist. So können wir Häufigkeit und Zeitpunkt der Überflüge nicht beeinflussen, wir können auch keine Standard-Adlersituation erzeugen. Wie erwähnt, ist es nicht ausgeschlossen, daß derselbe Adler bei verschiedenen Besuchen völlig unterschiedliche Bedrohungsintensitäten vermittelt. Daher kamen wir auf die Idee, eine standardisierte Störung zu setzen. Wäre man imstande, die Gänse aufzuschrecken, dann könnten wir die Reizintensität ebenso standardisieren, wie wir Zeitpunkt und Frequenz bestimmen könnten. Gedacht, getan. Wir wissen schon lange, womit man Gänse in die Flucht schlagen kann. Ungewohnte Fahrzeuge leisten dabei gute Dienste. Sie bieten zudem den Vorteil, daß die Störungsursache von den Gänsen nicht in Zusammenhang mit Menschen gebracht wird. Der Plan war zunächst einfach. Wir steckten eine etwa 4 m lange Latte mit blauem Betttuch (ein rotes hatten wir nicht) als Beflaggung aus dem Schiebedach unseres Institutskombis, das beim Heranbrausen an die Forschungsstelle und die Gänse im Fahrtwind flattern sollte. Ich war der Wirkung ziemlich sicher und raste im Kombi mit wehender Fahne in die Gänseschlacht. Himmel, hoffentlich beobachtet uns gerade niemand aus dem nahen Dorf, das alte Vorurteil unserer Nachbarn über den Geisteszustand der »Ganslforscher« wäre wieder voll bestätigt worden! Die Gänse zeigten sich von dieser Inszenierung allerdings recht unbeeindruckt und dachten gar nicht daran, aufzufliegen, trotz des seltsamen neuen Attributs des ihnen vertrauten Fahrzeugs. Es mußte uns also etwas anderes einfallen. Wir entfernten die Beflaggung und ließen Robert, den in diesem Projekt engagierten Studenten, die Holzlatte, aus der Deckung des Hauses stürzend, über seinem Kopf schwenken. Das genügte völlig, um unsere sonst scheinbar so haustierisch an den Menschen gewöhnten Gänse in wilde Flucht zu versetzen. Warum gerade lange, dünne, horizontale Strukturen bei Graugänsen so stark fluchtauslösend wirken, wissen wir nicht; vielleicht ist es der sprichwörtliche »Strich in der Landschaft«, der von einem angreifenden Bodenfeind gezogen wird, vielleicht ist diese Idee auch völlig falsch. Allerdings reagierten Gänse auf die Holzlatte doch ganz anders als auf Adler, blieben wesentlich länger in der Luft, waren nach der Landung scheuer, weshalb die Idee mit der Standardstörung genauso schnell fallengelassen wurde, wie sie geboren worden war.

Den ganzen Tag stand also einer der Beobachter nahe den Gänsen Wache, um bei einer Flucht sofort die Mitarbeiter zu alarmieren, die Flugzeit zu stoppen und die Ursache der Flucht zu identifizieren. Nach erfolgter Landung wurde zunächst sofort, dann in Minutenabständen mit einem schweifenden Blick über die Schar die Zahl der sichernden Gänse erhoben. An den 7 Beobachtungstagen gab es je zwischen 2 und 7 Adlerstörungen. Welches Ergebnis erwarteten wir? Um *absolut* sicher zu sein, sollten Gänse ununterbrochen sichern. Da sie aber auch noch andere wichtige Dinge zu tun haben, z. B. fressen, wäre Dauersichern wohl keine optimale Strategie. Optimal ist eine Sicherrate dann, wenn sie unter gegebenen Umständen den maximalen Fitnessgewinn bringt, also sowohl das Raubfeindrisiko als auch die Kosten für diese Verhaltensweise minimiert. Dazu kommt, daß eine Schargröße von 140 bereits eine recht respektable Sicherheit bietet: Irgendeine Gans wird eine herannahende Gefahr wohl entdecken und durch ihr Verhalten, ob sie es will oder nicht, die anderen warnen. Es wäre also vorhersagbar, daß unmittelbar nach einer Störung viel gesichert wird, dann aber rasch Beruhigung eintritt. Wiederholte Störungen sollten die Gänse auf einen relativ hohen Feinddruck schließen lassen und daher ihre Sicherraten erhöhen.

Die Auswertung der Daten erbrachte zunächst das überraschende Ergebnis, daß nur die Anfangs-Sicherraten nach der Landung regelhaft mit der Zahl der Störungen steigen, daß sich die Gänse aber offenbar gleichmäßig rasch beruhigen, unabhängig von der Anzahl der vorangegangenen Störungen. Auch der nach einer Störung zunächst recht dichte Gruppenzusammenhalt wird rasch wieder lockerer. Gänse zeigen sich also nach unseren Daten auch nach wiederholten Raubfeindüberflügen nicht übermäßig stark beeindruckt. Natürlich ist es nicht ausgeschlossen, daß Veränderungen bei von uns nicht berücksichtigten Parametern auftreten, etwa einer verringerten Fluchtschwelle (Kotrschal u. a. 1992).

Diese etwas verwickelte Geschichte kann als Beispiel dafür stehen, daß wissenschaftliche Arbeit nie bis ins letzte Detail geplant werden kann, daß es auch (oder vor allem?) darum geht, Interessantes am Wege nicht liegenzulassen, nur weil es gerade nicht exakt in den Fahrplan des vorgeplanten Projektes paßt. Spielerische Kreativität ist geradezu ein Grundmerkmal wissenschaftlicher Arbeit.

Im Winter 1992/93 schlugen gleich zwei Seeadler und zwei Steinadler in der Gegend des Wildparks ihr Winterquartier auf, neben den 130 Graugänsen und über 100 Kolkraben, die sich ebenfalls im Winter hier versammeln. Außer den üblichen Kolkraben-Adler-Interaktionen beobachteten wir diesen Winter allerdings wenige zwischen Adlern und Gänsen. Vielleicht hatten die Adler gelernt, daß die Gänse kein lohnendes Ziel darstellen.

Was heißt hier »Sichern«?

Im Zusammenhang mit dem Sicher-Verhalten entwickelte sich ein Diplomprojekt. Franz Waldenberger von der Universität Salzburg soll klären, in welchem sozialen Schar- und Motivationszusammenhang das »Sichern« bei Gantern steht. Gänse können den Hals in einem entspannten S tragen. Diese Haltung wird gewöhnlich gezeigt, wenn »sonst nichts los« ist, aber »Ruhen«, etwa mit dem Kopf unter dem Flügel, auch nicht auf dem Programm steht; diese Haltung nennen wir »Kopf unten«. Ein etwas weiter, wenn auch nicht vollständig gestreckter Hals bringt den Kopf in höhere Position, weshalb wir diese Haltung »hohen Kopf« nennen. Das entspricht wahrscheinlich entspannter Aufmerksamkeit. »Sichern« nennen wir einen vollständig nach oben durchgestreckten Hals; dabei werden zusätzlich Beine und Rumpf aus den Sprunggelenken heraus nach oben gestreckt, so daß der Kopf, der dabei genau einen rechten Winkel zum Hals einnimmt (Schnabel zu Hals), die höchstmögliche Position erreicht. Der Vogel stellt eigene Lautäußerungen und Bewegungen mit Ausnahme von ruckartigen Änderungen der Kopfposition ein. Diese sehr auffällige, einfach ansprechbare Körperhaltung sieht aus, als hätte die Gans einen Besenstiel verschluckt, und steht meist im Zusammenhang mit Beunruhigung und gespannter Aufmerksamkeit. So wird etwa ein vorbeilaufender Hund, ein überfliegender Adler fixiert. Es scheint daher die Annahme berechtigt, daß die Bezeichnung

»Sichern« die Funktion dieser Körperhaltung korrekt benennt. Ganz ähnliches Aufmerksamkeitsverhalten zeigen die meisten Wirbeltiere, egal ob Strauße, Gazellen oder Menschen (Bertram 1980, Fitzgibbon und Fanshaw 1988).

Eine weitere Intensitätssteigerung besonders bei hochrangigen Gantern ist das sogenannte »Imponiersichern«; die Halsstellung entspricht dabei dem »Sichern«, der Schnabel wird aber nun anstatt im rechten Winkel zum Hals etwa 20 Grad höher getragen. Für eine zusätzliche Komplikation sorgt die Stellung des Halsgefieders. Vollständig angelegte Federn erzeugen einen »dünnen Hals«. Gesträubte Federn dagegen lassen den Hals »dick« erscheinen; der Halsdurchmesser ist dabei kaum geringer als der des Kopfes. Ein »dicker Hals« kann in Situationen gezeigt werden, wenn Gänse gerne weggehen würden (etwa bei Annäherung eines Höherrangigen), aber dabei eine Schwelle zu überwinden haben, etwa weil sie liegen und aufstehen müßten, was etwa im Falle großer Kälte sicherlich nicht angenehm ist, oder weil sie sich nicht vom Sozialpartner entfernen möchten. Selbstverständlich beruht diese Interpretation, wie viele andere zur Bedeutung von Verhalten, immer noch auf qualitativen Beobachtungen, in welchem Situationszusammenhang das Verhalten eben auftritt.

Diese Verhaltensweisen treten nicht bei allen Scharmitgliedern gleichmäßig auf. Männchen sichern mehr als Weibchen, und es sind signifikante Unterschiede in der Frequenz der erwähnten Verhaltensweisen bei Gantern unterschiedlicher sozialer Stellung zu beobachten. Ein reines Aufzählen dieser Verhaltensweisen erzeugt noch kein Muster. Wir wollen daher versuchen, im folgenden etwas zu ordnen und anzuführen, worin nun eigentlich die Fragestellung der Diplomarbeit von Waldenberger besteht und welche Bedeutung in einem größeren Rahmen dieser Arbeit zuzumessen ist. Es zeigte sich, daß vor allem die hochrangigen Ganter viel sichern; die Sicherfrequenz nimmt also in der Reihenfolge Familienganter > heterosexuell verpaarte Ganter > »homosexuell« Verpaarte > Alleinstehende ab. Imponiersichern ist beinahe den Familienganten vorbehalten (Waldenberger und Kotrschal 1993). Weibchen sichern generell wesentlich weniger als

Männchen. Zeigen Tiere in einer sozialen Gruppe Aufmerksamkeitshaltung, dann kann das verschiedene Gründe haben: Entweder sie geben acht, nicht von Räubern erbeutet zu werden, sie beobachten die anderen Gruppenangehörigen, oder sie machen sich selbst gut sichtbar: Aufmerksame, sichernde Tiere nehmen eine recht auffällige Körperhaltung ein; es ist daher möglich, daß die erwähnten Verhaltensweisen nicht nur der eigenen Aufmerksamkeit förderlich sind, sondern eventuell die anderen Scharmitglieder oder sogar mögliche Räuber (Hasson 1991) über die eigene Position bzw. den eigenen Zustand der Aufmerksamkeit informieren. Gerade bei den auffälligsten Körperhaltungen, etwa dem Sichern und Imponiersichern, ist eine Signalfunktion nicht ausgeschlossen.

Unter einem Signal versteht man ein zum Zwecke der Kommunikation evoluiertes Merkmal. Mittels eines Signals manipuliert der Sender den Empfänger zu bestimmten Verhaltensweisen, die meist dem Sender, nicht immer aber notwendigerweise auch dem Empfänger nützen. Nicht alle Verhaltensweisen, die für andere informationsträchtig sind, müssen aber als Signale evoluiert worden sein. So ist es für alle Überflieger klar erkennbar, ob die Vögel am Boden unter ihnen gerade fressen; viele landen auf diese Information hin, da dort, wo andere fressen, Nahrung sein muß. Die Freßbewegung ist also unvermeidlich informationsträchtig, aber sicherlich nicht im Dienste der Kommunikation evoluiert. Genauso könnte es mit dem Sichern sein.

Optimale Aufmerksamkeit und Rundumschau erreicht man am zweckmäßigsten durch die mit dem Sichern verbundene sehr aufrechte Körperhaltung. Andererseits verrät eine solche Körperhaltung einem sich nähernden Räuber unweigerlich, daß seine angestrebte Beute bereits aufmerksam ist. Dieser Informationsfluß von der Beute zum Räuber kann für beide Seiten sinnvoll sein, da die Chance eines Räubers, eine bereits aufmerksame Beute zu erwischen, fast Null ist (Hasson 1991). Viele Räuber, z. B. Geparden, brechen daraufhin ab und ersparen sich selber eine aufwendige und letztlich erfolglose Verfolgungsjagd, die Beute erspart sich eine aufwendige Flucht (Caro 1994, Fitzgibbon und Fanshaw

1988). Thompson-Gazellen, die anschleichende Geparden sichteten, springen meterhoch auf mit allen vieren in die Luft, was ein Signal an den Räuber darstellt, daß er entdeckt worden ist. Diese Sprungfederbewegung nennt man auf englisch »stotting«. Warum aber werden dann noch immer Gazellen von Geparden erbeutet? Nun, einerseits werden anschleichende Räuber doch nicht immer entdeckt, und andererseits handelt es sich beim Stotting um ein »ehrliches Signal«. Schwache Tiere können keine bessere Fluchtfähigkeit vortäuschen, weil sie es einfach nicht schaffen, hoch und oft zu springen. Damit sind für den Räuber Auswahlkriterien vorgegeben, und nur ein unerfahrener Gepard wird den fast aussichtslosen Versuch starten, eine hoch springende Gazelle zu verfolgen. Damit warnen die springenden Gazellen einander zwar, der Schwarze Peter wird aber automatisch den schwächsten Gruppenmitgliedern zugeschoben, die nicht hoch oder nicht häufig springen können und damit dem Räuber verraten, daß sie lohnende Beute darstellen.

Franz Waldenberger prüfte, welche Übergänge zwischen den Verhaltensweisen vorkommen, und fand, daß zwar oft aus der »hohen« Kopfposition und aus dem Imponiersichern heraus andere Gänse angegriffen wurden, nicht aber aus dem Sichern heraus. Es sieht also danach aus, als ob dieser Verhaltenskomplex funktionell in zwei deutlich unterschiedliche feind- bzw. sozialbezogene Komponenten zu trennen ist, da die Sicherintensität einen positiven Zusammenhang mit Ranghöhe und sozialem Status aufweist (Waldenberger und Kotrschal 1993).

Wieder klären wir einige Puzzlesteinchen der sozialen Komplexität bei unseren Gänsen. Wieder kommen wir unserem Ziel, die Kosten und Nutzen des sozialen Zusammenlebens zu beurteilen, einen Schritt näher, indem wir Verhaltensweisen Funktionen zuordnen. Wir zeigen Rollenunterschiede zwischen Individuen und zwischen verschiedenen sozialen Gruppen und bekommen so einen guten Einblick in die komplexen Strategiespiele, die innerhalb unserer Schar und darüber hinaus in jeder sozialen Gruppe ablaufen. Natürlich haben Gänsebeobachter vor uns Teile der Zusammenhänge auch schon »gesehen«, d. h. aufgrund qualitativer

Beobachtungen in Teilbereichen ähnliche Schlüsse gezogen. Der Komplex Sichern–Imponiersichern wurde aber zuvor noch nie aufgelöst, schon gar nicht in Hinblick auf sozial bedingte Strategien.

Almtaler Lokalkolorit

Für die produktive Arbeit eines Betriebes ist seine lokale Einbettung beinahe ebenso wichtig wie ein gutes Betriebsklima. Die Konrad-Lorenz-Forschungsstelle liegt nun nicht in der Großstadt. Es sind das innere Almtal und seine Bewohner, die unsere lokalen Randbedingungen bilden. Was soll bei uns schon besonders sein, nur 50 km von der Großstadt Linz entfernt, und was gehen uns schließlich die Leute an? Wir sind an einer guten lokalen Zusammenarbeit interessiert und auch darauf angewiesen. Das gilt für alle Ebenen, von den Vertretern des Grundbesitzers und der Gemeinde angefangen, den Mitgliedern und Funktionären im Verein der Förderer bis zu den Arbeitern im lokalen Wildpark. Wir sind sehr daran interessiert, die örtliche Bevölkerung über unsere Arbeit informiert zu halten, um eine gewisse lokale Identifizierung zu erreichen. Allein unsere freifliegenden Gänse sind ja rechtlich jagdbares Wild, und ohne beständiges Entgegenkommen der örtlichen Jagdpächter wären wir wohl unsere Schar rasch los; es gebührt allen unser Dank, die dafür sorgen, daß dem nicht so ist.

Natürlich geht es nicht immer ganz problemlos ab. Im Informationsblatt für unsere Studenten steht unter anderem zu lesen, daß die Leute im Almtal noch immer die »klassischen« österreichischen Umgangsformen pflegen und daß wir unsere Besucher bitten, sich daran zu halten. Das löst regelmäßig Verwunderung aus, und die Frage, was denn darunter zu verstehen sei, ist gar nicht so einfach zu beantworten. Natürlich gilt es in dieser Gegend als grob unschicklich, im Wald Lagerfeuer zu entzünden oder während der Brunstzeit laut johlend durch die Gegend zu laufen. Darüber hinaus ist aber noch subtilere Rücksichtnahme gefordert: Daß man in der konservativen Wertewelt unseres Tales Autoritäten nicht öffentlich in Frage stellt, mit Kritik und Anregungen sehr vorsichtig ist, daß manche Vorhaben bedächtiger ausgeführt werden als anderswo, kann einen in der Stadt Aufgewachsenen, der zudem gewohnt ist, relativ geradlinig zu argumentieren, manchmal verunsichern. Zugegeben, so einfach sind diese Dinge nicht zu erklären, ich versuche es daher mit einem Beispiel (von vielen):

Im Frühling 1991 half uns ein befreundetes Studentenpaar, Triumphgeschrei zu protokollieren; dies durchaus freiwillig und um Gotteslohn. Ihre tägliche erste Schicht an der Alm begann um 5 Uhr früh und dauerte bis 7 Uhr. Verständlich, daß sich beide nach einem Frühstück wieder auf einen kurzen Vormittagsschlaf zurückzogen. So weit, so gut. Was ich vergessen hatte, war, daß mittwochs immer unsere Raumpflegerin, Frau K., in der Früh andampfte. Frau K. ist relativ jung und entsprechend dynamisch, um nicht zu sagen, resolut. An diesem Morgen hinter dem Schreibtisch vergraben, fiel mir nur auf, daß Frau K. ebenso rasch wieder abzog, wie sie gekommen war. Die Erklärung lieferte erst ein Telefonat ein paar Tage später. Unsere Triumphgeschrei-Beobachter wurden von der mit Putzabsicht ins Zimmer platzenden Frau K. im Bett überrascht, was angesichts der Uhrzeit nach dem örtlichen Schema ländlichen Lebensstils ohnehin bereits ein ziemliches Vergehen ist. Damit nicht genug, Frau K. glaubte die beiden bei jener zwischenmenschlichen Tätigkeit überrascht zu haben, welche man im Frühling einem jungen Paar ohne weiteres zubilligt. Es bedurfte einigen Erklärungsaufwandes meinerseits, begreiflich zu machen, daß die beiden ohnehin hart für uns arbeiten, daß ich keinerlei Lust hätte, mich in die Privatangelegenheiten freiwilliger Mitarbeiter zu mengen, und überhaupt... Natürlich hätte ich das Frau K. nicht erklären müssen, es galt aber den Schaden aus Image-Verlust, welchen diese Geschichte am Wege über die Buschtrommel zu verursachen imstande war, zumindest einzugrenzen.

Gibt es noch etwas zu erforschen?

Die »Brennpunkte« der modernen Ethologie

Von der Geschichte und vom Umfeld einer Forschungsstelle zurück zum eigentlichen Thema, der Gegenwart und Zukunft der Verhaltensbiologie. Die getroffene Auswahl an Themen ist subjektiv, es ist schwierig, im vorhinein zu beurteilen, wo die neuen Entwicklungen wirklich hinlaufen. Das hängt von vielen, auch gesellschaftlichen Faktoren ab, die kaum einzuschätzen sind. Und wie groß die Bedeutung der zukünftigen Ethologie, unabhängig von ihrem großen Erklärungspotential, für die Menschen wirklich sein wird, hängt natürlich einerseits vom Selbstbewußtsein und der Kommunikationsgabe ihrer Exponenten, andererseits von der Akzeptanz durch Gesellschaft und Entscheidungsträger ab.

Zur Einschätzung der gegenwärtig steigenden Bedeutung der Ethologie ist eine Standortbestimmung nötig. Tierisches Verhalten zu beobachten mag ja gut und schön sein, aber sind nicht alle wesentlichen Fragen in diesem Zusammenhang bereits erforscht? Vergeuden wir nicht unsere Zeit mit unbedeutenden Randproblemen, während die »Brennpunkte« biologischer Forschung, also jene Gebiete, in denen die bedeutendsten Wissenszuwächse geschehen, längst anderswo liegen? Daß wir mit diesen Fragen selbst von manchen Fachkollegen in den ersten Jahren unserer Arbeit konfrontiert wurden, zeigt nur, daß sich die Biologie so rasch in Spezialgebiete auseinanderentwickelt, daß es selbst für Profis äußerst schwierig ist, einen breiteren Überblick und damit eine realistische Urteilsfähigkeit zu bewahren. Naturwissenschaften als moderner Turmbau zu Babel?

Diese Einwände sind zu entkräften. Da wir heute tiefer im jeweiligen Gebiet stehen als früher, gibt es auch viel mehr neue Fragen; die Binsenweisheit, daß sich für jede gefundene Antwort mehrere neue Fragen auftun, gilt auch für die Verhaltenswissenschaften.

Der »Fortschritt« in der Wissenschaft

Disziplinen in den Naturwissenschaften rutschen nicht deswegen aus dem Fokus des Interesses, weil alles ausgeforscht wäre, ganz im Gegenteil; ihr Glanz verblaßt meist, weil anderswo Speerspitzen rascher ins wissenschaftliche Neuland vorstoßen, diese daher meist zu Recht als aktueller, verglichen mit den klassischen Richtungen, eingestuft werden (Kuhn 1981). Die jungen, begabten und meist karrierebewußten Naturwissenschaftler versuchen ganz vorne mit dabeizusein; auch die finanzierenden Institutionen stekken ihre begrenzten Ressourcen am liebsten in glänzende neue Entwicklungen und jung-dynamische Forscherpersönlichkeiten, weil man so sicherlich viel »Fortschritt« für seine Investition bekommt, weil man eben im internationalen Konkurrenzkampf die Nase vorne zu haben hat und weil damit insgesamt mehr Lorbeeren zu ernten sind als mit der Unterstützung bereits etablierter Richtungen. Auch Wissenschaft und ihre Finanzierung haben – wie so vieles in der menschlichen Kultur – mit Prestige zu tun. Wissenschaftsentwicklung und -steuerung ist ein äußerst vielschichtiger Prozeß. Für bereits etablierte Richtungen trocknen so allmählich die Ströme an Personal und Finanzen aus, ein sicherer Weg zum Anfang vom Ende. Wissenschaftliche Entwicklungen finden also durchaus auf einem Markt statt. Die Effekte zeitweiliger staatlicher Lenkungsversuche sind gering, verglichen mit der durch den freien Wettbewerb zwischen den Wissenschaftlern produzierten Eigendynamik.

So katalysierten u.a. die gewaltigen Fortschritte auf dem Gebiet der Molekularbiologie den Abstieg anderer biologischer Fachgebiete. Ein gutes Beispiel dafür stellt die Morphologie dar, die Lehre von Bauplänen und Strukturen des Körpers. Diese wohl älteste aller biologischen Disziplinen blühte sogar unter dem Dach der idealistischen Philosophie und rutschte ab der Mitte unseres Jahrhunderts, was den Zugang zu Ressourcen betrifft, zumindest vorübergehend in den Keller. Und dies, obwohl auch hier noch längst nicht »alles ausgeforscht« war. Molekularbiologische Techniken führten aber in der Entwicklungsbiologie gerade in jüngster

Zeit wieder zu einer Belebung. Zudem bildet eine solide morphologische Grundausbildung eine unverzichtbare Grundlage für das Verständnis von Zusammenhängen für jede organismisch ausgerichtete Biologie; ohne sein profundes morphologisches Grundverständnis wäre Konrad Lorenz sicherlich nicht zum Träger der Vergleichenden Verhaltensforschung geworden.

Das Geschehen in der Forschung spielt sich, gemessen am Aufwand an Ressourcen, an »Brennpunkten« ab, und die können vielfältig sein, sei es nun das gigantische Projekt zur Entzifferung des menschlichen Genoms oder, auf dem Gebiet der Verhaltenswissenschaften, die viel billigeren, aber nicht weniger fokussierten und für unser Verständnis evolutionärer Prozesse so wichtigen Anstrengungen zur Erforschung der Bedeutung der sogenannten »mütterlichen Investition« (siehe unten). Als Brennpunkte könnte man Gebiete definieren, in denen Konzeptentwicklung und das Sammeln empirischer Daten rasch und parallel erfolgen, oft katalysiert von einem entscheidenden methodischen Fortschritt, der Hypothesen empirisch testbar macht, die es vorher nicht waren. Man mag dies bedauern, aber ein gewisses Diktat durch die gerade verfügbaren Methoden ist wahrscheinlich in fast allen Wissenschaften zu finden.

Wo und wie rasch die neuen Durchbrüche stattfinden, hängt von der tatsächlichen Bedeutung des Gebietes ab, definiert durch die Einschätzung der wissenschaftlichen Gemeinschaft, aber auch von der Attraktivität und Eloquenz seiner menschlichen Vertreter, die imstande sein müssen, für ihre Projekte zu überzeugen und damit die nötigen Mittel sicherzustellen. Dieses Muster des mosaikartigen Fortschritts in der Wissenschaft erklärt, warum hinter den Brennpunkten stets viele weiße Flecken im Wissenspuzzle zurückbleiben. Selbst wenn nur von einem geringen Promillesatz der vielen Millionen Tierarten auf der Erde ein vollständiges Verhaltensinventar, ein sogenanntes Ethogramm, erstellt werden sollte, so ist diese Tätigkeit nur so lange sinnvoll, bis im Artvergleich die entsprechenden evolutionären oder anderen Muster sichtbar werden, wie etwa in Lorenz' klassischer vergleichender Arbeit über die Anatiden (Schwäne, Enten und Gänse). Es hätte sicherlich wenig Sinn, in der Liste der Artnamen bei A zu beginnen und lückenlos das Verhaltensinventar jeder Art aufzunehmen, mit dem Hintergedanken, daß sich schon die geeigneten Fragen finden würden, wäre nur alles bis zur Art Z katalogisiert. Das ist natürlich eine rein theoretische Annahme, denn die Menschheit müßte weiterhin möglichst viele Arten ausrotten (was leider gar nicht so theoretisch ist), damit dieses Vorhaben in den nächsten tausend Jahre verwirklicht werden könnte. Mindestens ebenso naiv wäre es, um ein anderes Beispiel anzuführen, aus öko-ethologischer Sicht den Überlebenswert jeder Verhaltensweise bei allen Tieren lückenlos erfassen zu wollen oder in irgendeiner anderen Disziplin die Lückenlosigkeit von »Telefonbuchwissen« (im Gegensatz zur eigentlichen Erkenntnis, die aus dem Herstellen von Zusammenhängen besteht) anzustreben.

Die Struktur des wissenschaftlichen Fortschritts ist sehr gut mit dem Aufbau und den Eigenschaften eine Balkenknochens, etwa des menschlichen Oberschenkelhalses, vergleichbar: Um seine Tragfähigkeit zu erreichen, ist es unnötig, ja unökonomisch, daß unser Körper diesen Knochen aus massivem Material aufbaut. Es genügt, wenn Knochenspangen in Richtung der Beanspruchung aufgebaut werden; der Hauptanteil des Volumens dieses Knochens kann leer bleiben, womit eine hohe Tragfähigkeit bei geringem Materialverbrauch erreicht wird. Genauso ist es in der Wissenschaft. Der Unterbau an Daten und Hypothesen muß in seiner Struktur tragfähig genug als Basis für neue Brennpunkte sein; es ist daher weder möglich noch notwendig oder sinnvoll, alle existierenden Wissenslücken im Unterbau schließen zu wollen. Das erklärt nebenbei zwanglos, warum es die denkbar schlechteste Begründung zur Durchführung eines Forschungsprojektes ist, daß etwas »noch unbekannt« sei.

Die Zukunft der Verhaltenswissenschaften

Um die Existenz der Verhaltenswissenschaften in der Zukunft zu sichern, reicht es daher nicht aus, nur auf die weißen Flecken unseres Wissens über das Verhalten der Tiere hinzuweisen, es müssen neue Brennpunkte identifiziert werden. Das ist in diesem Gebiet zum Glück einfach. Die folgende Themenauswahl hat viel mit einer Tombola gemeinsam, denn man kann recht beliebig in den Sack der Verhaltenswissenschaften hineingreifen und stößt dabei auf genügend aufregende Forschungsgebiete. Verhalten ist und bleibt eben die Grenzfläche zwischen Individuen und ihrer Umwelt. Daß das Geschehen in zehn oder auch weniger Jahren bereits wieder ganz woanders liegen kann, versteht sich aus der Dynamik unserer Wissenschaft von selbst.

Zu den Frontgebieten der Verhaltenswissenschaft zählt sicherlich die Erforschung der Bedeutung der *evolutionären Vergangenheit des Menschen* für unser heutiges Leben, zumal uns hier Ergebnisse unmittelbar berühren, geht es doch um Themen wie Eigennutz, Partnerkonflikte und Sexualität. Gegenwärtig ist man beispielsweise schon dabei, den adaptiven Wert weiblicher Orgasmen, ja sogar der männlichen Masturbation zu untersuchen (Baker und Bellis 1993a,b). Hier war und ist die (gesellschafts)politische Relevanz unserer Wissenschaft am größten. Eng im Zusammenhang mit dem evolutionären Spiel der Menschen um Fitness muß die Bedeutung des *Informationsflusses* gesehen werden. Dies ist ein Gebiet von großem theoretischem und praktischem Interesse; die unterschiedliche Fähigkeit, diesen Informationsfluß im eigenen Interesse zu lenken, stellt vielleicht den Hebel dar, um den nur scheinbar unüberwindlichen Widerspruch zwischen dem Konzept der biologischen Fitness und dem Kulturwesen Mensch aufzulösen.

Besondere Beachtung verdienen die *Wechselwirkungen zwischen Verhalten* und dem Steuerzentrum, dem *Gehirn* und seinen ihm untergeordneten Instanzen, wie etwa den *hormonproduzierenden Geweben*. Man beginnt zu verstehen, daß nicht nur der Kommandofluß vom Zentrum an seine Peripherie wichtig ist, sondern daß dieses Zentrum, Gehirn und Hormondrüsen, durch Verhalten und Sinneseindrücke laufend verändert werden. Kurz: Statische Dinosaurierkonzepte, wie der frühere enge genetische Determinismus, sind nicht nur hier, im Bereich der Physiologie, sondern ganz allgemein *out*, die Dynamik komplexer Rückkoppelungen ist *in*.

Warum das Verhaltenswissenschaftler so aufregt? Es war eines der größten Verdienste von Konrad Lorenz, darauf hinzuweisen, daß Tiere (und Menschen) nicht bloß reaktive Automaten sind, also nur auf Außenreize hin aktiv werden, sondern daß sie zum Gutteil »spontan« agieren. Dieses Wörtchen verbirgt allerdings allzu leicht, daß es auch in diesem Fall Reize sind, und zwar innere, die Verhalten verursachen. *Emotionen* und andere *Motivationen* sind der funktionelle Hintergrund für die Stärke der Antriebe hinter beobachtbaren Handlungen. Und woher kommt das alles? Aus dem Nervensystem natürlich. Selbstverständlich ist Verhalten nicht nur unbewußt, also Resultat von Stimmungen, sondern kann auch der Ratio entspringen, einem Prozeß der bewußten Entscheidungsfindung. Unsere Entscheidung, das Auto bei drohendem Schneefall in die Garage zu fahren, um es in der Früh nicht abfegen zu müssen, wäre ein einfaches Beispiel für rationales Verhalten. *Rational bedingtes Verhalten* ist natürlich kein menschliches Monopol. Es darf angenommen werden, daß viel mehr Tiere kognitiv zu viel mehr fähig sind, als wir ihnen heute zugestehen (Marler 1994); schließlich ist kognitive Leistungsfähigkeit der effizienteste Weg der Anpassung von Individuen an kurzzeitige Veränderungen der Umweltbedingungen (Griffin 1991). Der Nachweis dafür ist allerdings immer schwierig. Einer der Gründe für unseren Nachholbedarf bei der Erforschung der ökologisch und sozial relevanten Intelligenz von Tieren liegt im sehr schwierigen methodischen Ansatz, ein anderer in konzeptuellen Problemen. Dies ist sicherlich einer der Langzeit-»Brennpunkte« der Verhaltenswissenschaften, wie augenscheinlich das jüngste Engagement der Öko-Ethologie-Gruppe um John Krebs in Oxford bei der Erforschung Gedächtnis-relevanter Hirnstrukturen bei Vögeln zeigt (Clayton 1994). Obgleich die *tierische Kognition* bereits vor hundert Jahren zentrales Anliegen der frühen Tierpsychologen war, sind wir noch immer nicht sehr weit gekommen. Der seit Aristoteles in der Betrachtung von Verhalten immanente Dualismus *rational* versus *instinktiv* hat uns nicht weit gebracht. Es ist auch hier Zeit für eine differenziertere Sichtweise, für neue Anläufe mit neuen Methoden.

Schließlich wird es Zeit, (wieder einmal) zwischen den beiden Hauptrichtungen der Verhaltenswissenschaften, *Psychologie* und *Ethologie*, eine Synthese anzustreben. Während die biologische Seite mit dem Darwinismus ein sehr tragfähiges einheitliches Theoriegebäude besitzt, ist gegenwärtig der Versuch hoffnungslos, die vielen Richtungen der Psychologie unter einen Theorie-Hut zu bringen; es wäre schon viel gewonnen, bekäme man die Hauptstömungen sozusagen ins gleiche Hutgeschäft. Niemand leugnet heute ernsthaft, daß der Mensch ein biologisches Wesen ist und seine Wurzeln in der Evolution hat. Es folgt daraus, daß menschliches Verhalten naturwissenschaftlich erklärbar sein muß; die philosophiestämmigen Exponenten jener Richtung, die meinen, für den menschlichen Geist andere als biologische Erklärungen liefern zu müssen, befinden sich auf einem Rückzugsgefecht. Es ist davon auszugehen, daß keine der vielen Schulen der Psychologie, sicherlich auch nicht die Ethologie in ihrer gegenwätigen Ausformung, absolut »recht« behalten werden. Es handelt sich vielmehr um einen Schichtbau einander ergänzender Betrachtungen von menschlichem Verhalten, von Psyche *und* Handeln. Allerdings forscht die Ethologie auf der Basis des einzigen *natürlichen,* d.h. *induktiv gewonnenen Menschenmodells,* nämlich des evolutionären, dem der Vorzug gegenüber allen spekulativen Menschenmodellen einzuräumen ist. Eine Synthese auf dieser Basis scheint mit viel Toleranz möglich und wird innerhalb der Psychologie bereits versucht (z. B. Jüttemann 1992). Damit wäre der Kreis geschlossen. Unnötig zu betonen, vor welch gewaltiger Herausforderung wir mit einer konsequenten evolutionären Erklärung menschlichen Verhaltens stehen.

Brennpunkt elterliche Investition: Manipulation der Kinder zum eigenen Vorteil

Konflikte sind evolutionäres Vermächtnis

Eine der »Erbsünden« aus der Evolution besteht darin, daß Individuen in Gruppen nicht perfekt harmonisch zusammenleben und kooperieren können, sondern aufgrund des evolutionären Mechanismus zu Konflikten verdammt sind. In Sozialsystemen ist der eigene Vorteil, also viele Nachkommen zu haben, nicht gegeneinander zu erreichen, wohl aber muß der eigene Vorteil gewahrt werden. Die Grundkonflikte sind als evolutionäres Erbe unvermeidbar, die Form der Konfliktaustragung aber ist zumindest beim Menschen und seinen nahen Verwandten kulturabhängig; sie bestimmt darüber, wie konstruktiv oder destruktiv ihre Lösung ist. Konflikte gehören deshalb zu den aktuellsten Themen der modernen Verhaltenswisenschaften und sollen im folgenden nicht zu kurz kommen.

Konflikte sind allgegenwärtig: zwischen den Geschlechtern etwa, weil die Strategien, um eine optimale Zahl von Nachkommen zu erlangen, bei Weibchen bzw. Frauen und Männchen bzw. Männern verschieden sind. *Sie* gewinnt im allgemeinen mehr durch Investitionen in die Nachkommen, *er* ist unter Umständen als »Herumtreiber« erfolgreicher. Es kommt zu Konflikten zwischen Eltern und Nachkommen, weil erstere selten so viel zu geben bereit sind, wie letztere fordern. Zu viel in einzelne Nachkommen zu investieren hieße, dies auf Kosten des zukünftigen Nachwuchses zu tun und den elterlichen Lebensfortpflanzungserfolg zu vermindern. Dagegen bedeutet für den Nachwuchs jede zusätzliche von den Eltern erreichte Zuwendung eine Fitness-Steigerung. Schließlich können zwischen allen oft wenig verwandten Gruppenmitgliedern vorprogrammierte Konflikte in der Konkurrenz um begrenzte Ressourcen, etwa Nahrung oder Geschlechtspartner, auftreten.

Eine ideale, konfliktfreie Gesellschaft kann es daher nicht geben; wir sind dazu verdammt, eigenes Wohlergehen immer bis zu einem gewissen Grad auf Kosten anderer zu erreichen und gegen andere verteidigen zu müssen. Wahrscheinlich seit ihrer »Vertreibung aus dem Paradies«, also dem Übergang von ursprünglichen, recht egalitären Jäger-Sammler-Gesellschaften (die keine Vorräte anlegten) zu hierarchischen Sozietäten im Zuge einer Zunahme kontrollierbarer Ressourcen (Power 1988), müssen Menschen vermehrt mit Konflikten leben. Aber ganz ohne Konflikte, etwa um und zwischen Reproduktionspartnern, ging es in jenen ursprünglichen menschlichen Gesellschaften auch nicht ab. Konflikte sind daher weder unnatürlich noch pathologisch, sie gehören wie Arme und Beine zum Alltag sozialer Tiere. Das Ideal konfliktfreier Sozialbeziehungen ist Chimäre. Die Zukunft der Biosphäre wird aber maßgeblich davon abhängen, angepaßte Formen der Konfliktaustragung quer durch alle Dimensionen einer weltweit vernetzten menschlichen Gesellschaft zu finden. Letztlich hängt die Lösung der brennendsten Probleme der Menschheit, Bevölkerungsexplosion, Überkonsum in den Industriestaaten, Ozonloch (um nur einige zu nennen), ursächlich mit der Entwicklung angepaßter Formen der Problemlösung zusammen.

Töchter oder Söhne?

Eine besondere Form des Eltern-Kind-Konflikts stellt die Geschlechterbevorzugung dar: Daß verschiedene Kinder ihren Eltern nicht gleich viel wert sind, ist eine Tatsache, gegen die sich unsere gesellschaftliche Ethik zu Recht mit Kräften wehrt. Man wurde darauf durch vergleichende Untersuchungen aufmerksam und postulierte auf theoretischer Basis eine geschlechtsabhängig differenzierte elterliche Investition: Es sollte so viel in weibliche versus männliche Nachkommen investiert werden, daß sich die Produktionskosten für die Nachkommen unterschiedlichen Geschlechts und der zu erwartende Fitnessgewinn aus der Reproduktionskapazität von Töchtern gegenüber Söhnen die Waage halten. Die Sache kann noch komplizierter werden, wenn man den immer vorhandenen Interessenkonflikt zwischen weiblichem und männlichem Elter berücksichtigt. Die optimale Investitionsstrategie der Mutter muß nicht jene des Vaters sein – eine der vielen Quellen für Konflikte zwischen den Geschlechtern (Voland 1993).

Daß das Geschlecht der Kinder auf das Verhalten der Eltern zurückwirkt, ist nicht auf Menschen beschränkt, sondern scheint ein allgemeines Prinzip zu sein (z. B. bei Mäusen gefunden von Musi u. a. 1993). Menschen scheinen diese evolutionären Strategiespiele unbewußt und unter dem Deckmantel »kultureller Überbau« weiterzutreiben. Es gibt eine Reihe von menschlichen Gesellschaften, in denen Knaben so viel höher geschätzt werden, daß sich die geringere elterliche Fürsorge für Mädchen in signifikant höheren Sterblichkeitsraten derselben niederschlägt. Die neuzeitliche Möglichkeit, aus dem Fruchtwasser das Geschlecht des noch ungeborenen Kindes bestimmen zu lassen, wird von Menschen bestimmter Kulturkreise bereits massiv genutzt; lautet der Befund auf Mädchen, wird gewöhnlich abgetrieben. Eine uralte, in die Kulturtradition eingegangene Reproduktionsstrategie wird dadurch besonders unheilvoll, weil sie plötzlich mit völlig neuen Technologien zusammentrifft und damit den Eltern Manipulationsmöglichkeiten eröffnet, die es im Zuge der langen Menschwerdung nicht gab. Hier wird ganz offenbar von den Eltern sehr geschlechtsspezifisch in den Nachwuchs investiert. Das ist zwar nicht mit unserer Ethik vereinbar, war aber doch in den Ursprungskulturkreisen für Eltern fitnessfördernd. Daß sich solche Vorlieben auch in wandelnden soziokulturellen Umfeldern halten, deutet auf die Trägheit mancher in evolutionären Strategien begründeter Kulturtraditionen hin.

Eltern töten (ihre) Kinder

Der Konflikt kann sogar zum Kindesmord führen, wenn dadurch der Lebens-Reproduktionserfolg der Eltern verbessert werden kann (Alcock 1989). Bei vielen Tieren werden Gelege aufgefressen oder verlassen, wenn sie nicht groß genug sind, den nachfolgenden Aufwand zu lohnen. Es werden, etwa bei Schweinen, Föten resorbiert oder abortiert, wenn nicht genügend davon vorhanden sind; denn der Pflegeaufwand wäre annähernd derselbe wie bei vielen Nachkommen, das Ergebnis aber mager. Es ist daher effizienter, gleich neu zu beginnen. Auch die Daten von menschlichen Gesellschaften zeigen, daß hier Abtreibung bzw. Kindestötung wahrscheinlich immer schon eingesetzt wurden, um den Reproduktionserfolg der Eltern zu maximieren. Das klingt zunächst paradox. Aber Kinder werden bei den untersuchten Jäger-Sammler-Gesellschaften häufig dann getötet, wenn sie etwa Mißbildungen aufweisen oder wenn der zeitliche Abstand zum vorhergehenden Kind zu gering war, der Mutter also nicht genügend Ressourcen zur Versorgung von zwei Kindern zur Verfügung stehen. Eine weitere Standardsituation ist der Tod eines Elternteiles (Daly und Wilson 1987); nicht immer sind andere Gruppenmitglieder bereit, für Halbwaisen zu sorgen, mit denen sie kaum verwandt sind. Deren Wahrscheinlichkeit, an Unterversorgung zu sterben, steigt daher sprunghaft. Kindestötungen werden von der Mutter oder von nahen Angehörigen unter den geschilderten Umständen offenbar als sachliche Notwendigkeit vollzogen, nie etwa aus Mordlust. Es sind genügend Fälle beschrieben, in denen die Mutter oder andere nahe Verwandte ihren tiefen Schmerz über ihre Handlung ausdrücken.

Natürlich haben wir unser Kainsblut nicht beim Eintritt in die moderne Gesellschaft abgegeben, die Abtreibungsraten sprechen eine klare Sprache. Aus mehreren Gründen erschütternde Ergebnisse bringen Untersuchungen über Kindesmißhandlungen und -tötungen in unserer Gesellschaft, zeigen sie doch, wie fatal wir immer noch mit unserer evolutionären Herkunft verschraubt sind.

Sollte Kindesmißhandlung ein evolutionäres Erbe darstellen, so ist auf Basis der soziobiologischen Theorie vorherzusagen, daß der Verwandtschaftsgrad sich hier besonders stark auswirkt. Tatsächlich wird von Stiefeltern signifikant häufiger als von leiblichen Eltern mißhandelt. Daly und Wilson (1993) zeigten an sozial vergleichbaren Gruppen (Daten aus Kanada), daß das Risiko von unter 2jährigen Kindern etwa 70mal (!) größer ist, von Stiefeltern getötet zu werden (635 Kinder pro Million und Jahr) als von ihren leiblichen Eltern (9 pro Million und Jahr). Immerhin 20mal größer ist dieses Risiko noch bei 3–5jährigen. Die Zahl der Tötungen geht mit dem Alter zwar stark zurück, aber es werden in allen untersuchten Altersklassen mehr Kinder durch Stiefeltern als durch leibliche Eltern getötet. Natürlich ist der evolutionäre Hintergrund nicht bewußt, sehr oft ist die unmittelbare Ursache eine niedrigere Toleranzgrenze den Stiefkindern gegenüber, eine erhöhte Bereitschaft, Gewalt anzuwenden. Es gibt offenbar eine starke Voreinstellung, zwar die genetisch eigenen, nicht aber fremde Kinder aufzuziehen. Natürlich heißt das nicht, daß alle Zieheltern Monster sind, meist ganz im Gegenteil, aber die Zahlen sprechen für sich. Die Tötungen sind wahrscheinlich nur die Spitze eines Eisberges; es ist anzunehmen, daß diese Zusammenhänge auch für körperliche und seelische Mißhandlungen und für den sexuellen Mißbrauch bestehen. Diesbezügliche Zahlen sind aber wesentlich schwieriger zu erheben, die Dunkelziffern in der Kriminalstatistik sind wahrscheinlich sehr hoch.

Kindesmißhandlungen und Tötungen häufen sich auch bei gestörten Partnerbeziehungen der Eltern oder in Fällen drückender materieller oder gesellschaftlicher Not, also dort, wo Eltern unter schwerem Stress stehen. Natürlich verzahnen sich hier auch individuelle Pathologien, etwa die Alkohol- oder Drogensucht der Eltern, die aber auch nicht vom sozialen Umfeld unabhängig sind. Viele Belastungen scheinen in dieselbe Richtung zu wirken. Und immer noch scheint eine Behinderung des Kindes ein Faktor zu sein. Die Wahrscheinlichkeit der Kindesmißhandlung steigt also überall dort, wo die Chancen des Kindes auf Erlangen einer kompetitiven Stellung bezüglich seiner Reproduktions- bzw. Informationstransferkapazität (als Elter vieler Kinder oder gesellschaftlich erfolgreich) gering sind. Es ist kein angenehmer Schluß: Trotz aller sozialen Einrichtungen scheint die Macht der einst adaptiven evolutionären Mechanismen ungebrochen. Gegensteuern kann man, wenn überhaupt, nur mit der Anhebung des allgemeinen Bildungsniveaus, mit der Erziehung zu Vernunft und Toleranz und zur Akzeptanz von Randgruppen sowie mit der Erhaltung der sozialstaatlichen Solidarität, um Eltern nicht in jene Notlagen geraten zu lassen, die dann für deren Kinder gefährlich werden können. Natürlich ist die Grundvoraussetzung für ein erfolgreiches Gegensteuern, eine richtige, also *evolutionäre* Diagnose zu stellen.

Wieviel soll in einen Nachkommen investiert werden?

Weniger dramatisch, aber nicht minder verbreitet ist die Tatsache, daß Eltern nicht in alle ihre Nachkommen gleichmäßig investieren. Beispiele für die Manipulation des Nachwuchses durch die Eltern findet man buchstäblich überall. Das beginnt bereits bei der Investition in die Eier, weshalb dieses Unterkapitel der Öko-Ethologie in der internationalen Literatur als »maternal investment« (Stamps 1991) bezeichnet wird, obwohl natürlich in Fällen gemeinsamer Brutpflege (wie etwa beim Menschen) auch der Vater entsprechend beisteuern kann. So macht es einen großen Unterschied für die Körpergröße und damit Überlebenswahrscheinlichkeit des Sprößlings, ob eine bestimmte Fisch-, Amphibien-, Reptilien- oder Vogelmutter etwas größere oder kleinere Eier legt. Was die Sache noch viel interessanter macht: Diese Investitionen werden von den Eltern in einem gewissen Rahmen individuell an die Randbedingungen angepaßt. So legen Graugänse bis zu sechs Eier, in Ausnahmefällen auch mehr. Theoretisch bestünde die Möglichkeit, alle Ressourcen von sechs Eiern in einem einzigen Ei zu konzentrieren, damit eine Super-Ei zu produzieren, aus dem ein Riesengössel schlüpft, welches ziemlich sicher überlebte und ein erfolgreicher Reproduzent werden würde. Warum aber mehr in *einen* Nachkommen stecken als unbedingt erforderlich, warum nur *einen* produzieren, wenn die Überlebens- und Reproduktionsaussichten *mehrerer* ebenfalls gut sind und man so einen wesentlich höheren Fitnessgewinn erzielen kann? Warum sollte man andererseits als Graugans statt sechs nicht zwölf halb so große Eier produzieren, um damit noch erfolgreicher zu werden? Die Investition pro Nachkommen ist, wie einfach einzusehen, nicht beliebig verringerbar, und Gössel, die plötzlich nur halb so groß wären wie die gegenwärtig produzierten, hätten wahrscheinlich fast keine Überlebensaussichten; ein Mehr an

Nachkommen würde hier ein Weniger an Fitness bedeuten. Die tatsächliche Eigröße ist also ein Kompromiß mit der Eizahl und stellt eine evolutionäre Voreinstellung zur Fitnessmaximierung dar.

Nun sind aber beispielsweise Grauganseier, wie die aller anderen Vögel, innerhalb einer Population nicht gleich groß. Sie können zwischen 150 und 200 g wiegen, also Gewichtsunterschiede von bis zu 25 % aufweisen. Der genetische Hintergrund, das Alter, der Legezeitpunkt, der Ernährungszustand und anderes mögen Rollen spielen. Wir verstehen diese Zusammenhänge noch recht schlecht, sind aber dabei, entsprechende Daten zu sammeln. Auch innerhalb eines Geleges sind die Eier nicht alle gleich groß. Das erste Ei ist immer etwas leichter als das zweitgelegte, welches immer das größte ist; dann nimmt die Größe mit jedem weiteren Ei regelmäßig ab, und das letzte ist immer am leichtesten. Es scheint also, als ob jede Gans ihr ganz persönliches Lotteriespiel betriebe, denn die Überlebenswahrscheinlichkeit von Gösseln nach dem Schlupf steigt linear mit dem Körpergewicht, das wieder eine Funktion des Eigewichtes darstellt: Bei sehr günstigen Umweltbedingungen (Nahrung, Wetter, Räuber, Parasiten) wird es gelingen, alle Kinder großzuziehen, bei weniger günstigen entsprechend weniger. Eine Differenzierung der Größe der Nachkommen würde dann dazu führen, daß von einer Verschlechterung der Umweltbedingungen nicht alle gleichmäßig betroffen sind, sondern die Kleinsten die »Sollbruchstellen« darstellen, welche zuerst sterben. Der Grund, warum eine Gans nicht gleich sechs große Eier legt (für alle Fälle), liegt wahrscheinlich darin, daß diese Option nicht besteht. Sie könnte nur vier oder fünf große legen, was natürlich in einem Jahr mit günstigen Umweltbedingungen nicht optimal wäre, sie würde dann auf ein bis zwei Nachkommen verzichten.

Individuelle Variabilität wird im Lichte der Einsichten aus Soziobiologie und Embryologie (Buss 1987) zu Handlungsspielraum im Fitnesspoker. Die Möglichkeiten der Eltern, ihre Nachkommen zu manipulieren, sind mannigfaltig. Bereits die genetische Konstitution der Nachkommen ist ein Ergebnis der elterlichen Partnerwahl.

Das Geschlecht der Nachkommen kann manipuliert werden, z. B. beim Rothirsch (Clutton-Brock u. a. 1982). Es kann sogar erhebliche Folgen für Verhalten und Aussehen adulter Tiere haben, ob sie als Fötus *in utero* neben einem Bruder oder einer Schwester zu liegen kamen und somit geringfügig unterschiedlich männlichen oder weiblichen Geschlechtshormonen ausgesetzt waren (vom Saal 1979, Whalen 1982).

Schließlich besteht besonders bei hochsozialen Organismen die Möglichkeit, daß Eltern durch die Art der Informationsweitergabe und über das Familienklima die Persönlichkeitsstruktur und das spätere Verhalten der Kinder beeinflussen. Im menschlichen Sprachgebrauch nennt man diesen Komplex Erziehung. Menschen sind aber beileibe nicht die einzigen Wesen mit der Möglichkeit der sozialen Informationsweitergabe. Von Mutterlinien bei Rhesusaffen, Japanmakaken und anderen ist etwa bekannt, daß sich der Nachwuchs am mütterlichen Verhalten orientiert; selbstsichere Mütter ziehen selbstsichere Kinder groß, nervöse Mütter nervösen Nachwuchs (Hinde und Stevenson-Hinde 1986). Unterschiedliches Hantieren von Säuglingen kann zu weitreichenden Unterschieden im Verhalten Erwachsener führen (Carlier u. a. 1983, Hennessy u. a. 1982). Es kann so zur Ausbildung von Familiencharakteristika kommen, welche sich generationenlang halten. Da somit wesentliche Komponenten des Verhaltens wie auch der Vorlieben, z. B. für Nahrung, aber auch für Partner, erlernt sein können, wirkt die Kulturtradition wieder maßgeblich auf die genetische Entwicklung von Populationen zurück. Damit wäre ein Bindeglied zwischen biologischer und kultureller Information identifiziert.

Daß die Beziehungen zwischen Eltern und Kindern immer asymmetrisch sein müssen, ist eigentlich klar. Die Kinder sind die Interessenträger ihrer Eltern (strenggenommen: die Perpetuenten der genetischen und kulturellen Information, welche sie von ihren Eltern mitbekommen), nicht umgekehrt. Kinder brauchen Eltern als Ressourcenlieferanten und verlangen dies gewöhnlich auch länger und intensiver, als die Eltern sie zu unterstützen gewillt sind. Eltern wiederum wollen eben nur so viel in Kinder investieren, wie nötig ist, um ihnen einen relativ sicheren Start ins Leben zu gewährleisten; mehr nicht, denn das würde auf Kosten des weiteren Fortpflanzungspotentials der Eltern gehen und damit gegen deren Interessen verstoßen. Kinder zahlen ihren Eltern selten »dankbar« zurück, es sei denn, Eltern übernehmen Helferrollen, etwa bei der Aufzucht ihrer Enkel. Aber auch dann ist die Rückzahlung an die Eltern nur ein Nebeneffekt. Daß Kinder ihre Eltern ehren und erhalten sollten, ist eine ethisch noble Forderung; der Rat an die Eltern, sich an ihren Kindern zu erfreuen, aber lieber keine Dankbarkeit zu erwarten, ist realistischer, wie der Alltag in Übereinstimmung mit der evolutionären Theorie zeigt. Evolution läuft in Richtung der Zeit, nicht dagegen. Das erklärt – aber es entschuldigt sicherlich nicht –, warum es immer mehr von ihren Kindern vernachlässigte Alte geben wird als umgekehrt; solange die Alten noch durch Beaufsichtigung der Enkel ihre eigene und die Fitness ihrer Kinder steigern können, ist dieses Problem gering. Mit dem Zerfall der Großfamilie entfällt diese Möglichkeit des soziokulturellen Nützlichmachens (oder soziobiologisch: der Förderung der *inklusiven Fitness*) der Alten weitgehend. Heute bleiben der älteren Generation mehrere Alternativen: Entweder sie emanzipieren sich von den traditionellen Altersrollen und führen auch postreproduktiv ihr eigenes Leben, oder sie erkaufen sich weiterhin durch die Bereitstellung von Ressourcen für Kinder und Enkel Aufmerksamkeit (betreiben also prolongierte Brutpflege, und sei es nur über das Druckmittel einer möglichen Erbschaft). Oder aber sie werden in die Alten-Aufbewahrung abgeschoben.

Um so spannender wird die Geschichte, wenn man bedenkt, daß es sich hier schließlich um die Manipulation der über die Generationen weitergegebenen Information handelt, daß durch elterliche Manipulation die im Genom enthaltene Information mit der in der kulturellen Tradition propagierten Information offenbar recht deterministisch verzahnt wird. Das Gebiet der elterlichen Investition ist und bleibt daher ein Brennpunkt der modernen Verhaltensforschung.

Begehrlichkeit und Statusanzeiger

Habenwollen, Raffgier, ist neben der Überbevölkerung eines der Schlüsselprobleme auf der heutigen Erde, weil dies mit dem Verbrauch und der Verteilung knapper Ressourcen zu tun hat. Auch hier ist die Verhaltensforschung gefordert; Begehrlichkeit ist keine typisch menschlich-pathologische Erscheinung. Auch Tiere sind weder altruistisch noch bescheiden, sie töten nicht immer nur, um zu überleben, und wissen auch nicht immer, wann sie genug gefressen haben, also was »gut für sie ist«, um einige verbreitete Klischees wiederzugeben. Scheinbar irrationaler Umgang mit Ressourcen trifft unter bestimmten Bedingungen auch für Tiere zu, und zwar vor allem dann, wenn offenbar Auslösemechanismen stark angesprochen werden, wie etwa bei jenem Marder, der alle (flatternden) Hühner im Stall tötet, obwohl er doch höchstens eines fressen kann, oder wenn soziale Konkurrenz ins Spiel kommt. Erfahrene Aquarianer wissen, daß man schlecht ans Futter gehende neu importierte Fische oft dadurch vor dem Verhungern retten kann, daß man Futterneid erzeugt; man setzt die Neuen mit bereits eingewöhnten guten Fressern zusammen. Jeder Hundehalter weiß, was passiert, wenn ein anderer Hund oder auch nur andere Menschen zu Besuch kommen. Der Hund frißt dann oft gierig aus seiner Schüssel, selbst wenn er weder durstig noch hungrig ist. Ein typischer Fall von Futterneid oder sozialer Konkurrenz, aber harmlos. Kritisch wird's dann, wenn soziale Konkurrenz dazu führt, daß ein Bruchteil der Menschen den Großteil der Ressourcen beansprucht und damit eine gigantische Umweltkatastrophe verursacht, die dann schließlich alle trifft. Und das nicht, weil sie diese Ressourcen zum (bequemen) Überleben benötigen würden, sondern weil sie diese letztlich als Einsätze im Spiel um Status benützen.

Bei Menschen sind die Erscheinungsformen und Mechanismen der sozialen Konkurrenz im Vergleich zum Hundebeispiel subtil, sieht man von den Ereignissen an manchen kalten Buffets ab. Ein Zusammenhang mit den oben erwähnten Umweltproblemen ist nicht offensichtlich. Außerirdische würden wahrscheinlich manche unserer Gewohnheiten recht merkwürdig oder lustig finden: Da gibt es doch tatsächlich Leute, die Unsummen in einen Picasso investieren, aber nur, wenn auch Picasso draufsteht, und ziemlich ungeachtet dessen, ob ihnen das Werk gefällt oder nicht! Im Chefzimmer repräsentiert dann meist eine Kopie, die zeigt, was wohlbehütet im Safe liegt. Außerdem gibt es doch wirklich Menschen, die Weggelegtes oder sogar den Abfall anderer sammeln, sofern diese anderen berühmte Leute waren, ja sogar posthum Wert auf deren Haare, Knochensplitter, Schädel legen! Nichts ist vor der menschlichen Sammelwut sicher, die sich auf so offensichtlich Nutzloses erstreckt wie gebrauchte Briefmarken, Bierdeckel u. ä. Abgesehen von diesen Skurrilitäten würden dem Marsbewohner wahrscheinlich eine Reihe weiterer Merkwürdigkeiten auffallen, etwa wie weitgehend uniformiert der menschliche Lebensstil über weite Landstriche ist. Über Quadratkilometer erstrecken sich dieselben Einfamilienhäuschen auf denselben Normgrundstücken, in denen dieselben Normfamilien mit zwei adretten Kindern und einem großen Mittelklasseauto in der Garage leben, die genormt zweimal jährlich auf Urlaub fahren, auch wenn sie es sich eigentlich nicht leisten können. Was setzt die Leute unter diesen offenbar enormen Normierungsdruck – können oder wollen die Menschen nicht anders? Wahrscheinlich beides.

Alles, was der Marsbewohner beobachten würde, ist vermutlich eine Folge der sozialen Konkurrenz, des Ringens um Prestige, wie Amoz Zahavi es ausdrücken würde. Menschen sind »signiersüchtig«, sollen Sozialwissenschaftler festgestellt haben. Objekte werden dann begehrenswert, wenn sie auch einen Wert für andere darstellen, ziemlich unabhängig davon, ob der Besitz dieses Gegenstandes nun irgendwelchen direkten Nutzen für die begehrliche Person hat oder nicht. Verhaltensbiologen werden freilich darauf hinweisen, daß das Anhäufen begehrter, aber an sich nutzloser Objekte (die weder gegessen werden können, noch wärmen, noch als Behausung dienen usw.) das Ansehen, letztlich den Partnermarktwert des Betreffenden erhöht, was ganz massiv fitnessfördernd sein kann.

Sind Menschen also doch nur Laubenvögel? Ihre Wertschätzung für Gold und Edelsteine scheint der beste Beleg dafür. Krabbelkinder finden prinzipiell jenes Spielzeug am interessantesten, mit dem sich gerade auch der andere beschäftigt; Herrschende führen ihre Kriege um Ressourcen, die auch von anderen beansprucht werden, oder gar nur um Prestige; Fußballvereine konkurrieren lieber um den Europacup als um die Entenhausener Wandertrophäe; es geht also letztlich nicht (nur) ums Fußballspiel, denn diese Neigung könnte man ja auch in Entenhausen befriedigen, sondern um den Besitz eines Pokals, den auch andere mächtige Vereine haben wollen. Der Ansehensgewinn durch so eine Konkurrenz steigt mit dem Ansehen der Konkurrenten und dem geleisteten Einsatz an Mitteln und Mühen. Wir lächeln verwundert über die Potlatch-Feste nordwestamerikanischer Indianer, in deren Verlauf die Clanchefs zu beeindrucken suchten, indem sie wertvollstes Clanvermögen verschenkten oder sogar vernichteten, bis hin zum Abbrennen der eigenen Häuser. Verhalten wir uns nicht ganz ähnlich in unserer materiellen Einsatzbereitschaft für den evolutionären Götzen »Status«?

Letztlich können die beiden im ersten Satz getrennt erwähnten Menschheitsprobleme, Überbevölkerung und Begehrlichkeit, ursächlich miteinander verknüpft werden, wenn es, wie in vielen Gegenden der Erde, immer noch das Ansehen erhöht, viele Kinder zu haben oder zumindest zu zeugen, was sich noch dazu mit dem biologischen Imperativ deckt.

Früher waren jene Konkurrenzsysteme, die wir Kulturen nennen, kleinräumiger. Informationsbarrieren sind inzwischen weggefallen. Nun flimmert täglich überall auf der Erde normiert über die Bildschirme, was wir als begehrenswert erachten sollen, welche Art von Vorliebe das Ansehen besonders erhöht. Dieser uneingeschränkte Informationsfluß muß zu einer Nivellierung der Konkurrenzmuster, also der Kulturen, vor allem über die Vereinheitlichung der Zielobjekte der Begehrlichkeit und über die Normierung statusrelevanter Verhaltensweisen führen, denn gerade auf dem Gebiet der Kultur und deren Veränderung spielt wahrscheinlich die Begehrlichkeit eine maßgebliche Rolle. *Coke*, *Chesterfield* und *Mickey Mouse* eroberten Europa nach dem Krieg als

Symbole einer materiell überlegenen Lebenskultur, waren fesch und gut für den Partnermarktwert, man investierte und konkurrierte, um sich mit diesen begehrten Symbolen auszustatten. Ihr Glanz verblaßte im Laufe der Jahre, ihr Einfluß auf die Lebenskultur in Europa ist aber unumkehrbar. Der Malinchismo, also das Bevorzugen fremden Kulturgutes über das eigene, ist nicht nur in Mexiko und Österreich, sondern weltweit verbreitet; bestimmte Formen des Anders-Seins machen offenbar interessant. Die Begehrlichkeit danach war es offenbar auch, welche in den letzten Jahrtausenden zu einer Durchdringung zuerst der süd-, dann der zentraleuropäischen Völker mit dem Lebensstil der mesopotamischen Ackerbauern führte. Funde sowie sprachwissenschaftliche und genetische Daten (Barbujani 1991) machen wahrscheinlich, daß dieser Kulturwandel nicht in kriegerischen Wellen, sondern friedlich und kontinuierlich mit einer Geschwindigkeit von knapp 100 km pro Generation erfolgte. Moden als ritualisiertes Sich-Unterscheiden von anderen sind Teile der Kultur, schaffen Kleingruppenidentität und begünstigen Kulturwandel. Wie es in den Salons der letzten Jahrhunderte »chic« war, sich französisch zu geben, hatte man im alten Rom einen Hang zum Griechischen, also sogar zu einer Kultur, die der eigenen militärisch unterlegen war. Das oft aufwendige Mitmachen solcher Moden kann als Konkurrenzverhalten gesehen werden, welches den eigenen Marktwert steigert. Alle leisten wir uns täglich unsere kleinen Potlatch-Feste, denn der Partnermarktwert ist wiederum die Voraussetzung für entsprechende Partnerwahl. Kultur hat also recht direkte biologische Wurzeln.

Menschen sind Konkurrenzmodelle, was an sich nichts Schlechtes ist. Die Gefahr für andere Menschen und die Biosphäre liegt darin, daß es diese Konkurrenz um Status an sich hat, im Inhalt rasch sehr abstrakt zu werden und sich von der ökologischen Basis abzuheben, da es letztlich darum geht, das zu besitzen, was auch dem anderen Ansehen bringt, ganz gleich, was. Diese Konkurrenz ist eine Art von eskalierendem Prozeß, dessen skurrile Auswirkungen man überall beobachten kann, wo es Menschen gibt. Es sei an die Repräsentationssucht erinnert, die in der Einrichtung der Wohnung, bei der Kleidung, in der Attraktivität des Partners, in der Schule der Kinder, besonders aber beim Kult ums Auto offenkundig wird. Wahrhaft als Parabel auf die Überlebenschance der Menschen auf der Erde kann die Raffgier der Sammler gelten; bis heute wird mehr oder weniger versteckt das Spiel getrieben, die letzten überlebenden Tiere einer Art für die eigene Sammlung zu »retten«, womit man sie u. U. endgültig ausrottet.

Menschliche Prestigesucht kann aber auch durchaus positive Auswirkungen haben, etwa in der Wissenschaft. Hier hängt das Ansehen in der Kollegenschaft maßgeblich davon ab, daß man in angesehenen Journalen publiziert, was wiederum nur möglich ist, wenn die Qualität der Arbeit stimmt. Die Steigerung des wissenschaftlichen Standards ist also auch durch Streben nach Prestige angetrieben. Allzugroßer Konkurrenzdruck kann aber diesen positiven Effekt wiederum ins Gegenteil verkehren; so kommt es gelegentlich vor, daß Daten gefälscht, gestohlen oder zu gewagt interpretiert werden.

In den Bereich der Statuskonkurrenz fällt auch die Eigentumsproblematik. Solange materielle Attribute Ansehen steigern, werden Menschen danach trachten, weit über die Befriedigung ihrer physiologischen Bedürfnisse hinausgehenden Besitz anzuhäufen. Die in idealistischen Systemen immer wiederkehrende Forderung nach der Abschaffung des Eigentums geht daher so lange am Wesen des Menschen vorbei, wie Eigentum mit Prestige verbunden ist.

Es ist wahrlich eine enorme Herausforderung an alle Sparten der Verhaltensforschung, die Mechanismen, die evolutionären Wurzeln dieser Prozesse um die soziale Konkurrenz zu durchleuchten und Möglichkeiten zur Individualisierung, zu einer De-Eskalation in der Konkurrenz um Ansehen aufzuzeigen.

Leben ist Informationsfluß

Er freut sich über mein Geschenk, sagt der Beschenkte. Aber der Botschaft seiner Worte widerspricht der Ausdruck in seinen Augen. Ein Pfau schlägt ein Rad, die Henne zeigt sich beeindruckt, läßt sich besteigen. Ein Wahlplakat sagt: »Wählt XY!«, zeigt strahlende Menschen auf grasgrüner Wiese, meint also: »Wenn du XY wählst, tust du was für die Umwelt.« Gänse weiden auf einem Stoppelfeld, als sie ein weiterer Gänsetrupp überfliegt; am Boden pickende Artgenossen bedeuten, daß es dort was zu fressen gibt, also nichts wie hin. Dieselben Gänse werden von einem Fuchs umschlichen, den sie sofort entdecken; sie nähern sich vorsichtig, mit hoch nach oben gereckten Hälsen und seltsam quiekend, dem hungrigen Räuber, der seine Jagd daraufhin aufgibt. Eine Meise schreit Alarm, die anderen Vögel in der Gruppe stürzen in Deckung, der Warner dagegen bleibt und verzehrt in Ruhe einen dicken Nachtschmetterling – weit und breit gab es keinen Räuber. Eine Zecke nimmt Buttersäure wahr, läßt sich fallen, saugt sich fest an diesem warmen Objekt, auf das sie auftraf. Eine junge Frau plaudert mit einem Zufallsbekannten, wirft den Kopf zurück, lacht; der junge Mann verschränkt die Arme hinter seinem Kopf, zeigt Achselhöhlen; er spricht plötzlich angeregter, als es sonst seine Art ist, lacht oft auf, wundert sich, warum er ihr gerade die prahlerische Geschichte seines Autofahrersieges gegen diesen Protz in einer großen Limousine erzählt. Weit über ein Jahr hat es im Süden der Arabischen Halbinsel nicht mehr geregnet, eine schlimme Zeit für einen Trupp von Mantelpavianen, in deren Streifgebiet alle ihnen bekannten Wasserlöcher versiegten. Ein altes Männchen, einst Clanherr über viele Weibchen, nun aber in seinem 16. Lebensjahr und längst von einem Jüngeren als Haremspascha abgelöst, mit fadenscheinigem Fell, Altersflecken im Gesicht und wackelnden Zähnen, erinnert sich: In einem langen Tagesmarsch führt er seine Gruppe in eine Höhle, in der er einst als Junger Wasser fand. Die Trockenheit fordert bei den Nachbarclans viele Opfer, die Familiengruppe des Alten überlebt fast vollzählig.

Daß man viele dieser Kurzgeschichten mühelos aneinanderreihen kann, zeigt, wie wichtig deren roter Faden ist: Es geht um Informationsfluß. So kann man, um an die vorangegangenen Überlegungen zum Prestige anzuschließen, nur konkurrieren, wenn man über Konkurrenten und Ressourcen informiert ist. Tiere und Menschen informieren sich selbst und einander ständig. Sie tun das, ob sie wollen oder nicht, und sehr oft belügen sie sich oder andere. Verhalten ist die Grenzfläche zwischen Individuum und Umwelt, Verhalten ist Reaktion auf Information und erzeugt unablässig Information. Alle Organismen nehmen ständig (wenn sie nicht gerade als Dauereier vorliegen, aber sogar dann, denn auch Dauereier müssen »wissen«, wann sie zu schlüpfen haben) Information aus ihrer Umwelt auf und geben ständig solche ab. Sehr oft versuchen Lebewesen, diesen Informationsfluß zu minimieren. So etwa hat ein regungsloser Tiger im Gebüsch kein Interesse daran, den belauerten Hirsch seine Anwesenheit spüren zu lassen; die Kunst überzeugender Lügner besteht darin, sich nicht durch Körpersprache zu verraten. Andererseits gibt es Situationen, in denen es gefordert ist, den Informationsfluß zu optimieren. So wäre es für balzende Männchen verkehrt, die Weibchen über ihre Top-Kondition im unklaren zu lassen; es wäre äußerst gefährlich für Beutetiere, anschleichenden Räubern nicht völlig klarzumachen, daß sie entdeckt sind, und es wäre selbstmörderisch für sich ergebende Soldaten, den überlegenen Gegnern nicht völlig unmißverständlich zu zeigen, daß sie die Waffen niederlegen. Verständlich ist im Zusammenhang mit dieser ungeheuren Vielfalt an Funktionen des Informationsflusses, daß dem eine ebensolche Verhaltensvielfalt im Zusammenhang mit dem Informationstransfer entspricht.

Information, ihre Handhabung, ihr Gebrauch zur Manipulation anderer ist geradezu ein Grundmerkmal lebender Systeme. Information entsteht zwischen Sender und Empfänger, sie existiert ohne die beiden nicht. Das gilt für den potentiellen Informationsträger Stein, der sich dem Fuchs aufgrund seiner Lage anbietet, darauf seine Kotmarkierung abzusetzen – ohne Fuchs wäre der Stein nur Stein, seine Lage macht ihn fuchsrelevant, der Fuchs gibt ihm die Funktion einer Kommunikationszentrale. Genauso wie der Stein ohne Fuchs, ist die Tageszeitung ohne Leser bloß ein Stück toter Materie. Alle Strukturen gewinnen ihre Informationsinhalte erst aus der Interaktion zwischen Sender und Empfänger. Ein klassisches Beispiel ist die Eiche des Jakob von Uexküll (1934): Der knorrige alte Baum bedeutet für den Forstmann sowohl potentielle Arbeit als auch gebundenes Kapital, für das Käuzchen einen geeigneten Nistplatz, für das Kind einen düsteren Riesen mit weit ausladenden Armen, für die Henker der Bauernkriege einen geeigneten Befestigungsort für den Strick, für den Naturliebhaber ein emotionales Erlebnis, für mystische Gemüter ein Sitz von Geistern und Göttern, für den Straßenbauer dagegen bildet dieser uralte Baum mitsamt zugehöriger Bürgerinitiative ein lästiges Hindernis und so immer weiter.

Da der Informationsaustausch eine universelle Grundeigenschaft lebender Systeme darstellt, bedarf die große Bedeutung dieses Themas keines weiteren Kommentars. Man sollte meinen, daß dieser Themenbereich wegen der Allgegenwart der Phänomene auch entsprechend problemlos zu bearbeiten wäre. Dem ist aber nicht so. Um Informationsfluß wirklich nachzuweisen, müssen nicht nur Sender, Signal und Empfänger gefunden werden, es ist vor allem die Wirkung der Information auf den Empfänger zu zeigen, was zumeist sehr schwierig ist. Da zudem alle Übergänge zwischen Verhalten vorkommen – von solchem, bei dem die Informationsweitergabe unerwünschtes Beiwerk ist, bis zu ausschließlich im Dienste der Informationsübertragung entwickelten Verhaltensweisen –, ist es gar nicht einfach, naturwissenschaftlich faßbare Bereiche zu definieren.

Relativ klar ist die Sache noch bei ritualisierten Verhaltensweisen, wo Sender und Empfänger nachweisbar sind. Daher war und ist dieses Gebiet der selektionierten Kommunikationsmittel immer schon eine der Kernzonen der Verhaltensforschung. Das begann bei Huxley (1914) und dessen berühmter Arbeit zur Balz des Haubentauchers und setzt sich bis in die modernen Lehrbücher von Verhalten fort. Bei Krebs und Davies (1993) wird sogar ausgeklammert, was nicht den Spezialbereich der Informationsübertragung durch ritualisiertes Verhalten betrifft, also der weitaus größere Bereich der Kommunikation. Das ist verständlich, ist doch die Bedeutung der Nebenbei-Information wesentlich schwieriger zu erfassen, sind Sender, vor allem aber die Wirkungen auf den Empfänger hier wesentlich schwieriger nachzuweisen.

In den folgenden Abschnitten sollen einige Aspekte der Kommunikation diskutiert werden. Wir beginnen mit der *Ritualisierung*, also mit Verhaltensweisen, die zum Zweck der Informationsübertragung evoluierten. Als nächstes werden *Körpersprache* und *Mimik* besprochen, bei denen es nicht immer einfach ist zu beurteilen, in welchem Zusammenhang sie im Dienste der Kommunikation stehen. Es folgt das sogenannte *»Gedankenlesen«*, also ein Bereich, in dem der Empfänger sich bemüht, die Absicht des Senders zu erkennen, obwohl sich letzterer alle Mühe gibt, diese zu verschleiern. Und schließlich streifen wir kurz den Bereich der Fehlinformation, der *»Lüge«*.

Ritualisierung

Diese macht die Botschaft eindeutiger, die Kommunikationskanäle durchlässiger, geht meist mit redundanter, also wiederholter Darbietung einher und soll die »sales resistance«, den Widerstand, auf die Botschaft zu reagieren, beim Empfänger überwinden, ganz ähnlich wie Werbung Menschen dazu bringen soll, bestimmte Konsumgüter zu kaufen. Daher sieht ritualisiertes Verhalten oft auffällig und übertrieben aus. Balzende Vögel hängen kopfüber, entblößen zitternd bunte Federpartien, bringen den Weibchen (meist symbolische) Geschenke, die Vielfalt ist enorm. Kaum eine Tierart, bei der Ritualisierung nicht vorkommt. Zudem sind ritualisierte Signale meist ehrlich, weil Fälschung entweder nicht möglich ist oder zu gefährlich wäre. Natürlich »möchte« jedes Pfauen- oder Schwalbenmännchen, möchten letztlich alle Männchen von Arten mit entsprechender Ornamentik den Weibchen gefallen, um möglichst viele Nachkommen zeugen zu können. Solche Prunkmerkmale können nicht »gefälscht« werden. Ein schlecht ernährter, parasitenbeladener Kerl kann einfach nicht prächtig aussehen. So sind die Gecken ein evolutionäres Resultat weiblicher Zuchtwahl; die Weibchen zwingen die Männchen damit, durch Ausbildung dieser Merkmale Flagge bezüglich ihrer Qualität zu zeigen. Nur ein starker Hirsch kann über einen längeren Zeitraum eine entsprechende Röhrfrequenz halten, nur ein großes Krötenmännchen kann tief quaken, und große Tiere sind gewöhnlich kampfstärker als kleine. Daß haremshaltende Männchen, zum Beispiel See-Elefanten, Hirsche, Rinder, Gorillas, auch Menschen, oft viel größer als ihre Weibchen sind, hat mit dieser Konkurrenz zwischen den Männchen zu tun. In diesen Systemen ist es wichtig, groß und stark zu sein. Kämpfe zwischen Rivalen laufen zunächst immer durch ritualisiertes Vergleichen der Körpergrößen ab, ganz egal, ob bei Buntbarschen, Hirschen oder Sumo-Ringern; die Rivalen gehen oder schwimmen parallel zueinander, machen sich durch gespreizten Gang, durch Aufstellen von Konturhaaren oder Abspreizen von Flossen möglichst groß, womit nach einigen Umkreisungen der Kampf meist zu Ende ist, bevor er eigentlich begann. In Beschädigungskämpfe artet solches Verhalten nur dann gelegentlich aus, wenn es sich um zwei gleich starke Individuen handelt und wenn es wirklich um einen ganz hohen Gewinn geht, etwa um die Führungsrolle in einem Rudel, über einen Harem. Tricksen wäre hier gefährlich, denn ein Rivale, der stärker erscheinen könnte, als er tatsächlich ist, wäre hochgefährdet, verletzt oder getötet zu werden, wenn es wirklich zum Kampf käme. Darin liegt auch schon die Antwort auf die Frage: *Wem nützt ritualisiertes Kämpfen?* Vor nicht allzulanger Zeit wäre der »Überlebenswert für die Art« noch die allgemein akzeptierte Erklärung gewesen. Heute wissen wir, daß Gruppenselektion wenig Rolle spielt, es daher kein Naturgesetz ist, den Gegner nicht zu töten. Es liegt der Vorteil für das ritualisiert kämpfende Individuum auf der Hand: Dadurch wird das eigene Verletzungsrisiko erheblich herabgesetzt, und damit werden zukünftige Reproduktionschancen gewahrt. Es wäre zudem für die meisten Arten gar nicht so schlimm, einen erheblichen Teil der Männchen durch Beschädigungskämpfe einzubüßen, die Reproduktionsleistung der Art wäre davon kaum berührt.

Ritualisierte Verhaltensweisen werden aus bereits vorhandenen selektioniert, die meist in einem ganz anderen Funktionszusammenhang entstanden, was so nebenbei ein schöner Beleg für die Realität von Erbkoordinationen ist. Wie die Vergleichende Verhaltensforschung zeigt, entstehen etwa das Bodenpicken balzender oder kämpfender Hühnervögel aus Nahrungspicken, manche Drohbewegungen der Möwen aus dem an sich noch recht rätselhaften »Konfliktverhalten« wie Federschütteln oder Putzen, entsteht das Grinsen der Menschenaffen und Menschen aus defensivem Zähnezeigen.

Körpersprache und Mimik

Kampf und Balz sind recht eindeutige Bereiche der Kommunikation, Sender und Empfänger, Kosten und Nutzen sind relativ klar feststellbar. Wie steht's aber mit Körpersprache und Mimik? Diese Bereiche wurden lange Zeit nahezu ausgeblendet, entsprechende Verhaltensweisen wurden eher implizit als Durchsickern von Information über den Stand an Motivation und Absichten von Individuen betrachtet, was natürlich als evolutionäre Argumentation unhaltbar ist: Wenn es ungünstig ist, seine Stimmungen und Absichten zu verraten, dann sollten diese Äußerungen wegselektioniert werden. Die Parallele zu menschlichen Gesellschaften drängt sich auf: Während es im Westen durchaus akzeptiert ist, Emotionen zu zeigen, scheint dies in vielen fernöstlichen Gesellschaften nicht der Fall zu sein, mit einem Dauerlächeln als Folge, das wir zwar als höflich, gleichzeitig aber auch als bedrohlich wahrnehmen, weil es uns damit schwerfällt, das jeweilige Gegenüber einzuschätzen.

Wie ein einfacher Artvergleich zeigt, dienen Gestik und Mimik wahrscheinlich der innerartlichen Kommunikation. Die Bedeutung der Mimik im aggressiv-defensiven Bereich bei hochsozialen Tieren, etwa Affen oder Hunden, ist einfach verständlich; ein zähnefletschender Hund wirkt auf alle Menschen bedrohlich. Die Interpretation der Mimik der weniger sozialen Katzen (Leyhausen 1965) ist schon viel schwieriger; die kaum vorhandene Mimik der einzelnlebenden Bären zu deuten ist dagegen Fachleuten bzw. anderen Bären vorbehalten.

Es scheint also, als ob Mimik und Körpersprache notwendige Mittel des ständigen Informationsflusses zwischen den Individuen in einer Gruppe wären, um die gegenseitige Einschätzung und die individuelle Einordnung zu ermöglichen. Durch dieses nichtverbale Ausdrucksverhalten beeinflussen soziale Tiere einander, stimmen ihre Handlungen aufeinander ab. Autistische Menschen sind gerade durch ihren Mangel an Körpersprache und Mimik nicht sozialfähig. Geschätzte 70% der Information werden sogar beim Dauerredner Mensch nichtverbal ausgetauscht. Es ist daher klar, daß diese Kommunikation auf gemeinsamen (evolutionären) Konventionen beruhen muß, denn diese sind die eigentlichen Bindungsmechanismen in sozialen Gruppen. Es sollte daher keine evolutionären Voreinstellungen für körpersprachliches »Lügen« geben. Tatsächlich schaffen es nur trainierte Personen, die auch ihre Körpersprache darauf abstimmen können, verbal überzeugend zu lügen.

Humanethologen (z.B. Grammer 1993) berücksichtigen vor allem den nichtverbalen Ausdruck und leisten damit einen wichtigen Beitrag, von der ausschließlich verbalen Kopflastigkeit bei der Beurteilung menschlichen Verhaltens wegzukommen und die tatsächlichen Mechanismen unseres Zusammenlebens zu erforschen. Mimik und Körpersprache sind die Basis für alle Gemeinschaftsaktivitäten in unserer menschlichen Kultur. Selbst in Wirtschaft und Politik tragen ein Lächeln, eine gewinnende Körperhaltung oft maßgeblich dazu bei, wer mit wem »kann«, auch bei Verhandlungen auf höchster Ebene. Darum sind Banketts zwischen Staatsoberhäuptern (neben ihrer Funktion des gegenseitigen Beeindruckens) keine Form staatlicher Geldverschwendung, sondern ganz konkrete, friedenserhaltende Maßnahmen. Auf dem Gebiet der Körpersprache liegt ein wichtiger Schlüssel zum menschlichen Selbstverständnis. Die Zukunft hält hier noch viel Arbeit für uns bereit.

»Gedankenlesen«

Wenn aber nun beispielsweise Räuber ihrer Beute gegenüber oder Mitglieder von sozialen Gruppen ihren sozialen Rivalen gegenüber tatsächlich ihre Absichten so gut wie möglich zu verschleiern suchen, dann wird's natürlich nicht nur für die Beute oder die Sozialpartner schwierig, sondern auch für den menschlichen Beobachter. Dieser Bereich wurde vom gar nicht metaphysischen John Krebs einst mit »Gedankenlesen« betitelt, was sich darauf bezieht, daß empfindsame Tiere und Menschen die Absichten anderer Tiere und Menschen vorhersagen können, ohne daß rationalisierbar wäre, auf welchen Kanälen diese Information übertragen wird. Mit Übernatürlichem oder irgendwelchen noch unentdeckten »Gehirnschwingungen« hat das nichts zu tun, eher damit, daß Teile unserer Wahrnehmung aus dem Unbewußten heraus besser funktionieren als über den Umweg des Bewußtseins. Ein anderer englischer Verhaltensforscher, der längere Zeit über Räuber-Beute-Beziehungen vor allem zwischen Elritzen und Hechten arbeitete, lieferte eine für das »Gedankenlesen« bezeichnende Anekdote: Elritzen reagieren auf die Anwesenheit eines Hechtes mit dem Zusammenschluß zu einem Schwarm, aus dem aber gelegentlich Tiere in Richtung Hecht schwimmen, ihn aus gefährlicher Nähe inspizieren, um anschließend wieder zur Gruppe zurückzukehren. Man kann nur Vermutungen anstellen, wozu diese Art von »Räuberinspektion« dient. Minuten vor einem Angriff wird dieses Verhalten jedenfalls eingestellt, obwohl für den Beobachter keinerlei Zustandsänderung beim ohnehin sehr bewegungslosen Hecht zu erkennen war. Schön und gut, vielleicht also doch irgendwelche »Schwingungen«? Nein, denn Studenten waren fähig, bei Betrachten der Videoaufnahmen von solchen Hechten ebenfalls signifikant richtig vorherzusagen, wann die Hechte angreifen würden, wiederum ohne sagen zu können, auf welcher Verhaltensänderung ihre Vorhersage beruht. Diese Geschichte zeigt, daß zumindest in diesem Fall eine unbewußte visuelle Wahrnehmung im Spiel sein muß. Es liegt die Vermutung nahe, daß diese Art von »Gedankenlesen« eine wichtige Rolle im inner- und zwischenartlichen Informationsaustausch spielt, und zwar überall dort, wo die eine Seite daran interessiert ist, dichtzumachen, die andere Seite dagegen auf diese Information angewiesen ist. Das trifft vor allem auf Räuber-Beute-Beziehungen zu, potentiell aber auch auf alle Konflikte, an denen das Sozialleben der Tiere ja ziemlich reich ist; gegenseitiges Belauern ist Teil jeder sozialen Auseinandersetzung. Es wird daher eine schwierige, aber notwendige Zukunftsaufgabe für originelle Forscherpersönlichkeiten sein, das »Gedankenlesen« naturwissenschaftlich zu erschließen.

»Lügen«

Eine weitere Steigerungsstufe des Nicht-Informierens ist die Falsch-Information: Tiere und Menschen schwindeln zu ihrem eigenen Vorteil. Wenn Menschen dies können, warum nicht auch soziale Tiere mit hinreichenden geistigen Fähigkeiten? Lügen-Können wird als Merkmal für hochentwickelte geistige Fähigkeiten von Tieren angesehen (Griffin 1992).

Spatzen können selektiv verheimlichen: Sie rekrutieren, rufen also ihre Artgenossen heran, wenn sie Brotbrösel finden, die sie vor Ort, unter möglichem Raubfeinddruck, ausbeuten müssen; dieselbe Menge an Brot in Form eines Klümpchens wird dagegen still in ein Versteck getragen und dort allein verzehrt. Daß Hunde lügen, ist zwar nicht naturwissenschaftlich nachgewiesen, aber jedem Hundehalter bekannt. Es wird aber im Tierreich auch nachweislich gelogen: Relativ häufig ist die mißbräuchliche Verwendung des Alarmrufes bei Vögeln, die damit erreichen, daß sie nach der Flucht der anderen in Ruhe die vorhandene Nahrung für sich nutzen können. Der einzige, der »weiß«, daß keine Gefahr droht, ist der Alarmrufer selber, die anderen müssen flüchten, es könnte ja ernst sein. Bei einer südamerikanischen Freßgemeinschaft verschiedener Arten von Kleinvögeln, von denen die meisten relativ weit unten im Gebüsch oder am Boden nach Nahrung suchen, fungiert ein zuoberst fliegender Insektenfresser als Warner, vertritt aber als solcher massiv eigene Interessen. Nur etwa jedes zehnte Mal entspricht dem Alarmruf eine reale Gefahr, die restlichen

Alarmrufe stößt er dann aus, wenn von den unter ihm Jagenden ein besonders fettes Insekt aufgestöbert wurde. Die anderen gehen in Deckung, der Lügner frißt das Insekt (Munn 1986). Diesem Betrug von seiten des Warners kann von den Betrogenen nichts entgegengesetzt werden: Man flüchtet auf alle Fälle bei Alarm, da man Ernst und Lüge nicht unterscheiden kann. Hereinfallen auf den Betrug bedeutet höchstens eine versäumte Mahlzeit, dagegen könnte es lebensgefährlich werden, die Warnung zu ignorieren.

Wenn durch dieses Kapitel der Eindruck erweckt wurde, daß alle Interaktion zwischen Individuen und sowohl belebter wie auch unbelebter Natur vom Informationsfluß geprägt ist, so stimmt dies. Die Fähigkeit, effizient im Informationsfluß zu bestehen, diesen zu manipulieren, ist Grunderfordernis für evolutionären Erfolg, und wenn uns die Evolution mit etwas ausgestattet hat, dann mit der Fähigkeit zum Informationstransfer.

Leben basiert auf zwei Arten von Information. Da sind einmal die in der DNS genetisch verankerten Bauanleitungen; der genetische Code ist das Ergebnis eines langen Prozesses aus Mutation und Selektion, welcher Individuen als Spiegelbild von vergangenen Umwelten und der bereits vorhandenen evolutionären Geschichte in Wechselwirkung mit der gegenwärtigen Umwelt entstehen läßt. Zum zweiten sind wir Träger der individuell erworbenen und kulturell tradierten Information. Daß diese Natur-Kultur-Dichotomie aufgrund der identischen Mechanismen des Transfers genetischer und kultureller Information eigentlich obsolet ist, soll weiter unten diskutiert werden.

Soziobiologie beim Menschen: Ist der Mensch ein Tier?

Ist unsere Evolution zu einem spezialisierten Informationsweitergabewesen soziobiologisch erklärbar?

Durch Darwin wurde die Menschheit ihrer Sonderstellung beraubt und in die zoologische Stammesgeschichte integriert, auch was ihr Verhalten betrifft. Trotzdem blieb das Feld des menschlichen Verhaltens ein Jahrhundert lang den Psychologen vorbehalten, was auch daran gelegen haben mag, daß von seiten der Biologie erst die moderne Öko-Ethologie und Soziobiologie ein konsistentes evolutionäres Theoriengebäude erstellten. Um die Methoden und Theorien der Vergleichenden Verhaltenswissenschaften fruchtbringend auf Menschen anwenden zu können, war zudem Voraussetzung, Verhalten möglichst korrekt, also unvoreingenommen zu interpretieren, was erst mit der Ethologie erreicht wurde.

Daß es große ethische und politische Probleme bereitet, Menschen eine evolutionäre Vergangenheit und damit angeborene Komponenten des Verhaltens, Neigungen (»Triebe«), zuzubilligen, ist immer wieder spürbar. Daß eine Diagnose, etwa der Grundlage für Geschlechterrollen, nicht gleichzeitig deren Zementierung bedeutet, sollte aber ebenfalls klar sein.

Ein anderer Einwand, mit dem öko-ethologische und soziobiologische Erklärungen für menschliches Verhalten gewöhnlich vom Tisch gewischt wurden, war, daß der Mensch vom Natur- zum Kulturwesen geworden sei, daß der komplexe kulturelle Überbau alles, was möglicherweise an stammesgeschichtlichem Erbe noch in uns stecke, ohnehin überdecke. Natürlich erleichtert dieser kulturelle Überbau die Analyse nicht gerade, aber letztlich ist das Gegensatzpaar Natur–Kultur genauso nutzlos wie alle anderen Dichotomien. Man kann sich des Eindrucks nicht erwehren, daß Sachargumente gegen die soziobiologische Interpretation menschlichen Verhaltens ein Unbehagen vieler Menschen bezüglich ihrer Tier-Natur ausdrücken. Warum gerade in Europa die Erkenntnisse der Soziobiologie so wenig durchgedrungen sind, obwohl diese »neue« Richtung schon wieder einige Jahrzehnte existiert, mag viele Gründe haben. Die Zeit hat sogar schon für eine Spaltung der methodischen Ansätze gereicht (Crawford 1993).

Natürlich gibt es Erscheinungen in modernen Gesellschaften, die nicht auf Anhieb in unsere evolutionären Schemata zu passen scheinen: Wenn Organismen wirklich ihre Fitness über die Zahl der reproduktiven Nachkommen steigern, ist dann die demographische Wende, der Trend zur Zwei-, ja sogar zur Kein-Kind-»Familie«, soziobiologisch zu erklären (Exkurs 11, unten)? Wenn ja, wie? Wenn nein, dann steckt die Theorie in ernsten Problemen. Oder wie können wir gar Homosexualität erklären, die ja von Haus aus nicht reproduktiv sein kann? Gibt es also einen Weg zur Synthese zwischen den scheinbaren Gegensätzen biologisches Erbe–kultureller Überbau? Ich behaupte: ja! Zur Erläuterung muß ich allerdings etwas ausholen. Erst anschließend werden wir darangehen, menschliche Sozial- und Reproduktionssysteme in einen biologischen Zusammenhang zu stellen.

Exkurs 11: Bevölkerungsexplosion und -stagnation

Gemessen am ökologischen Kriterium einer nachhaltigen Kreislaufwirtschaft gibt es bereits zu viele Menschen auf der Welt. Daß Menschen dadurch die Lebensgrundlagen ihrer Kinder vernichten, ist aber nicht nur den stark reproduzierenden Massen in den Entwicklungsländern zuzuschieben, sondern vor allem auch den in ihrer Reproduktion zurückhaltenden, privilegierten Bewohnern der Industriestaaten; die verdanken ihren Reichtum auf Pump vor allem den fossilen Energien, was unter anderem die bekannten Probleme globale Erwärmung und Ozonloch verursacht. Andererseits führt die Übervölkerung vieler Länder des Südens zu großflächigen Natur- und Lebensraumzerstörungen und entzieht damit zukünftigen Generationen die Lebensgrundlage. Reproduktion der einen und Konsum der anderen richten offenbar die Welt zugrunde.
Wie kommt es zu diesem reproduktiven Ungleichgewicht? Es liegt neben vielen anderen Gründen vor allem am »Biologischen Imperativ«: Menschen, wie alle anderen Lebewesen auf der Welt, sind evolutionär darauf ausgelegt, ihren Fortpflanzungserfolg zu optimieren. Sorgten über den längsten Zeitraum menschlicher Evolution funktionierende Gruppenstrukturen und limitierende Ressourcen dafür, daß die Kopfzahlen nicht explodierten, so sind diese einfachen, alten Mechanismen in unserer weltweiten Vermischung autochthoner Kulturelemente

mit den Segnungen unserer Industriegesellschaft offenbar nicht mehr wirksam. Trotz Armut reichen die verfügbaren Ressourcen aus, mehr Kinder aufzuziehen als früher. Dieser grundlegende evolutionäre Imperativ des Viele-Kinder-Kriegens ist mit anderen evolutiven Strategien quervernetzt. So ist es in vielen Kulturkreisen für die Männer immer noch sehr prestigeträchtig, viele, vor allem männliche, Kinder zu zeugen. Diese evolutionären Erbstrategien ergeben mit den typischen Bedingungen in vielen Dritte-Welt-Ländern, welche einen Mangel an Ressourcen, Bildung und Aufklärung sowie die Rechtlosigkeit von Frauen einschließen, äußerst ungünstige Voraussetzungen für eine erfolgreiche Empfängnisverhütung. Der negative Einfluß des Papstes muß hier ebenfalls genannt werden. Die ungebrochen anhaltende Bevölkerungsexplosion in den Ländern des Südens ist durchaus im Einklang mit dem evolutionären Hintergrund für menschliches Verhalten.

Viel schwieriger zu erklären ist dagegen das starke Absinken der Geburten in den industrialisierten Ländern, Pillenknick, demographische Wende. Man sollte eigentlich annehmen, daß die alten evolutionären Strategien in Verbindung mit der Verfügbarkeit von Ressourcen zu sehr hohen Reproduktionsraten führen würden; das Gegenteil ist der Fall, die Null- bis Zweikindfamilie dominiert. Sind wir plötzlich von der Einsicht der Notwendigkeit der Geburtenbeschränkung durchdrungen? Haben wir keine Zeit mehr für Kinder? Sind wir zu egoistisch geworden? Alle diese Argumente mögen zutreffen, nur eins stimmt sicherlich nicht: Wir können nicht innerhalb einer einzigen Generation zu »neuen Menschen« geworden sein, die sich von ihrem evolutionären Erbe lösten und zu reinen Kulturwesen mauserten.

Wenn im Verlaufe der Evolution vor allem Strategien selektioniert wurden, welche die individuelle Weitergabe von Information (zunächst über Genom, dann, zunehmend, über Kulturtraditionen) optimieren, dann könnte die demographische Wende über das sich verschiebende Verhältnis genetischer gegenüber der kulturellen Information erklärbar sein. Wenn der Prestigegewinn für Individuen an der Menge der durch sie handhabbaren Information hängt, dann würde verständlich, warum die demographische Wende ausgerechnet zu einem Zeitpunkt bzw. einem Entwicklungsstadium der Kultur eintritt, da die Menge der individuell handhabbaren kulturellen Information mit der genomischen gleichzuziehen beginnt. Diese Hypothese wird im Abschnitt »Natur und Kultur: Bindeglied Informationsfluß« (siehe unten) diskutiert. Selbstverständlich werden monokausale Ansätze der demographischen Wende nicht gerecht – ein vielschichtiges Phänomen verlangt vielschichtige Erklärungen.

Natur und Kultur: Bindeglied Informationsfluß

Daß in der obersten Maxime des Darwinismus, dem »survival of the fittest«, also dem »Überleben des Tüchtigsten« (Darwin 1959), ein Zirkelschluß liegt, ist offensichtlich. Wer sonst als der »Tüchtigste« sollte überleben? Damit ist also nicht der Kampf mit Zähnen und Klauen gemeint, sondern subtile Formen der Umweltanpassung und der Konkurrenz. Ökonomischere Individuen können mehr Nachkommen produzieren; deren Gene setzen sich letztlich durch. Das evolutionäre Fitnessmaß ist daher die Zahl der reproduktiven Nachkommen im Vergleich zu den Populationsgenossen, deshalb sollte man eher vom »differential survival of the fittest traits«, also dem »unterschiedlichen Überleben der tüchtigsten Erbanlagen über die Generationen«, sprechen. Warum aber sollte es für einen hier und heute lebenden Organismus erstrebenswert sein, möglichst viele erfolgreiche Nachkommen zu hinterlassen, wenn er zum Zeitpunkt, da er die Früchte seiner Bemühungen bewundern könnte, also den Clan seiner Ur- und Ururenkel, schon tot ist? Mit anderen Worten: Was hat er von seinen Reproduktionsanstrengungen? Tot ist schließlich tot. Dieser Endpunkt der öko-ethologischen Begründung des Lebens»sinnes«, diese letztlich schwer hinterfragbare Mauer läßt sich durch die Frage beschreiben, warum es eigentlich einziges Ziel im Leben jedes Organismus sein sollte, mehr Nachkommen als andere zu hinterlassen, die wiederum mehr Nachkommen als andere hinterlassen, die wiederum...? Daß alles unbedingt einen Sinn haben muß, scheint übrigens eine typisch menschliche »Geisteskrankheit« zu sein. Es ist anscheinend ungeheuer schwierig zu akzeptieren, daß die Evolution als Ganzes weder eine Richtung hat, noch gut oder böse ist – sie *ist* einfach. Daher sind auch die evolutionären Verhaltensantriebe der Menschen, die zum Seitensprung und sogar zur Kindestötung führen können, zunächst weder gut noch böse – es gibt sie einfach. Erst die Menschen in sozialen Gruppen werten, schaffen sich eine Ethik, die aber wiederum nicht unabhängig von den evolutionären Entwicklungen gesehen werden darf. Natur- und Kulturevolution verlaufen nach ähnlichen Gesetzmäßigkeiten, und Menschen als Kulturträger sind schließlich evolutionär entstanden. Kulturelle Praktiken können eine recht unmittelbare biologische Wurzel aufweisen, wie in der Diskussion über Raffgier und Prestige (S. 209) bereits anklang.

Der Vergleich mit der Frage »Was war vor dem Urknall?« drängt sich auf. Auch die Analogie zur Langzeitstrategie der Kirche ist beinahe zwingend, die da jahrhundertelang ihren Erdenbürgern durch Vertrösten auf das Jenseits das miese Leben erträglicher machte und damit nebenbei auch bestehende Machtverhältnisse stabilisierte. Sich auf Erden zu schinden, um einen guten Platz im Himmel zu ergattern, ist aber für gläubige Menschen noch einsichtiger, als sich auf Erden zu schinden, um möglichst viele Nachkommen zu erzeugen, die sich wieder in ihrem Leben schinden, um wieder viele ...

Fragen wir doch einmal nach dem perpetuierten Ergebnis dieser Fortpflanzerei. Die Körper von Individuen sind sicherlich vergänglich, zerfallen wieder in ihre Ausgangsverbindungen, die schließlich im Zuge des Stoffkreislaufs auf dem Umweg über Pflanzen wieder in einem Organismus enden mögen. Zerfall und Wiederaufbau führen dieselben Moleküle dem Aufbau neuer Strukturen zu. Welch hübsches Thema für einen Schulaufsatz oder einen philosophischen Diskussionszirkel! Uns bringt es aber nicht weiter, zielt unsere Frage schließlich auf die Natur eines individualisierenden Prinzips, das über die Generationen perpetuiert wird. Die Vergänglichkeit trifft selbst jene Moleküle, welche den Informationsspeicher der Organismen, die DNS, aufbauen. Deren physische Integrität zerfällt nach dem Tod des Individuums und wird im lebenden Organismus bei jeder Zellteilung um die Hälfte ausgedünnt. Das einzige, was tatsächlich relativ konservativ, wenn auch nicht gänzlich unverändert über die Generationen weitergegeben wird, ist die Sequenz der DNA, die lineare Abfolge der DNA-Basenpaare, die kodiert die Baupläne für alle Proteine, die unseren Körper aufbauen und funktionieren lassen, enthalten. Tatsächlich wird also nicht Materie über Generationen weitergegeben, sondern *Information*. Nochmals also zur Frage: Warum sollten Organismen daran Interesse haben, als Informationsüberträger zu fungieren? Was hat ein heute lebender Organismus davon, der das in der Zukunft liegende Ergebnis seiner Bemühungen (meist) gar nicht mehr erlebt? Das Argument, daß es schließlich keine Organismen in dieser komplexen Form gäbe, würde dieser Mechanismus nicht existieren, ist übrigens nicht stichhaltig, weil Evolution eben nicht vorausschauend funktioniert und Individuen schon gar nicht daran interessiert sein können, ein komplexes geistiges Konzept wie die »evolutionäre Entwicklung« voranzutreiben.

Die Frage nach dem Sinn der reproduktiven Konkurrenz ist zunächst einfach beantwortet: Aus der Sicht des menschlichen Individuums gibt es *keinen*, will man nicht in transzendentale Erklärungen flüchten. Die Frage nach der treibenden Kraft dieses *sinnlosen* Reproduzierens im Lichte neuer Erkenntnisse der molekularen Genetik mag es wohl gewesen sein, welche Leute wie Dawkins (1977) dazu brachte, die zunächst irrwitzig scheinende Hypothese zu entwickeln, daß Gene (oder genauer: der Informationsgehalt derselben) die Organismen zur eigenen Reproduktion *benutzen*; daß all unser Tun und Wollen so manipuliert wird, daß möglichst viele Kopien dieser Informationseinheiten perpetuiert werden. Direkte Belege dafür lieferten Molekularbiologen, die zeigten, daß der Konkurrenzkampf zwischen den Genen sogar noch im Individuum weitergehen kann (Hurst 1992). Letztlich schaltet dieser despotische Informationsgehalt sein temporäres Gastgebervehikel, das Individuum, zu einem für diesen Prozeß optimalen Zeitunkt, der sich aus den Eigenschaften des Organismus in Wechselwirkung mit seiner Umwelt ergibt, wieder ab; er leitet einen Vorgang ein, den wir Sterben nennen. Die Fernsteuerung, welche uns der Informationsgehalt, der uns entstehen ließ, weiterhin angedeihen läßt, scheint also vollkommen. So gesehen ist Orwells »Großer Bruder« Realität, seit es Menschen, ja sexuell reproduzierende Organismen überhaupt gibt.

Waren Menschen bislang gewohnt, die Gene als (ihnen »unterstellte«) Teile ihrer selbst zu betrachten, so verursachte die Dawkinssche Umkehr der Welt – die Denkmöglichkeit, daß wir weit davon entfernt sind, die freien Träger unserer Gene zu sein, sondern vielmehr von diesen versklavt wurden – einen Schock und vielfache Proteste, auch von seiten namhafter Biologen. Es ist aber völlig unerheblich, ob diese wild anmutende Dawkinssche Theorie gefällt oder nicht, sie ist im Moment schlicht die plausibelste.

Das eigentliche Thema des evolutionären Reproduktionsspieles lautet also Informationstransfer. Unsere Menschwerdung hat sich vor allem im Zusammenhang mit der Konkurrenz zwischen Mitmenschen abgespielt, effizienter als diese die eigenen Gene in die nächste Generation zu bringen. Daß die Information ausgerechnet in Basensequenzen verschlüsselt in der Abfolge der DNS-Triplet-Codes vorliegt, ist dabei unbedeutend, ist prinzipiell nicht anders zu bewerten als andere Arten von Informationsspeichern, etwa magnetische Speichermedien oder Laserdisks. Die in der Ursuppe vor einer Milliarde Jahren schwimmenden Ribonukleinsäuren formten ein informationsvermehrendes System, nicht aber Kunststoffe oder Magnetitkristalle, denn die standen wohl kaum zur Verfügung. Worüber man eigentlich froh sein sollte – man stelle sich vor, wie anders die Produkte jenes Konkurrenzkampfes von Informationsinhalten, den wir gemeinhin Evolution nennen, aussehen würden: eine Welt bevölkert von Kunststoffwesen, versklavt von ihrer inneren Harddisk! Da lasse ich mich schon lieber von meinem DNS-Informationsgehalt als Sklave halten, solange meine Willfährigkeit über ein eigens dazu entwickeltes System im Gehirn mit Lustgewinn belohnt wird.

Richtig, das klingt schrill und schräg. Information ohne Vehikel ist aber nicht existent. Der perpetuierende Moloch Information erlangte seine kreative Dominanz in der Evolution nur durch die DNS. »Information« ist daher kein neues metaphysisches Prinzip, sondern schlicht ein Attribut des übertragenden Mediums.

Es sind die Emotionen als eingebaute Verhaltensantriebe, die uns durch die Gassen der evolutionären Strategien treiben, Schlafwandlern gleich, denn das Wissen über diese Strategien ist nicht einmal im Unbewußten zu finden. Erfüllen wir unsere Informationstransfer-Pflicht, dann werden wir mit Lust belohnt. Emotionen sind Zuckerbrot und Peitsche evolutionärer Strategien. Natürlich diktiert diese Art der Informationsspeicherung und -vervielfältigung den Organismen jene Randbedingungen, welche unser Leben bestimmen. Alles, was Verhaltenswissenschaftler untersuchen, wie Partnerwahl, Konkurrenz, besonders aber Kommunikation, ist letztlich auf die Optimierung der Informationsweitergabe, zunächst in Form von Anzahl der Nachkommen, getrimmt.

Damit gibt es keine Trennlinien mehr zwischen unserem biologischen Erbe und dem »kulturellen Überbau«. Die Entwicklung und die Weitergabe von *Memen*, also kulturellen Informationseinheiten, funktioniert *analog*, also funktionsgleich zur genetischen Evolution (Dawkins 1977, Lorenz 1967). Konsequent gedacht, ist die Weitergabe kultureller bzw. genetischer Information ein funktionell identischer, wenn auch nicht herkunftsgleicher (homologer) Prozeß. Die Spielregeln sind dieselben, der Effekt auf die Fitness ebenfalls, so diese nicht als Zahl der wieder reproduktiven Nachkommen, sondern als deren Informationsinhalt definiert wird.

Waren es im evolutionären Geschehen zunächst Gene, also diskrete Pakete von Erbinformation, die unsere Vorfahren gegen die Konkurrenz mit anderen weitergeben mußten, so sind es bei den Eliten der High-Tech-Informationsgesellschaft (weltweit gesehen eine kleine, aber regierende Minderheit) eher Meme, also Pakete kulturellen Inhalts, die gegen Konkurrenz mit anderen weitergegeben werden; die Gene wurden zur Nebenfront. Unser Leben besteht fast ausschließlich aus Konkurrenzentscheidungen um Meme: Welchen (möglichst ausbildungsintensiven) Beruf sollte unser Kind ergreifen, Techniker, Lehrer, Biologe . . .? In welchem Supermarkt wird heute eingekauft, wie lauten die Angebote . . .?

Konkurrierende Informationspakete, wohin man schaut – die

vielen Sendekanäle der Fernsehsatelliten sind eine Parabel auf die Informationsgesellschaft schlechthin: Menschen können nur einen Kanal gleichzeitig beobachten, müssen sich also entscheiden; die konkurrierenden Stationen müssen wiederum versuchen, auf diese Entscheidungen Einfluß zu nehmen, denn Einschaltquoten sind alles, bestimmen über Fortbestand oder Konkurs von TV-Anstalten, genauso wie der Gentransfer über Fortbestand oder Konkurs »genetischer Unternehmen«, also von Clans von Individuen bestimmt.

Ein Phänomen für sich sind die Nachrichtenstationen, von denen es weltweit immer mehr gibt, die untereinander darum konkurrieren, uns »Information« zu verkaufen, also mehr oder weniger kommentierte Berichte von tatsächlichen Ereignissen. Der Konsum dieser Nachrichten hat einen verselbständigten Unterhaltungswert, zeigt so recht unsere Informationssucht. Wie sonst wäre es erklärbar, daß viele Menschen tagtäglich Nachrichten über sich ergehen lassen, die keinerlei direkte Relevanz für ihr gegenwärtiges Leben aufweisen, sich also über etwas informieren, was sie eigentlich nicht zu interessieren brauchte? Was haben wir davon, zu wissen, ob es im australischen Busch brennt oder ob Züge in Indien entgleisen? Menschen sind offenbar notorisch kultur- und informationssüchtig, ein williges Publikum für Märchenerzähler, Orchesterkonzerte oder »Informationskanäle« wie CNN. Menschen suchen und assimilieren Information, offensichtlich ohne sie auf spezifische Relevanz zu filtern.

Selbst Verhaltensstrategien, die für Erfolg in diesen Informationstransferspielen sorgen, die Fähigkeit zur Kommunikation, zur Manipulation von Konkurrenten und sozialen Partnern, damit sie im Sinne der eigenen Interessen handeln, sind uralt. Diese Strategien wurden im Zusammenhang mit dem genetischen Fitness-Spiel entwickelt. Auch ursächlich verschmolzen Gen- und Mem-Propagierung immer weiter. Mem-Handling-Kapazität wurde und wird immer wichtiger im Bereich menschlicher Partnerwahl, wirkt daher direkt auf den menschlichen Genfluß zurück. Ressourcenreiche Männer wirkten auf Frauen aus gutem Grund immer schon anziehend: Reichtum wirkt zeitlos sexy.

Heute ist es aber vielfach die Informationstransfer-Kapazität, welche dieselbe Rolle spielt, die aber natürlich nicht unabhängig vom Geld ist. Wirtschaftsbosse, Techniker, Computerwissenschaftler usw. sind darauf angewiesen, ihr Köpfchen gezielter einzusetzen als etwa Fließbandarbeiter, sie verdienen aber auch mehr und haben einen entsprechend hohen Partnermarktwert. Berufe mit hohem gesellschaftlichem Ansehen sind ausnahmslos informationsintensiv. Sie können, müssen aber nicht mit hohem Einkommen einhergehen, wie das Beispiel des jungen wissenschaftlichen Personals an den Universitäten zeigt.

Die Essenz von beidem, der biologischen wie der kulturellen Reproduktion, ist die Weitergabe von relevanter »Selbst«-Information; die Spielregeln der biologischen Evolution sind weitgehend mit jenen der Kulturevolution identisch. Dabei ist »Selbst«-Information als jene zu definieren, welche die Fitness (nun in einem breiteren Sinne) des mit ihr assoziierten Organismus fördert und somit die Chancen ihrer eigenen Perpetuierung verbessert.

Die der Kulturevolution zugrundeliegenden Mechanismen sind alle mit Informationsfluß assoziiert: 1. die differentielle Vererbung von Genen, 2. das individuelle Lernen und 3. die kulturelle Übertragung. Vom Standpunkt der Informationsausbreitung und der Konkurrenz zwischen Informationsinhalten sind Mechanismus 1 und 3 fast identisch, während das Ergebnis von Mechanismus 2 mit dem Tod des Organismus verlorengeht, wenn dieser es nicht schafft, seine akkumulierte Weisheit in die Kulturtradition einzufüttern. Es scheint kein Zufall zu sein, daß sich die demographische Wende parallel zum Wandel von der Industrie- zur Informationsgesellschaft vollzogen hat. Wenn Fitness letztlich das Maß und die Voraussetzung für den Erfolg der »Selbst«-Informationsweitergabe über die Generationen darstellt, dann sollte es völlig unmaßgeblich sein, ob diese Information aus unserem traditionell biologischen DNS-Speicher oder aus unseren modernen Kulturspeichern kommt. Die kulturelle Information wird proportional zu ihrer Menge und zur Fitness-steigernden Bedeutung ihres Inhalts im Verhältnis zum Informationsgehalt des Genoms an

Bedeutung gewinnen. In den technisierten Gesellschaften des späten 20. Jahrhunderts gestatten uns Hochtechnologie-Hilfsmittel wesentlich mehr Information zu speichern und zu verarbeiten, als in unserem Genom enthalten ist. So ist es in einer Bildungs- und Informationsgesellschaft »aus Sicht des Informationsgehalts« vernünftiger, wenn wir als ihre Perpetuenten uns nicht physisch »auf Teufel komm raus« vermehren. In der Regel, und zwar abhängig vom Einkommen, können Eltern vieler Kinder weniger Bildung und damit Informationstransfer-Kapazität in jeden einzelnen Nachkommen investieren als die Eltern weniger Kinder, und wenige hochgebildete Kinder besitzen das Potential, eine wesentlich höhere Gesamtmenge (Bits × Grad an Fitness-Relevanz) an Information zu perpetuieren als viele nur mäßig gebildete.

Sollte dieses Verwischen der Grenzen zwischen Analogie und Homologie bei der Betrachtung evolutionärer und kultureller Vorgänge eine fruchtbare Basis für Arbeitshypothesen bilden, dann ist unsere Entwicklung von einer Reproduzentengesellschaft, die wir bislang waren, in die Informationsgesellschaft plausibel zu erklären. Wenn ein und dasselbe Set an Fähigkeiten und psychologischen Mechanismen für die Propagierung kultureller wie genetischer Information taugt, wir im Grunde also (in Konkurrenz mit unseren Mitmenschen entstandene) Hochleistungs-Informationsüberträger sind, wird die Diskussion über Kultur einfacher. Für Lorenz (1967) waren Kulturen »Pseudoarten«, die Ähnlichkeit zur biologischen Artbildung lag für ihn auf der Hand. Es sieht fast so aus, als wäre das Informationsfluß-spezialisierte Wesen Mensch über eine Art Runaway-Selektionsprozeß zustande gekommen, ähnlich wie man sich die Evolution von in einem Fisherschen Prozeß entstandenen sekundären Geschlechtsmerkmalen vorstellt: Je besser unsere Fähigkeiten zum Informations-Transfer sind, desto schneller dreht sich die Entwicklung. Antrieb ist auch hier die Konkurrenz zwischen Mitmenschen um begrenzte Ressourcen, die dann vor allem als Statusanzeiger gebraucht werden und folglich den Partnermarktwert erhöhen.

Es dauerte einige Millionen Jahre, bis aus einer Verzahnung der physiologischen Leistungsfähigkeit der Hirnrinde mit kulturell tradierter Information die Menschen -- dank technischer Hilfsmittel – die Fähigkeit entwickelten, als Individuum extragenomische Informationsflußdichten zu erreichen, die mit jenen des Genoms vergleichbar sind. Es scheint kein Zufall zu sein, daß gleichzeitig oder kurz vor dem Erreichen dieser »kritischen individuellen Informationskapazität« in den betroffenen Gesellschaften die demographische Wende eintrat, also die offizielle Entkoppelung der Fitness von der Reproduktion. Mit herkömmlichen soziobiologischen Argumenten ist diese schlecht erklärbar, nicht jedoch, wenn man die vom Individuum propagierbare genomische und extragenomische Information gleichsetzt. Man kann keine Artvergleiche heranziehen, um diese Theorie zu prüfen, da nur Menschen es bisher schafften, eine mit dem Genom im Ausmaß konkurrierende kulturelle Informationsflußmaschinerie aufzubauen; da aber der Entwicklungsstand menschlicher Gesellschaften im Hinblick auf kulturelle Informationskapazität recht unterschiedlich ist, sollten solche Vergleiche geeignet sein, Voraussagen aus diesem Gedankenmodell zu überprüfen.

Die anfängliche Zunahme unserer Hirnrinde an Komplexität mag durch den aufrechten Gang, eine parallel einsetzende Sprachfähigkeit, soziale Faktoren, die Räuber-Beute-Situation oder eine Kombination aller dieser Faktoren katalysiert worden sein. Hypothesen zur Menschwerdung gibt es genügend. Die meisten von ihnen mögen etwas zur Erklärung des Phänomens beitragen. Eine gewisse Entwicklungshöhe war dann die Eintrittskarte in den Runaway-Selektionsprozeß, aus dem sich, zunächst einfach mit der mündlichen Überlieferung beginnend, unsere Fähigkeit zum aktiven Umgang mit großen und relevanten Mengen extrakorporaler Information ergab. Somit ist das Entstehen einer Informationsgesellschaft eine ebenso zwangsläufige wie vorläufige Klimax dieser Entwicklung.

Analog zur Selektion am Informationsträger Individuum, welche in der biologischen Evolution zuweilen über eskalierende Prozesse zu funktionieren scheint (Poundstone 1991), fanden ähnliche Entwicklungen in der Kulturevolution statt. Sie bilden die eigentliche Basis dafür, daß kulturelle Information eine ernsthafte

Konkurrenz zur genomischen werden konnte. Allein die mit der Menge an Information parallel gestiegene Speicherkapazität für Informationsinhalte explodierte nach einem gemächlichen Anstieg von der Antike in die Neuzeit während der letzten Jahrzehnte geradezu. Vermutlich würde der gesamte Inhalt der antiken Bibliothek von Alexandria heute auf wenigen CDs Platz finden. Das ist natürlich noch gar nicht beeindruckend, verglichen mit unserem Zellkern, in dem die gesamte Information zum Aufbau unseres Körpers niedergelegt ist. Und jeder von uns trägt diese reiche Information in mehreren Milliarden Kopien in seinem Körper. Die kulturellen Informationsspeicher sind aber tatsächlich auf dem Weg, sich der Effizienz des biologischen Speichers anzunähern bzw. haben sie bereits erreicht.

Sollte diese Hypothese des Fitnessgewinns durch Transfer von »Selbst«-Information, gleich ob aus dem Bio- oder Kulturspeicher, zutreffen, ergeben sich daraus eine Reihe von Zukunftsperspektiven. Dann wäre der Nord-Süd-Konflikt ein Konflikt zwischen Informationsübertragungssystemen, würde sich aber durch große Bildungsanstrengungen in den Entwicklungsländern, nicht jedoch durch Almosen vom Tisch der Reichen verringern lassen. Innerhalb unserer westlichen Gesellschaften kommt es zur (gefährlichen) Kastenbildung bezüglich der Informationsweitergabe: Die Eliten herrschen mittels der kulturellen Informationsgehalte, weil sie über die Informationskanäle verfügen, während ein anderer Teil der Bevölkerung auf die klassische Art der Informationsübertragung, die Reproduktion, setzt. Die Parallele zur Theorie des Marxismus ist unverkennbar. War für Karl Marx die Kontrolle des Kapitals und der Produktionsmittel *das* Machtmittel der Industriegesellschaft, so ist es in der Informationsgesellschaft die Kontrolle des Informationsflusses. Damit könnte eine Art »Unterkaste« entstehen, reich an Individuen, die aber arm an Fitness sind. Das wohl wirksamste Mittel, gesellschaftlichen Ungleichgewichten aus diesem Grunde entgegenzuwirken, ist ein effizientes Bildungssystem, welches allen die ihren Begabungen entsprechende optimale Ausbildung garantiert.

Aus der radikalen Sicht des Informationstransfers wären natürlich keine Gegenmaßnahmen nötig oder »erwünscht«; jene Informationsinhalte, die mit dem höchsten Fitnessgewinn verknüpft sind, würden sich in darwinistischer Verdrängungskonkurrenz ohnehin durchsetzen. Dieser ungebremste Manchester-Liberalismus mit dem Moloch Informationsinhalt als Unternehmer und den informationsübertragenden Menschenindividuen als manipulierter Arbeiterklasse liegt aber sicherlich genausowenig im menschlichen Interesse, wie es im Interesse von Individuen sein kann, Krebsgeschwüre in ihrem Körper zu tolerieren. Maßnahmen zum Informationsmanagement im Interesse der Menschen sind gefordert. Hier kommt es zum Konflikt (vgl. Eibl-Eibesfeldt 1994): Liegt unsere evolutionäre Vergangenheit in der Kleingruppe, so ist heute unser Überleben nur mehr mit Rücksichten auf Gruppeninteressen (nicht miteinander Verwandter) zu bewerkstelligen – nicht weil wir plötzlich so selbstlos geworden wären, sondern ganz im Gegenteil, weil unser eigenes Überleben und das unserer Kinder nur noch in und mit der großen »Gruppe Menschheit« möglich ist. Die von Eibl-Eibesfeldt (1994) als *ultima ratio* verlangte Abschottung der Territorien der Reichen gegen das Anfluten der Armen kann allein aus technischen, sicherlich aber auch aus politischen und ethischen Gründen nicht funktionieren. Es kann nicht nur ein Teil des Bootes untergehen; Menschen überleben nur gemeinsam oder gar nicht. Aufgrund von Vernetztheit und Überbevölkerung trifft jeder Krieg, jede Maßnahme gegen andere letztlich den Aggressor selbst. Die Geschichte lehrt, daß es eine enge Beziehung zwischen Wohlstand und der Zeitdauer der Verschonung von Kriegen gibt.

Chance (1988) und andere bieten eine tiefe Einsicht in die Natur des Konfliktes zwischen individualselektionistischer Tradition und verantwortungsbewußtem Handeln in der Gegenwart. Menschen als Kleingruppenwesen waren, wie Schimpansen auch, in Jäger-Sammler-Gesellschaften, die keine Vorratswirtschaft betrieben, egalitär und »hedonisch« organisiert, verbrachten einen Gutteil ihrer Zeit mit positiven, aggressionsdämpfenden sozialen Interaktionen. »Agonische«, also hierarchisch-autoritär organisierte Gesellschaften traten erst auf, als man nicht mehr nur unmittelbar davon lebte, was man täglich fand, sondern damit begann, Vorräte anzulegen – als es also etwas zu verteidigen gab. Waren vorher Individuen vor allem *angesehen*, wenn sie es zuwege brachten, positive soziale Kontakte mit möglichst vielen anderen Gruppenmitgliedern zu halten, so hatten nach dem Wechsel jene Individuen hohen Status, die große Vorräte (also viel Eigentum) hatten. Dies muß nicht notwendigerweise den Verlust positiver sozialer Beziehungen bedeuten, aber aus dem Paradies einer egalitären Gesellschaftsform waren Menschen damit für immer vertrieben. Ganz ohne Konkurrenz, etwa um Sexualpartner, ging es aber auch dort nie ab.

Tiefe Einsicht in die Beziehung zwischen Ressourcenverteilung und gesellschaftlicher Organisation bietet der Wechsel, der bei den von Jane Goodall über lange Jahre im afrikanischen Gombe beobachteten Schimpansen stattfand, als man begann, regelmäßig größere Mengen Nahrung an einem bestimmten Ort anzubieten, um die Tiere einfacher beobachten zu können (Power 1988). Waren diese Schimpansen zunächst in weit umherziehenden, fast aggressionslosen, egalitären Kleingruppen mit relativ häufigem freiem Wechsel der Mitglieder organisiert, so führte die Fütterung zu einer Festigung individueller Beziehungen, Bildung von Allianzen, Verteidigung von Territorien durch Dominante und letztlich zu einer hierarchischen Gruppenstruktur, in welcher Ranghöhe über Aggression etabliert wurde. Das Beispiel zeigt, wie es über eine unbedeutend scheinende Änderung der Verteilung der Nahrung zu einem tiefgreifenden gesellschaftlichen Wandel, also eigentlich zu einem Kulturwechsel (dieser Begriff ist bei Schimpansen tatsächlich gerechtfertigt) kommen kann. Die Erkenntnis, daß Schimpansen, wie Menschen, agonische, hedonische bzw. auch recht komplexe Systeme zu bilden imstande sind, steht keineswegs im Widerspruch zur Individualselektion. Denn selbst in egalitären Gesellschaften geht es immer um den Gewinn von Ansehen und damit Partnermarktwert; und dies kann eben in verschiedenen Gesellschaften auf sehr verschiedene Weise verwirklicht werden, etwa durch soziale Fähigkeiten oder aber durch materiellen Reichtum.

Ob wir die Zukunft meistern, wird darauf ankommen, wie wir den Wechsel vom Klein- zum Großgruppenwesen vor dem komplexen Hintergrund unserer Ökologie und Kultur schaffen. Vor allem aber gilt es die weitere Explosion unserer Individuenzahlen sofort und kompromißlos zu beenden.

Diese lange Einleitung sollte vor allem dazu dienen, die Künstlichkeit der Dichotomie zwischen biologischen und kulturellen Prozessen aufzuzeigen und im Ansatz eine radikale Synthese zwischen Natur- und Kulturevolution vorzuschlagen, die geeignet ist, die Phänomene in der modernen Menschengesellschaft zu erklären, die aber auch naturwissenschaftlich testbar ist.

Sexualität: Motor und Ergebnis der Evolution

Wir Menschen sind zoologische Wesen, und die im Genom verankerten Prozeßstrukturen sind maßgebliche Antriebe für unser Verhalten, die auch das menschliche Kulturverhalten steuern (siehe S. 227). Das gilt zum Beispiel für elementare Kommunikation und Sozialverhalten (Grammer 1988). Sexualität und Vermehrung werden viel bereitwilliger als anderes menschliches Verhalten der Biologie zugeschlagen; es kann ja tatsächlich schön und lustbringend sein, auf diesem Gebiet das »Tier im Menschen« gewähren zu lassen. Dies gilt für die erste Begegnung der Partner, den Flirt, bis zum Geschlechtsverkehr (Grammer 1993). Aber wer wann mit wem, wie und warum, das wird maßgeblich von kulturellen Randbedingungen geprägt, die wiederum mit evoluierten Strategien verwoben bzw. selber Produkte derselben sind. Was wir gerne als Einfluß des »kulturellen Überbaus«, also politologisch-soziologisch erklären, ist als evolutionär entstandene ökologische Randbedingungen für menschliche Sexual- und Sozialsysteme zu sehen. Und letztere sind mindestens so flexibel wie tierische (Daly und Wilson 1983, Lott 1991).

Die persönliche Einstellung zu Liebe, Sexualität und Partnerbindung wird unterschiedlich sein, es mag die Lust- oder die Problembetonung überwiegen, die grundlegenden Strukturen menschlicher Sexualität werden aber selten hinterfragt, obwohl

Ansätze dazu im Zusammenhang mit der AIDS-Problematik zu bemerken sind. In unserer Kultur gilt es offiziell als schicklich, eine Bindung nur mit einem einzigen Partner zur gleichen Zeit zu unterhalten, manchmal ein Leben lang; und man pflegt einander mehr oder weniger die Treue zu halten und Kinder gemeinsam aufzuziehen. Daß Männer mancher Kulturen mehrere Frauen heiraten dürfen, klingt in unseren mitteleuropäischen Ohren wie eine Geschichte aus Tausendundeiner Nacht, und doch scheint, wie auch das reale Sexualverhalten der Mitteleuropäer zeigt, Polygynie das menschliche Grundsystem darzustellen (Daly und Wilson 1983).

Im Tierreich existieren alle möglichen Systeme, von der strikten monogamen Einehe (z. B. bei Gibbons und – mit Einschränkungen – bei vielen Vögeln) bis zur totalen Promiskuität (z. B. bei Schimpansen und Ratten), wo sogar oft die Nachkommen eines einzigen Wurfes von mehreren Vätern gezeugt wurden. Meist geben die Weibchen in der Partnerwahl den Ton an, wie in extremer Form bei Arenabalzsystemen (etwa Birkhühner). Aber es kann auch vorkommen, daß der weibliche Einfluß auf die Partnerwahl weniger offensichtlich ist, wie bei den See-Elefanten (oder z. B. auch Rothirschen und Felspavianen), wo Männchen um den Alleinzugang zu einem Harem kämpfen und die Weibchen den Sieger einfach akzeptieren müssen. Männchen können sich an der Jungenaufzucht beteiligen, wie etwa beim Menschen, der damit unter den Säugetieren eher eine Ausnahme darstellt, und bei vielen Vögeln. Gelegentlich können sich die traditionellen Geschlechterrollen sogar umkehren, und die Männchen investieren mehr in den Nachwuchs als die Weibchen: Bei manchen tropischen Rallen, dem Odinshühnchen oder auch bei Straußen besorgen das gesamte Brutgeschäft die Männchen; bei den Fischen sind Seenadeln und Seepferdchen berühmt für diese Eigenheit. Diese Vielfalt der Systeme entlockt uns Menschen kaum mehr als ein erbautes Staunen; mit unserem eigenen, von Zoologie und Evolution doch so abgehobenen, kulturell geprägten Geschlechtsleben und unserer Kinderfürsorge hat das natürlich nichts zu tun. Oder doch?

Die evolutionären Strategiespiele der Menschen

Um menschliches Verhalten einordnen zu können, ist es vor allem nötig, es in Perspektive mit der restlichen Zoologie zu setzen (Borgerhoff-Mulder und Judge 1993). Die Grundregel des evolutionären Spieles ist für alle Organismen auf der Welt dieselbe und lautet, mehr Nachkommen zu hinterlassen als die Artgenossen. Diesem Ziel wird alles andere untergeordnet, darum drehen sich letztlich alle Strategiespiele, auch jene der Menschen. Die Antriebe dafür sind in uns, nicht aber das Wissen um dieselben.

Asymmetrische Investitionen der Geschlechter in den Nachwuchs

Um menschliche Reproduktionsstrategien zu verstehen, müssen wir recht grundlegend bei den Rahmenbedingungen beginnen, die mit der sexuellen Vermehrung einhergehen. Bereits in die Geschlechtszellen wird geschlechtsspezifisch asymmetrisch investiert. Während das männliche Geschlecht bloß die Erbsubstanz aus der Samenzelle zum späteren Nachkommen beisteuert, stellt das weibliche Geschlecht ein Ei bereit, das neben der Erbinformation auch noch die gesamten Ressourcen für den Start der Embryonalentwicklung in Form von Dotter enthält. Diese anfängliche Asymmetrie kann, etwa bei den Säugetieren, noch verstärkt werden, bei denen die Weibchen die Eier in ihrem Körper »erbrüten«, Embryonen in einer Gebärmutter ernähren und schließlich sogar noch die bereits geborenen Jungen mit körpereigener Nahrung, Milch, aufziehen. Säugermännchen können allenfalls Ressourcen für die Weibchen bereitstellen, ziehen es aber meist vor, zu desertieren. Etwas anders läuft die Sache bei den meisten Vögeln. Dort werden die relativ großen Eier gelegt und extern bebrütet, was den Männchen Gelegenheit bietet, sich frühzeitig, verglichen mit den Säugern, an der Aufzucht der Jungen zu beteiligen.

Die asymmetrische Grundinvestition der Geschlechter in die Nachkommen führt recht direkt zu asymmetrischen Strategien im Fortpflanzungsverhalten und unmittelbar zu Konflikten zwischen den Geschlechtern. Jenes Geschlecht, welches mehr investiert, meist das weibliche, wird zur wertvollen Ressource, um welche das Geschlecht, welches weniger investiert, meist die Männchen, konkurriert, denn Weibchen sind in ihrem Fortpflanzungspotential von der Geschwindigkeit limitiert, Ressourcen in Nachkommen umzuwandeln, reproduzieren daher relativ gleichmäßig. Die Streubreite ihres Fortpflanzungserfolges ist meist geringer als jene der Männchen. Bei letzteren steigt die Zahl der Nachkommen in der Regel proportional zum Zugang zu fertilen Weibchen. Das männliche Reproduktionspotential ist also gewöhnlich durch die Zahl der Kopulationen begrenzt. Daraus erklärt sich, warum Männchen eine wesentlich höhere Variabilität im Fortpflanzungserfolg aufweisen als Weibchen: Bedingt durch die Konkurrenz um die Weibchen, werden wenige Männchen relativ viele Nachkommen zeugen, viel mehr, als einzelne Weibchen je produzieren könnten; viele Männchen dagegen wenige oder gar keine. Das ist bei Hirschen und Seelöwen (vgl. die Zusammenstellung in Krebs und Davies 1993) nicht anders als bei den Menschen. Die Rekorde zeigen diesen Unterschied im Fortpflanzungspotential besser als Durchschnitte: Während Molay Ismail, der Blutdürstige, ein marokkanischer Herrscher des letzten Jahrhunderts, laut »Guinness Buch der Rekorde« 888 Nachkommen zeugte, brachte es die Rekordfrau, eine Russin, in 27 Schwangerschaften auf bescheidene 69 Kinder.

Diese Asymmetrien in Investition und Fortpflanzungspotential führen dazu, daß Weibchen viel zu verlieren haben, also bei Paarungs- und Bindungsentscheidungen recht wählerisch sein sollten. Die konkurrierenden Männchen dagegen sollten eher Draufgänger sein, stets bereit, zu kopulieren bzw. um Kopulationen zu konkurrieren. Das entspricht tatsächlich den gefundenen Mustern.

Weibliche und männliche Strategien

Diese Begründung der unterschiedlichen reproduktiven Voraussetzungen der Geschlechter bedeutet aber nicht, daß es quer durch die Zoologie einheitliche geschlechtsspezifische Strategien gibt. Die ökologische Einbettung von Individuen sowie die gegebenen sozialen Systeme besorgen schließlich die Feinabstimmung. Folgerichtig verfügt jedes Geschlecht über eine Reihe von Möglichkeiten, erfolgreich zu sein.

Auf der weiblichen Seite spannt sich dieses Spektrum entlang eines Kontinuums: In einem Extremfall, etwa bei Arenabalzsystemen, holen sich die Weibchen von den Männchen nur die Gene, lassen also nur ihre Eier befruchten. Die gesamte Ressourceninvestition in die Nachkommen trägt das Weibchen. Im anderen Extrem übergeben Weibchen ihre Eier möglichst frühzeitig an Männchen, die dann die meist zusammen gezeugten Jungen großziehen. Männchen können in solchen Systemen sogar mehr in die Nachkommen investieren als die Weibchen, werden also für Weibchen zur gesuchten Ressource und zum Konkurrenzobjekt. Prompt kehren sich die üblichen Geschlechterrollen um. Beispiele dafür sind manche Rallen und Watvögel: Weibchen verteilen ihre Eier auf die Nester mehrerer Männchen und verteidigen diese auch gegen andere Weibchen.

Obwohl damit auch die Männchen abgehandelt wären, fehlen doch noch wesentliche Aspekte der Männchenstrategien zur Optimierung des Fortpflanzungserfolges, etwa das Strategie-Kontinuum zwischen *Monopolisieren von Weibchen* und der *Spermakonkurrenz*. So gewährleisten Zwangsharemssysteme, etwa bei See-Elefanten, Löwen oder Gorillas, daß der Haremshalter seine Weibchenschar recht effektiv gegen Kopulationskonkurrenten abschirmen kann. Daher reicht es aus, daß ihre Geschlechtsorgane und Hoden gerade eben groß genug ausgebildet sind, um Nachkommen zu zeugen. Die Hauptinvestition auf der männlichen Seite liegt in einem entsprechend kampfstarken Körper, entstanden in der Konkurrenz zwischen den Männchen um die Weibchen. In solchen Systemen ist der Geschlechtsunterschied in der Körpergröße zwischen kleinen Weibchen und großen Männchen meist besonders kraß. Das andere Extrem, die Spermakonkurrenz, ist in promisken Systemen, etwa bei Schimpansen, besonders ausgeprägt, spielt aber auch in allen monogamen Systemen, bei denen männlicher Seitensprung stets ein Thema ist, eine Rolle. Hier gelingt es Männchen nicht, die sexuellen Aktivitäten der Weibchen vollständig zu kontrollieren. Fertile Weibchen kopulieren oft in rascher Folge mit mehreren Männchen, deren Sperma dann innerhalb des Weibchens um die Befruchtung der Eier konkurriert. Neben dem *Zeitpunkt* der Kopulation ist daher auch die *Menge* des abgegebenen Spermas ein wichtiger Konkurrenzfaktor. Daher weisen die Männchen in solchen Sperma-Konkurrenzsystemen recht große Hoden auf, die Unterschiede in der Körpergröße zwischen Männchen und Weibchen sind aber eher gering.

Vergewaltigungen als alternative Strategie vor allem von Männchen mit niederem Status sind quer durchs Wirbeltierreich verbreitet. Die recht häufigen Vergewaltigungen bei Menschen mögen eine Reihe von Gründen haben und sind sicherlich auch als eine Form der Dominanzausübung gegenüber Frauen, Minderheiten oder unterlegenen Kriegsgegnern zu sehen. Bei den Vergewaltigungen in Friedenszeiten mögen aber alternative männliche Paarungsstrategien eine dominierende Rolle spielen (Thornhill und Thornhill 1992): Vergewaltigt wird zwar generell von Männern aller Altersgruppen, gehäuft aber von jüngeren Männern aus niedrigen sozialen Schichten. Da es diesen Männern aufgrund ihres geringen sozialen Status gewöhnlich schwerfällt, einen weiblichen Sexualpartner zu finden, verlegt sich ein Teil dieser Männer als alternative Strategie aufs Vergewaltigen. Die Soziobiologie mag also in diesem Bereich eine wichtige Rolle spielen. Daß die Neigung zu vergewaltigen u. U. durch ein evolutionäres Erbe der Männer gefördert wird, entschuldigt allerdings nichts, denn wir müssen keine »Sklaven unserer Gene« sein (S. 258).

Variable Sozialsysteme

Läßt sich mit dem Blick auf unsere Gesellschaft mit ihren vielfältigen Formen des Zusammenlebens der Geschlechter – männliche und weibliche Seitensprünge, Ehe auf Zeit, sukzessive Polygynandrie usw. – eine verhaltenswirksame Rolle traditioneller evolutionärer Strategien überhaupt noch vertreten? Wie es aussieht, durchaus!

Sexuelle und soziale Systeme sind Produkte der Evolution, sind aber kurzzeitig wandelbar. »Sexuell« und »sozial« sind dabei keine Synonyme. Soziale Systeme definieren sich über das Gesellschaftssystem, über das Wie des gemeinsamen Großziehens des Nachwuchses; sexuelle Systeme dagegen sind dadurch definiert, wer mit wem Nachkommen zeugt. Erzeuger und Aufzieher müssen zumindest auf der männlichen Seite keineswegs identisch sein.

Genausowenig wie ein starres soziales System »des Menschen« existiert, gibt es »das Sozialsystem des Schimpansen (Power 1988), des Löwen oder des Regenwurms« (sofern letzterer überhaupt so etwas hat). Unsere Systeme sind entsprechend den geschichtlichen, ökonomischen und damit ökologischen Randbedingungen innerhalb eines gewissen Rahmens variabel. Individuelle Variation ist Rohmaterial und Ergebnis der Evolution (Exkurs 12, S. 246). Die den Verhaltensmustern (Reflexe, Erbkoordinationen usw.; Exkurs 3, S. 33) von Individuen analogen Funktionsabläufe in Gesellschaften basieren noch viel weniger als das individuelle Verhalten direkt auf der genetischen Basis, sie entstehen durch Interaktion zwischen den Individuen und mit ihrer (im Falle von hochsozialen Tieren) oft selbstgeschaffenen Umwelt und gewinnen dadurch eine neue Systemqualität (Chance 1988). Evolutionär erworbene Strategien steuern im Hintergrund. Wen wundert es da, daß die Variabilität solcher Systeme hoch sein kann (Lott 1991). Daß in der Regel das Sozialsystem kein gutes Artmerkmal darstellt, zeigt das Beispiel Heckenbraunelle. Dieser eher unscheinbare europäische Singvogel verändert sein Sozialsystem ganz nach Bedarf, selbst innerhalb einer Saison und von einer Brut zur nächsten. So treten neben der Monogamie auch Polygynie,

Polyandrie und Polygynandrie auf, abhängig von Nahrungsangebot und Populationsdichte (Davies 1992).

Exkurs 12: Quellen und Bedeutung der individuellen Variabilität des Verhaltens

Unser Verständnis des Selektionsprozesses beruht seit Darwin darauf, daß die Angehörigen von Populationen in allen ihren Merkmalen variabel, also individuell verschieden sind, was letztlich zur unterschiedlichen Reproduktionskapazität führt; denn *Individuen* sind die Einheit der Selektion. Abhängig von den Umweltbedingungen werden sich also Allelfrequenzen über die Generationen verschieben. Individualität ist daher nicht, wie man es in der Vergangenheit formuliert hätte, ein Abweichen vom Idealtypus, sondern Substrat für Mikroevolution. Individualität ist für moderne, evolutionär ausgerichtete Verhaltensforschung nicht einfach ein lästiges Rauschen in Populationsdaten, sondern Untersuchungsgegenstand. Öko-Ethologie und Soziobiologie haben die Aufgabe, individuelle Variationen im Verhalten mit individuellen Variationen der Fitness in Zusammenhang zu bringen und davon allgemeine Prinzipien abzuleiten (Entscheidungsregeln usw.; Exkurs 7, S. 92). Die Aufgabe der klassischen Ethologie ist es nach wie vor, die individuellen Verhaltensmechanismen zu erforschen und davon allgemeingültige physiologische Prinzipien abzuleiten.

Individualität entsteht zwischen Genen und Umwelt (Exkurs 8, S. 118). Sie ist in praktisch allen Bereichen der Biologie eines Organismus relevant. Besonders faszinierend wird es dann, wenn die individuelle Ausprägung durch das Verhalten anderer beeinflußt wird, wie die Beeinflussung von Nachkommen durch Eltern (Stamps 1991), oder wenn individuelle Unterschiede als Basis für die evolutionsrelevanten Entscheidungen anderer dienen, wie z. B. bei der Partnerwahl.

Gerade in letzter Zeit rückten Partnerwahlmechanismen aufgrund der Entdeckung der Bedeutung der *fluktuierenden Asymmetrie* wieder in den Mittelpunkt des Interesses (Watson und Thornhill 1994). In allen Populationen gibt es scheinbar zufällige Abweichungen morphologischer Merkmale von der perfekten

Bilateralsymmetrie. Die Regulierung der Individualentwicklung kann also von einer Vielzahl von Einflüssen gestört werden, was sich dann in Abweichungen von der perfekten Bilateralsymmetrie äußert. Daher kann der Grad an individueller Asymmetrie für andere ein guter Gradmesser für den Verlauf der Individualentwicklung sein. Aber wer sollte an solcher Information interessiert sein?

Die Weibchen vieler Arten wählen Paarungspartner oft aufgrund der Ausformung »übertriebener« bzw. »extravaganter Merkmale«. Dazu gehören etwa das Schwanzgefieder von Pfauen oder die verlängerten Schwanzfedern von Schwalben und Witwenvögeln. Über *sexuelle Selektion* haben die Weibchen den Männchen diese Merkmale oft in einem Ausmaß angezüchtet, daß diese hart an die Grenze der Überlebensfähigkeit gedrängt werden. Neu ist die Erkenntnis, daß die Weibchen dabei meist nicht nur auf die Größe, sondern auch auf die Symmetrie des Merkmals achten (Møller 1993). Dabei fand man eine zunächst unerwartete positive Beziehung zwischen der Größe eines relevanten Merkmals und dessen Symmetrie. Bei diesen sekundären Geschlechtsmerkmalen nimmt also mit zunehmender Größe die Asymmetrie ab. Der Grund dafür sollte sein, daß eine günstig verlaufende Entwicklung nicht nur zu großen, sondern auch zu symmetrischen Merkmalen führt. Tatsächlich haben Moller, Thornhill und andere Forscher gefunden, daß Symmetrie ein Hauptkriterium der Partnerwahl bei einem Spektrum von Tieren, von Insekten bis zu Vögeln, ist; Grammer und Thornhill fanden sogar eine positive Beziehung zwischen der Symmetrie von Gesichtern und der wechselseitigen Attraktivität der Geschlechter beim Menschen (zitiert nach Watson und Thornhill 1994).

Warum soll gerade Symmetrie ein für die Partnerwahl wichtiges Merkmal sein? Geht man davon aus, daß Partner nach irgendwelchen Qualitätskriterien gewählt werden, dann brauchen die Wählenden Kriterien für Qualität. Dafür eignet sich Symmetrie ganz hervorragend. Asymmetrie ist ein Zeichen instabiler Entwicklung, die eine Fülle von Ursachen haben kann: inzuchtbedingte genetische Belastung, geringere Resistenz gegenüber Krankheiten und Parasiten, Immundefizite bzw. Ressourcenmangel während der Entwicklung. Symmetrie ist daher tatsächlich ein guter Anhaltspunkt für Gesamtfitness.

Individuelle Unterschiede können *erlernt* sein. Dazu zählen durch *Prägung* erworbene Persönlichkeitsstrukturen. Oftmals sind Eltern und Geschwister während der Phase der sexuellen Prägung jene Vorbilder, an denen sich dann später die Partnerwahl orientiert. Das heißt nicht, daß künftige Partner den Vorbildern möglichst ähnlich sein müssen – das würde zwangsläufig zum Inzest führen. Bateson (1983) testete die Interessen von Wachteln und kam zu dem Ergebnis, daß Cousinen zweiten bis dritten Grades gegenüber enger Verwandten bzw. Nichtverwandten am meisten interessierten. Die Regel scheint also zu lauten, einen Partner zu bevorzugen, der (die) eine gewisse Ähnlichkeit zum Vorbild aufweist.
Schließlich sind Lernvorgänge mit Einschränkung (z. B. Prägung) umkehrbar. Das erlaubt, Verhalten flexibel und individuell an eine variable Umwelt anzupassen. Ein gut untersuchter Prozeß ist die Bildung eines *Suchbildes*: Räuber tendieren dazu, häufige Beute immer besser zu erkennen, sie spezialisieren sich also auf bestimmte Beutetypen (Pietrewicz und Kamil 1981) und unterscheiden sich damit von anderen Mitgliedern ihrer Population, die wiederum auf andere Beutetiere spezialisiert sein können. Das Individuum erhöht somit seine Sucheffizienz; der Effekt auf Populationsniveau könnte durchaus ein »resource partitioning«, also eine Aufteilung und damit gleichmäßigere Nutzung vorhandener Ressourcen sein.
Individualität ist daher nicht als lästige Erscheinung zu sehen, welche die Untersuchung allgemeingültiger Prinzipien erschwert, sondern ist von höchster Relevanz für die Evolutionsforschung.

Was so ein Singvogel kann, können wir Menschen natürlich schon lange. Tatsächlich ist die innerartliche Variabilität der menschlichen Gesellschafts- und Partnersysteme wahrhaft heckenbraunellisch. Mit oder ohne gesellschaftliche, also kulturelle Billigung findet man Monogamie, meist mit Seitensprüngen, Polygynie, ganz selten Polyandrie und ein bißchen Promiskuität. Beziehungen bestehen entweder zwischen mehreren Partnern simultan, oder die Partner sind an sich monogam, wechseln aber sukzessiv in mehr oder weniger rascher Folge. Wie könnte angesichts dieser

Tatsachen eine Suche nach evolutionären Grundmustern beim Menschen je erfolgreich sein? Und doch fand man solche Muster. Es waren zwei Forschungsansätze, die erfolgreich waren: die vergleichende Öko-Ethologie und der Kulturenvergleich.

Es besteht wohl kein Zweifel, daß wir Menschen zu den hominiden Primaten, also zu den Menschenaffen zu zählen sind. Immerhin haben wir über 99% der genetischen Information mit den Schimpansen, etwas weniger mit Gorillas und Orang Utans gemeinsam. Damit können Menschen in Artvergleiche innerhalb dieser Affen einbezogen werden. Menschenmänner etwa stehen zwischen den extrem großhodigen Schimpansen und den sehr kleinhodigen Orangs, Gorillas und Gibbons, wobei erstere promiskuitiv sind, letztere entweder monogam oder Haremshalter. Auch im Geschlechterunterschied der Körpergröße stehen wir Menschen dazwischen. Allein daraus wäre vorherzusagen, daß Menschen zu polygynen Systemen neigen (ein Mann mit einer bis wenigen Frauen verpaart) und daß Konkurrenz unter den Männern um Frauen herrschen sollte. Die schrecklichen Spuren dieses evolutionären Konkurrenzzwanges finden wir übrigens tagtäglich in den Zeitungen: Ständig werden Frauen Opfer ihrer gewalttätig-eifersüchtigen Männer, kaum umgekehrt.

In einem breiten Kulturenvergleich waren von 849 menschlichen Gesellschaften mehr als ein Drittel polygyn, ein weiteres Drittel gering bis gelegentlich polygyn (nach Daly und Wilson 1983); insgesamt lag der Anteil polygyner Gesellschaften bei 83%. Nur 16% waren monogam (ein Mann und eine Frau), gar nur 0,5% polyandrisch (eine Frau heiratet mehrere Männer). Die Ergebnisse der Öko-Ethologie und der Anthropologie stimmen also überein, und die Einpassung des Menschen in seine evolutionäre Vergangenheit ist offenbar recht handfest. Natürlich ist dieses Betrachtungsniveau menschlicher Systeme relativ grob, vermag aber immerhin die wesentlichen Grundstrukturen aufzuzeigen.

Von seiten der Menschenmänner besteht die Neigung, Ressourcen für ihre heranwachsenden Nachkommen beizusteuern. Frauen beanspruchen Männer nicht nur zum Kopulieren, sondern binden sie über diverse Mechanismen längerfristig. Als männliche Strategie herrscht ein Mischsystem zwischen eifersüchtigem Hüten und Monopolisieren, wie bei Gorillas üblich, und der weitgehenden Spermakonkurrenz der Schimpansen (Daly und Wilson 1983).

Frauen »schufen« sich die Männer

Aufgrund der asymmetrischen Investition in die Nachkommen stehen die reproduktiven Strategiespiele in der gesamten Zoologie, besonders aber beim Menschen, unter weiblicher Kontrolle. Auf den Punkt gebracht, sind beinahe alle männlichen Merkmale evolutionäre Produkte der weiblichen Wahl. Die oft laute, auffällige Konkurrenz unter Männern, auch ihr Hang zur Macht ist letztlich vom weiblichen Geschlecht verursachtes Substrat für die weibliche Wahl. Daß Frauen aus einer männlichen Rippe geschaffen worden sein sollen, ist daher im Lichte dieser Erkenntnisse der modernen Biologie eine typisch männliche Erfindung, steht zumindest im Widerspruch zur evolutionären Geschichte. Die weibliche Seite war weitgehend erfolgreich, sich eine männliche nach ihren Bedürfnissen zu formen. Etwas weniger extrem formuliert: Weibchen und Männchen, Frauen und Männer sind das Ergebnis einer Koevolution, eines Rüstungswettlaufs im Interessenkonflikt. Die Ausbildung des einen Geschlechtes wäre ohne das andere nicht vorstellbar. Auch auf evolutionärer Ebene gilt das von Willi (1975) für individuelle Partnerbeziehungen entworfene Kollusionskonzept: Die eine Seite ist nur im Spiegel der Gegenseite zu erklären.

Ein konfliktträchtiges Mittel zum Zweck: der Seitensprung

Seitensprung als scheinbar widersinnige Begleiterscheinung nahezu aller monogamen Systeme verdient hier eine detailliertere Betrachtung (und das nicht etwa aus voyeuristischen Gründen). Er gilt als alternative Paarungsstrategie und wirft erhellende Schlaglichter auf die Unterschiede männlicher und weiblicher Grundstrategien.

In der gesamten Zoologie gibt es, wie erwähnt, zwei gegensätzliche *Männchenstrategien*, den Fortpflanzungserfolg zu optimieren: Entweder gelingt es, *Weibchen zu monopolisieren*, oder es herrscht *Spermakonkurrenz*. Die Vorhersage aus dem Artvergleich wäre daher, daß Menschenmänner sowohl versuchen, ihre Partnerinnen zu monopolisieren, als auch einen ausgeprägten Hang zum Seitensprung haben sollten und daher in Spermakonkurrenz involviert sind (Smith 1984). Seitensprünge erhöhen *direkt* die Chancen der Männer auf mehr Nachkommen. Beides trifft zu: Seitensprünge sind relativ häufig; zudem zeigen die Kriminalstatistiken, daß Männer häufig gewalttätig eifersüchtig sind und ihre Kopulationsziele gelegentlich mit äußerster Brutalität verfolgen. Die Schwelle zur Vergewaltigung ist auch bei »ganz normalen Männern« sehr niedrig (Thornhill und Thornhill 1992).

Die *weibliche Grundstrategie* verläuft etwas komplizierter, weniger offensichtlich als die männliche, sie ist daher auch noch nicht so gut erforscht. Da die Funktion der Monogamie vor allem die Bereitstellung von Ressourcen durch die Männer für Frauen und Kinder ist, sollten Frauen zunächst versuchen, den Mann an sich zu binden. Männlicher Status spielt übrigens bei der weiblichen Partnerwahl eine ganz wichtige Rolle. Zwei zusammenhängende Merkmale bei Menschenfrauen, welche innerhalb der Menschenaffen einzigartig sind, werden im Zusammenhang mit dem für die Aufzucht der Kinder nötigen An-sich-Binden des Mannes diskutiert: erstens die innerhalb der Primaten einmaligen permanent vorhandenen Brüste, die als Schauapparat ständig den hohen reproduktiven Wert der Frau signalisieren, und zweitens die Verheimlichung des Zeitpunktes des Östrus, des Eisprunges, also der höchsten Empfängnisbereitschaft, vor dem Paarpartner. Bei allen anderen Menschenaffen kündigen die Weibchen durch Brunstschwellungen oder geruchlich ihren Östrus an, nicht so beim Menschen. Um also sicherzugehen, die Väter ihrer Kinder zu sein, müssen Menschenmänner ständig ihre Frauen vor Rivalen abschirmen und tun es auch mit entsprechender Eifersucht. Da sie ja den richtigen Zeitpunkt nicht kennen, müssen Männer oft mit ihren Frauen kopulieren, was zu einer zusätzlichen Verstärkung der Bindung, der Liebe, führen kann. Denn Geschlechtsverkehr bei Monogamen hat nicht nur eine unmittelbare Funktion in der Zeugung von Nachkommen, sondern verstärkt auch die Bindung zwischen Individuen, nicht nur beim Menschen, sondern auch bei anderen Primaten, ja sogar bei Gänsen. Auch innerhalb der Ehe wird in der Regel wesentlich häufiger kopuliert, als zum Zeugen des Nachwuchses erforderlich wäre. Frauen binden dadurch Männer an sich und sichern sich damit auch den Zugang zu deren Ressourcen (Hunter u. a. 1993). Ein Hauch von »Prostitution« gehört daher zu jeder normalen Zweierbeziehung, und das nicht nur bei den Menschen, sondern auch bei allen Tieren, bei denen Weibchen sich von den Männchen nicht nur die Gene, sondern auch Ressourcen holen.

Hier kommen nun die weiblichen Alternativstrategien ins Spiel, also die *evolutionären Ursachen für die weibliche Bereitschaft zum Seitensprung*. Nochmals: Die evolutionäre Funktion des Mannes ist, die Kinder der Frau(en) zu versorgen. Der Frau bleibt es daher unbenommen, sich die *Gene* für ihre Kinder von anderen Männern zu holen, solange der eigene Versorger nichts davon merkt. Denn der würde seine Investition in die Kinder in dem Maße verringern, je wahrscheinlicher es ist, daß diese von Außenbeziehungen stammen. So unterstützen Männer einer westafrikanischen Gesellschaft mit besonders hohem Promiskuitätsgrad die Kinder ihrer Schwestern wesentlich intensiver (mit denen sie ja auf alle Fälle verwandt sind) als die Kinder ihrer eigenen Frau, bei denen ihre Vaterschaft höchst unsicher ist (Daly und Wilson 1983).

Was haben nun Frauen davon, Kinder auch von anderen Männern zu bekommen, nicht nur von ihrem eigenen Mann? Die *Zahl* der Nachkommen ist durch Fremdkopulationen meist nicht zu steigern. Nun – sicherlich resultiert daraus ein genetisch reichhaltigeres Gengemisch in ihren Nachkommen. Außerdem soll es vorkommen, daß der eigene Mann nicht der schönste der Welt ist. Kommen nun attraktivere Männer, ist es evolutionär stimmig zu versuchen, von diesen die Kinder zeugen zu lassen, was wiederum attraktivere Söhne erwarten läßt, die erfolgreicher sein könnten als die Kinder des Langzeitpartners, eben diese Frau zur Großmutter zu machen (es hat evolutionär wenig Sinn, viele Kinder zu haben, wenn diese nicht entsprechend weiterreproduzieren). Tatsächlich wurde gezeigt, daß die weibliche Bereitschaft zur Sexualität rund um den Eisprung – hormonbedingt – ansteigt, *insbesondere die Bereitschaft zum Seitensprung*. Zudem zeigte sich in Bewertungsversuchen, daß Frauen den Geruch eines männlichen Sexualduftstoffes (den man eigentlich als Stinkstoff bezeichnen sollte), des *Andostenons*, durchwegs als unangenehm empfinden, ausgenommen rund um den Eisprung. Frauen »wissen« (unbewußt oder bewußt) also über ihren Zustand Bescheid und handeln auch danach. Den Männern dagegen ist dieser evolutionär-strategische Zeitplan unbekannt, was den Frauen einen recht beachtlichen taktischen Vorsprung verschafft (Grammer 1993).

Beide, Frauen und Männer, sind also *evolutionär auf Seitensprung eingestellt*, aber aus völlig verschiedenen Gründen: Erlaubt diese Alternativstrategie der *Frau*, möglicherweise die *Qualität ihrer Nachkommen* zu steigern, ist der Effekt von Seitensprüngen beim *Mann* eine *quantitative Erhöhung der Zahl der Nachkommen*.

Das Prinzip Spermakonkurrenz

Verhaltenskategorie Seitensprung, Spermakonkurrenz als zugrundeliegendes Prinzip: Frauen kämpfen darum, möglichst »fitten« Nachwuchs großzuziehen. Die Strategiespiele der Männer drehen sich dagegen darum, tatsächlich die leiblichen Väter ihrer Nachkommen und, wenn möglich, noch vieler anderer Kinder zu sein.

Diese Zusammenfassung weiblich-männlicher Grundstrategien, des fein gesponnenen Gefüges von Kooperation und Konflikt zwischen sozialen Partnern, mag theoretisch-abgehoben anmuten, für unser gegenwärtiges Leben irrelevant. So ist es aber nicht, wie beispielsweise die Untersuchungen durch Baker und Bellis (1993a,b) von der Universität Manchester zeigten. Sie schafften tatsächlich das Kunststück, Daten über das Ejakulationsverhalten von Männern und über die Spermaretention, das differentielle Aufbewahren von Sperma verschiedener Partner von Frauen, zu sammeln. Die Auswertung zeigte, daß die evolutionären Spiele im Zusammenhang mit der Spermakonkurrenz beim Menschen noch wesentlich facettenreicher verlaufen als bisher angenommen. Es gelang dieser Forschergruppe, Material von 35 Menschenpaaren sowie Daten über das Kopulationsverhalten von fast 3600 Frauen zu erhalten. Dabei zeigte sich, daß einerseits Männer ihre Spermamengen in Abhängigkeit vom Gewicht der Partnerin dosieren, andererseits Frauen die Spermaretention durch Orgasmen regeln und damit die Wahrscheinlichkeit beeinflussen, wer der Vater ihrer Kinder sein wird.

Da schließlich auch Sperma eine begrenzte Ressource ist, sollten Männer ihre abgegebene Spermamenge je nach Risiko einer aktuellen Spermakonkurrenz und dem reproduktiven Wert der Frau dosieren. Sperma ist bis zu 8 Tage im weiblichen Zervikalbereich überlebensfähig, ein bereits vorhandener Spermavorrat vermindert das Zurückhalten neuen Spermas. Tatsächlich war die Menge des abgegebenen Spermas bei Paaren größer, die nicht ständig zusammenlebten, bei denen das Risiko weiblicher Seitensprünge also größer war. Außerdem gaben Männer im Verkehr mit beleibteren Frauen größere Mengen an Sperma ab als bei schlankeren. Hierzu muß angemerkt werden, daß zumindest während der langen Zeiten, da unsere Verhaltensdispositionen in einer Welt beschränkter Nahrungsressourcen evoluierten, der Ernährungszustand der Frau, also ihre für die Männer sichtbaren Fettpolster das beste Vorhersagekriterium für ihre Fähigkeit bildeten, ein Kind auszutragen und aufzuziehen. Das mag nebenbei die Erfahrung von vollschlanken Frauen erklären, wonach es recht viele Männer gibt, die mit ihnen schlafen wollen, auch wenn dieselben Männer als soziale Partnerinnen eher Frauen bevorzugen, die dem gesellschaftlichen Schlankheitsideal entsprechen.

Aber zurück zu Baker und Bellis. Eine andere, zunächst paradox erscheinende, den Grundregeln der Spermakonkurrenz zuwiderlaufende männliche Verhaltensweise ist die Masturbation. Diese steigt in ihrer Frequenz zumindest bei jüngeren Männern bereits drei Tage nach ihrem letzten sexuellen Kontakt stark an; es werden offenbar große Mengen an Sperma vergeudet, die besser für den nächsten sexuellen Kontakt gespart werden sollten. Damit wird allerdings die Konkurrenzfähigkeit des Spermas erhöht, nach dem Motto »Klasse statt Masse«. Werden nur relativ junge Geschlechtszellen an Frauen weitergegeben, so ist eine möglichst lange Überlebenszeit im weiblichen Reproduktionstrakt gewährleistet.

Es mag der Eindruck entstanden sein, als wären Frauen nur passive Spermaempfängerinnen, daß die Vaterschaft via Spermamenge und -qualität allein in der Konkurrenz zwischen den Männern entschieden würde. Das Gegenteil ist der Fall. Bereits über die Wahl des Zeitpunktes der Kopulation und natürlich des Partners bestimmen Frauen ganz entscheidend mit; die weibliche Bereitschaft zu Fremdkopulationen scheint beispielsweise in der empfänglichsten Zeit, um den Eisprung, am größten zu sein; und dieser Zeitpunkt ist nur den Frauen, nicht den diversen konkurrierenden Männern bekannt. Aber das ist noch nicht alles. Baker und Bellis zeigten, daß das Muster an weiblichen Orgasmen die Spermaretention entscheidend beeinflussen kann. Am meisten Sperma wird zurückgehalten, wenn die Frau etwa 1 Minute vor bis 40 Minuten nach der Sperma-Ejakulation ihren Orgasmus hat. Es scheint, als wäre eine Art Saug-Pump-Mechanismus im Spiel, der Sperma in die Reservoire im Zervix transportiert. Frühe Orgasmen haben darauf kaum Einfluß. Die psychologische Entsprechung dieser evolutionären Strategie scheint das Bedürfnis sich liebender Paare zu sein, gemeinsame Orgasmen zu erleben.

Das Sperma einer erfolgten Kopulation blockiert die nennenswerte Aufnahme weiteren Spermas für etwa 8 Tage. Die Effizienz dieser Blockade wird in dieser Zeit geringer, kann aber durch Orgasmen zwischen Kopulationen (im Schlaf oder durch weibliche Masturbation) wiederhergestellt werden. Das heißt, daß Frauen, neben der tatsächlichen Partnerwahl, mittels ihrer Orgasmen einen großen Einfluß auf die Vaterschaft ausüben können. Tatsächlich scheinen sich Orgasmusmuster von Frauen bei Seitensprüngen mit dem Resultat zu verändern, daß Frauen dadurch dem Sperma des Konkurrenten ihres Paarpartners einen numerischen Vorteil verschaffen. Folge dieser weiblichen Strategiespiele wäre, daß relativ viele Kinder Produkte relativ weniger Seitensprünge sind. Der Nachwuchs der Frauen wird dadurch vielfältiger, als er es von einem einzigen Mann sein könnte. Der männliche Paarpartner sollte davon natürlich nichts bemerken, um sein Engagement als Versorger des Kindes der Frau nicht zu gefährden.

Dies bedeutet natürlich nicht, daß alle paargebundenen Frauen und Männer permanent Seitensprünge machen müssen, weil es ihre evolutionären Strategien so wollen. Aber immerhin werden ziemlich quer durch alle Kulturen etwa 5 bis 10% der Kinder in außerpartnerschaftlichen Kopulationen gezeugt, was die evolutionäre Relevanz dieser alternativen Paarungsstrategie belegt.

Menschliches Verhalten: ein evolutionäres Erbe

Überzeugende Belege, daß menschliches Verhalten nicht beliebig kulturell formbar und vielfältig ist, kommen auch vom Vergleich einfacher Verhaltensweisen über die Kulturen. Irenäus Eibl-Eibesfeldt konnte in seinem beeindruckenden Lebenswerk zweifelsfrei zeigen, daß Menschen überall auf der Welt einander auf sehr ähnliche Weise die Zuneigung ausdrücken, sich begrüßen, einander verspotten, prahlen, daß Knaben weltweit lieber rauhe Spiele spielen als Mädchen usw. (1995, Grammer 1988). Daß sich diese Ähnlichkeiten in den Verhaltensweisen, diese menschlichen Universalien unabhängig voneinander so lückenlos parallel zueinander entwickelt hätten, ist genauso unwahrscheinlich wie die Annahme, daß die früheren Kolonialherren die Welt lükkenlos mit ihren Verhaltensmustern angesteckt hätten (obwohl sie sonst recht tüchtig im Anstecken waren). Es ist also der Schluß zwingend, daß es zumindest ererbte Dispositionen zur Ausbildung dieser Verhaltensuniversalien gibt, die allen Menschen zu eigen sind.

Zahlreiche Untersuchungen gibt es auf den Gebieten der Nahrungssuche durch Menschen, des Sozial- und Sexualsystems im Verhältnis zu den ökologischen Randbedingungen, zur elterlichen

Investition und Verwandtenselektion (Daly und Wilson 1983). Die meisten dieser Untersuchungen wurden an den wenigen rasant verschwindenden Jäger- und Sammlerkulturen durchgeführt, zum Beispiel den heute in ihren ursprünglichen Lebensformen fast nicht mehr existierenden !Kung-Buschleuten der Kalahari oder den Yanomami-Indianern des Amazonas. Damit war eine gute Vergleichbarkeit gegeben, die Beziehung zwischen ökologischen Randbedingungen und Lebensform ist hier noch recht direkt und wenig durch einen komplizierten kulturellen Überbau verschleiert, wie er schon bei vorrathaltenden Bauern- und Hirtengesellschaften auftritt (Schiefenhövel u. a. 1993).

Es ist in diesem Buch nicht meine Aufgabe, einen lückenlosen Überblick über die evolutionären Aspekte menschlichen Verhaltens zu geben. Vielmehr möchte ich deutlich machen, daß die öko-ethologische Betrachtung menschlichen Verhaltens nicht ein biologistisches Hirngespinst darstellt, sondern einen wissenschaftlichen Brennpunkt, der noch lange aktuell sein wird, zumal gerade hier, und das sei zugegeben, die Entwicklung von Hypothesen den erhobenen Daten weit vorauseilte. Zumindest war das bis jetzt so. Gelegentlich beginnen die Daten die Theorie allerdings bereits einzuholen, wie die oben erwähnten Untersuchungen von Baker und Bellis (1993a,b) zu den männlichen und weiblichen Strategiespielen um die Spermakonkurrenz eindrucksvoll zeigen.

Natürlich heißt das nicht, daß evolutionäre Strategien die *unmittelbaren* Motivationen für menschliches Sexualverhalten sind. Nur mehr selten verkehrt Mann/Frau, *um* Nachwuchs zu zeugen, steigen sie ins Bett mit dem festen Vorsatz, ihre Fitness zu erhöhen. Natürlich tut man's, weil es Spaß macht, sonst wäre Empfängnisverhütung entbehrlich und die Menschheit längst ausgestorben. Oder wissenschaftlich verbrämt ausgedrückt: Wir tun's, weil unser internes Opiat-System uns dafür mit Lustempfinden belohnt. Das ist aber eine physiologisch-psychologische Erklärung, welche eine evolutionäre nicht nur nicht ausschließt, sondern sie geradezu erfordert. Ohne adaptiven Wert im Konfliktfeld der unterschiedlichen Interessen von Männern und

Frauen wäre die Entstehung unseres verzwickten, konfliktträchtigen und doch so schönen Systems nicht denkbar.

Und natürlich bedeutet das oben Diskutierte nicht, daß wir nach unseren evolutionären Voreinstellungen handeln *müssen*. Es entschuldige niemand eheliche Untreue und damit zusammenhängende Probleme mit dem von Öko-Ethologen schließlich attestierten zwanghaften Drang zum Seitensprung! Unsere Entscheidungsfreiheit wird durch die Erkenntnisse der Öko-Ethologie nicht aufgehoben, sondern verbessert. Unserem evolutionären Hintergrund zum Trotz ist jeder Mensch für seine gesellschaftlichen Handlungen voll verantwortlich.

Sind wir die »Sklaven unserer Gene«?

Der letzte Satz klingt seltsam. Wenn so ziemlich alles an unseren Handlungsmotivationen prädisponiert ist, wie sollen wir dann überhaupt in der Lage sein, unser Schicksal in die eigenen Hände zu nehmen? Ist dann ohnehin nicht alles (genetisch) vorbestimmt? Es ist beinahe ein Allgemeinplatz zu betonen, daß wir zwar genetisch prädisponiert, aber nicht beherrscht sind. Wurde Konrad Lorenz seinerseits größtenteils zu Unrecht beschuldigt, genetischer Determinist zu sein, so gilt dieser Vorwurf heute noch weniger. Natürlich, als *»Sklaven unserer Gene«* bezeichnet zu werden mag unangenehm berühren, hängt es doch unser menschliches Handeln an die Fäden des großen unpersönlichen und richtungslosen Puppenspielers Evolution. Wir haben aber trotzdem nicht das Recht wegzuschauen, einfach zu leugnen, daß Verhaltensmerkmale erbliche Komponenten haben. Selbst wenn wir das Fernsehgerät abdrehen, fügen weiterhin Menschen anderen Menschen Monströses zu. Wir sind es uns selber und den anderen schuldig, nicht wegzuschauen, uns nicht selbst zu belügen, die *richtige Diagnose* zu den grundlegenden Funktionen menschlichen Verhaltens zu stellen, die Spekulation zur Seite zu schieben und die Basis menschlichen Verhaltens naturwissenschaftlich zu erforschen. Das evolutionäre Menschenbild zu ignorieren und es durch idealistische Wunschbilder vom Menschen zu ersetzen wäre angesichts der Probleme in der heutigen Welt genauso verbrecherisch wie das Handeln jenes Arztes, der zwar sieht, daß ein Patient Krebs hat, dies aber nicht diagnostiziert, weil das eben unangenehm ist.

Gene stecken den Rahmen unserer Freiheit ab

Dies alles klingt – wieder einmal, denkt man an Sozialdarwinismus, Drittes Reich, Rassismus und Sexismus – nach ungutem genetischem Determinismus. Natürlich sind wir *Menschen* und keine Elefanten, Spitzmäuse oder Flughörnchen, d. h. unsere Gene geben zweifellos den Rahmen unserer Freiheit vor. Tatsächlich aber können die meisten sozialen Tiere ihre sozialen und sexuellen Systeme recht flexibel an die herrschenden ökologischen Bedingungen anpassen (Lott 1991), wie auch aus der Vielfalt menschlichen sozialen und sexuellen Verhaltens deutlich wird.

Nun sind unsere genetischen Dispositionen keine Krankheiten, die aus ihnen hervorgehenden Handlungen bedürfen aber in unserem eigenen Interesse und in jenem der Gesellschaft gelegentlich einer Modifikation. Und wir sind kraft unseres mächtigen neo-kortikalen Gehirnes fähig, das zu tun, besonders auf der Basis entsprechender Einsicht in die evolutionären Grundlagen unseres Verhaltens. Da das Milieu der modernen Menschen in einschneidender Weise nicht mehr jenem entspricht, welches die Randbedingung für die Evolution unserer (damals adaptiven) Verhaltensdispositionen war, wäre es naiv, unsere Dispositionen allein deswegen als »gut« und daher unreflektiert auslebbar anzusehen, weil sie »natürlich« sind. Natur ist Ergebnis der Evolution, daher von Haus aus weder gut noch schlecht, sie *ist* einfach. Da wir unsere Neigungen entsprechend den oben skizzierten evolutionären Linien schon mal in uns tragen, das gesellschaftliche Umfeld aber heute nicht mehr jenem entspricht, in dem sie entstanden, sind wir genötigt, diese Verhaltensneigungen an die gegenwärtigen Lebensumstände anzupassen. »Gut« für uns ist, was unsere individuelle Fitness, unser individuelles Überleben in unserem gegenwärtigen Umfeld fördert. Obwohl dadurch Konflikte mit »Gesellschafts-«, also Mehrheitsinteressen vorprogrammiert sind, geht dies in unserer hochvernetzten, übervölkerten Welt nicht mehr gegen die anderen, sondern nur mehr mit den anderen.

Eine Diagnose zu stellen bedeutet also keine Verdammnis, sondern ist gewöhnlich der erste Schritt einer Therapie. Dem biologischen Imperativ der Fitnessmaximierung ist nur durch Bewußtseinsbildung zu begegnen. Tatsächlich zwingt uns niemand, zum weiteren Schaden der Menschheit egoistisch zu handeln. Es ist eine brauchbare Arbeitshypothese, daß eine Wurzel für Fremdenfeindlichkeit die wahrscheinlich evolutionär begründete Distanz gegenüber Nicht-Gruppenmitgliedern ist. Obwohl daher dieses Gefühl als »natürlich« anzusehen ist, ist es deswegen nicht automatisch auch »gut«, sind wir nicht daran gebunden. Es ist im Prinzip relativ einfach, wenn auch bildungsaufwendig, durch den Einsatz unserer kortikalen Ratio dieser Angst, also unserem alten evolutionären Antrieb erfolgreich Widerstand zu leisten und einem anderen alten Erbe, unserer Sozialisierungsfähigkeit (Chance 1988), die Bahn freizumachen. Auch aus diesem Blickwinkel ist zu betonen, daß nicht die Flucht in Mystik und Irrationalität, sondern die kompromißlose Förderung einer humanen, pluralistischen und liberal-weltoffenen Bildung sich als der letzte verbliebene Hoffnungsstrahl dafür darstellt, daß die Menschen nicht im Spannungsfeld zwischen ihren Verhaltensdispositionen und der kulturell geprägten, übervölkerten Umwelt zugrunde gehen.

Unser enormes, ebenfalls evolutionär entstandenes Gehirn (Riedl 1981a) gibt uns – so es nicht in die Falle der deduktionistischen Spekulation oder des Dogmatismus tappt (Lorenz 1992) – die Möglichkeit, uns über die Bedingungen unserer Existenz, etwa über das Vorhandensein von evolutionären Strategiezwängen, bewußtzuwerden und damit nie vorher in der Stammesgeschichte gekannte Freiheit zu erlangen. Ideologien, Glaube und menschliche Selbstüberschätzung helfen uns hier nicht weiter, sondern sind sehr oft aus Gruppenzwängen resultierende Hindernisse, welche u. a. den Herrschenden ihre Machtausübung erleichtern. Unsere enorme Hirnrinde ist, so scheint es, als einziges Instrument brauchbar, uns in ein möglichst *reales*, besser: *relevantes Bild die-*

ser Welt bewußt einzuordnen. Daß die Wirklichkeit erst in unserem Gehirn entsteht (Maturana und Varela 1987), ist, ohne die Schwächen des Konstruktivismus hier näher diskutieren zu wollen, damit nicht unbedingt im Widerspruch. Die Naturwissenschaften geben uns die Werkzeuge in die Hand, uns weitgehend vor Selbstbetrug zu schützen (Exkurse 5,6, S. 65, 76). Der Geist der Aufklärung ist gefordert.

Brennpunkt Biologie des Subjektiven: Emotionen

Von den Strategien hin zu jenen internen Antriebssystemen, welche uns so oft auch gegen die Ratio dazu bringen, strategiekonform zu handeln: Liebe, Haß, Lust usw. Emotionen sind zumindest theoretisch ein weites, lohnendes Forschungsgebiet der Ethologen, Physiologen und natürlich Psychologen. »Theoretisch« bezieht sich hier auf die biologischen Disziplinen, für die diese Grundstimmungen der Tiere ein äußerst schwieriges Terrain darstellen. Das führte sogar zu dem obskuren Auswuchs, ihr Vorhandensein und ihre Verhaltensrelevanz zu leugnen (Skinner 1938, 1971). Anders als unsere Kollegen aus der Humanpsychologie können wir Tiere nicht direkt nach ihren Gefühlen befragen. Ansetzen kann man nur an beobachtbarem Verhalten, der Körperhaltung und Handlungsbereitschaft, die verraten, in welcher oder welchen Grundstimmung(en) sich Tiere befinden (Lamprecht 1972). Die Lorenzsche Abbildung der Hundemimik (1982) zeigt beispielsweise die Übergänge von gespannter Ruhe zu Aggression und Defensive.

Subjektiv – objektiv

Wie real Emotionen sind, wissen wir alle aus Selbsterfahrung und aus unseren täglichen Kontakten mit freudig erregten, ärgerlichen, ängstlichen oder aggressiven Mitmenschen und Haustieren. Trotzdem sind Emotionen wissenschaftlich nur sehr schwer faßbar; ganz unmöglich wird es auf der subjektiven, der Erlebnisebene. Auf die Motivationslage eines Tieres kann bislang nur über dessen zielgerichtete Handlungen rückgeschlossen werden. Emotionen motivieren, schaffen Verhaltensantrieb. Wenn ein Hund nach Wasser sucht, dann ist er wahrscheinlich durstig. Dieser physiologisch von spezialisierten hypothalamischen Gehirnzentren ausgelöste Suchvorgang ist also Durst-motiviert. Die zugehörige Emotion wäre wahrscheinlich ein mit Appetenzverhalten verbundenes Unlustgefühl, subjektiv ein Durstgefühl, das nach dem Trinken in ein gewisses Lustgefühl umschlägt.

Lorenz selbst (1992) betonte die letztliche Unerforschbarkeit der Emotionen und die Notwendigkeit der strikten Trennung in die *physiologischen, objektiven Grundlagen* und deren *subjektive Auswirkungen*, welche Emotionen nun mal sind. Solipsisten betonen formal richtig, daß wir nur unsere eigenen Emotionen und Gedanken bis hin zum Erlebnis der Erkenntnis und des Bewußtseins erfahren können, nicht aber die Qualität dieser psychologischen Kategorien bei anderen Menschen, geschweige denn bei Tieren (Griffin 1991) nachvollziehen können. Daß sich Lorenz besonders auch mit der Aggression beschäftigte (1963), ist dazu kein Widerspruch, da Aggressionen beobachtbare Verhaltensweisen sind.

Zu *wissen*, wie andere Menschen und Tiere subjektiv denken und fühlen, wird sicher ein unerfüllbarer Wunschtraum bleiben, selbst wenn wir immer mehr über Sinnesausstattung und Gehirne anderer Tiere wissen. Ist das Einfühlen in die Erlebniswelt der uns so nahestehenden Schimpansen oder Gorillas schon gewagt, so ist dies etwa im Falle der vorwiegend geschmacksorientierten Welse oder der hauptsächlich elektro-orientierten Nilhechte schlicht unvorstellbar. Es gab viele Versuche, das Umwelterleben anderer Tiere nachzuvollziehen (z. B. Uexküll 1921), die sicherlich interessant und phantasiebelebend sind, naturwissenschaftlich aber letztlich fruchtlos bleiben.

Andererseits wäre auf der Basis der Tatsache, daß wir Menschen evolutionär entstanden und sowohl untereinander als auch, in abgestufter Form, mit Tieren genetisch verwandt sind, die Annahme unrealistisch, daß andere Menschen und naheverwandte Tiere gänzlich andere Gefühls- und Gedankenwelten hätten als wir selber. Unterschiede gibt es natürlich, aber das ist nichts Besonderes, ist doch allen evoluierten Merkmalen eine gewisse Variationsbreite gemein. Außerdem funktionieren unsere Sozialsysteme, ähnlich dem Straßenverkehr, auf dem Vertrauensgrundsatz: der Annahme also, daß die Reaktionen anderer (auf meine Handlung hin) mit hoher Wahrscheinlichkeit voraussagbar sind. Und das funktioniert nur mit Hilfe einer gemeinsamen Normenwelt, im Fall des Straßenverkehrs und anderer kultureller Bereiche eine gesetzliche Norm, im Fall von Sozialsystemen die Gesamtheit unserer evolutionären Verhaltensnormen, angetrieben von unseren Gefühlen und Gedanken. Da man also annehmen muß, daß Menschen ihre Emotionen und ein vergleichbares, damit verbundenes Erleben verbindet, gibt es wenig Grund anzunehmen, daß Tieren die Emotionen, das zugehörige Erleben sowie Denken und Bewußtsein generell abzusprechen sind. Eher sind graduelle Unterschiede zwischen den Arten wahrscheinlich. Wenn Emotionen als Verhaltensantriebe für Menschen wichtig sind, dann kommen diese sicherlich nicht aus dem Nichts, sondern aus einer evolutionären Entwicklungsreihe.

Lorenz sprach im privaten Kreis dem Vernehmen nach durchaus augenzwinkernd über *verliebte* Gänse und *deprimierte* Fische; wenn er darüber schrieb, dann standen diese Begriffe, so er sie überhaupt verwendete, in Anführungszeichen, was den Gebrauch dieser Begriffe im analogen Sinn bedeutete. Wurde es ganz ernsthaft wissenschaftlich, wie etwa in seinem Lehrbuch über Vergleichende Verhaltensforschung, dann vermied er ihren Gebrauch gänzlich. Nicht einmal das Wort »Emotion« kommt in diesem Werk vor, nur die »Motivation«. Diese große Vorsicht ist natürlich gerechtfertigt und aus der Entwicklung der Ethologie heraus verständlich. Gerade Lorenz und die anderen Gründerväter der Ethologie widmeten ihre besten Jahre dem Kampf gegen falsche, vermenschlichende Interpretationen tierischen Verhaltens. Die Emotionen sind in diesem Zusammenhang besonders heikel, und jedes Verwenden von humanpsychologischer Terminologie macht einen zur leichten Beute von nicht immer ganz kollegialer Kritik. Dazu kommt, um es zu wiederholen, daß

Emotionen, wenn überhaupt, nur an ihren Auswirkungen auf das Verhalten zu erfassen sind; ihre Hirn-internen Mechanismen blieben bis in jüngste Zeit einer direkten Erforschung recht unzugänglich. Mehr noch, der eigentliche Grund für den vorsichtigen Umgang von Konrad Lorenz mit den Emotionen war ihre subjektive und daher naturwissenschaftlich letztlich unerforschliche Natur (Lorenz 1992).

Emotionen sind eine ganz entscheidende Motivationsbasis von Verhalten. Die Analogie zu den Modulator-Substanzen im Gehirn, z. B. den biogenen Aminen, drängt sich auf; im Gegensatz zu den in Sekundenbruchteilen wirkenden Transmittern – also jenen chemischen Botenstoffen, mit deren Hilfe Nervenzellen miteinander kommunizieren – entfaltet sich die Wirkung von Modulatoren nach deren Freisetzung in den mit Gehirnflüssigkeit gefüllten Spalträumen des Zentralen Nervensystems (ZNS) langsamer, im Bereich von Sekunden und Minuten. Sie nehmen damit eine Zwischenstellung zwischen Transmittern und Hormonen ein. Modulatoren bewirken durch ihre Konzentrationsbeziehungen im Raum zwischen den Nervenzellen eine Erhöhung oder Senkung (also Modulation) der lokalen Kommunikationsbereitschaft (Kandel u. a. 1991).

In ganz ähnlicher Weise sind Emotionen als mächtige Modulatoren des Verhaltens zu sehen. Die eben angesprochenen Amine sind übrigens maßgeblich an der Funktion jener Schaltkreise des Gehirns beteiligt, die heute für Emotionen verantwortlich gemacht werden. Ähnlich der Wirkung von Modulatoren im ZNS kann man Emotionen als Modulatoren von Verhalten betrachten. Emotionen lösen nicht unbedingt bestimmte Verhaltensweisen ursächlich aus, sie fördern Handlungsbereitschaft.

Verliebte Affen, deprimierte Gänse, zornige Fische?

Die komplexen hierarchischen Beziehungen zwischen den Emotionen wurden auch von Konrad Lorenz wiederholt behandelt, beispielsweise im Kapitel VII (über mehrfach motiviertes Verhalten) seines Lehrbuches (1982). So vertragen sich Liebe und

Aggression recht gut, und es kann zu einem raschen Wechsel zwischen so motiviertem Verhalten kommen; hingegen denken verängstigte Tiere weder daran, zu fressen, noch zu balzen oder einander zu verprügeln.

Was berechtigt uns aber generell, Bezeichnungen für menschliche Emotionen auch bei Tieren zu verwenden? Ein Ganter, der seine Partnerin verlor, geht mit eingezogenem Hals umher, er fällt ungeachtet seiner vorherigen Position auf die letzte Sprosse der sozialen Leiter zurück und bringt seiner Umwelt nur mehr gebremste Aufmerksamkeit entgegen; sein gesamtes Erscheinungsbild spricht klar für eine *Depression*. Doch genau hier beginnt das Dilemma. Bereits die Bezeichnung »Depression« für den seelischen Zustand unseres Ganters ist eine Vermenschlichung, impliziert sie doch, daß der Seelenzustand des Ganters dem eines deprimierten Menschen zumindest gleicht – eine recht gewagte Annahme, oder? Mehr noch: Um die gemeinsame Bezeichnung zu rechtfertigen, sollte die Depression beim Ganter *homolog* zur menschlichen Depression sein, also über dieselben stammesgeschichtlich alten Hirnteile und möglichst dieselben Hirnmechanismen entstehen.

Es ist müßig, darüber zu spekulieren, was Lorenz bereits (intuitiv) erfaßte, aber aus Rücksicht auf die Wissenschaftlichkeit nicht schrieb, nämlich die große Ähnlichkeit des durch Grundemotionen motivierten Verhaltens quer durchs Wirbeltierreich; ob gespannte Aufmerksamkeit (Appetenz), Liebe, soziale Aggression oder Depression, die Symptome sind bei Fischen, Vögeln oder Säugern weitgehend ähnlich. Sogar Menschenkinder, die noch nie vorher eine lebende Gans sahen, interpretieren gewöhnlich intuitiv einen angreifenden Ganter als »zornig«. Daß so universelle Gemeinsamkeiten wie die Grundemotionen immer wieder parallel zueinander entstanden sein sollen – etwa als adaptive Einstimmung des Organismus auf ökologische Randbedingungen wie Partner- und Nahrungswahl, Feindvermeidung usf. –, daran hatte mit ziemlicher Sicherheit auch Lorenz Zweifel, was sein salopper Sprachgebrauch verdeutlichen mag; aber ein universelles (homologes) System der Emotionen innerhalb der Wirbeltiere anzunehmen, dafür fehlten bis vor kurzem die Daten, wenn es auch aus der Logik der evolutionären Entwicklung, wie oben erwähnt, wahrscheinlich war.

Homologie der Emotionen?

Das wird zusehends anders. Waren über all die Jahrzehnte die Emotionen aus den oben erwähnten Gründen für Biologen ein (zu) heißes Pflaster, so ist das bei den Humanpsychologen natürlich ganz anders. Hätten diese die Beschäftigung mit den Emotionen verweigert, wären sie wohl brotlos geworden, obwohl es selbst in der Psychologie Tendenzen gibt, Emotionen auszuklammern (Kuttner 1989). Ihre intensive Beschäftigung mit den menschlichen Grundstimmungen, dem Subjekt, begründete ein starkes Interesse an den zugrundeliegenden Hirnstrukturen und -mechanismen. Tiermodelle wurden entwickelt, um Experimente durchführen zu können, die sich am Menschen aus ethischen Gründen verbieten. So gibt es schon lange Rattenmodelle der menschlichen Depression, an welchen etwa Psychopharmaka erprobt werden konnten. Aufgrund der weitgehenden Wirkungsgleichheit dieser Drogen dämmerte langsam der Verdacht, es handle sich bei der Depression und anderen Emotionssystemen von Ratten wie Menschen nicht bloß um *Analogien*, sondern vielleicht um stammesgeschichtlich dieselben Hirngebiete und -mechanismen, also um *homologe* Schaltkreise. Fortschritte in der Histochemie, Neurochemie, Neuroanatomie und bei der Aufklärung von Aktivitätszuständen von Wirbeltiergehirnen ließen diese zunächst kühne Annahme wahrscheinlicher werden. So entwarf eine neue Generation US-amerikanischer Experimentalpsychologen, etwa Panksepp (z. B. 1989), die Theorie der realen Existenz von Grund-Emotionen samt zugehöriger neuronaler Maschinerien.

Man vermutet fünf funktionelle Grund-Emotionskreise: Ein *Appetenz-System* bewirkt allgemeine Aufmerksamkeit und Verhaltensbereitschaft. Die Katze, die auf die Maus lauert, ist nur eines von vielen Beispielen (Leyhausen 1965). Ein *Ärger-Zorn-System* dagegen bereitet aggressive Interaktionen innerartlich vor. Ein Angriff auf Beute ist natürlich nicht aggressiv, sondern über Appetenz motiviert. Ein *Furcht-Angst-System* dominiert die meisten anderen Kreise und bewirkt Fluchtbereitschaft. Bei sozialen Wirbeltieren sind zwei weitere Emotionskreise ausgebildet: das *Trennungs-Depressions-System*, welches bei der Trennung vom Sozialkumpan aktiviert wird, sowie das *System soziales Spiel*, welches aber tatsächlich nur bei einigen sozial hochentwickelten Säugetieren und Vögeln nachzuweisen ist und möglicherweise kein selbständiges System darstellt, sondern einfach als spezielle Klasse lustbetonten Verhaltens zu sehen ist. Die Aufzählung klingt ziemlich unwahrscheinlich, beruht aber doch hinreichend auf Daten, um Panksepp (1989) zur Feststellung zu veranlassen: »The rough outlines of the neuroanatomies and the neurochemistries of these systems have been established, and they appear to be the primal substrates from which human affective experiences are generated« (Die groben Umrisse der Neuroanatomie und Neurochemie dieser Systeme sind nun bekannt, und sie scheinen die grundlegende Basis zu sein, auf welcher die menschlichen Affekte entstehen). Das läßt sich auf Primaten, Säugetiere, mit Abstrichen sogar auf Wirbeltiere generell ausdehnen.

Angesichts der großen Komplexität und der vielfältigen Funktionen der Emotionen wird die Annahme vielfach abgelehnt, daß ein bestimmter Emotionskreis einem einheitlichen physiologischen Apparat entspringt, daher ein einheitliches System darstellt (Lorenz 1963). Ein Musterbeispiel dafür stellt die Aggression dar. Es kann nicht bestritten werden, daß Aggression in vielen funktionellen Zusammenhängen auftritt. Das heißt noch lange nicht, daß für jeden dieser Funktionskreise ein eigener neuronaler Apparat existieren muß. Im Gegenteil: Die netzartigen Verschaltungen im Gehirn sollten durchaus hohe Flexibilität erlauben. Es stellt daher keinen Widerspruch dar, einen einzigen Grund-Emotionskreis mit multiplen Funktionen anzunehmen.

Sollte diese Hypothese zutreffen, dann wäre eine breite Synthese erreicht. Gerade deswegen ist aber besonderes Mißtrauen geboten. Zu behaupten, es sei schon alles bewiesen, wäre vermessen. Längst sind nicht alle basalen Nervenbahnen, welche Emotionen tragen, tatsächlich identifiziert, und die Befunde der Neurochemie machen das Bild nicht durchschaubarer. Beinahe täglich werden neue Substanzen entdeckt, die als Transmitter oder Modulatoren im Gehirn in Frage kommen, also in der Kommunikation zwischen den Nervenzellen eine Rolle spielen könnten. Der Nachweis, daß sie das tun, ist schon um Potenzen mühsamer als ihre einfache Lokalisation in bestimmten Hirngebieten. Kompliziert wird die Lage zusätzlich dadurch, daß ein Botenstoff mehrere Funktionen ausüben kann, abhängig von einer ebenfalls respektablen Vielfalt an Rezeptormolekülen (die meist membrangebundenen »Empfänger« dieser Botenstoffe) und Ionenkanälen (jene transmembranen molekularen Proteine, welche nach Binden eines Moleküls Botenstoff am zugehörigen Rezeptormolekül ihre Durchlässigkeit für Ionen ändern). Die Arbeit ist also noch keinesfalls sehr weit gediehen, und die Kunde von der Universalität der Emotionssysteme bleibt daher eine zwar verlockende, aber ungenügend untermauerte Hypothese. Die Herausforderung wiegt um so schwerer, da der Zusammenhang zwischen kognitivem Geschehen und Emotionen immer enger gesehen wird (Ciompi 1993).

Brennpunkt Biologie der Erkenntnis

Was Tiere denken und was wir darüber zu wissen glauben

Es wird wohl noch einige Zeit dauern, bis Ethologen ihr eher verkrampftes Verhältnis zur emotionalen Basis für Verhalten aufgeben und es wieder »erlaubt« ist, sich auch wissenschaftlich mit diesem Thema auseinanderzusetzen. Das gilt auch für einen anderen, methodisch und vom Konzept her schwierig anzugehenden psycho-biologischen Grenzbereich: für die Erfassung der kognitiven Leistungen von Tieren. Denn Kognition, Denken, Bewußtsein sind nicht nur schwierig zu definierende Begriffe, wir befinden uns hier auch wieder an der Grenzfläche zum Subjektiven, daher zur Naturwissenschaft überhaupt.

Ob etwas wissenschaftlich »erlaubt« ist oder nicht, merkt man ganz handfest daran, ob es gelingt, ein Thema in einem ernsthaften, d.h. mit Hilfe von unabhängigen Gutachtern arbeitenden Journal unterzubringen bzw. vorher für entsprechende Projekte Forschungsgelder aufzutreiben. Emotionen sollten – möglichst emotionslos – wieder zum Forschungsthema der Ethologie werden, es handelt sich dabei schließlich um reale, im Nervensystem generierte Handlungsbereitschaften, welche unser Verhalten ganz maßgeblich steuern. Sollte es gelingen, im Lichte der sich abzeichnenden Ergebnisse der universellen Gültigkeit von Emotionssystemen Ethologen, Physiologen und Psychologen zu neuen Dialogen anzuspornen, so wären neue Durchbrüche gewiß. Trotzdem wäre es auch dann nicht plötzlich erlaubt, Emotionen zu vermenschlichen. Selbst wenn diese quer durchs Wirbeltierreich in homologen Strukturen auf die gleiche Weise produziert würden, hieße das noch lange nicht, daß gleiche Emotionen bei den verschiedenen Arten, Populationen und Individuen auch immer in gleichen Funktionszusammenhängen eingesetzt würden oder daß man solchermaßen auf das Subjektive anderer rückschließen dürfte. Vermenschlichungen, wie die *feige* Hyäne, der *wütende* Stier, der *kühne* Adler, der *heldenmütige* Löwe, sie werden wohl weiterhin den Fabelbüchern vorbehalten sein.

Der Übergang zwischen Emotionen und Denken ist fließend. Wahrscheinlich seit es Menschen gibt, interessieren sie sich dafür, was und wie Tiere denken. Ist es zulässig, unsere Selbsterfahrung einfach auf Tiere anzuwenden, oder sehen diese die Welt, bewältigen sie ihre Probleme völlig anders als wir? Diese Frage beschäftigt die moderne Verhaltensforschung immer noch (oder besser: schon wieder). Ausgangspunkte für dieses neue Interesse am tierischen Denken sind einerseits die Öko-Ethologen, die wissen wollen, wie Tiere Entscheidungen treffen, und andererseits die Erkenntnis, daß komplexe soziale Systeme, etwa bei Affen und Menschen, nur über gewisse geistige und emotionale Fähigkeiten ihrer Mitglieder erklärbar sind (Chance 1988).

Zudem entspricht es einem menschlichen Grundbedürfnis, dem sich auch der Verhaltensforscher kaum entziehen kann, zu *wissen*, wie andere Lebewesen in der Welt zurechtkommen. Wir *wollen* das über unsere Selbsterfahrung verstehen und damit so vollständig wie nur menschenmöglich erklären, also nicht nur vom Verstand, sondern auch von unserem Erleben her. Damit stoßen wir an ein Grunddilemma der Naturwissenschaften, an die Diskrepanz zwischen Wissen-Wollen und Erfahren-Können, jenes Gefälle also, welches Neugierde wach und Wissenschaft in Schwung hält. Die Tatsache übrigens, daß Menschen nicht mit einem Schlag, sondern schrittchenweise in der Evolution entstanden sind, daß also aus Nicht-Menschen-Tieren sich allmählich wir Menschen-Tiere entwickelten, gibt uns Grund zur Annahme, daß sich auch ein grundlegendes Interesse an Nicht-Artgenossen nicht mit einem Schlage, sondern langsam herausbildete. Wir sollten also annehmen dürfen, daß zumindest Schimpansen eine uns verwandte Neugierde bezüglich des Wesens anderer Tiere haben. (Zu den Konsequenzen dieses evolutionären Denkens, seiner Verwandtschaft mit dem altgriechischen Atomismus und der recht modern gewordenen »common sense psychology« siehe S. 274.) Der eigentliche Grund für die wissenschaftliche Wiederauferstehung der spätestens seit Lorenz sanft ruhend geglaubten »kognitiven Ethologie« – also des zentralen Themas der alten Tierpsychologen, jenes Gebietes, das sich die Erforschung der geistigen Leistungsfähigkeit der Tiere zum Ziel setzte, jenes Themas, an dem bereits Darwin kaute – sind aufregende Ergebnisse der letzten 20 Jahre. Wieder einmal fiel eine, und zwar eine der dicksten und höchsten, Mauern der menschlichen Überheblichkeit, der Irrglaube von der Einzigartigkeit unserer geistigen Fähigkeiten.

Neben den Zoologen sind auch die Humanpsychologen am Studium tierischer Intelligenz interessiert. Sie wollen Zugang zum menschlichen Geist gewinnen, zu unserer Lern- und Denkfähigkeit, vielleicht auch zur stammesgeschichtlichen Entwicklung unserer großen geistigen Fähigkeiten. Da nicht nur der menschliche forschende Geist ein Produkt der Evolution ist, sondern auch alle seine biologischen Forschungsobjekte, der gesamte Stammbaum also einschließlich Mensch, wird klar, daß die Dichotomie zwischen human- und zoologisch orientierter kognitiver Forschung vordergründig ist. Es gilt der Leitsatz, daß es nur *eine* Psychologie gibt, weshalb es auf der Basis des natürlichen evolutionären Systems nur *eine* kognitive Ethologie gibt.

Für die naturwissenschaftlich orientierten Richtungen der Verhaltenswissenschaften in der ersten Hälfte unseres Jahrhunderts waren die kognitiven Fähigkeiten der Tiere zunächst ein blinder Fleck. Man vermied dieses Gebiet entweder, wie manche klassischen Ethologen, oder lehnte es sogar, wie die Behavioristen, glattweg ab, daß Tiere kognitive Fähigkeiten haben könnten bzw. daß diese irgendeine Verhaltensrelevanz hätten. Dies widerspiegelt sicherlich eine Reaktion bzw. Überreaktion auf vermenschlichende Interpretationen tierischen Verhaltens durch die Tierpsychologen. Ihre Tradition, Tieren sehr freizügig rationale Entscheidungsfähigkeit zuzubilligen, geht unmittelbar auf Darwin zurück, ist aber eigentlich, wie in der kurzen Skizze der historischen Entwicklung der Verhaltenswissenschaft geschildert wurde, viel älter.

Worum es in der Kognitionsforschung überhaupt geht, ist zunächst schwierig zu fassen, da es keine eindeutige, allumfassende Definition von bewußten geistigen Fähigkeiten gibt. Das mag seltsam anmuten, denn wie soll man auf einem Gebiet wissenschaftlich arbeiten, wenn man es nicht einmal definieren kann? Hierzu meint Griffin (1991), daß auch andere Begriffe, wie etwa der Stoffwechsel, nicht eindeutig definierbar sind und dennoch Physiologen auf diesem Gebiet fruchtbare Arbeit leisten, zudem sei vor einer möglichen Einengung der Perspektiven durch Definitionen zu warnen.

Operational könnte man Denken als die Fähigkeit bezeichnen, wahrscheinliche Resultate alternativer Handlungen gegeneinander abzuwägen und dann das zu tun, was am wahrscheinlichsten das angestrebte Resultat bringt. Dies verlangt zumindest Ansätze von Bewußtsein, welches wieder dadurch charakterisiert werden kann, daß ein Tier als Subjekt über Objekte und Ereignisse nachdenken kann, daher also interne, mentale Bilder der Welt haben muß, auch Annahmen über seine Umwelt gespeichert haben sollte und wissen sollte, was es mag und nicht mag. Das schließt Selbstbewußtsein und Reflexionsfähigkeit über den Denkprozeß noch nicht automatisch mit ein (Ristau 1991). Trotzdem zeigen diese

Definitionsansätze, daß Kognitives mit dem subjektiven Erleben eng verzahnt ist. Bewußtes Denken *ist* Teil unseres Subjektiven und ist zudem untrennbar mit Emotionen verbunden (Ciompi 1993). Es gibt keine emotional neutralen Gedanken. Alle sind sie in unterschiedlichem Ausmaß mit Lust oder Unlust verbunden – der Grund dafür, warum manche Gedanken, etwa an den Tod, gerne verdrängt werden.

Eine Naturwissenschaft des Subjektiven?

Folgerichtig waren für Lorenz die kognitiven Fähigkeiten der Tiere Teil des Leib-Seele-Problems und repräsentierten für ihn daher eine Forschungsbarriere. Nirgends sprach er dieses Problem so klar an wie in seinem »Russischen Manuskript« (Lorenz 1992). Dort schrieb er sinngemäß, daß eine restlose Einsicht in die materielle Seite eines physiologischen Vorganges uns nicht um Haaresbreite dem Verständnis der Frage näherbringt, welche *Beziehung* zwischen ihr und den parallel laufenden psychischen Erscheinungen besteht. Er unterschied also klar eine *objektive*, meßbare und beobachtbare, daher erforschbare Seite des psychischen Geschehens und eine *subjektive*, prinzipiell naturwissenschaftlich nicht erforschbare Seite. Wörtlich schreibt Lorenz: »*Das Ding ist an sich nur eines*, nämlich die gestaltete Ganzheit des höheren, beseelten Organismus. Unser *Denken* aber kann nur von zwei inkommensurablen Seiten an diese Einheit heran, von jenen beiden Seiten nämlich, für die es *Empfangsorgane* in Gestalt angeborener Formen möglicher Erfahrung oder, um mit Kant zu sprechen, apriorische Schematismen bereitliegen hat. Es ist gleichsam so, als ob wir ein Ding zwar sowohl sehen als riechen könnten, aber nicht imstande wären, beide Wahrnehmungen auf denselben Gegenstand anschaulich zu beziehen. *Zwischen* den beiden apriorischen Anschauungsformen der subjektiven Betrachtung der beseelten organischen Ganzheit fehlt jede denkmögliche Brücke. Das Verhältnis zwischen der subjektiven und der objektiven Seite beseelten Lebensgeschehens ist grundsätzlich *a-logisch*« (S. 247).

Lorenz scheint also aufgrund dieser Logik Solipsist gewesen zu sein. Vertreter dieser Richtung beharren, verkürzt dargestellt, darauf, daß es unmöglich sei, das seelisch-geistige Erleben anderer objektiv nachzuvollziehen, zu erforschen, zu begreifen. Formal ist das Argument sicherlich richtig. Selbst von Mensch zu Mensch wird uns das subjektive Erleben der anderen immer verborgen bleiben. Wenn mir jemand mitteilt oder ich aus dessen Körpersprache erkenne, daß er fröhlich, traurig, aufgeregt usf. ist, kann ich nur auf Basis meiner Selbsterfahrung darauf schließen, welches subjektive Erleben mein Gegenüber gerade beherrscht, aber ich kann es nicht *wissen*. Was zwischen Menschen gilt, muß, da Menschen Teil des Stammbaumes sind, auch zwischen Menschen und anderen Tieren gelten. Hier können Solipsisten scheinbar mit noch mehr Rechtfertigung einfach annehmen, daß wir das subjektive Erleben, daher auch die kognitive Welt anderer Tiere niemals nachvollziehen können. So berechtigt diese Argumente auf einer formalen, logisch-philosophischen Ebene auch sein mögen, so unwahrscheinlich, ja absurd klingen sie in den Ohren evolutionär orientierter Naturwissenschaftler (Griffin 1991).

Wenn unser Erkenntnisapparat adaptiv entstanden ist, dann muß das auch für jenen Teil davon gelten, der unser Erleben vermittelt. So ist aus der Gleichheit von Handlungen, Körpersprache u.a. von Leuten im gleichen emotionalen Grundzustand darauf zu schließen, daß nicht nur die zugrundeliegenden physiologischen Mechanismen, sondern auch das subjektive Erleben zumindest sehr ähnlich sind. Schließlich haben wir ja im Verlauf unserer Entwicklung die Bezeichnungen für unsere inneren, subjektiven Zustände durch Beobachtung anderer Personen zuerst gelernt, dann verfeinert. Der Umstand, daß eine bestimmte Art zu weinen bzw. zu lachen bei allen Menschen Ausdruck tiefer Traurigkeit bzw. offener Fröhlichkeit ist, kann uns zur Annahme berechtigen, daß das zugehörige subjektive Erleben zwischen den Individuen zumindest recht ähnlich ist. Aber wir können es nicht *wissen*. Innere Zustände wie auch kognitive Fähigkeiten lassen sich durch Beobachtung von Verhalten und Versuche sehr wahrscheinlich machen, niemals aber im naturwissenschaftlichen Sinne nachweisen.

»Hausverstandspsychologie«?

Warum kognitive Fähigkeiten trotzdem eine Domäne der Naturwissenschaftler, nicht aber der Märchenerzähler sein sollten? Viele stellen heute auf der Basis der Kontinuität zwischen Menschen und Tieren einen extrem solipsistischen Standpunkt in Frage, ganz einfach weil unser Hausverstand dagegen revoltiert. Es lassen sich tatsächlich einerseits gute Gründe dafür finden, warum er das tut, und andererseits auch dafür, daß wir diesem unseren äonenlangen Gefährten gegenüber zwar sehr vorsichtig sein müssen (Exkurs 5, S. 65), ohne ihn aber auch nicht auskommen können. Der Ansatz der hausverstandsgeleiteten »Volkspsychologie« (*common sense psychology*; Smedslund, zitiert nach Jüttemann 1992), also Alltagspsychologie untersucht vom Menschen Hervorgebrachtes: woran wir glauben, was wir wünschen, Wahrnehmungen, Erwartungen, Ziele, Erfahrungen. Trotz harscher Kritik mancher Philosophen (diskutiert bei Griffin 1991) an diesem Ansatz ist er legitim. Wenn alle Menschen aufgrund einer Konvention vergleichbares Erleben mit ähnlichen Begriffen belegen, dann liegt deren Definition quasi in der Selbsterfahrung – so die vorauszusetzende Annahme.

Für manche Psychologen ist die *common sense psychology* gerade deswegen so interessant, weil damit der Zwang zum *vorherigen* Theoretisieren wegfällt und so eine wirklich induktive Arbeitsweise ermöglicht wird; man erhebt *zuerst*, »was es alles gibt«, und bildet die Theorie dazu *später*. Um diesen Commonsense-Ansatz auch im Artvergleich einsetzen zu können, kommen wir allerdings um eine basale Theorie, die Evolutionstheorie, nicht herum. In aller Kürze lautet das Argument: Wenn die kognitiven Prozesse wie auch das subjektive Erleben bei Menschen durch unsere evolutionäre Entstehungsgeschichte ziemlich standardisiert wurden und wir berechtigt annehmen, daß Menschen aus Stammbaumvorfahren entstanden sind, dann ist anzunehmen, daß diese auch bei Tieren in abgestufter Form vorliegen. Diesem *Homologieargument* für Kognition und Psyche ist noch ein *Analogieargument* anzufügen: Die grundlegenden lebenserhaltenden und fitnessfördernden Aufgaben in der Welt sind für alle Organismen gleich. Es ist der Zugang zu Ressourcen anzustreben, Ungünstiges muß vermieden werden. Die Tier-Maschine, beginnend mit ihrem Aufbau aus drei Keimblättern, Muskeln, Skelettelementen, einem Gefäßsystem, einem Nervensystem mit spezialisierten Neuronen, gemeinsamen physiologischen Prinzipien, ist bei allen Vielzellern grundlegend ähnlich. Warum sollte gerade das interne Leitsystem, welches diese informationspropagierenden Öko-Konkurrenzmaschinen treibt, zwischen verschiedenen Arten völlig verschieden sein? Es ist daher, falls in dieser Form nicht schon an den gemeinsamen Knotenpunkten des Stammbaumes vorhanden (Homologieargument), die parallele Entstehung von ähnlichen Antriebssystemen innerhalb der Großgruppen der Vielzeller anzunehmen. Irgendwelche internen, subjektiven Antriebe, irgendeine Form von Lust und Unlust sollten auch Schimpansen, Gänse, Eidechsen, Kröten und Regenwürmer haben, denn ohne Antrieb geschieht nichts. Gegen den Hintergrund der Evolution ist die Existenz von Individuen ohne Subjektivität unwahrscheinlich.

Diese Ideen zur abgestuften psychischen Entwicklung haben durchaus handfeste Auswirkungen auf die Praxis. Tiere werden nicht mehr als Reiz-Reaktions-Maschinen betrachtet, vielleicht angereichert mit der Lorenzschen Reizstaubarkeit und den Erbkoordinationen, es wird die Möglichkeit kognitiver Fähigkeiten und psychischer Eigenschaften nicht mehr außer acht gelassen. Dadurch verschwinden Tabubereiche für die Forschung; es entsteht allerdings wiederum die Gefahr der Überinterpretation.

Kognition und die Ökonomie der Entscheidungen

Evolutionäre *common sense psychology* als Arbeitsgrundlage sollte aber nicht dazu führen, jeglichen Bezug zur Theorie außer acht zu lassen. Wie sich Biologen jahrhundertelang darin überboten, die Überlegenheit »des Menschen« über »das Tier« zu untermauern, scheint es nun zumindest einige zu geben, die aus dem berechtigten Bestreben heraus, dem Menschen das arrogante

Podest zu nehmen, in die gegenteilige Übertreibung verfallen und die rationalen Fähigkeiten der Tiere überbetonen, damit wieder in jene Fallen tappen, welche der klassischen Tierpsychologie weiland den Garaus machten. Eine lebhafte Debatte zu vielen Facetten dieses Themas findet sich bei Ristau (1991).

Eine Sicherheitsleine naturwissenschaftlicher Vorsicht stellt der – wie es scheint – noch immer allseits akzeptierte Grundsatz von Lloyd Morgan (1894) dar, daß wir in keinem Fall ein Verhaltenselement als Ergebnis einer höheren psychischen Ebene interpretieren dürfen, wenn es auch als Resultat einer tieferen Ebene erklärt werden kann. Es handelt sich also um die psychologische Ausformulierung des in den gesamten Naturwissenschaften gültigen Prinzips der einfachsten, sparsamsten Erklärung. Wenn es genügt, den Donner als Kavitationseffekt des Blitzes zu erklären, sind dazu höhere Erklärungsebenen, wie etwa der Zorn Gottes, *unnötig*; ob man sie als *falsch* ansieht, hängt natürlich von der ideologischen Einstellung des einzelnen ab.

Es erhebt sich allerdings die Frage, ob dieses Prinzip der einfachsten Erklärung wirklich so hervorragend geeignet ist, die wissenschaftliche Hypothesenbildung nahe am Boden einer gegenstandsangemessenen Realität zu halten, oder nicht auch dazu beiträgt, die Erforschung kognitiver Leistungen zu behindern. Alles entscheidend sind hier die Kriterien für »höher« oder »niederer«, also die Beurteilung, welche psychischen Prozesse einfacher, welche komplizierter sind. Das Prinzip der sparsamsten Erklärung geht hier von einer im Prinzip menschengemachten Hierarchie »niederer« zu »höheren« Antrieben für Verhaltensweisen aus, von der wir annehmen, daß sie der Abfolge der stammesgeschichtlichen Entwicklung entspricht: von »niederen« Reflexketten über Erbkoordinationen mit Taxiskomponenten bis zu »höheren«, rational gesteuerten Willkürhandlungen. Auf der Ebene des Lernens betrachtet lautet die Abfolge: bedingter Reflex → Versuch und Irrtum → Lernen durch Einsicht und andere »höhere« Formen des Lernens. Ob diese Hierarchie immer das fruchtbarste Modell sein muß, ist zu bezweifeln. Man sollte vom Grundsatz ausgehen, daß der Hauptantrieb für evolutionäre Höherentwicklung die Konkurrenz zwischen Nervensystemen gewesen ist (und immer noch ist), sei es um Ressourcen oder im Wettlauf zwischen Räubern und Beute. Entscheidende Vorteile hatten immer diejenigen, die auch nur ein kleines bißchen flexibler als ihre Konkurrenten waren. Und es gibt nichts, was höhere Flexibilität verliehe als kognitive, rationale Entscheidungsfähigkeit. Daher ist es wahrscheinlich, daß in allen Großgruppen ein starker Selektionsdruck auf der Entwicklung kognitiver Fähigkeiten lag und sich diese *parallel* (und damit analog zueinander) zu instinktgesteuerten und triebmotivierten Reflexen und Erbkoordinationen entwickelten. Aus dieser Logik heraus gilt Morgans Grundsatz nicht mehr automatisch. Vielmehr sollten Tiere dort kognitiv-rational handeln, wo sie damit schneller sind und im Vergleich zu Triebhandlungen kostengünstiger aussteigen als mögliche Konkurrenten – *wenn sie es können*, also die Fähigkeit dazu evolutionär entwickelt wurde. Und herauszufinden, ob sie es können, ist zukünftige Aufgabe der Verhaltensforschung. Daher ist nicht mehr automatisch das Prinzip der einfachsten Erklärung gültig. Vielmehr sollte in bezug auf jede Handlung auch überlegt werden, ob Triebhandlungen *oder* rationale Entscheidungen *kostengünstiger* sind. Da dabei die Entscheidung wohl meist (außer in klaren auslöserabhängigen Situationen, bei denen das Überleben von der Geschwindigkeit der Reaktion abhängt, also etwa Flucht) zugunsten der Ratio fallen wird, läuft unsere zukünftige Vorgehensweise darauf hinaus, Tests zu finden, die geeignet sind, diese Hypothese zu widerlegen. Aufgrund der Ökonomie-Überlegungen argumentiert z. B. Griffin dafür, daß gerade Tiere wie Insekten mit kleinen Nervensystemen und begrenzter Speicherkapazität kognitive Fähigkeiten benötigen. Also: Was denkt und fühlt die Biene beim Verlassen des Stockes? Aber Vorsicht! Nicht alles, was günstig wäre, ist evolutionär auch verwirklicht worden.

Bisherige Ansätze zur Erforschung kognitiver Fähigkeiten

Im ersten Drittel unseres Jahrhunderts beschäftigte man sich noch relativ häufig mit kognitiven Fragestellungen. So tauchte in den 30er Jahren im Zusammenhang mit dem Erlernen komplizierter Labyrinthe durch Ratten die Frage auf, ob dies etwas mit Einsicht zu tun hätte. Hull (zitiert bei Manning und Stamp-Dawkins 1992) versuchte im Einklang mit der damaligen Hauptströmung der Verhaltenswissenschaften, der Reflexlehre, diese Lernfähigkeit der Ratten durch »Kettenbildung« von Reiz-Reaktions-Einheiten zu erklären. Die Ratte lernt also ein Teilchen des Labyrinths nach dem anderen, hängt an bereits automatisierte Richtungsänderungen die nächsten dran und schafft es schließlich nach viel Training, den Weg ohne Irrtum zu laufen. Im Sinne Lloyd Morgans ist es nicht nötig, dafür Einsicht anzunehmen, die Leistung der Ratte ist hinreichend mit reinem Versuch-Irrtum-Lernen zu erklären. Der Zweckpsychologe Tolman (zitiert nach Manning und Stamp-Dawkins 1992) dagegen postulierte den Aufbau eines mentalen Bildes des Labyrinths im Gehirn der Ratte. Das würde bedeuten, daß sich die Ratte quasi eine Karte des komplizierten Labyrinths vorstellen kann, nach der sie dann läuft. Solche Fähigkeiten billigt man Ratten eigentlich nicht zu. Auch im Lichte der Forderung nach der sparsamsten Erklärung ist Hulls Assoziationskette der Vorzug zu geben, wenn man davon ausgeht, daß Einsicht eine »höhere« Leistung darstellt als Lernen nach Versuch und Irrtum. Ein einfaches Experiment brachte ein verblüffendes Ergebnis: Öffnete man nämlich eine Abkürzung, nachdem die Ratte auf ihrem Weg in die Futterkammer diese Stelle schon passiert hatte, so daß sie zuerst von der verkehrten Seite daran vorbeikam und damit zwar nicht mehr die Möglichkeit hatte, diese Abkürzung zu benutzen, wohl aber, sie zu inspizieren, dann nutzte ein Teil der Ratten diese Abkürzung beim darauffolgenden Versuch. Tolmans Hypothese vom mentalen Bild hat also etwas für sich, denn nach Hulls Hypothese hätten die Ratten den alten Weg benutzen müssen bzw. einige Zeit zwischen altem und neuem Weg wechseln müssen, um die Abkürzung dazuzulernen.

All solchen recht zahlreich durchgeführten Experimenten ist gemeinsam, daß eine lange Trainingsphase vorangeht, daß Leistung in Zeit gemessen wird und daß interessanterweise nur 20–30% der Versuchstiere die Abkürzung *rasch* annehmen. Damit steht es etwa 70:30 für Hull und das Prinzip der einfachsten Erklärung. Die Tatsache allerdings, daß es Tiere gibt, die rasch reagieren können, unterstützt Tolmans Hypothese. Warum diese individuellen Unterschiede auftreten, ob dabei individuelle »Intelligenz«-Unterschiede im Spiel sind oder ob dies motivationsbedingt ist (daß also 70% der Ratten nicht »wollten«), ist unklar. Es ist ein generelles Problem bei der Beurteilung kognitiver Fähigkeiten, daß Motivation kaum standardisierbar ist, daß es also im Falle negativer Ergebnisse kaum zu beurteilen ist, ob unsere Versuchstiere nicht »konnten« oder nicht »wollten«.

Methodisch kann es also aus vielerlei Gründen recht schwierig sein, etwas über die geistige Leistungsfähigkeit von Tieren herauszufinden, besonders wenn uns diese Tiere im Stammbaum nicht sehr nahe stehen. Versuchsbedingungen müssen einfühlsam gestaltet werden. So ist darauf zu achten, Tieren eine Umgebung zu bieten, in der sie sich »wohlfühlen« können, also keine Angst entwickeln, die jegliche kognitive Leistung behindert. Ersteres ist z. B. für Ratten in engen Labyrinthen durchaus der Fall; Graugänse dagegen könnte man in solcher Raumenge niemals testen, da sie darauf schlicht mit Panik reagieren. Es ist darauf zu achten, daß die gestellte Aufgabe im Einklang mit der evolutionären Geschichte und der Sinnesausstattung der verwendeten Art liegt. So ist es kein Wunder, daß Ratten bei visuellen Tests nicht besonders gut abschneiden, bzw. es ist verwunderlich, daß sie überhaupt so gut abschneiden. Ihre höheren Fähigkeiten in Verbindung mit Geruchsaufgaben, welche nach Vorstellung einiger Autoren gute Modelle für die Gedächtnisbildung im menschlichen Hippocampus abgeben, werden gegenwärtig diskutiert.

Ein anderes Problem stellt die Belohnung für gelöste Aufgaben dar. Das gleiche Stückchen Nahrung mag einen unterschiedlichen Anreiz darstellen, es bedeutet für eine Ratte sicherlich etwas anderes als für einen Fisch, der wochenlang auch ohne Nahrung auskommen kann. Unspezifische Nahrungsbelohnung kann unter Umständen eine Abschwächung der Leistung bewirken, etwa wenn ein kognitiv begabtes Tier verschiedene Gegenstände unterscheiden soll, dann aber als Belohnung Banane erhält (obwohl es doch so gerne den Testgegenstand gehabt hätte; Pepperberg 1991). Es gibt beinahe nichts, was man bei solchen Tests nicht falsch machen könnte, und unterschiedliche Experimentatoren begehen unterschiedliche Fehler. Auch aus diesem Grund ist das Gebiet der kognitiven Ethologie bei den meisten Verhaltensforschern weder besonders beliebt noch besonders angesehen, darum aber nicht weniger wichtig.

Neben der Durchführung von Versuchen zur tierischen Kognition kann deren Interpretation ein weiteres Problem darstellen. So vollbringen etwa Tauben Wahrnehmungsleistungen, die uns mit Erstaunen erfüllen. Ihre Fähigkeit, Kategorien zu bilden, versetzt sie in die Lage, auf Bildern unterschiedlichste Bäume, auch in Kombination mit anderen Gegenständen oder teilweise verdeckt, als Bäume zu erkennen, und das ebenso rasch wie Menschen (Herrnstein u. a. 1976). Wesentlich besser noch als wir sind sie bei der Erkennung von um ihren Mittelpunkt in unterschiedlichem Ausmaß rotierten Bildern (Hollard und Delius 1982). Diese Aufgabe ist Teil von menschlichen Intelligenztests. Heißt das nun, daß Tauben »intelligenter« als Menschen sind? Wohl kaum. Das überraschende Ergebnis zeigt aber, daß Tauben bei verschiedenen Wahrnehmungs- und Erkennungsfähigkeiten, die im Zusammenhang mit ihrer raschen Bewegung im dreidimensionalen Raum stehen, besser als wir sein können, *weil sie es sein müssen*. Im Nahbereich orientieren sich Tauben nach Gegenständen am Boden, die beim Überfliegen aber (durch die rasche Positionsänderung des Betrachters) rasch Form und Ausrichtung wechseln können, und trotzdem müssen sie von diesen Vögeln als Landmarken konstant erkannt werden. Eine Spezialbegabung der Wahrnehmung also auf einem Gebiet, wo wir Menschen weniger begabt sind, weil wir uns meist im zweidimensionalen Raum bewegen. Wir benötigen daher die Fähigkeit nicht, rotierte Gegenstände rasch wiederzuerkennen, denn die meisten von uns bewegen sich aufrecht durch die Landschaft, nicht aber rotierend wie ein Wimperntierchen.

Bei der Erforschung der kognitiven Fähigkeiten von Tieren spielten Lernversuche, spontanes Lösen von Aufgaben und Tests der Assoziationsfähigkeit eine große Rolle. Eine standardisierbare Art (mit allen Vor- und Nachteilen einer Standardisierung), die Intelligenz von Tieren zu vergleichen, stellen sogenannte *Lernsets* dar, bei denen es darum geht, über die Lösung einfacher Aufgaben bestimmte Spielregeln zu finden. Ein Standardansatz ist das sogenannte *Umkehrlernen*. Man versteckt zunächst die Belohnung etwa unter einer Kaffeetasse, während der danebenliegende halbierte Tennisball leer bleibt. Sobald das Versuchstier gelernt hat, daß die Belohnung unter der Tasse steckt, wird die Belohnung unter dem Tennisball versteckt. Die Regel, welche erkannt werden muß, lautet also: Sobald du sicher bist, unter welchem Gegenstand die Belohnung steckt, schon ist sie unter dem anderen. Gezählt wird die Zahl der Irrtümer pro Durchgang, die dann, gegen die Zahl der Durchgänge aufgetragen, Lernkurven ergeben. Daß dabei Ratten viel besser als Goldfische abschneiden, dürfte nicht verwundern, wohl aber, daß Goldfische sich bei solch komplizierten Lernaufgaben überhaupt verbessern und damit zeigen, daß selbst solche Inbegriffe von unintelligenten »Reflexmaschinen« fähig sind, bescheidene Konzepte zu bilden. In ähnlichen Versuchsansätzen wurde der Stammbaum im wesentlichen bestätigt: Affen waren besser als Halbaffen, und diese wiederum übertrafen Katzen, Ratten und Eichhörnchen (Manning und Stamp-Dawkins 1992). Die Kritik am »standardisierten Ansatz« muß hier allerdings bekräftigt werden, da aufgrund der so verschiedenen evolutionären Entwicklung dieselbe Aufgabe für unterschiedliche Arten völlig verschiedene Bedeutung haben kann. Es mag Aufgaben geben, etwa in Verbindung mit Gedächtnisleistung beim Wiederfinden versteckter Nahrung, bei denen die Hörnchen die Affen schlagen. Darum stößt hier der vergleichende Ansatz im Spannungsfeld zwischen dem Zwang zur Standardisierung einerseits und artgerechter Versuchsdurchführung andererseits durchaus an seine Grenzen.

Allen wissenschaftlichen Moden zum Trotz treten immer wieder starke Forscherpersönlichkeiten auf, die mit relativ einfachen Mitteln viel bewegen. Dazu zählte Wolfgang Köhler, der mit seinen Klassikern »Intelligenzprüfung an Menschenaffen« (1921) und »Die Mentalität der Menschenaffen« (1927) Meilensteine setzte. Er stellte die inzwischen wohlbekannten Versuche mit Schimpansen an, bei denen diese das Problem zu lösen hatten, mittels allerlei Werkzeug an sonst unerreichbare Bananen heranzukommen. Und tatsächlich bereitet es Schimpansen wenig Schwierigkeiten, Schachteln aufeinanderzutürmen, Stöcke zusammenzustecken oder komplizierte Türkombinationen zu öffnen, um an ihre begehrte Belohnung zu kommen. So selbstverständlich uns das heute anmuten mag, so groß waren die Sensation und Skepsis damals, daß ein »Tier« solche Leistungen zu vollbringen imstande ist. Das Kombinieren von Gegenständen oder das Zurechtrichten etwa von Stöckchen, wie es Schimpansen auch in völliger Freiheit machen, um damit besser Termiten angeln zu können, kann man problemlos als überlegte Handlungen und echten Werkzeuggebrauch gelten lassen.

Problematischer sind viele Fälle des Gebrauchs von Gegenständen, ohne daß diese seitens der Tiere speziell dafür verändert wurden, etwa von Steinen zum Muschelknacken durch Seeotter oder von Stöcken zum Angeln von Nahrung durchs Gitter, wie es viele Affen, etwa Makaken, tun. Natürlich bedienen sie sich dabei eines (unbearbeiteten) Werkzeuges. Die entscheidende Frage aber ist, ob sie das mit Ein- und Voraussicht tun oder ob diese Leistung mit Versuch-Irrtums-Lernen zu erklären ist. Nachdem man geneigt war, Verhaltensweisen wie den Stöckchengebrauch durch Makaken oder das Nahrungswaschen durch Japanmakaken als Lernen durch Einsicht bzw. Nachahmung zu betrachten, tauchten an dieser Sicht in jüngster Zeit Zweifel auf.

So war in einem von Kummer (1992b) im Verlauf einer Ethologentagung in Prag gezeigten Film recht klar erkennbar, daß junge Affen zwar das *Hantieren* der Stöckchen den Alten nachmachen, daß damit zunächst aber ungerichtet in Richtung der Belohnung gefuchtelt wird. Der erste Erfolg stellt sich nach längeren Versuchen recht zufällig ein, wonach sich das Individuum zunehmend verbessert. Statt Lernen durch Einsicht also »social facilitation« bzw. »local enhancement«: Der anwesende Sozialkumpan erleichtert den Zugang zum Stock, Zusehen bringt aber zunächst nicht die Einsicht der Funktion. Der Gegenstand wird zwar in Richtung der angestrebten Belohnung hantiert, der zielstrebige Gebrauch des Gegenstandes, die Technik also, wie man einen Stock zum Angeln der vor dem Gitter liegenden Banane benutzt, wird aber erst durch Versuch und Irrtum gelernt. Es liegt bei den Makaken im Gegensatz zu den Schimpansen offenbar keine spontane Einsicht vor, wie man die Belohnung mittels des Stöckchens fischen kann.

Besonders eindrucksvolle Beispiele der geistigen Leistungsfähigkeit von Menschenaffen lieferten kommunikative Ansätze. Affen wurden trainiert, sich mittels Zeichen- bzw. Symbolsprachen zu verständigen, lernten Hunderte von Begriffen, konnten sie sinnvoll auch in spontanen neuen Kombinationen anwenden und erreichten damit durchaus Kommunikationsleistungen, die mit unseren menschlichen vergleichbar sind (Bennett 1976, Savage-Rumbaugh 1986). Noch spektakulärer war die Leistung von »Alex«, dem Graupapagei von Pepperberg (1991). Daß manche Vögel (bezeichnenderweise Papageien und Rabenvögel, also die evolutionären Spitzen ihrer Gruppen) »sprechen« lernen können, ist allgemein bekannt, nicht jedoch, daß sie ihre Lautäußerungen im richtigen Zusammenhang einsetzen können.

Ethologie und Psychologie

»Es gibt nur eine Psychologie«

Als die Ethologie durch Konrad Lorenz und die anderen Großen seiner Zeit laufen lernte, war es zumindest diesen Gründervätern selbstverständlich, daß damit ein universelles natürliches System anzustreben war, das sich auch für die Analyse menschlichen Verhaltens eignete. Die Basis dafür war das Darwinsche Tier-Mensch-Kontinuum. Eine Trennung der Tier- von der Humanpsychologie wurde weder für notwendig noch für zweckmäßig erachtet: »Junger Mann, es gibt nur *eine* Psychologie«, erwiderte Lorenz auf die Feststellung des jungen Paul Leyhausen in Königsberg, er interessiere sich für *Tier*psychologie. Daran ist auch 50 Jahre später festzuhalten. Gemeint sind damit die gemeinsamen Wurzeln von Tieren und Menschen in der Evolution, welche ein Kontinuum zwischen tierischem und menschlichem Verhalten bedingen. Daher ist auch dasselbe Set an Theorien und Methoden anzuwenden.

Wäre Wissenschaft eine Angelegenheit der reinen Ratio, dann wäre zu erwarten gewesen, daß die damaligen Psychologen zunehmend die Vergleichende Verhaltensforschung, wie von Lorenz (1992) mit gutem Grund gefordert, als Basis für ihre Wissenschaft vom Menschen annehmen würden. Denn menschliches Verhalten ist aus sich selbst heraus, also ohne Artvergleich, nicht in kohärenter Weise naturwissenschaftlich erklärbar. Nur wenige Richtungen aber, etwa die Humanethologie, tragen heute die evolutionäre Herkunft der Menschen nicht nur auf den Lippen, sondern verwenden sie konsequent als Basis für ihre Arbeiten. Was ist hier schiefgelaufen? Warum gibt es neben dem in sich konsistenten Ansatz der modernen Ethologie nicht *eine* Psychologie, sondern deren viele, eine wahrhaft unübersichtliche Aufsplitterung in die verschiedensten Richtungen? Während die einzige theoretische Basis der Ethologie die Evolutionstheorie ist, wäre es müßig, auch nur den Versuch zu unternehmen, psychologische Theorien und Schulen zu zählen und die Namen aller -ismen anzugeben, die es da gibt (Frank 1981), zumal der Verdacht naheliegt, daß diese -ismen durchaus nicht in ihrer Mehrheit den Dingen entsprechen, »die es da so gibt«, also der naturwissenschaftlichen Realität, sondern daß wir es mit Bildern zu tun haben, die sich phantasievolle menschliche Geister von der Wirklichkeit machen (Lorenz 1992).

Die Mehrzahl der Menschenmodelle der Psychologie sind idealistisch-deduktiv. Hier auch nur eine Skizze der historischen Entwicklung der Psychologie zu entwickeln würde sowohl den Rahmen dieses Buches als auch meine Fachkompetenz übersteigen. Ich will mich bloß der Frage annähern, warum – neben der allen Forschungsrichtungen eigenen systemimmanenten Trägheit, über den Zaun zu schauen – die Psychologie und Biologie immer noch getrennte Disziplinen sind und, so ist zu vermuten, es auch in Zukunft bleiben werden.

Warum über den Zaun schauen?

Einerseits begründet sich der verhaltensbiologische Blick aus der Neugierde, den Gründen auf die Spur zu kommen, warum die naheliegende Synthese zwischen Psychologie und Ethologie nicht vollzogen wurde. Andererseits steht man gelegentlich als menschlicher Beobachter mit einem Gefühl der Hilflosigkeit den Grundlagen und Funktionen des tierischen Soziallebens gegenüber. In unserem Bestreben, mehr über die Funktionen der sozialen Organisation bei Graugänsen zu erfahren, stießen wir rasch an die Grenzen des Methodeninventars der Etho-Ökologie und Soziobiologie. Dieses eignet sich durchaus nicht immer dazu, die feinen, aber entscheidenden Nuancen im Zusammenleben dieser Tiere zu erfassen. Es bestand also zunächst die Hoffnung, hier von der Psychologie Hilfe zu erhalten.

Aufgrund der vielen möglichen Parameter im komplexen Sozialsystem der Gänse (Exkurs 9, S. 143) und auch der relativ geringen Anzahl der uns zur Verfügung stehenden Individuen ist es natürlich recht schwierig, auch nur vernünftige Arbeitshypothesen zu entwickeln; zu diesem Zweck werden durch Korrelationen mit dem Bruterfolg jene Faktoren isoliert, die miteinander in Beziehung stehen, daher Kandidaten für eine kausale Beziehung darstellen. Mit der Analyse der aktuellen Paarsituation ist die Sache aber noch nicht getan, auch die individuellen Vorgeschichten der Paarpartner könnten für die Erklärung der Unterschiede zwischen den Paaren eine Rolle spielen. Wurden sie hand- oder gansaufgezogen? Welchen Einfluß auf die »Persönlichkeit« üben die Familie und deren Rangstellung, besonders das Wesen der Mutter (wie stellt man das überhaupt fest?), die Zahl und das Verhalten der Geschwister aus? Immerhin verbringen Junggänse zumindest ein Jahr, manchmal zwei im Verband dieser Familie, die damit durchaus über ihr soziales Klima, über Weitergabe von Traditionen, die wir möglicherweise noch gar nicht kennen, die Junggänse in ihrer Persönlichkeitsentwicklung beeinflussen könnte. Welchen Unterschied macht es, ob es sich um ein primär verpaartes Paar handelt oder ob die Partner bereits vorher verpaart waren? Welche Eigenschaften müssen Einzeltiere mitbringen, welche entstehen neu als Systemeigenschaft aus der Paarbindung selber (Willi 1975)? Was macht die Paarbindung eigentlich aus? Fragen über Fragen also zu einem System, dessen Individuen so komplex und so voneinander unterschiedlich sind, daß es nicht mehr gerechtfertigt scheint, sie in irgendwelche Kategorietöpfe zu werfen und dann statistisch auf Gruppenunterschiede zu testen.

Natürlich werden Unterschiede auftauchen, wenn man nur nach ihnen sucht, aber was bedeutet das schon in einem so komplexen System? Sind lineare Kausalitäten in einem solch reichen Faktorengefüge überhaupt zu erwarten? Ist es eine Alternative, jedes Individuum auf die Couch eines »Gänsepsychologen« zu legen und zu analysieren? Da Gänse sich nur schlecht verbal ausdrücken, müßte das über die Integration sehr vieler detaillierter Beobachtungen (welcher Parameter?) geschehen. Sollte das irgendwie gelingen, kann man dann aus diesen Einzelanalysen gültige allgemeinere Schlüsse ziehen? Die Komplexität ist sicherlich groß, aber laufen wir nicht auch Gefahr, sie (aus der detaillierten, manchmal »intuitiven« – im Lorenzschen Sinn – Kenntnis unserer Tiere) zu überschätzen, sehen wir den Wald vor lauter Bäumen, ja den Baum vor lauter Ästen nicht mehr?

Mit der Naivität des Ungebildeten wandte ich mich daher bei der Suche nach Hilfe auch an die Psychologie – um dort einen historischen Streit in der Ethologie, nämlich den zwischen »Beobachtern« und »Quantifizierern«, unter ganz ähnlichen Vorzeichen wiederzufinden.

Die zersplitterte Psychologie

Bevor wir also das Spannungsfeld *zwischen* den beiden Disziplinen betrachten und überlegen, was die beiden Fächer füreinander tun könnten, ist es sicherlich sinnvoll, sich zuerst mit den Grundproblemen der Psychologie kritisch zu beschäftigen. Es mangelt nicht an Selbstreflektionen. Ein neuerer Versuch, zumindest Ordnung in und damit Übersicht über die Grundprobleme der Psychologie zu bringen, stammt von Jüttemann (1992).

Eine tiefsitzende, historisch und durch die Arbeitsweise bedingte Spaltung der Psychologie in zwei Hauptströmungen scheint sowohl Ergebnis als auch Ursache vieler Probleme zu sein. Auf der einen Seite des Grabens sitzen die vor allem analytisch arbeitenden Praktiker, jene also, welche die Problemlösungskapazität der Psychologie tagtäglich glaubhaft machen müssen. Auf der anderen Seite findet man die vor allem an den Universitäten beheimateten, mit naturwissenschaftlichen Methoden operierenden Wissenschaftler. Die vergangenen Jahrzehnte waren durch ein ständiges Ringen dieser Grundströmungen um die Gültigkeit von Methoden und Ansätzen, letztlich also um Einfluß und Macht gekennzeichnet. Auf den Punkt gebracht werden kann diese komplexe und vielschichtige Materie etwa so: Während die naturwissenschaftlich orientierte Psychologie (auch als Experimentalpsychologie oder abschätzig als Faktoren-, Statistik- oder Signifikanzpsychologie bezeichnet) durchwegs versucht, kausal miteinander verknüpfte Faktoren zu isolieren und aus Populationen von Personen mittels statistischer Methoden zu allgemeingültigen Aussagen zu gelangen (die Konvertierung von Individuen in Standards also), beschäftigen sich die Analytiker auf der Basis einer großen Vielfalt von Menschenmodellen mit dem Erleben, Empfinden, Verhalten usw. von Einzelpersonen, mit der Ganzheit des Subjekts. Den Analytikern wird daher im wesentlichen die wissenschaftliche Wertlosigkeit ihrer oft recht intuitiv gewonnenen Einsichten vorgeworfen. Den grundlagenwissenschaftlich orientierten Richtungen aber kreidet man an, mit beträchtlichem Rechenaufwand »Szientismus« zu betreiben, mit einem eindrucksvollen Ambiente aus Geräten und Fachjargon der zahlenden Öffentlichkeit zu verschleiern, daß ihre Fragestellungen für unser tägliches Leben großteils irrelevant, ihre Ergebnisse trivial seien und der Verliebtheit in »saubere« naturwissenschaftliche Methoden und in »harte« Daten entspringen. Die laboratoriumsexperimentell arbeitenden Psychologen stehen daher im Geruch, wirklichkeitsfremd zu sein. Andererseits wären die klinischen, meist analytischen Psychologen praxisorientiert, alltagsnahe, dafür aber unwissenschaftlich und hätten einen Hang zur Mythenbildung bezüglich ihres Menschenbildes. Im Prinzip handelt es sich hier um das in allen Naturwissenschaften vorhandene Spannungsfeld zwischen »reiner«, also Grundlagenwissenschaft und angewandter Wissenschaft. Schwierig zu entscheiden, welche der beiden Richtungen heute den Ton angibt; zumindest an den Universitäten sind es eher die naturwissenschaftlich orientierten Psychologen.

Jüttemann (1992) geht in seiner Betrachtung zunächst daran, die Grundprobleme der Psychologie aus seiner Sicht zu formulieren (Exkurs 13, S. 289), um schließlich einen Lösungsansatz zu bieten, der im folgenden kurz zusammengefaßt dargestellt werden soll. Als biologisch orientierter Verhaltenswissenschaftler kann man diese Analyse und Schlußfolgerungen durchaus nachvollziehen. Im Anschluß daran soll aber aus ethologisch-evolutionärer Sicht deutlich gemacht werden, wo das Ur- und Grundproblem der Psychologie tatsächlich liegt. Vieles an dieser biologischen Kritik der Psychologie ist bereits bei Lorenz (1954, 1992) nachzulesen. Daß Auswirkungen dieser Kritik auf die modernen Psychologien nicht feststellbar sind, mag, in Anlehnung an Lorenz (1992), daran liegen, daß man ihn und andere Biologen entweder nicht gelesen oder nicht akzeptiert hat. Typisch für diese eher unbewußte Ablehnung der evolutionären Verhaltenswissenschaften ist die generelle Skepsis, was denn »vom Tier« für »den Menschen« schon zu lernen sei.

Exkurs 13: Eine Systemkritik der Naturwissenschaften

Jüttemann (1992) kritisiert die Deduktion in der Psychologie. Weil Deduktion notwendiger Bestandteil aller Wissenschaften ist (Exkurs 5, S. 65), ist diese Kritik generell gültig.
Aus der Deduktion entstehen zwangsläufig *Systemimmanenz, Dogmatismus* und *Reduktionismus* sowie ein *Basisproblem*.
Als *Systemimmanenz* werden die schädlichen Konsequenzen des in der Psychologie (und nicht nur dort) geübten Verfahrens bezeichnet, neue Konzeptionen in Form von relativ *geschlossenen Systemen* zu entwickeln. Ein vorhandenes Welt- und Menschenbild wird in ein Gegenstandsmodell geformt, das dann als Grundhypothese für die Forschungsarbeit dient. Dieses Verfahren engt also den Blick ein, erzeugt »genehme« und »unerwünschte« Themen und ist letztlich eine Form der Ideologiebildung. Dabei ist es unerheblich, ob das so entstandene Menschenmodell plausibel und brauchbar oder skurril-versponnen erscheint. Ein Beispiel für ein intuitiv akzeptables und sogar mit der Arbeitsweise unseres Nervensystems einigermaßen kompatibles geschichtetes Modell stammt von Sigmund Freud, der ein Es (Unterbewußtsein), Ich (Bewußtsein) und Über-Ich (Ideale usw.) unterschied. Trotz seiner praktischen Brauchbarkeit handelt es sich um ein reines Konstrukt, auf dessen Basis deduziert wird; es ist daher in seiner ursprünglichen Form ein Mythos vom Menschen und kein gültiges, d. h. im Einklang mit induktiven (Beobachtungs-)Ergebnissen stehendes Modell.
Systemimmanenz führt gewöhnlich auch zur *Gegenstandsverkürzung* und zu einem *Methodendiktat*. Es hängt maßgeblich von den zur Verfügung stehenden Methoden ab, *was* untersucht werden kann. Natürlich wäre es ideal, wenn mit der Umgrenzung des Untersuchungsgegenstandes die Methoden frei wählbar wären. Wie die naturwissenschaftliche Praxis aber zeigt, spielt sich Forschung nie im idealen Raum ab. Gerade in jenen Gebieten, wo laufend die größten Fortschritte erzielt werden, etwa in der Molekularbiologie und -genetik, aber auch in den Verhaltenswissenschaften, ist die Verzahnung mit der Methodenentwicklung besonders deutlich. Entwicklungen der Fragestellung und der Methoden stehen in einem ständigen Wechselspiel; temporäre Gegenstandsverkürzungen müssen wohl oder übel in Kauf

genommen werden, wenn absehbare Schübe in der Methodenentwicklung Abhilfe versprechen.

So ist etwa in der Öko-Ethologie und Soziobiologie der Fortpflanzungserfolg *das* Maß für evolutionären Erfolg. Während auf der mütterlichen Seite die Elternschaft relativ einfach festzustellen ist, kann es unter Umständen unmöglich sein, aus der reinen Beobachtung mit einigermaßen großer Wahrscheinlichkeit auf die Vaterschaft zu schließen. Bis vor wenigen Jahren war man darauf angewiesen, aus der Frequenz von Kopulationen Wahrscheinlichkeiten bezüglich der Vaterschaft zu errechnen, also eine der Fragestellung durchaus unangemessene Methode zu verwenden. Die Entwicklung einer relativ einfachen molekulargenetischen Methode, des sogenannten »genetischen Fingerabdrucks«, machte es möglich, mittels eines Vergleichs von Erbmaterial aus Eltern und Nachkommen mit großer Sicherheit die Eltern- bzw. Vaterschaft zu ermitteln. Dabei zeigte sich in vielen Fällen eine ungenügende Übereinstimmung der Kopulationsfrequenz mit der tatsächlichen Vaterschaft, z. B. bei vielen Primaten. Dadurch wissen wir heute, daß es strikt sexuell monogame Systeme so gut wie gar nicht gibt. Erst eine später entwickelte Methode ermöglichte also eine gegenstandsangemessene Untersuchung.

Dogmatismus und *Reduktionismus* sind ein Ergebnis des verbreiteten Strebens nach einheitswissenschaftlicher Orientierung. Man will die Welt und ihre Lebewesen mit möglichst allgemeingültigen Theorien erklären. Dadurch entsteht neben der Systemimmanenz auch die Tendenz, die Vielfalt der möglichen Perspektiven zu reduzieren, wodurch natürlich eine Verarmung in den Ansätzen entsteht. Für die Psychologie resultieren vor allem aus der traditionellen Spaltung in Grundlagen- und angewandte Wissenschaften zwei entgegengesetzte Dogmen, die man einerseits (etwas abschätzig) als *Variablenpsychologie*, andererseits als *Mythologismus* bezeichnen kann. Dieser (oder jeder anderen) Richtung unkritisch anzugehören heißt, sich selber in seinen Perspektiven, seiner Forschungsfreiheit einzuengen, auf eine mögliche Vielfalt an Themen und Methoden zu verzichten und damit den Untersuchungsgegenstand selber zu verkürzen.

Das *Basisproblem* hängt mit den oben behandelten Problemkomplexen direkt zusammen. Da die Methode nicht den Untersuchungsgegenstand bestimmen sollte, ist es nötig, diesen *vorher* zu umreißen und zu bestimmen. Wird das konsequent durchgeführt, kommt es beinahe zwangsläufig zur deduktiven Begründung eines immanenten Systems (aus der Bildung einer Theorie *vor* dem Datensammeln, siehe oben). Dies trifft natürlich besonders auf die Psychologie zu, deren Untersuchungsgegenstand den Untersuchenden sehr nahe steht, vor allem dann, wenn sie sich des Artvergleichs enthält. Ein konsequenter induktionistischer Ansatz scheint auch hier die entsprechende Gegenstrategie zu sein (was sich aber sicherlich einfacher empfiehlt als verwirklicht).

Aber der Reihe nach: Die *System*vielfalt soll durch eine Vielfalt der *Themen* und *Methoden* ersetzt werden, um eine grundlagenwissenschaftliche Psychologie, die diesen Namen auch verdiente, zu ermöglichen (Exkurs 13, S. 289). Aus der Betrachtung der gegenwärtigen Richtungen wird geschlossen, daß jedwede beschreibende Sachverhalte *analytisch-induktiv* untersucht werden *müssen*, anstatt, wie in der Mehrheit der gegenwärtigen Psychologie-Schulen, *konstruktiv deduziert* (Exkurs 5, S. 65) zu werden. Damit wird von einem Psychologen dieselbe Grundforderung bezüglich der Arbeitsmethode erhoben wie auch von der ethologischen Seite (Lorenz 1992). Einfacher ausgedrückt bedeutet dies, daß der induktive Ansatz als einziger naturwissenschaftlich gültig erachtet wird. Induktiv arbeiten heißt zunächst, möglicht vorurteilsfrei, also ohne vorkonstruiertes Weltbild Beobachtungen zu sammeln und erst auf breiter Datenbasis verallgemeinernde Schlüsse zu ziehen. Das Gegenteil wäre der sowohl in Ethologie als auch in Psychologie verpönte, aber dafür um so häufiger anzutreffende deduktive Ansatz. Hier wird zunächst mehr oder weniger spekulativ eine Hypothese über das Wesen des zu untersuchenden Gegenstandes konstruiert und schließlich versucht, diesen in Einklang mit der Hypothese zu bringen. Dieser aus naturwissenschaftlicher Sicht unwissenschaftliche Ansatz ist in der idealistischen Philosophie durchaus üblich. Da die Psychologie trotz ihrer Emanzipation als Naturwissenschaft immer noch in der Philosophie wurzelt, ringt sie noch stärker als die Biologie um die Überwindung des deduktiven Ansatzes.

Das Primat der evolutionären Theorie

Die Ethologie wird im Prinzip von ähnlichen Problemen geplagt wie die Psychologie. Es werden vor allem jene Probleme behandelt, die methodisch durchführbar sind, und manche Ansätze in der Öko-Ethologie und Soziobiologie stehen der Deduktion gefährlich nahe, etwa wenn Formen des Zusammenlebens von Tieren untersucht werden, *um* so ein bestimmtes Konzept, etwa das der inklusiven Fitness, *zu testen*. Auch das Methodendiktat ist allgegenwärtig (Exkurs 13, S. 289). Die Ethologie fußt, wie alle anderen biologischen Wissenschaften, auf der Darwinschen Evolutionstheorie, und nur Hypothesen und Ansätze, die mit dieser Theorie kompatibel sind, haben eine Chance, ernst genommen zu werden. Damit scheinen die für die dogmatischen Richtungen der Psychologie behandelten Probleme auch auf die Biologie zuzutreffen. Schlimmer noch: Präsentiert sich die Ethologie mit ihrem darwinistischen Weltbild nicht als ein monolithischer Saurier? Es hat beinahe diesen Anschein, denn wer ernsthaft etwas anderes als Main-stream-Evolutionstheorie vertritt, wird aus der Gemeinschaft der Rechtgläubigen, der Kirche Darwins, ausgeschlossen, hat die größten Schwierigkeiten im Zugang zu Publikationsorganen und Forschungsmitteln. So müßte man wohl die Biologie als eine unter vielen unduldsamen Vertreterinnen der »einzigen Heilslehren« ansehen; und die Evolutionstheorie wäre ebenfalls eines jener vielen artifiziellen philosophischen Modelle, konstruiert auf der Basis eines idealistischen Weltbildes, wie man sie kaum mehr zählbar in der Psychologie antrifft. Das ist aber einfach zu entkräften.

Als einzige Basistheorie entspringt die Evolutionstheorie einer Unzahl von Forschungsergebnissen, die bereits *vor* ihrer Erstformulierung durch Charles Darwin existierten; sie wurde also nicht deduktionistisch, sondern induktionistisch gewonnen und seitdem vielfach schlüssig bestätigt. Besonders das Scheitern aller Falsifikationsversuche ist hoch zu bewerten, da kaum auf einem anderen Gebiet der Naturwissenschaften so viel und so beständig von einem derart breiten Kreis von Wissenschaftlern geforscht wurde wie zur Evolutionstheorie. Sie darf daher mit all den philosophischen Konstrukten der Psychologie, die ebenfalls die Bezeichnung »Theorie« tragen, aber im naturwissenschaftlichen Sinne untestbar und daher Mythen sind, keinesfalls in einen Topf geworfen werden. Die Evolutionstheorie ist das *einzige natürliche System*, das nicht nur unser evolutionäres, sondern auch unser ontogenetisches Werden sowie unsere gegenwärtige Existenz einschließlich unseres Verhaltens widerspruchsfrei erklären kann. Weil dem so ist, stellt die Evolutionstheorie die einzige legitime Basis für ein ethologisches Menschenmodell dar, das – wohl oder übel, in Ermangelung einer Alternative – auch *das* psychologische sein muß. Obwohl wir Menschen unbestritten genauso Produkte der Evolution sind wie Schleimpilze, Papageifische, Seeadler oder Schimpansen, scheint die Evolutionstheorie als Basis für die Psychologie noch wenig Bedeutung zu haben. Es geht daher weniger um die Abschaffung der Systemvielfalt in der Psychologie und ihren Ersatz durch eine Vielfalt an Themen und Methoden (Exkurs 13, S. 289), sondern vor allem um den Ersatz vieler deduzierter Systeme durch das *einzige uns zur Verfügung stehende natürliche System*, das evolutionäre, als kongruente Induktionsbasis. Und als solche muß auch die Evolutionstheorie in all ihren Verästelungen ständig kritisch hinterfragt werden. Sie ist daher kein Glaubenssatz, sondern lebendige naturwissenschaftliche Theorie.

Genauso wie wir von unserem gesamten Körperbau her Säugetiere sind, also das alte stammesgeschichtliche Erbe sichtbar mit uns herumtragen, ist es unser Gehirn mit allen typischen Säuger- bzw. Wirbeltiermerkmalen, in welchem jegliches Verhalten, jede subjektive Empfindung und das Bewußtsein entstehen. Der Geist ist nicht vom Körper metaphysisch abgehoben, sondern Produkt unseres auf Überleben selektionierten Erkenntnisapparates. Wenn dem so ist – woran eigentlich kein rationaler Zweifel bestehen kann –, dann wäre es äußerst unwahrscheinlich, wenn ausgerechnet unser grundlegendes Verhalten, aber auch unsere Neigungen, etwa unter bestimmten Umständen bestimmte soziale Systeme zu bilden, aus einer idealisierten Geistigkeit abseits jeden genetischen Erbes kämen.

Es ist nach dem Vorangegangenen beinahe trivial, das Vorhandensein aus der Stammesgeschichte herleitbarer menschlicher Verhaltensuniversalien zu postulieren. Das hat bereits Darwin gesehen, das war Freud klar, wurde von Lorenz konkretisiert und von seinem Schüler Irenäus Eibl-Eibesfeldt nachgewiesen (1986). Auch Vergleiche mit unseren stammesgeschichtlich nächsten Verwandten, den Schimpansen, zeigen, wieviel Mimik und Gestik wir mit diesen gemeinsam haben. Quasi arteigen-erblich ist nicht nur die Konstanz menschlicher Universalien, erblich ist auch ein Gutteil der enormen individuellen Variabilität von Persönlichkeitsdispositionen. Daß bei individuellen Menschen sehr viel mehr an Persönlichkeitsstruktur genetisch prädisponiert ist, als manchem von uns lieb sein mag, zeigte eine umfangreiche Zwillingsstudie in den USA (Bouchard u.a. 1990). Demnach sollen etwa 70% der Merkmale der Persönlichkeitsstruktur nicht milieubedingt sein. Ob dieser grobe Richtwert nun 70% oder nur 50% beträgt, ist letztlich unmaßgeblich. Fest steht, daß Gene und Persönlichkeitsstruktur viel miteinander zu tun haben.

Daß wir Menschen auf der Basis unserer Gene so viel gemeinsam haben, sollte eigentlich geeignet sein, ein Gemeinschaftsgefühl zu erzeugen (Schiefenhövel u.a. 1993), das bei der Überwindung eines anderen alten Erbes mithelfen kann, welches sich zunehmend verheerend auswirkt: der Tendenz zur Gruppenabgrenzung. Auf der Basis dieser Ergebnisse scheint es nicht zuviel verlangt, die vielen Kunstkonstrukte an Menschenmodellen in der Psychologie zugunsten des einzigen empirisch-induktiv erarbeiteten aufzugeben.

Menschen als Kulturwesen?

Psychologen und Geisteswissenschaftler schotten sich gegen die Forderung, Menschen als evolutionär-biologische Wesen zu betrachten, gern mit der Feststellung ab, der Mensch sei ein *Kultur-*

wesen. Damit wird impliziert, daß es inadäquat sei, Psyche und Verhalten der Menschen aus quasi-zoologischem Blickwinkel heraus zu betrachten. Zwar erkennen die meisten Psychologen an, daß »der *Mensch eine genetische Ausstattung* besitzt, deren evolutionäre Veränderung sich sehr langsam vollzieht und die deshalb – als biologische Ausgangsgrundlage des Psychischen – im Sinne einer relativen Stabilität interpretiert werden muß« (Jüttemann 1992, S. 168). Allzuoft bleibt dies aber ein Lippenbekenntnis oder ist von dem im Zitat angeklungenen Mißverständnis bezüglich der Starrheit erblicher Dispositionen geprägt. Demgegenüber ist festzuhalten, daß in den Genen keine Baupläne (der Morphologie, des Verhaltens) festgeschrieben sind, sondern Verfahrensanweisungen für die Individualentwicklung im Wechselspiel mit der Umwelt. Daraus erklärt sich die Fähigkeit von Individuen, den Anforderungen (also einer variablen Umwelt) entsprechend zu reagieren und Umweltinformation im Körperbau, aber auch als individuelle Anpassung im Verhalten zu integrieren. Es gibt keine »angeborenen« körperlichen und Verhaltensmerkmale im strikten Sinn. Jedes Merkmal *entwickelt* sich in ständiger Interaktion zwischen Genen und Umwelt.

Abgesehen von den Erbkoordinationen gibt es erbliche Dispositionen, endogene Strategieempfehlungen, wie Individuen auf bestimmte Änderungen in der Umwelt zu reagieren hätten, um unter diesen Bedingungen ihre Fitness (Fortpflanzungserfolg) zu optimieren. Das ist Ergebnis und Basis der gesamten modernen Öko-Ethologie (Krebs und Davies 1981, 1992). Es ist also grundfalsch anzunehmen, daß genetische Prädisposition automatisch Starrheit der Verhaltensweisen und Sozialsysteme bedeutet, im Gegenteil. Glaubte man noch vor zwei Jahrzehnten, soziale Systeme seien mehr oder weniger artspezifisch, so häufen sich nun die Beispiele variabler Systeme; infolgedessen muß man heute annehmen, daß Systemvariabilität als Anpassungsstrategie an eine variable Umwelt eher die Regel denn die Ausnahme darstellt (Lott 1992).

Große Plastizität im Verhalten ist gerade gegen den Hintergrund der menschlichen genetischen Dispositionen nicht nur nicht verwunderlich, sondern zu erwarten. Das verurteilt uns auch nicht zu einem genetischen Determinismus, dem zweiten biologistischen Schreckgespenst der Psychologen. Wahrscheinlich aufgrund der fälschlich angenommenen Starrheit genetisch begründeten Verhaltens kommt Jüttemann schließlich zu dem bemerkenswerten Schluß: »Dem Konzept der gegenstandskritischen Historischen Psychologie liegt die Überlegung zugrunde, daß die natürlichen und kulturellen Entstehungsbedingungen des Menschlich-Psychischen zwar eng miteinander verknüpft zu sein scheinen, aber getrennt gedacht und darüberhinaus – soweit wie möglich – in differenzierender Absicht betrachtet werden müssen« (S. 168). Warum eigentlich diese künstliche Grenze? Weiter heißt es: »Doch allein angesichts der unbestreitbaren Tatsache, daß der Mensch erst in der Kultur und durch die Kultur seine eigentliche, also eine ihn definierende, Ausprägung erfahren hat, können derartige Naturvorgänge nicht in einem verallgemeinernden Sinne ›die‹ Psyche des Menschen beschreiben, sondern sind eher einem biologienahen (neuronalen) Sonderbezirk zuzuordnen.« Hier wird die zugrundeliegende idealistische Basis klar erkennbar, hier fällt auch ein Psychologe, der eben selber zu Recht deduktive Menschenmodelle kritisierte, in dieselbe in der Psychologie besonders systemimmanente Grube. Auch Holzkamp (1970) kritisiert die Kernannahme einer »anthropologischen Organismus-Ideologie« experimentell arbeitender Psychologen als »unreflektiert«. Das mag wohl sein, aber ist es nicht im Sinne des Wirklichkeitsbezuges der Wissenschaft besser, auf der Basis eines natürlichen Systems zu arbeiten als auf der Basis eines geisteswissenschaftlichen Kunstkonstrukts? Damit sollen weder Arbeitsweise noch Ergebnisse der naturwissenschaftlich arbeitenden Psychologen bewertet, wohl aber ihre Ausgangsbasis verteidigt werden.

Das Besondere an der Spezies Mensch ist tatsächlich nicht der *kulturelle Überbau*, sondern der ständige *Feedback-Prozeß* zwischen dem neuronalen Substrat und der von ihm geschaffenen Kultur. Zweifellos war diese unter Berücksichtigung der zeitlichen Dimension spiralige Rückkoppelung (Feedback) der entscheidende Faktor und ein unerhörter Beschleuniger bei der

Menschwerdung. Zweifellos lebt heute eine Mehrheit besonders der städtischen Menschheit ziemlich losgelöst von den Lebensbedingungen des Neolithikums in einer weitgehend selbstdefinierten Kulturumgebung. Kühlschränke, Wohnungen, Nahrungsmittelfabriken sind genauso zwischen Auge, Hand und Hirn entstanden, also Kulturprodukte, wie Idole und Feindbilder, wie Autos und Atomwaffen, Limonade samt dazugehöriger Werbung und Aludosen, letztlich wahrscheinlich Gott selber (Hernegger 1976).

Daß system-, also kulturbegründende Fähigkeiten nicht unbedingt genutzt werden müssen, zeigen unsere nächsten Verwandten, die Affen. Primaten in Gefangenschaft entwickeln Verhaltensweisen und Fähigkeiten, die an ihnen in Freiheit, also unter ganz anderen ökologischen Randbedingungen, nicht beobachtet werden können. Offenbar ist hier eine größere Palette von Dispositionen vorhanden als ständig verwendet wird. So sind wahrscheinlich auch im Zuge der Menschwerdung Fähigkeiten zur Bildung von Systemen entstanden (Chance 1988), die immer stärker eingesetzt wurden. Eine entscheidende Frage wäre aber, *aus welchen Gründen* sich Menschen verstärkt kulturell betätigen, auf Kulturspeicher zurückgreifen. Welche Motivationen treiben sie dazu, wenn möglich (wodurch bestimmt?) eher Informationsfluß-intensive Berufe wie Lehrer, EDV-Experte oder Politiker zu ergreifen, als manueller Arbeiter zu werden? Kommen diese Antriebe ebenfalls aus jener menschengeschaffenen Kultur? In gewisser Weise scheint die Kulturentwicklung einen intensiv rückgekoppelten Spiralprozeß darzustellen: Kultur bedingt Kultur, der Antrieb entspringt allerdings weiterhin unserer biologischen Basis.

Sollten Antriebe und in ihrer Folge Verhaltensstrategien adaptiv evoluiert sein, dann müssen wir fordern, daß jede Milieuänderung auch Verhaltensänderungen nach sich zieht. Und genau das geschieht. All die neuen, oft seltsamen oder auch unangenehmen Verhaltensweisen und sozialen Beziehungen der Kulturmenschen sind plötzlich nicht mehr Ausfluß eines ziemlich abstrakten geisteswissenschaftlichen Konstrukts, sondern Reaktionen auf eine neue, kulturbedingte Umwelt. Zieht man das alte evolutionäre

Grundprinzip *Eigennutz* mit ins Kalkül, dann sind viele uns sonst unerklärliche gesellschaftliche Erscheinungen fast zwanglos zu erklären. Unsere althergebrachten Antriebe und flexiblen Strategiekonzepte sind recht lebendig; daß sie in nicht adäquaten Milieus zu Verhaltensstörungen führen können, weiß jeder Massentierhalter. So sind auch etwa die in Mode gekommenen Gewaltorgien Jugendlicher gegeneinander und gegen Gruppenfremde im Rahmen des Ideals einer harmonisch funktionierenden Gesellschaft natürlich pathologisch, von den (individuellen) Ursachen her betrachtet aber ganz normal. Das passiert, wenn im anderen Funktionszusammenhang entwickelte Verhaltensantriebe mit den Lebensbedingungen unserer modernen Zivilisation zusammenstoßen, in welcher zudem Erziehung und Aufklärung großflächig der extremen Konsumorientierung zum Opfer gefallen sind. Sozialpathologisch ist so ein Verhalten bezüglich seiner Wirkung, nicht allerdings bezüglich seiner Entstehung.

Da wir heute wissen, daß Evolution über Individual-, nicht aber über Gruppenselektion läuft, ist gruppenschädliches individuelles Verhalten aus evolutionärer Sicht nicht automatisch als pathologisch einzustufen, sondern eigentlich zu erwarten. Es ist evolutionär nicht unbedingt gefordert, daß man Artgenossen nicht schaden darf. Für die Gesellschaft jedoch, besonders wenn (was sehr oft der Fall ist) es uns selber trifft, ist solches Geschehen nicht immer wünschenswert. Der alte Grundsatz, daß die eigene Freiheit dort aufhört, wo die des anderen anfängt, ist vollständig reziprok, daher genauso altruistisch wie auch Selbstschutz. Was also Konrad Lorenz in seinen »Acht Todsünden« noch als »gesellschaftliche Pathologien« ansah, interpretieren wir heute als Folgen von (evolutionär) durchaus normalem, wenn auch nicht notwendigerweise wünschenswertem Verhalten von Individuen. Dies ist nicht nur ein Unterschied der Sprachregelung, es begründen sich darauf natürlich ganz unterschiedliche Lösungsperspektiven. Will man an den scheinbar pathologischen Erscheinungen in unserer Gesellschaft etwas ändern, ist eine vernünftige, also individualisierte Gesellschaftspolitik sicherlich wirksamer als das Strafgesetz.

Die Farbe der Katze, welche die Mäuse fängt

Um mich nicht dazu zu versteigen, die Psychologen als Hauptschuldige für einen künftigen Weltuntergang hinzustellen, soll im folgenden relativiert werden. Tatsache ist, daß es auf dem Gebiet der Psychotherapie zur Zeit buchstäblich Hunderte verschiedene Schulen gibt. Wenn es also, wie schon von Freud (1952) im *Es* zusammengefaßt und schließlich von Eibl-Eibesfeldt (z. B. 1995) bestätigt, im Verhalten der Menschen starke Gemeinsamkeiten gibt, dann sollte eigentlich nur eine einzige Theorie zur Erklärung menschlichen Verhaltens zutreffen. Liegen daher alle anderen *falsch*? Oder sind die vielen Psychologieschulen im Besitz von Teilwahrheiten? Wie die Vertreter der meisten Religionen und Sekten behaupten auch manche Psychologieschulen, sie besäßen den einzig richtigen Zugang zur Wahrheit. Sowohl im Bereich der Religionen als auch der Psychologie wird gegeneinander polemisiert, da es schließlich nur *eine* Wahrheit, damit wiederum nur *eine* einzige Heilslehre geben könne. Allerdings merkte bereits Freud an: »Es gibt viele Arten und Wege der Psychotherapie. Alle sind gut, die zum Ziel der Heilung führen.« Wenn dem so ist, kann man annehmen, daß die meisten jener intuitiv gewonnenen Mythen, die diesen Schulen als Menschenmodell dienen, dem Gegenstand ziemlich angemessen sind. So meint Frank (1981), daß jede Schule Erfolge mit Patienten vermelden kann, die auf die Methode anderer Schulen nicht angesprochen haben. Er führt die letztliche Wirksamkeit beinahe aller Psychotherapiemethoden auf vier Eigenschaften zurück, die allen gemein sind: die Beziehung zwischen Patienten und Helfer, den besonderen Status des Behandlungsortes, eine Behandlungstheorie oder Mythos, der eine Erklärung von Krankheit und Gesundheit einschließt, sowie ein Verfahren, das aus der Theorie verordnet wird. Damit konvergiert der Vergleich zwischen Religion und Psychotherapie noch weiter. Beide wirken auf einer mythischen Grundlage, beide zeigen einen Weg zum Ziel auf, an beide muß man wohl glauben; zur totalen Überschneidung kommt es bei Heilmethoden, die von Priestern ausgeübt werden, man denke an Schamanenrituale oder auch (wenn sie gut praktiziert wird) die Beichte. Die Forderung »Die bisherige Systemvielfalt muß abgeschafft und durch eine *Vielfalt der Themen und Methoden* ersetzt werden« scheint angesichts dieses Pluralismus der Verfahren in der Psychotherapie bereits verwirklicht und schließt ein klein wenig resignierendes Achselzucken mit ein: Wenn es der Wissenschaft bisher nicht gelang, ein allgemeingültiges und akzeptiertes System zu schaffen, dann soll man zumindest auf der wissenschaftlichen Seite eben nach induktiver Manier zunächst bei den Fakten bleiben und sich (vorerst) der Verallgemeinerung enthalten. In der Psychotherapie ist sicherlich das Ziel wichtiger als der Weg. Das gilt prinzipiell nicht für die andere Seite der Psychologie, die naturwissenschaftliche. Hier muß, wie in allen anderen Naturwissenschaften, der Weg wahrhaft wichtiger als das Ziel sein; dem sauberen, induktiven Sammeln von vielen Einzelergebnissen ist Vorrang zu geben, denn Ziele, die auf zweifelhaftem (deduktivem) Weg erreicht wurden, sind Chimären, Mythen, Gleichnisse bestenfalls. Darin ist auch eine der Ursachen dafür zu suchen, daß »naturwissenschaftliche Psychologen« in den Augen der »Angewandten« so viele triviale und irrelevante Ergebnisse liefern; einen sauberen Weg der kleinen Schritte einzuhalten ist eben mühsamer, als mittels der eigenen Genialität ein System zu begründen, das mit einem Schlag *alles* erklärt.

Es ist natürlich aus der Definition des Faches klar, daß von Interessenlage und Ausbildung der Psychologen her primär der Mensch im Zentrum ihres Interesses steht. Diese Objektzentriertheit der Psychologie verhindert den Zugang zur vergleichenden Methode und damit zum Verständnis des evolutionären Menschenmodells. Aus dem Bereich des Artvergleichs bestätigte sich immer und immer wieder die Gültigkeit des Tier-Mensch-Kontinuums; es liegt also zumindest für in dieser Denkweise geschulte Biologen auf der Hand, Menschen in den Artvergleich einzubeziehen und menschliches Verhalten mit denselben Methoden, aber auch konzeptuellen Ansätzen zu untersuchen wie tierisches.

Es scheint, daß aus der gegenwärtigen Psychologie für die Untersuchung tierischer Sozialsysteme wenig Hilfe zu erwarten ist.

Zum einen ist die Nicht-Objektivierbarkeit des Subjekts ein naturwissenschaftlich kaum lösbares Grundproblem; zum anderen sind es methodische Probleme, wie etwa die »Sprachlosigkeit« unserer Untersuchungsobjekte, welche die Arbeit am Tierverhalten erschweren. Bezeichnenderweise profitieren wir methodisch und vom Konzept her in Hinblick auf die soziale Organisation bei Gänsen am meisten von verschiedenen *vergleichenden* sozialpsychologischen Arbeiten an Affen und Menschenaffen (z. B. Chance 1988). Daß wirklich grundlegende Erkenntnisse zum menschlichen Zusammenleben aus dieser Richtung, nicht aber aus einer rein Mensch-zentrierten Psychologie kommen, zeigt, wie berechtigt die Lorenzsche Forderung nach einem vergleichenden Ansatz war.

Nachwort

Müssen Menschen überleben?

Aus einer wertneutralen evolutionären Gesamtschau ist es nicht weiter bedauerlich, wenn die Menschen sich und einen Gutteil der Biosphäre zugrunde richten. Objektiv betrachtet, erhöht sich damit bloß die Zahl der vielen Millionen Extinktionsereignisse, die im Verlauf der Erdgeschichte stattfanden: Es sind bereits wesentlich mehr Arten ausgestorben, als heute auf der Erde leben. Die »Halbwertszeit« biologischer Arten beträgt einige Millionen Jahre; früher oder später sterben alle aus, das ist Teil der evolutionären Dynamik. Es scheint daher auch unwichtig, ob wir etwas zur »Rettung der Menschheit« beitragen oder weiterhin zynisch in Saus und Braus auf Kosten anderer leben. Für einen Biologen ist es dabei ein durchaus tröstlicher Gedanke, daß uns das Prinzip Informationsfluß in Form von Erbmaterial, der Desoxyribonukleinsäure, mit Sicherheit überleben wird. So unwirtlich können nach unserem Abtritt die Lebensbedingungen auf der Erde gar nicht sein, daß nicht einige Arten von Bakterien, Insekten, vielleicht sogar Ratten und andere Anpassungskünstler weiterleben werden, bis die Sonne erkaltet. Erdgeschichtlich gesehen sind die paar Sekunden, für die menschliches Leben auf unserem winzigen Planeten aufblitzt, unerheblich.

Während ich diese Zeilen schreibe, spielen unsere Kinder und unser junger Hund auf der Wiese vor dem Fenster. Ein Anblick, der glücklich macht. Es ist ein näherliegendes evolutionäres Prinzip, das sich gegen das Gefühl des Aufgehens in Raum und Zeit, durchsetzt: Es liegt mir offenbar an meinen Kindern und Kindeskindern und deren Glück. Es ist daher doch nicht egal, ob die Menschen sich und die Welt zugrunde richten. Alle wollen wir letztlich unseren und anderen Kindern eine menschengerechte Gesellschaft, eine lebenswerte Welt bieten.

Der Neubeginn der letzten Chance

Alle wollen den Lauf der Dinge »zum Besseren« beeinflussen. Es gilt zunächst der Vertrauensgrundsatz. Man muß allen Menschen glauben, daß sie dieses Ziel ehrlich anstreben. Über das Wie, über die Ursachen der Bedrohung und das Ausmaß der damit verbundenen Verhaltensänderungen jedoch gehen die Ansichten auseinander. Es scheint nur recht und billig, das evolutionäre Menschenmodell als einzig induktives den vielen Spekulationen als theoretische Basis für individuelle Verhaltensänderungen, die schließlich zu gesellschaftlichen Anpassungen führen, vorzuziehen. Es ist hier nicht der Ort, detaillierte Strategieanweisungen zur Lösung konkreter Probleme zu geben. Es genügt, zwei einfache Grundsätze der Öko-Ethologie und Soziobiologie im Umgang mit den Mitmenschen im Auge zu behalten: Zum ersten ist es das Verhalten von *Individuen*, welches die Gesellschaft formt. Anonyme Appelle an »das Gewissen der Nation«, mit dem Ziel, alle zu Altruisten zu machen, sind sinnlos und – im Lichte unserer evolutionären Geschichte – »unnatürlich«. Jedem einzelnen muß sein eigener Vorteil klar sein, will man etwas erreichen. Zum zweiten sind Menschen und Tiere Kurzzeit-Optimierer, handeln prinzipiell nach dem Motto: »Der Spatz in der Hand ist besser als die Taube auf dem Dach.« Dieses Prinzip wird von Werbewirtschaft und Politik schon lange mit Erfolg angewandt, zumeist ohne Bewußtsein darüber, daß es sich hier um ein zutiefst evolutionäres Prinzip handelt. Daraus sind ganz klare Strategie-Empfehlungen abzuleiten. Will man etwa Treibhauseffekt und drohende Klimakatastrophe abwenden und versucht dies durch Appelle, die Energieverbrauchsgewohnheiten zu ändern, so wird man außer einiger Betroffenheit global wenig erreichen. Wird jedem einzelnen aber klar, daß durch sparsameren Energieverbrauch und alternative Energiequellen konkrete Einsparungen erzielt werden können, verteuert man etwa fossile Energieträger empfindlich, dann geht die Umstellung rasch vonstatten. Daher ist es tatsächlich erforderlich, Energie wesentlich stärker zu besteuern als bisher, um einen grundlegenden Wandel in Richtung umweltverträgliches Wirtschaften zu erreichen. Bewußtseinsbildung über die Geldbörse ist ein öko-ethologisches Prinzip.

Verhaltensbiologie kann Anhaltspunkte zur Abschätzung der »Menschengerechtheit« gesellschaftlicher Entwicklungen anbieten. So ist die besonders von einschlägigen Medien intensiv geführte Diskussion »Monogamie *versus* Polygamie« vom evolutionären Standpunkt wenig aufregend; Menschen können beides, die ökologischen, also gesellschaftlichen Randbedingungen bestimmen, was verwirklicht wird. Ganz anders einzuschätzen sind etwa idealistische Bestrebungen zur Schaffung eines »neuen Menschen«. Ehrenwerte Bestrebungen der Theoretiker der Revolutionen, von Rousseau über Lenin bis Mao, versuchten dadurch eine »ideale Gesellschaft« zu schaffen. In der Praxis scheiterten alle diese Versuche. Die Verhaltensbiologie kann auch begründen, warum (Kapitel Soziobiologie beim Menschen, S. 223). Und dies nicht mit dem Ziel, eine *a posteriori*-Erklärung des Offensichtlichen anzubieten, sondern um realistische Rahmen für zukünftige Sozialutopien abzustecken. Denn Veränderungen der Gesellschaft werden im Lichte der sich verändernden kulturellen Randbedingungen immer nötig sein. Solche Veränderungen sind aber *nur im Einklang*, nicht *gegen die evolutionären Wurzeln* der Menschen möglich. So mündeten auf der Basis idealistischer Sozialutopien durchgeführte Revolutionen immer in einem Meer von Blut und Tränen, um schließlich doch wieder in einer anderen Version einer bürgerlich-hierarchischen Gesellschaft zu enden. »Neue Menschen« kann man nicht schaffen, weil Organismen nicht nach Belieben erziehbar sind; wir müssen damit leben, daß uns der »alte Mensch« bis zum Erlöschen unserer Art begleiten wird. Man muß hochzufrieden damit sein, sollte es gelingen, individuelles Verhalten in diesem Rahmen zu modifizieren. Erziehung zur *Unterordnung* unter ein Gemeinwohl schafft nur obrigkeitshörige Büttel; Gemeinwohl ist nicht durch Unterordnung zu fördern, sondern nur auf Basis von aufgeklärter Individualisierung und ihrem Abkömmling, der Eigenverantwortlichkeit. Dem idealistischen Leitsatz, der Staat (die Partei oder ein beliebiges Gemeinsystem) sei alles, der einzelne sei nichts, ist auf evolutionärer Basis entgegenzuhalten, daß der Staat nichts ist, wenn uns nicht der einzelne alles bedeutet. Die Basis für diese Feststellung ist nicht nur die Individualselektion, sondern vor allem die menschliche Fähigkeit, einander zu achten (Chance 1988).

Auch die immer wiederkehrende Forderung nach Abschaffung des Eigentums ist gegen den Hintergrund unserer Kulturentwicklung kraß menschenfremd, da Eigentum individuell status- und daher fitnessfördernd wirkt und ein Gutteil der zwischenmenschlichen Konkurrenz sich darum dreht, eben mehr zu haben als der andere. Daher ist es sinnlos, Eigentum abschaffen zu wollen; sehr wohl ist es aber sinnvoll, die Eskalation dieser Konkurrenz, die neben dem Bevölkerungswachstum *das* große Problem der Menschheit darstellt, zu kanalisieren, etwa dadurch, daß man die Prestigefähigkeit materiellen Eigentums vermindert, das Ansehen geistiger und menschlich-sozialer Leistungen dagegen fördert.

Der evolutionäre Rahmen menschlicher Reaktionsnormen erlaubt ein begrenztes Repertoire politischer Systeme. Ausgehend von der Struktur des Familienclans bewegen sich diese zwischen aufgeklärter Autokratie und diversen Spielarten der Demokratie. Ihre historische Entwicklung und das aktuelle Gleichgewicht der Konflikte und Kooperationen zwischen den Individuen bestimmen das jeweilige Gesellschaftssystem. Wenn man optimale Rahmenbedingungen für möglichst viele Menschen will, gibt es wahrscheinlich keine Alternative zu einer liberal-sozialen Gesellschaft nach dem Muster der westlichen Demokratien.

Wissenschaften im Elfenbeinturm

Das Schielen auf die gesellschaftliche Relevanz der Verhaltensbiologie bringt uns zu einem wunden Punkt der Wissenschaften und der Wissenschaftler: der gesellschaftlichen Akzeptanz und der Umsetzung ihrer Ergebnisse. Periodisch wird eine »Regierung der Philosophen« gefordert. Tatsächlich aber sind es kaum die »Philosophen«, die den Durchmarsch durch Parteihierarchien zu Spitzenämtern schaffen. Eine rasche Akzeptanz von Neuerungen, also eine flexible Anpassung, ist durch dieses System allerdings kaum gewährleistet. Man hat es akzeptiert, von Personen regiert zu werden, die aus Überlastung mit Terminen nur mehr wenig Zeit aufbringen können, sich selber aus Originalquellen zu informieren. So entsteht zuweilen der Eindruck einer unheiligen, Intellekt-feindlichen Allianz der Politik mit der Boulevardpresse und rechtspopulistischen Strömungen; es spricht Bände, wenn der Parteichef der zweitstärksten österreichischen Partei, der ÖVP, in einem Interview auf die Frage nach dem Persönlichkeitsmerkmal, das ihm in der Politik am meisten schade, seine Intellektualität anführt.

Gesetze werden zumeist als *Reaktion* auf bestehende Notwendigkeiten im Spannungsfeld eines ganzen Konzertes von Lobbies beschlossen und entwickeln sich schließlich in vielen Novellierungen und Verordnungen nach dem Prinzip Versuch und Irrtum. Es gibt keinen Mechanismus, der gewährleistet, daß sich die Gesetzesmacher irgendwann in diesem Prozeß Gedanken über den Stand der Wissenschaften machen *müssen*. Wissenschaftler sind daher die (oft willigen) Hofnarren der Demokratie, gut genug allenfalls für politische Talkshows. Es ist ein weiter Schritt vom wissenschaftlichen Erklärungsanspruch bis zur Umsetzung in der Praxis, ein ständiger Kampf, den zu führen Wissenschaftler meist unwillig und zu schwach sind, daher nehmen sie den Kampf erst gar nicht auf. Man wirft uns oft den Rückzug in den Elfenbeinturm vor – nicht ganz zu Recht, denn Politik und Gesellschaft scheinen diesen als geeigneten Aufbewahrungsort für Wissenschaftler anzusehen. Erkenntnisse werden nur dort rasch in die Praxis umgesetzt, wo potente Gruppen oder Individuen direkten Nutzen daraus ziehen. Auf welcher Basis, um ein Beispiel zu nennen, mit welchem Recht denken wir überhaupt über die Probleme der Welt nach, schulmeistern etwa afrikanische Staaten, wie sie das Überleben von Elefanten, Berggorillas und Nashörnern zu gewährleisten hätten, wenn es dieselben Mitteleuropäer nicht einmal schaffen, die elementarsten Grundsätze zum Schutz der Restnatur in ihrer eigenen Heimat umzusetzen? Die »Hofnarren« Wissenschaftler dürfen sich, so scheint es, überall austoben, nur nicht in ihrem Heimatland.

Das soll natürlich nicht bedeuten: »Wissenschaftler an die Macht!«, ist aber durchaus ein Appell zum aufgeklärten und informierten Regieren. Daß selbst brillante Wissenschaftler nicht unbedingt politische Begabungen sein müssen, die sich vor allem im Umgang mit Menschen und einem akzeptablen Hausverstand äußern, zeigt sich vielfach bei der Berufung von Hochschulprofessoren; hervorragende Wissenschaftler scheitern plötzlich daran, eine kleine Arbeitsgruppe in sozialer Harmonie und daher produktiv zu führen. Wissenschaftliche Begabungen müssen daher nicht automatisch für die Politik qualifizieren, deren Essenz ja Kooperationsfähigkeit mit vielen anderen Personen ist. Ein weiteres Beispiel betrifft John von Neumann, wahrscheinlich den herausragendsten Mathematiker des 20. Jahrhunderts. Dieser vertrat Anfang der 50er Jahre energisch und allen Ernstes den atomaren Erstschlag der USA gegen die UdSSR (Poundstone 1992), was drastisch belegt, daß eine »Regierung der Philosophen« nicht automatisch die Lösung aller Probleme bedeuten würde.

Das evolutionäre Prinzip: Menschen als Teil des Ganzen

Oberflächlich betrachtet verströmt das evolutionäre Weltbild Eiseskälte, versagt Geborgenheit. Sollte sich aufgrund der Sinnfreiheit und Richtungslosigkeit der Evolution nicht ein Gefühl des Verlorenseins breitmachen? Immer wieder stoßen Naturwissenschaftler uns von unseren selbstgezimmerten Podesten. Das passierte, als Kopernikus der Erde die zentrale Stellung im Weltall nahm; als Darwin und Lorenz den menschlichen Geist seiner idealisierten Einzigartigkeit beraubten; es passiert offenbar in radikalster Form mit der konsequenten Einordnung menschlichen Verhaltens in die Evolution. Es ist gefährlich einfach, daraus die falschen Schlüsse zu ziehen: Menschen wie Gänse als soziale, aber egoistische Strategen zu betrachten, boshaft darauf bedacht, einander zu schaden, im Konkurrenzkampf zu siegen...

Um es nochmals zu betonen: Das Wissen um unsere ererbten Verhaltensneigungen macht uns nicht zu Sklaven unserer Gene, enthebt uns nicht des verantwortlichen Handelns. Diese Strategieanweisungen wurden über die letzten paar Millionen Jahre evoluiert, als unsere Vorfahren, Affen, Menschenartige und schließlich Menschen, in Kleingruppen lebten und ihre Umwelt schon deshalb nicht im größeren Ausmaß vernichten konnten, weil sie durch ihre geringe Zahl und von ihren technischen Möglichkeiten her dazu gar nicht in der Lage waren. In kleinerem Ausmaß sehr wohl: Seit es Menschen gibt, sind sie für lokale Lebensraumveränderungen verantwortlich, rotten ihre Jagdbeute gelegentlich aus wie im Fall der südamerikanischen Mastodonten, der mediterranen Zwergelefanten oder der neuseeländischen Riesenstrauße. Menschen (wie Tiere) sind nicht »von Natur aus« auf umweltschonende Ressourcennutzung eingestellt, sie müssen dazu erzogen werden.

Auch unsere evoluierten Sozialisierungsmechanismen sind auf die Kleingruppe abgestimmt. Urbane Kulturen und damit der Zwang zum Leben in Großgruppen existieren dagegen erst wenige tausend Jahre. Wir haben daher jedes Recht, ja jede Pflicht, unser Verhalten an die Gegebenheiten dieser übervölkerten Welt anzupassen, um der Biosphäre und letztlich unseren Kindern ein Überleben in Würde zu ermöglichen. Ein evolutionäres Weltbild ist auch ein humanes. Auf erbliche Komponenten von Verhalten hinzuweisen heißt nicht, einen genetischen Determinismus zu vertreten oder gar Menschen das Recht zuzubilligen, Selektion an Menschen zu betreiben, sondern die Rahmenbedingungen der menschlichen Freiheit zu erkennen.

Die Einsicht, daß die grundlegenden Prinzipien des Verhaltens für alle Organismen gelten, bietet einen durchaus rationalen Ansatz, sich als Teil des großen Ganzen der Natur zu fühlen. Ob man dazu Gott als Begleiter braucht, ist eine Frage des individuellen Glaubens und berührt das evolutionäre Weltbild nicht. Das Wissen um die tiefgreifenden Gemeinsamkeiten zwischen den Geschöpfen bietet den Anknüpfungspunkt für eine dringend nötige ökologische Erneuerung unserer Ethik (Wuketits 1993). Aus evolutionärer Sicht ist der Mensch *nicht* die »Krone der Schöpfung«, sondern allenfalls als *primus inter pares* eine von vielen Tierarten auf dieser Welt. Damit entfällt auch das selbstzuerkannte Recht, sich »die Erde untertan« zu machen, mit dem bekannten Ergebnis weitgehender Zerstörung.

Mehr Respekt vor den anderen Menschen, Tieren und Pflanzen ist sicherlich ein gute Basis für einen Neubeginn der letzten Chance.

Literaturverzeichnis

Alcock, J. ([4]1989): Animal Behavior. An Evolutionary Approach. Sunderland (Sinauer).

Archer, J. (1988): The Behavioural Biology of Aggression. Cambridge u. a. (Cambridge University Press).

Baker, R. R. und Bellis, M. A. (1993a): Human sperm competition: ejaculate adjustment by males and the function of masturbation. Anim. Behav. *46*, 861–885.

Baker, R. R. und Bellis, M. A. (1993b): Human sperm competition: ejaculate manipulation by females and a function for the female orgasm. Anim. Behav. *46*, 887–909.

Barbujani, G. (1991): What do languages tell us about human microevolution? TREE *6*, 151–156.

Barlow, G. W. (1989): Has sociobiology killed ethology or revitalized it? In: Bateson, P. P. G. und Klopfer, P. H. (Hg.): Perspectives in Ethology. Vol. 8. Whither Ethology? New York, London (Plenum Press), 1–38.

Barlow, G. W. (1991): Nature-nuture and the debate surrounding ethology and sociobiology. Amer. Zool. *31*, 286–296.

Bateson, P. (1983): Optimal outbreeding. In: Bateson, P. (Hg.): Mate Choice, Cambridge, u. a. (Cambridge University Press), 257–277.

Bauchot, R., Bauchot, M. L. Platel, R. und Ridet, J. M. (1977): Brains of Hawaiian tropical fishes; brain size and evolution. Copeia *1/77*, 42–46.

Bäumer, Ä. (1990): NS-Biologie. Stuttgart (Hirzel).

Becker, J. B., Breedlove, S. M. und Crews, D. (1982): Behavioral Endocrinology. Cambridge, London (Bradford, MIT Press).

Bennett, J. (1976): Linguistic Behavior. Cambridge (Cambridge University Press).

Berthold, A. A. (1849): Transplantation der Hoden. Arch. Anat. Physiol. Wissensch. Med. 42–46.

Bertram, B. C. R. (1980): Vigilance and group size in ostriches. Anim. Behav. *28*, 278–286.

Bezzel, E. (1993): Paschas, Paare, Partnerschaften. Strategien der Geschlechter im Tierreich. München (Kunstmann).

Bischof, H.-J. (1989): Neuroethologie. München (Ulmer UTB).

Bischof, N. (1985): Das Rätsel Ödipus. Die biologischen Wurzeln des Urkonfliktes von Intimität und Autonomie. München (Piper).

Bischof, N. (1991): Gescheiter als all die Laffen. Ein Psychogramm von Konrad Lorenz. Hamburg-Zürich (Rasch und Röhring).

Blakemore, C. und Cooper, G. F. (1970): Development of the brain depends on the visual environment. Nature Lond. *228*, 477–478.

Bonner, J. T. (1983): Kulturevolution bei Tieren. Berlin, Hamburg (Parey).
Borgerhoff Mulder, M. und Judge, D. S. (1993): Sex, statistical reasoning and other human interests. TREE *8*, 6–7.
Bouchard, T. J. Jr., Lykken, D. T., McGue, M., Segal, N. L. und Tellegen, A. (1990): Sources of human psychological differences: The Minnesota study of twins reared apart. Science *250*, 223–228.
Burtt, E. H., Jr. (1984): Colour of the upper mandible: an adaptation to reduce reflectance. Anim. Behav. *32*, 652–658.
Buss, L. W. (1987): The Evolution of Individuality. Princeton, N. J. (Princeton University Press).
Carlier, M., Roubertoux, P. und Cohen-Salmon C. (1983): Early development of mice: I. Genotype and post-natal maternal effects. Physiol. Behav. *30*, 837–844.
Caro, T. (1994): Signalling between prey and predators. Abstract, ASAB-Meeting, Bern.
Chance, M. R.A. (Hg., 1988): Social Fabrics of the Mind. Hillsdale, London (Lawrence Erlbaum Publishers).
Choudhury, S. und Black, J. M. (1993): Mate selection behaviour and sampling strategies in geese. Anim. Behav. *46*, 747–745.
Ciompi, L. (1993): Die Hypothese der Affektlogik. Spektrum der Wissenschaft *2*, 76–87.
Clayton, N. (1994): Spatial memory, interference and the Hippocampus: evidence from comparative studies of food storing und non-storing birds. J. Ornithol. *135* 442.
Clutton-Brock, T. H., Guiness, F. E. und Albon, S. D. (1982): Red Deer. Behavior and Ecology of the Two Sexes. Chicago (The University of Chicago Press).
Crawford, C. B. (1993): The future of sociobiology: Counting babies or studying proximate mechanisms. TREE *8*, 183–186.
Crook, J. H. (1964): The evolution of social organisation and visual communication in the weaver birds (Ploceinae). Behaviour, Suppl. *10*, 1–178.
Crook, J. H. und Gartlan, J. S. (1966): Evolution of primate societies. Nature, Lond. *210*, 1200–1203.
Daly, M. und Wilson, M. (^{2}1983): Sex, Evolution and Behavior. Boston (Wilard Grant Press).
Daly, M. und Wilson, M. (1987): Children as homicide victims. In: Gelles, R. und Lancaster, J. (Hg.): Biosocial Perspectives on Child Abuse. New York (Aldine).
Daly, M. und Wilson, M. (1993): Family killings. Data in a »Research News« Article by Gibbons, A. Science *261*, 987–989.
Darwin, C. (1859): On the Origins of Species by Means of Natural Selection. London (Murray).

Darwin, C. (1871): The Descent of Man and Selection in Relation to Sex. London (Murray).
Darwin, C. (1872): The Expression of the Emotions in Man and Animals. London (Murray).
Davies, N. B. (1992): Dunnock Behaviour and Social Evolution. Oxford, New York, Tokio (Oxford University Press).
Dawkins, R. (1977): The Selfish Gene. New York (Oxford Univers. Press).
Dewsbury, D. A. ([8]1989): A brief history of the study of animal behavior in North America. In: Bateson, P. P.G. und Klopfer, P. H. (Hg.): Perspectives in Ethology. Whither Ethology? New York, London (Plenum Press), 85–117.
Eibl-Eibesfeldt, I. (1975): Krieg und Frieden aus der Sicht der Verhaltensforschung. München (Piper).
Eibl-Eibesfeldt, I. (1988): Der Mensch – das riskierte Wesen. Zur Naturgeschichte menschlicher Unvernunft. München (Piper).
Eibl-Eibesfeldt, I. ([3]1995): Die Biologie des menschlichen Verhaltens. Grundriß der Humanethologie. München (Piper).
Eibl-Eibesfeldt, I. (1994): Wider die Mißtrauensgesellschaft. Streitschrift für eine bessere Zukunft. München (Piper).
Essler, H. und Kotrschal, K. (1994, in Druck): Changes of roach (*Rutilus rutilus*, Cyprinidae, Teleostei) swim paths in response to chemical stimulation. J. Fish Biol.
Festetics, A. (1983): Konrad Lorenz. Aus der Welt des großen Naturforschers. München (Piper).
Fischer, H. (1965): Das Triumphgeschrei der Graugans (*Anser anser*). Z. Tierpsychol. *22*, 247–304.
Fisher, R. A. (1930): The Genetical Theory of Natural Selection. Oxford (Clarendon Press).
Fitzgibbon, C. D. und Fanshaw, J. H. (1988): Stotting in Thompson's gazelles: an honest signal of condition. Behav. Ecol. Sociobiol. *23*, 69–74.
Franck, D. (1985): Verhaltensbiologie. Einfürung in die Ethologie. Stuttgart, New York (Thieme Verlag).
Fretwell, S. D. und Lucas, H. L. Jr. (1969): On territorial behaviour and other factors influencing habitat distribution in birds. Acta biotheoretica *19*, 16–36.
Freud, S. (1952): Gesammelte Werke, Bd. 1–17. London (Imago).
Gould, S. J. und Lewontine, R. C. (1979): The spandrels of San Marco und the panglossian paradigm: a critique of the adaptionist programme. Proc. R. Soc. Lond. B *205*, 581–598.
Grammer, K. (1988): Biologische Grundlagen des Sozialverhaltens. Darmstadt (Wissenschaftliche Buchgesellschaft).
Grammer, K. (1993): Signale der Liebe. Die biologischen Gesetze der Partnerschaft. Hamburg (Hoffmann und Campe).

Griffin, D. R. (1985): Wie Tiere denken. Ein Vorstoß ins Bewußtsein der Tiere. München, Wien, Zürich (BLV Verlagsgesellschaft).

Griffin, D. R. (1991): Progress toward a cognitive ethology. In: Ristau, C. A. (Hg.): Cognitive Ethology. The Minds of Other Animals. Hillsdale, N. J. (Lawrence Erlbaum Associates), 3–33.

Griffin, D. R. (1992): Animal Minds. Chicago und London (The University of Chicago Press).

Hamilton, W. D. (1964): The genetical evolution of social behaviour. J. theor. Biol. *7*, 1–52.

Hasson, O. (1991): Pursuit-deterrent signals: Communication between prey und predator. TREE *6*, 325–329.

Heinroth, K. (1974): Die Geschichte der Verhaltensforschung. In: Grzimeks Tierleben, Ergänzungsband Verhaltensforschung. Zürich (Kindler), 1–15.

Heinroth, O. (1910): Beiträge zur Biologie, namentlich Ethologie und Psychologie der Anatiden. Verh. 5. Int. Ornithol.-Kongr. Berlin 589–702. Reproduziert in (1990): Umwelt. Schriftenreihe für Ökologie und Ethologie, Wien (Verein für Ökologie und Umweltforschung).

Heinroth, O. und Heinroth, M. (1966): Die Vögel Mitteleuropas. 4 Bde., Frankfurt, Zürich, Nachdruck (Harri Deutsch).

Hennessy, M. B., Vogt, J. und Levine, S. (1982): Strain of foster mother determines long-term effects of early hundling. Evidence for maternal mediation. Physiol. Psych. *10*, 153–157.

Hemetsberger, J., Essler, H., Weisz, B. und Kotrschal, K. (1995, in Druck): Rangordnung und Konkurrenz bei Graugänsen (*Anser anser*). Ökol. Vögel.

Hernegger, R. (1976): Der Mensch auf der Suche nach Identität. Kulturanthropologische Studien über Totemismus, Mythos, Religion. Sinn- und Identitätsverlust in userer Zeit. Bonn (Habelt).

Herrnstein, R. J., Loveland, D. H. und Cable, C. (1976): Natural concepts in pigeons. J. Exp. Psychol. Anim. Behav. Proc. *2*, 285–302.

Hinde, R. A. (1966): Animal Behaviour: A Synthesis of Ethology and Comparative Psychology. New York (McGraw-Hill).

Hinde, R. A. (1982): Ethology. Its Nature and Relations with Other Sciences. New York, Oxford (Oxford University Press).

Hinde, R. A. und Stevenson-Hinde, J. (1986): Relating childhood relationships to individual characteristics. In: Hartrup, W. W. und Rubin, Z. (Hg.): Relationships and Development. London (Erlbaum Associates), 27–50.

Hollard, V. D. und Delius, J. D. (1982): Rotational invariance in visual pattern recognition by pigeons and humans. Science (NY) *218*, 804–806.

Holzkamp, K. (1970): Zum Problem der Relevanz psychologischer Forschung für die Praxis. Psychol. Rundschau *21*, 1–22.

Hunter, F. M., Petrie, M., Otronen, M., Birkhead, T. und Moller, A. P. (1993): Why do females copulate repeatedly with one male? TREE *8*, 21–26.
Hurst, G. D.D., Hurst, L. D. und Johnstone, R. A. (1982): Intranuclear conflict und its role in evolution. TREE *7*, 373–378.
Huxley, J. S. (1914): The courtship habits of the great crested grebe, *Podiceps cristatus*. Proc. Zool. Soc. Lond. *1914/2*, 491–562.
Immelmann, K. (1969): Song development in the zebra finch und other estrildid fiches. In: Hinde, R. (Hg.): Bird Vocalisations. Cambridge (Cambridge University Press), 61–81.
Immelmann, K. (1982): Wörterbuch der Verhaltensforschung. Berlin, Hamburg (Parey).
Immelmann, K. (1983): Einführung in die Verhaltensforschung. München (Parey).
Jarman, P. J. (1974): The social organisation of antelope in relation to their ecology. Behaviour *48*, 215–267.
Judson, O. P. (1994): The rise of the individual-based model in ecology. TREE *9*, 9–14.
Jüttemann, G. (1992): Psyche und Subjekt. Für eine Psychologie jenseits von Dogma und Mythos. Reinbek (Rowohlt).
Kacelnik, A. (1984): Central place foraging in starlings (*Sturnus vulgaris*). I. Patch residence time. J. Anim. Ecol. *53*, 283–299.
Kacelnik, A., Krebs, J. R. und Bernstein, C. (1992): The ideal free distribution and predator-prey populations. TREE *7*, 50–55.
Kalas, S. (1977): Ontogenie und Funktion der Rangordnung innerhalb einer Geschwisterschar von Graugänsen (*Anser anser* L.) Z. Tierpsychol. *45*, 174–198.
Kandel, E. R., Schwartz, J. H. und Jessell, T. M. ([3]1991): Principles of Neural Science. New York u. a. (Elsevier).
Kenward, R. E. (1978): Hawks und doves: factors affecting successs und selection in goshawk attacks on wood-pigeons. J. Anim. Ecol. *47*, 449–460.
Köhler, W. (1921): Intelligenzprüfung an Menschenaffen. Berlin, Heidelberg, New York (Springer, 1963).
Köhler, W. ([2]1927): The Mentality of Apes. London (Kegan Paul, Trench, Trubner und Co.).
König, O. (Hg., 1988): Oskar Heinroth, Konrad Lorenz: Wozu aber hat das Vieh diesen Schnabel. Briefe aus der frühen Verhaltensforschung 1930–1940. München (Piper).
Kotrschal, K. (1987): Evolutionary patterns in tropical marine reef fish feeding. Z. zool. Syst. Evolut.-Forsch. *26*, 51–64.
Kotrschal, K. (1989): Trophic ecomorphology in eastern Pacific blennioid fishes: character transformation of oral jaws and associated change of their biological roles. Env. Biol. Fish. *24*, 199–218.

Kotrschal, K., Dittami, J. und Möstl, E. (1995, in Vorbereitung): Testosterone and estrogene equivalents in sibling groups of greylag und domestic geese from hatching to fledging: a non-invasive approach.

Kotrschal, K. und Goldschmid, A. (1983): Food preferences, morphology and arrangement of teeth in 14 species of Adriatic blennies (Pisces, Teleostei). Thalassia Jugoslavica *19*, 217–219.

Kotrschal, K., Hemetsberger, J. und Dittami, J. (1992): Vigilance in a flock of semi-tame greylag geese (*Anser anser*) in response to approaching eagles (*Haliaeetus albicilla* and *Aquila chrysaetos*). Wildfowl *43*, 215–219.

Kotrschal, K., Hemetsberger, J. und Dittami, J. (1993): Food exploitation by a winter flock of greylag geese: Behavioral dynamics, strategies and social implications. Submitted: Behav. Ecol. Sociobiol. *33*, 289–295.

Kotrschal, K. und Palzenberger, M. (1991): Neuroecology of cyprinids (Cyprinidae, Teleostei): Comparative, quantitative histology reveals diverse brain patterns. Env. Biol. Fish. *33*, 135–152.

Kotrschal, K. und Thomson, D. A. (1986): Feeding patterns in eastern tropical Pacific blennioid fishes (Teleostei: Tripterygiidae, Labrisomidae, Chaenopsidae, Blenniidae). Oecologia (Berl.) *70*, 367–378.

Krebs, J. R. und Davies, N. B. ([3]1991): Behavioural Ecology. An Evolutionary Approach. London (Blackwell Scientific).

Krebs, J. R. und Davies, N. B. ([3]1993): An Introduction to Behavioural Ecology. Oxford (Blackwell Scientific).

Krebs, J. R. und Kacelnik, A. ([3]1991): Decision-making. In: Krebs, J. R. und Davies, N. B. (Hg.): Behavioural Ecology: An Evolutionary approach. Oxford (Blackwell Scientific Publications), 105–136.

Kuhn, T. S. ([5]1981): Die Struktur wissenschaftlicher Revolutionen. Frankfurt (Suhrkamp).

Kummer, H. (1992a): Weiße Affen am Roten Meer. München (Piper).

Kummer, H. (1992b): Werkzeugtradition bei Makaken, Film. 13. Ethologentreffen, Prag.

Kuttner, P. (1989): Leidenschaften. Eine Psychoanalyse der Gefühle. Reinbek (Rowohlt).

Lamprecht, J. (1972): Verhalten. Grundlagen – Erkenntnisse – Entwicklung der Ethologie. Freiburg, Basel, Wien (Studio visuell, Herder).

Lamprecht, J. (1981): Es bleiben viele Fragen offen: Sinn und Unsinn der Unterscheidung zwischen angeborenen und erworbenen Merkmalen. Bayrische Schule *34*, 581–592.

Lamprecht, J. (1986a): Structure und causation of the dominance hierarchy in a flock of barheaded geese (*Anser indicus*). Behaviour *96*, 28–48.

Lamprecht, J. (1986b): Social dominance und reproductive success in a goose flock (*Anser indicus*). Behaviour *97*, 50–65.

Lamprecht, J. (1987): Female reproductive strategies in barheaded geese

(*Anser indicus*): Why are geese monogamous? Behav. Ecol. Sociobiol. *21*, 297–305.

Lamprecht, J. (1991): Factors influencing leadership: A study of goose families (*Anser indicus*). Ethology *89*, 265–274.

Lamprecht, J. (1992): Biologische Forschung: Von der Planung bis zur Publikation. Pareys Studientexte 73. Berlin, Hamburg (Parey).

Lamprecht, J. (1992): Variable leadership in barheaded geese (*Anser indicus*): An analysis of pair und family departures. Behaviour *122*, 105–120.

Lamprecht, J. (1993a): Rezension zu: Zippelius, H.-M: Die vermessene Theorie. Ethology *95*, 257–259.

Lamprecht, J. (1993b): Sind die Ergebnisse von Niko Tinbergen Artefakte? Biologie in unserer Zeit *5/93*, 67–69.

Lehrman, D. S. (1953): A critique of Konrad Lorenz's theory of instinctive behaviour. Quart. Rev. Biol. *28*, 337–363.

Lehrman, D. S. (1970): Semantic und conceptual issues in the nature–nuture problem. In: Aronson, L. R., Tobach, E., Lehrman, D. S. und Rosenblatt, J. S. (Hg.): Development and Evolution of Behavior. New York (Freeman), 17–52.

Leyhausen, P. (1965): Über die Funktion der relativen Stimmungshierarchie (dargestellt am Beispiel der phylogenetischen und ontogenetischen Entwicklung des Beutefangs von Raubtieren). Z. Tierpsychol. *22*, 412–494.

Lorenz, A. (1965): Wenn der Vater mit dem Sohne. Wien (Deuticke).

Lorenz, K. (1935): Der Kumpan in der Umwelt des Vogels. J. Ornithol. *83*, 137–213, 289–413.

Lorenz, K. (1940): Durch Domestikation verursachte Störungen arteigenen Verhaltens. Z. Angew. Psychol. Charakterkunde *59*, 56–75.

Lorenz, K. (1941): Vergleichende Bewegungsstudien an Anatinen. Suppl. J. Ornith. *89*, 194–294.

Lorenz, K. (1943): Die angeborenen Formen möglicher Erfahrung. Z. Tierpsychol. *5*, 235–409.

Lorenz, K. (1963): Das sogenannte Böse. Zur Naturgeschichte der Aggression. Wien (Borotha-Schoeler).

Lorenz, K. (1966): Evolution and Modification of Behaviour. London (Methuen).

Lorenz, K. (1967): Die instinktiven Grundlagen menschlicher Kultur. In: Lorenz, K. (Hg., 1978): Das Wirkungsgefüge der Natur und das Schicksal des Menschen. München (Piper), 246–274.

Lorenz, K. (1971): Die acht Todsünden der zivilisierten Menschheit. München (Piper).

Lorenz, K. (1973): Die Rückseite des Spiegels. München (Piper).

Lorenz, K. (1978): Vergleichende Verhaltensforschung. Grundlagen der Ethologie. Wien (Springer Verlag).

Lorenz, K. (1985): My family und other animals. In: Dewsbury, D. A. (Hg.): Leaders in the Study of Animal Behavior: Autobiographical Perspectives. Lewisburg, PA (Bucknell University Press), 258–287.

Lorenz, K. (1988): Hier bin ich – wo bist du? Ethologie der Graugans. München (Piper).

Lorenz, K. (Hg. A. von Cranach, 1992): Die Naturwissenschaft vom Menschen. Eine Einführung in die vergleichende Verhaltensforschung. Das »Russische Manuskript«. München (Piper).

Lorenz, K., Kalas, S. und Kalas, K. (1979): Das Jahr der Graugans. München (Piper).

Lorenz, K. und Tinbergen, N. (1939): Taxis und Instinkthandlung in der Eirollbewegung der Graugans: I. Z. Tierpsychol. *2*, 1–29.

Lott, D. F. (1991): Intraspecific variation in the social systems of wild vertebrates. Cambridge u. a. (Cambridge University Press).

Manning, A. und Stamp-Dawkins, M. (^{4}1992): Animal Behaviour. Cambridge (Cambridge University Press).

Marler, P. (1984): Song learning: innate species differences in the learning process. In: Marler, P. und Terrace H. S. (Hg.): The Biology of Learning. New York (Springer).

Marler, P. (1994): Social cognition: are primates smarter than birds? J. Ornithol. *135*, 455.

Martin, P. und Bateson, P. (^{2}1994): Measuring Behaviour. An Introductory guide. Cambridge (Cambridge University Press).

Maturana, H. R. und Varela, F. J. (1987): Der Baum der Erkenntnis. Die biologischen Wurzeln des menschlichen Erkennens. Bern, München (Scherz).

Mausz, B, Dittami, J. und Kotrschal, K. (1992): Triumphgeschrei und Aggression bei der Graugans (*Anser anser*). Ökol. Vögel *14*, 165–172.

Maynard Smith, J. (1974): Models in Ecology. Cambridge (Cambridge University Press).

Maynard Smith, J. (1976): Evolution and the theory of games. Am. Sci. *64*, 41–45.

McFarland, D. (1989): Biologie des Verhaltens. Evolution, Physiologie, Psychobiologie. Weinheim (VCH).

McFarland, D. und Huston, A. (1981): Quantitative Ethology: The State Space Approach. Boston, London (Pitman).

Milinski, M. (1985): Stichlinge optimieren einen Kompromiß zwischen Schwarmbejagung und Feindvermeidung. In: Franck, D.: Verhaltensbiologie. Einführung in die Ethologie. Stuttgart (Thieme), 258–261.

Milinski, M. (1988): Games fish play: making decisions of a social forager. TREE *3*, 325–330.

Møller, A. (1988): Female choice selects for male sexual tail ornaments in the monogamous swallow. Nature (Lond.) *332*, 640–642.

Morgan, L. (1994): An Introduction to Comparative Psychology. London (Scott).
Munn, C. A. (1986): Birds that »cry wolf«. Nature *319*, 143–145.
Musi, B., De Acetis, L. und Alleva, E. (1993): Influence of litter gender composition on subsequent maternal behaviour and maternal aggression in female house mice. Ethology *95*, 43–53.
Neumann, J. von und Morgenstern, O. (1944): Theory of Games und Economic Behavior. Princeton, NY (Princeton University Press).
Newton, I. (Hg., 1989): Lifetime Reproduction in Birds. London u. a. (Academic Press).
Oeser, E. (1992): The evolution of ethology. Evol. Cogn. *2*, 101–113.
Panksepp, J. (1989): The neurobiology of emotions: of animal brains und human feelings. In: Wagner, H. und Manstead, A. (Hg.): Handbook of Social Psychophysiology. Chichester (J. Wiley und Sons), 5–26.
Pepperberg, I. (1991): A communicative approach to animal cognition: a study of conceptual abilities of an African grey parrot. In: Ristau, C. A. (Hg.): Cognitive Ethology. The Minds of Other Animals. Hillsdale, N. J. (Lawrence Erlbaum Associates), 153–186.
Petrie, M. und Moller, A. P. (1991): Laying eggs in others' nests: Intraspecific brood parasitism in birds. TREE *6*, 315–320.
Pietrewicz, A. T. und Kamil, A. C. (1981): Search images und the detection of cryptic prey: an operant approach. In: Kamil, A. C. und Sargent, T. D. (Hg.): Foraging Behavior: Ecological, Ethological und Physiological Approaches. New York (Garland STPM Press), 311–332.
Pimm, S. L. (1991): The Balance of Nature. Ecological Issues in the Conservation of Species und Communities. Chicago und London (The University of Chicago Press).
Pitcher, T. J. (1986): Functions of shoaling behaviour in teleosts. In: Pitcher, T. J. (Hg.): The Behaviour of Teleost Fishes. London und Sydney (Croom Helm), 294–337.
Popper, K. R. (1974): Objective Knowledge, an Evolutionary Approach. Oxford (Clarendon Press at the Oxford University Press).
Popper, K. R. ([2]1976): The Poverty of Historicism. London (Routledge & Kegan Paul).
Poundstone, W. (1992): Prisoners Dilemma. New York, London, Sydney, Auckland (Anchor Books, Doubleday).
Power, M. (1988): The cohesive foragers: human and chimpanzee. In: Chance, M. R.A. (Hg.): Social Fabrics of the Mind. Hillsdale, London (Lawrence Erlbaum Publishers), 75–103.
Power, M. E. (1984): Depth distribution of armored catfish: predator-increased resource avoidance? Ecology *65*, 523–528.
Riedl, R. (1981 a): Biologie der Erkenntnis. Die stammesgeschichtlichen Grundlagen der Vernunft. Berlin, Hamburg (Parey).

Riedl, R. (1981b): Die Folgen des Ursachendenkens. In: Watzlawick, P. (Hg.): Die erfundene Wirklichkeit. Wie wissen wir, was wir zu wissen glauben? Beiträge zum Konstruktivismus. München (Piper).
Riedl, R. (1984): Die Strategie der Genesis. München (Piper).
Ristau, C. A. (Hg., 1991): Cognitive Ethology. The Minds of other Animals. Hillsdale, N. J. (Lawrence Erlbaum Associates).
Saal, F. S. vom (1979): Prenatal exposure to androgen influences morphology und aggressive behavior of male und female mice. Horm. Behav. *12*, 1–11.
Savage-Rumbaugh, E. S. (1986): Ape Language: From Conditioned Response to Symbol. New York (Columbia University Press).
Schiefenhövel, W., Uher, J. und Krell, R. (1993): Im Spiegel der anderen. München (Realis).
Schleidt, W. M. (1961a): Reaktionen von Truthühnern auf fliegende Raubvögel und Versuche zur Analyse ihrer AAM's. Z. Tierpsychol. *18*, 534–560.
Schleidt, W. M. (1984): Wie der Computer »Miau« auf deutsch übersetzt. In: Kreuzer, F. (Hg.): Nichts ist schon dagewesen. München (Piper).
Science Research News Articles (1992): The evolution of the sexes. Science (NY) *257*, 324–330.
Scientific American (1979): The Brain. (Scientific American Inc.)
Shepherd, G. M. (1983): Neurobiology. New York, Oxford (Oxford University Press).
Skinner, B. F. (1938): The Behavior of Organisms. New York (Appleton-Century-Crofts).
Skinner, B. F. (1971): Beyond Freedom and Dignity. New York (Knopf).
Smith, R. L. (1984): Human sperm competition. In: Smith, R. L. (Hg.): Sperm Competition and the Evolution of Animal Mating Systems. New York (Academic Press).
Staddon, J. E.R. (1989): Animal psychology: the tyranny of anthropocentrism. In: Bateson, P. P.G. und Klopfer, P. H. (Hg.): Perspectives in Ethology. Bd. 8. Whither Ethology? New York, London (Plenum Press), 123–134.
Stamp-Dawkins, M. (1989): The future of ethology: how many legs are we standing on? In: Bateson, P. P.G. und Klopfer, P. H. (Hg.): Perspectives in Ethology. Bd. 8. Whither Ethology? New York, London (Plenum Press), 47–54.
Stamps, J. (1991): Why evolutionary issues are reviving interest in proximate behavioral mechanisms. Amer. Zool. *31*, 338–348.
Sutherlund, W. J. und Parker, S. A. (1985): Distribution of unequal competitors. In: Sibly, R. M. und Smith, R. H. (Hg.): Behavioural Ecology: Ecological Consequences of Adaptive Behaviour. Oxford (Blackwell Scientific), 255–274.

Tembrock, G. (1962): Grundlagen der Tierpsychologie. Berlin (Akademie-Verlag).

Ten Cate, C. (1989): Behavioral development: toward understunding processes. In: Bateson, P. P.G. und Klopfer, P. H. (Hg.): Perspectives in Ethology. Bd. 8. Whither Ethology? New York, London (Plenum Press), 243–266.

Thornhill, R. und Thornhill, N. W. (1992): The evolutionary psychology of men's coercive sexuality. Behavioral und Brain Sci. *15*, 363–421.

Tinbergen, N. (1948): Social releasers und the experimental method required for their study. Wilson Bull. *60*, 6–52.

Tinbergen, N. (1949): De functie van de rode vlek op de snavel van de zilvermeeuw. Bijdragen tot de Dierkunde *28*, 453–465.

Tinbergen, N. (1953 a): The study of instinct. London (Oxford Univ. Press).

Tinbergen, N. (1953 b): The Herring Gull's World. A Study of the Social Behaviour of Birds. London (Collins). Deutsche Ausgabe (1979): Instinktlehre. Vergleichende Verhaltensforschung angeborenen Verhaltens. Berlin, Hamburg (Parey).

Tinbergen, N. (1963): On aims and methods of ethology. Z. Tierpsychol. *20*, 410–433.

Tinbergen, N. und Kruyt, W. (1938): Über die Orientierung des Bienenwolfes (*Philantus triangulum* Fabr.) III. Die Bevorzugung bestimmter Wegmarken. Z. vgl. Physiol. *25*, 292–334.

Tinbergen, N. und Perdeck, A. C. (1950): On the stimulus situation releasing the begging response in the newly hatched herring gull chick (*Larus a. argentatus* Pont.). Behaviour *1*, 56–63.

Tipler, F. J. (1994): Die Physik der Unsterblichkeit. München (Piper).

Uexküll, J. von (1934): Streifzüge durch die Umwelten von Tieren und Menschen. Berlin (Springer).

Voland, E. (1993): Grundriß der Soziobiologie. Stuttgart, Jena (Fischer, UTB).

Waldenberger, F. und Kotrschal, K. (1993): Das individuelle Sicherverhalten bei männlichen Graugänsen (*Anser anser*) ist von der Schardichte und vom sozialen Status abhängig. Ökol. Vögel *15*, 193–199.

Walther, C. (1980): Untersuchungen zum Futteraufnahmeverhalten der Graugans (*Anser anser* L.). Diplomarbeit Univ. Hohenheim und Österr. Akad. Wiss., Inst. vgl. Verhaltensforsch. Abt. 4, Tiersoziologie.

Watson, P. J. und Thornhill, R. (1994): Fluctuating asymmetry und sexual selection. TREE *9*, 21–25.

Weigmann, C. und Lamprecht, J. (1991): Intraspecific nest parasitism in bar- headed geese, *Anser indicus*. Anim. Behav. *41*, 677–688.

Whalen, R. E. (1982): Current issues in the neurobiology of sexual differentiation. In: Vernadkis, A. und Timiras, P. S. (Hg.): Hormones in Developing und Ageing. New York (Spectrum), 273–304.

Whitman, C. O. (1898): Animal behavior. Biol. Lect. Mar. Biol. Lab. (Woods Hole, Mass.), 285–338.
Whitman, C. O. (1919): The behavior of pigeons. Publ. Carnegie Inst. *257*, 1–161.
Wickler, W. und Seibt, U. (1977): Das Prinzip Eigennutz. Hamburg (Hoffmann und Campe).
Wickler, W. und Seibt, U. (^{2}1984): männlich weiblich. Der große Unterschied und seine Folgen. München (Piper).
Willi, J. (1975): Die Zweierbeziehung. Spannungsursachen, Störungsmuster, Klärungsprozesse, Lösungsmodelle. Reinbek (Rowohlt).
Wilson, E. O. (1975): Sociobiology: The New Synthesis. Harvard (Belknap Press).
Witte, K. (1993): Replik zum Buch »Zippelius, H.-M. (1992): Die vermessene Theorie«. Mitteilungsblatt der Ethol. Gesellschaft e.V. *31*, 9–13.
Wuketits, F. M. (1990): Konrad Lorenz. Leben und Werk eines großen Naturforschers. München (Piper).
Wuketits, F. M. (1993): Verdammt zur Unmoral? Zur Naturgeschichte von Gut und Böse. München (Piper).
Wynne-Edwards, V. C. (1962): Animal Dispersion in Relation to Social Behaviour. Edinburgh (Oliver & Boyd).
Zahavi, A. (1984): Mate selection – a selection for a handicap. J. Theoret. Biol. *53*, 205–214.
Zippelius, H. M. (1992 a): Die vermessene Theorie. Eine kritische Auseinandersetzung mit der Instinkttheorie von Konrad Lorenz und verhaltenskundlicher Forschungspraxis. Wiesbaden (Vieweg).
Zippelius, H. M. (1992 b): Schlüsselreize – ja oder nein? Biologie Heute *5/92*, 1–5, 1992 b.

Glossar

Die Mehrzahl der angeführten Begriffe sind nicht eindeutig definierbar, sie werden daher im Zusammenhang mit der gegenwärtigen, in der Verhaltensbiologie üblichen Bedeutung bzw. operational umschrieben.

Aggression: Drohungen oder Angriffe gegen → Artgenossen zur Verteidigung von → Ressourcen oder → Status. Angriffe gegen Beute dagegen sind nicht aggressiv → motiviert.

agonisch: Dominanzhierarchisch strukturierte Jäger- und Sammlergesellschaften (z. B. Schimpansen oder Menschen: Chance 1988). Entstehen auf der Basis von ungleichmäßig verteilten, verteidigbaren → Ressourcen. Siehe auch → hedonisch.

Alternative Paarungsstrategie: (bezogen auf das Hauptpaarungssystem) Z. B. Beimännchen (nicht territoriale, sich Befruchtungen erschleichende Männchen) in einem System territorialer, → polygyner Männchen, oder → Seitensprünge bei → Monogamen.

Altruismus: Selbstlose Hilfeleistung, Selbstaufopferung. Vermindert die eigene → Fitness. Im Rahmen der gegenwärtigen Theorie nur innerhalb von genetisch Verwandten (siehe → Nepotismus, → Verwandtenselektion). Beruht unter Fremden auf Gegenseitigkeit.

analog: Merkmale (körperliche, Verhaltens- oder physiologische), deren Ähnlichkeit nicht auf → stammesgeschichtlich oder → ontogenetisch gleicher Herkunft, sondern auf Funktionsähnlichkeit, also konvergenter → evolutionärer → Anpassung beruht. Z. B. Schwanzflossen Fisch – Wal.

Andostenon: Männlicher Duftstoff, ausgeschieden z. B. über die Duftdrüsen unter der Achsel. Beeinflußt offenbar in Abhängigkeit vom weiblichen Zyklus die Wahrnehmung möglicher Partner durch Frauen. Andostenongeruch wird um den Eisprung von Frauen eher positiv beurteilt, außerhalb dagegen als unangenehm empfunden.

»angeboren«: Innerhalb einer Art stereotyp gezeigte Verhaltensweisen gelten insbesondere dann als genetisch fixiert, wenn sie auch von →Kaspar-Hauser-Individuen gezeigt werden. Da aber keine Verhaltensweisen gänzlich ohne Einfluß der Umwelt reifen, spricht man heute eher von →»erblich«.

Antrieb, Trieb: Stärke der →Motivation, bestimmte Verhaltensweisen zu zeigen.

Appetenz: Aktives Anstreben, Aufsuchen von →Reizsituationen (z. B. Beutesuche). Siehe auch →Endhandlung.

Arenabalz: Gruppen von Männchen balzen gemeinsam, jedes verteidigt ein Kleinstterritorium. Weibchen suchen sich nach bestimmten Kriterien aus der Ansammlung Männchen zur Kopulation aus, bekommen nur Gene, keine sonstigen →Ressourcen.

Art (biologische): Verschiedenste Definitionen: z. B.: Innerartliche (→geno- und →phänotypische) Variation von Merkmalen größer als zwischenartliche. Oder: Reproduktionsgemeinschaft: innerartliche Barrieren geringer als zwischenartliche.

Arterhaltungswert: Unter der heute als unzutreffend erkannten →gruppenselektionistischen →Theorie war jenes Verhalten Ergebnis der →Selektion, welches dem »Überleben der →Art« diente (z. B. ritualisiertes Kämpfen). Heute weiß man, daß Verhaltensweisen und →Strategien zur Maximierung der eigenen →Fitness →selektionierten; die »Erhaltung der Art« ist ein Sekundäreffekt.

Asymmetrie, fluktuierende: Die beiden Körperseiten von bilateralsymmetrischen Organismen sind niemals exakt gleich, sondern aufgrund verschiedener (genetischer oder umweltbedingter) Stressfaktoren während der →Individualentwicklung immer mehr oder weniger asymmetrisch ausgebildet. In einigen Fällen konnte gezeigt werden, daß symmetrische Paarungspartner bevorzugt werden.

Ausbeutungskonkurrenz: Individuen monopolisieren →Ressourcen nicht (über →Aggression, bzw. →Dominanz), sondern sind unterschiedlich effizient in deren Aubeutung.

Auslese: Siehe →natürliche und →sexuelle Selektion.

Auslösemechanismus, (angeborener) Auslöser: Spezifischer Reiz, der eine bestimmte →Erbkoordination auszulösen imstande ist. Grad an Spezifität kann von Fall zu Fall stark variieren, kann erlernt oder →erblich sein, setzt sich meist aus beiden Komponenten zusammen. Siehe auch →Schlüsselreiz.

Bahnung: Veränderung der Durchgängigkeit →synaptischer Verbindungen zwischen Nervenzellen durch Gebrauch (Hebbsche Synapse). →Synapsen, an denen häufig →Signalübertragung stattfindet, werden strukturell verstärkt (vermehrte Einlagerung von →Rezeptormolekülen in die Membranen). Bahnung wird im Zusammenhang mit →Lernen diskutiert.

Behavioristen (Behaviorisms): Schule US-amerikanischer Experimentalpsychologen, deren extremste Vertreter (z. B. Skinner) die →stammesgeschichtlichen (→erblichen) Einflüsse bestritten und behaupteten, daß alles Verhalten erlernt sei.

Biologie: Wissenschaft und Lehre vom Leben, von seinen molekularen Grundlagen bis zur Ausformung sozialer und kultureller Systeme, auf Basis der →Darwinschen →Evolutions→theorie.

Biologismus: Vereinfachendes oder manipulatives Umlegen biologischer Prinzipien auf menschliche Sozialsysteme und Kultur. Der Vorwurf des »Biologismus« wird gelegentlich von Nicht-Biologen auch ernsthaften Versuchen entgegengehalten, menschliches Verhalten von seiner evolutionären Basis her zu erklären, wird auch dazu benutzt, Biologen von der vermeintlich geisteswissenschaftlichen Domäne der Kultur fernzuhalten.

black box: Zwischen (Reiz-)Input und (Verhaltens-)Output liegender Organismus oder System, dessen interne Funktionen aber nicht Gegenstand der Untersuchung sind.

Corticosteroide: Vor allem aus der Nebennierenrinde stammende →Steroidhormone (z. B. Adrenalin) mit vielfältigen Wirkungen, besonders im Zusammenhang mit dem Stressgeschehen.

Darwinismus: Auf der Darwinschen →Evolutions→theorie beruhende Lehre der →stammesgeschichtlichen Veränderung der →Arten. Beruht auf →individueller Variation, die wiederum gemeinsam mit zufälligen Mutationen die Basis für →Selektion und damit der Veränderung von Genfrequenzen über die Generationen darstellt.

Deduktion: Schluß vom Allgemeinen auf das Besondere. Erklärung der Phänomene der Welt auf Basis bereits bestehender →Theorien. Siehe auch →Induktion.

DNS: Desoxyribonukleinsäure. Aus vier Grundbausteinen aufgebaute Molekülkette, die in linearem Code die Information zur Synthese aller Eiweißbausteine des Lebens enthält. Der Großteil der DNS ist in den Zellkernen enthalten, selbständige Stücke von Erbinformation finden sich aber auch in manchen Zellorganellen. Siehe auch →Symbiontentheorie.

Dogmatismus: Angewandte →Deduktion. Inflexibles Festhalten an Ideologien oder Glaubenslehrsätzen, auch gegen die Ergebnisse der Naturwissenschaften.

Dominanz (soziale): Ermöglicht Zugang zu kritischen →Ressourcen, wird meist →aggressiv erstritten. Siehe auch →Prestige und →Rang.

Emotionen: Stimmungslagen, die maßgeblich Verhalten modulieren. Wichtige →Motivationsgrundlagen. Aufgrund ihrer →Subjektivität nur an den resultierenden Verhaltensweisen erkennbar. Grund-Emotionssysteme sind offenbar ein gemeinsames →stammesgeschichtliches Erbe der Wirbeltiere.

Endhandlung: Nach →Appetenz und →Reiz ausgeführtes Verhalten; oft stereotype Verhaltensweise (→Erbkoordination, →Instinkt).

Entropie: Zerfall von Ordnung unter Abgabe von Energie.

Entscheidung: Der Zwang zur →Optimierung veranlaßt Lebewesen ständig, Entscheidungen zwischen Alternativen zu treffen (z. B. fressen oder flüchten); dies impliziert nicht die Beteiligung höherer →kognitiver Prozesse oder des Bewußtseins.

Entwicklungspsychologie: Beschäftigt sich mit den dynamischen Veränderungen des Subjekts während der → Individualentwicklung.

Erbkoordination: Auch → angeborene, besser aber, hochgradig → erbliche Verhaltensweise, → Instinkt. Von Lorenz u. a. als Bausteine des Verhaltens betrachtet, welches seine Plastizität über die → Instinkt-Dressur-Verschränkung gewinnt.

Erblichkeit: Ausmaß der vom → Phänotyp gezeigten Weitergabe von Merkmalen von einer Generation auf die nächste. Wird sowohl vom → Genotyp, als auch von der Umwelt beeinflußt, in welcher die → individuelle Entwicklung stattfindet. Siehe auch → angeboren.

Erfolg, evolutionärer: Wird gewöhnlich als Zahl der wieder reproduktiv aktiven Nachkommen im → Populationsvergleich ausgedrückt. Siehe auch → Fitness.

Erkenntnisapparat: Sinnessysteme zusammen mit den Zentralen Nervensystemen von Tieren einschließlich → erblicher Dispositionen, welche die Wahrnehmung der Welt, sowie die Reaktion auf dieselbe beeinflussen.

Ethogramm: Gesamtheit der von einer → Art gezeigten stereotypen Verhaltensweisen (→ Erbkoordinationen).

Ethologie: Die auf dem → Darwinismus beruhende → Verhaltensbiologie von Mensch und Tier. Früher meist Bezeichnung für die »klassische«, Lorenz-Tinbergensche Richtung, heute zumeist für das Gesamtfach (einschließlich → Öko-Ethologie und → Soziobiologie) gebraucht.

Eugenik: »Rassenhygiene«. Auf unzureichenden genetischen Ergebnissen beruhende Bestrebungen im 19. und 20. Jahrhundert, durch Zuchtwahl die menschliche Erbsubstanz zu »verbessern«. Höhepunkt der grausamen Auswirkungen dieser Idee im Hitler-Regime.

Evolution: Prozeß und Ergebnis der → stammesgeschichtlichen Veränderung der Lebewesen im Laufe der Erdgeschichte, nach unserem heutigen Verständnis, über den → Darwinschen Mechanismus.

Evolutionäre Erkenntnistheorie: Die von Konrad Lorenz u. Vorläufern begründete und von Rupert Riedl entwickelte Theorie, daß auch unser →Erkenntnisapparat ein in der →Evolution →selektioniertes Überlebenswerkzeug darstellt und uns jene Teile der realen Welt vermittelt, die in der jahrmillionenlangen Menschwerdung überlebenswichtig waren.

Extinktion: Erlöschen, Aussterben von →Arten. Dadurch wird ökologischer Raum frei, in welchen sich neue →Arten hineinentwikkeln können. Extinktion ist damit eine der wichtigsten Triebfedern der Dynamik der →Evolution.

Feedback: Siehe →Rückkopplungen.

Fitness: Maß für den →evolutionären Erfolg, gemessen in Zahl der wieder reproduktiv aktiven Nachkommen. Je ökonomischer Individuen mit den ihnen zur Verfügung stehenden →Ressourcen umgehen, je besser sie Feinde vermeiden, desto mehr können sie in die Produktion von Nachkommen investieren, um so höher ist ihre Fitness.

Flußuferläufer: *Tringa hypoleucos*. Ein zu den Uferläufern gehörender Vogel, der auf Schotterbänken in Flußnähe nistet. In Mitteleuropa aufgrund der Zerstörung des Lebensraumes und der starken Freizeitnutzung der Landschaft durch Menschen stark gefährdeter Brutvogel.

Gedankenlesen: Jene Fähigkeit von Tieren und Menschen, die Absichten anderer Individuen zu erkennen (etwa zwischen Räubern und Beute), ohne daß sich der menschliche Beobachter der damit zusammenhängenden Reize bewußt wird.

Gen: Verpackungseinheit der genetischen →Information im Zuge von Zellteilungen.

Genotyp: Gesamtheit der genetischen →Information eines →Individuums.

Gestalt: Gesamtheit der von Lebewesen bzw. Objekten ausgehenden, bzw. wahrnehmbaren →Reize.

Graugans: *Anser anser*. Häufige eurasische Gänseart. Nur fakultativer Zugvogel, bildet leicht ortsfeste Populationen, z. B. in Grünau.

Gruppenselektion: Heute nicht mehr vertretene Ansicht, daß die Gruppe die Einheit der →Selektion sei und daß daher Gruppenmitglieder möglichst altruistisch und harmonisch miteinander auskommen sollten. Siehe auch →Individualselektion und →Arterhaltungswert.

Handicaptheorie: →Theorie des →Verhaltensbiologen Amoz Zahavi, wonach die Ausbildung der →sekundären Geschlechtsmerkmale der Männchen den Weibchen deswegen die Partnerqualität anzeigt, weil es sich eben nur Männchen mit gutem →Genotyp und gutem Zugang zu →Ressourcen leisten können, dieses Handicap extravaganter Strukturen (z. B. verlängerte Schwanzfedern) auszubilden. Ganz allgemein erhöhen diese überlebens- und (direkt) →fitnessmindernde Investitionen das →individuelle →Prestige, damit den →Partnermarktwert, damit indirekt die →Fitness.

Hausverstandspsychologie: Befaßt sich mit den Problemen des Alltags, auch wenn Begriffe nicht eindeutig definierbar sind. Beruht darauf, daß unserer Alltagssprache implizite und allgemein anerkannte Konventionen zugrunde liegen.

hedonisch: Organisationsmodus egalitärer Jäger- und Sammlergesellschaften (z. B. Schimpansen oder frühe Menschen: Chance 1988), über positive soziale Interaktionen. Beruht auf gleichmäßig dünn verteilten, nicht verteidigbaren →Ressourcen. Siehe auch →agonisch.

Heterotrophe: Organismen, die im Gegensatz zu den Autotrophen (die meisten Pflanzen) nicht die Baustoffe des Körpers synthetisieren können, sondern diese mit der Nahrung aufnehmen müssen.

Hippocampus: Teil der Hirnrinde, der mit der Bildung des Langzeitgedächtnisses im Zusammenhang steht.

Holismus: Ganzheitlichkeit. Anzustrebendes Ziel der in ihrem Ansatz zwangsläufig →reduktionistischen Naturwissenschaften. Hat aber heute, ähnlich wie früher der Begriff →Instinkt, einen mystischen Beiklang erhalten.

homolog: →Stammesgeschichtlich herkunftsgleiche Merkmale (körperliche, Verhaltens- oder physiologische), die bei verschiedenen →Arten in unterschiedliche Funktionszusammenhänge geraten können. Z. B. Greifhand der →Primaten – Flügel der Fledermäuse.

Humanethologie: →Stammesgeschichtlich vergleichende Untersuchung menschlichen Verhaltens, wobei die Beobachtung nichtverbalen Verhaltens die wichtigste Rolle spielt. Fokus auf »menschlichen Universalien« (→Erbkoordinationen) bzw. evolutionären →Strategien.

Hypothese: Satz, der die →Wirklichkeit beschreibt und durch →Tests falsifiziert werden kann.

Ideale freie Verteilung: →Ausbeutungskonkurrenzmodell, das Vorhersagen über die Verteilung der Konkurrenten in Abhängigkeit von der Verteilung der →Ressourcen erlaubt. Ideal: weil vorausgesetzt wird, daß →Individuen im Besitz aller Informationen sind. Frei: weil angenommen wird, daß →Individuen volle Bewegungsfreiheit haben (nicht etwa durch →Dominanzstrukturen oder Räuber eingeschränkt).

Idealismus: Baut Weltbilder auf spekulativen Idealen auf, oft an der menschlichen Natur vorbei.

Individualentwicklung: Ontogenie. Heranreifen des →Individuums vom befruchteten Ei bis zur Geschlechtsreife. Prozeß der über den (genetischen) Entwicklungsfahrplan in Wechselwirkung und →Rückkopplung mit Umwelteinflüssen differentiellen Genexpression; der Weg vom →Genotyp zum →Phänotyp.

Individualselektion: →Individuen sind die Einheit der →evolutionären →Selektion, nicht aber →Gruppen. Daher besteht die stärkste →Konkurrenz um →evolutionären Erfolg zwischen den Gruppenmitgliedern. Siehe auch →Altruismus.

Individuum: Diskrete Einheit, dessen Körper aus Zellen mit gleicher Erbinformation besteht; Einheit der →Selektion.

Induktion: Bilden von allgemeinen Sätzen (→Hypothesen) aus erhobenen Daten. Basisansatz der Naturwissenschaften. Siehe auch →Deduktion.

Information: Gesamtheit der von Individuen aufgenommenen Umweltreize. Siehe auch →Ritualisierung.

inklusive Fitness: Förderung der eigenen Genkombinationen, auch jener, die sich in den Verwandten befinden. Grundlage der Hilfeleistung unter Verwandten. Siehe auch →Nepotismus und →Verwandtenselektion.

Instinkt: Zielgerichtete, aber unbewußte, meist innerhalb der →Art stereotype Handlungen des Individuums. Oft deckungsgleich mit →Erbkoordination verwendet; läuft auf →auslösenden →Reiz und/oder bei starker →Motivation ab. Von Lorenz wegen seines von den →Vitalisten stammenden, mystischen Beigeschmacks vermieden.

Instinkt-Dressur-Verschränkung: Lorenz-Tinbergensche Erklärung, wie Verhalten zustande kommt: aus stereotypen Bausteinen (→Erbkoordinationen,→Instinkte), deren Abfolge durch Lernen (»Dressur«) modifiziert wird, wodurch sich Verhalten an eine flexible Umwelt anpasse.

Intelligenz: Schwierig zu definierendes Paket geistiger Leistungsfähigkeit; zeichnet sich durch rasche Kombinatorik einer Fülle gespeicherter Daten als Reaktion auf aktuelle Umweltreize aus bzw. durch Projektionsfähigkeit in die Zukunft.

Interaktionskonkurrenz: Individuen monopolisieren →Ressourcen durch →Aggression bzw. →Dominanz gegenüber ihren Konkurrenten.

Inzesttabu: Barriere gegen Sexualität zwischen nahen Verwandten (Eltern–Kinder, Geschwister). Gänse beispielsweise lernen, wie Eltern und Geschwister aussehen, und verpaaren sich dann nicht mit diesen →Individuen.

Inzuchtgrad: Ist bei Verpaarung nahe Verwandter hoch, gering dagegen nach Verpaarung Nichtverwandter. Theoretisch sollte der Inzuchtgrad von Populationen in variablen Umwelten gering sein, in stabilen Umwelten dagegen hoch, da Inzucht bewährte Genome erhält. Der Preis dafür kann aber die Inzuchtdepression sein, eine Verminderung der Vitalität der Nachkommen.

Kaspar-Hauser-Versuche: →Ontogenetische Entwicklung von →Individuen unter (spezifischem) Reizentzug. Treten bestimmte mit dem entzogenen →Reiz in Zusammenhang stehende Verhaltensweisen dennoch auf, dann müssen diese hochgradig →erblich sein.

klassische Ethologie: Lorenz-Tinbergenscher, mechanistisch und physiologisch orientierter Zweig der →Verhaltensbiologie.

Kognition: Genauso schwierig zu definieren wie →Intelligenz, teilweise deckungsgleich. Etwa: höhere geistige Prozesse (im Zusammenhang mit Bewußtsein?).

Kolkraben: *Corvus corax*. Größter Rabenvogel, einer der →»intelligentesten« Vögel, Langzeit-monogam, immer noch wenig erforscht.

Kommunikation: Austausch von →Information. Gezielt durch →Signale des Senders an den Empfänger oder als Nebeneffekt des Verhaltensflusses.

Konflikt: Interessengegensatz zwischen Individuen. Oft als Ergebnis unterschiedlicher →evolutionärer Strategien (zwischen Paarpartnern, Eltern-Kindern etc.), die →Fitness zu maximieren. Oder auch im Zusammenhang mit →Interaktionskonkurrenz um →Ressourcen.

Konkurrenz: Vor allem zwischen →Individuen einer →Population, um optimale Anteile begrenzter →Ressourcen zu gewinnen. Siehe auch →Ausbeutungskonkurrenz, →Interaktionskonkurrenz.

Kreationismus: Lehre, wonach die Welt samt ihrem →Arteninventar in der gegenwärtigen Zusammensetzung von einem höheren Wesen erschaffen worden sei. Kreationisten lehnen gewöhnlich die Idee der →evolutionären Dynamik der →Arten ab.

Kybernetik: Lehre von Regelungsvorgängen in Technik, →Biologie und →Soziologie. Gebräuchlichstes Instrument zur Bildung von Input-Output-Modellen zur Erklärung des Zustandekommens von Verhalten.

Leadership: Führungskompetenz in Zusammenhang mit sozialem →Prestige und sozialer Kompetenz. →Dominanz muß nicht deckungsgleich mit Leadership sein. Kann mit Erfahrung zu tun haben oder mit Selbstsicherheit.

Lernen: Aufnahme von Umweltinformation über den Filter der Sinnesorgane und des Gehirns in einen Gehirn-internen Speicher. Bildet die Assoziationsbasis und die Grundlage für Entscheidungen, um das →individuelle Verhalten einer variablen Umwelt flexibel anpassen zu können. Vergessen und Neulernen können als selektive Updates der Gedächtnisinhalte gesehen werden. Viele verschiedene Arten und Ebenen des Lernens. Siehe auch →Hippocampus.

Masturbation: Selbstbefriedigung. Besonders die männliche Masturbation stellte ein evolutionsbiologisches Rätsel dar, weil die so abgegebenen Samenzellen keine Eier befruchten können. Könnte nach neuerem Verständnis ein Verhalten zur Erhaltung der →Konkurrenzfähigkeit des Spermas sein. Siehe auch →Spermakonkurrenz.

Materialismus: Naturwissenschaftlicher Anspruch, wonach alle Lebenserscheinungen, also auch geistig-seelische Vorgänge auf Basis der (physiko-chemischen) Interaktionen der Materie ohne Berufung auf eine metaphysische Instanz erklärbar sein müssen.

Mem: »Kulturelles Gedächtnis«, Paket kultureller →Information, analog zum →Gen.

Menschenmodell: Wichtiger Teil der →individuellen Weltanschauung; grundlegende Ansicht vom Wesen des Menschen.

Modell: Nachbildung realer Systeme unter Verwendung weniger essentieller Komponenten, beruhend auf einer →Hypothese. Decken sich empirische Daten und das Resultat des Modells, so wird wahrscheinlich, daß die wichtigen Parameter berücksichtigt wurden und die zugrundeliegende →Hypothese zutrifft. Nicht als »harter« Test einer →Hypothese geeignet, kein Beweis im mathematischen Sinn.

Modulator: Reguliert Prozesse nach oben oder unten. Etwa biogene Amine in den Spalträumen des Gehirnes, die das Geschehen an bestimmten →Synapsen entweder anregen oder dämpfen.

Monogamie: Kurz- bis langfristiges Paarungssystem zwischen zwei Individuen. Als →evolutionäre Strategie verschiedengeschlechtlicher →Individuen entstanden, ihren Fortpflanzungserfolg zu optimieren. Meist beteiligen sich beide Geschlechter an der Jungenfürsorge.

Motivation: Dem Verhalten zugrundeliegende (unbewußte) Beweggründe, Stimmungen, Gestimmtheit. Auch: spezifische (in Bezug auf eine bestimmte →Endhandlung) Handlungsbereitschaft, Verhaltensantrieb, Drang, →Trieb, von vielen äußeren und inneren Faktoren beeinflußt, nach Lorenz staubar. Siehe →psychohydraulisches Modell.

Mustergenerator, zentraler: Nervennetze im Rückenmark und Gehirn, die relativ autonom ein bestimmtes (oft rhythmisches) motorisches Muster erzeugen.

natürliche Selektion: Auslese, richtunggebender Prozeß der →Evolution. Zwischen unterschiedlichen →Phänotypen in einer bestimmten Umwelt treten →Fitnessunterschiede auf, die im Verlauf der Generationen die Genfrequenzen in der →Population verschieben.

Neotenie: Erhalt juveniler Merkmale im Adultstadium. Z. B. Erreichen der Geschlechtsreife bereits im Larvenstadium.

Nepotismus: Begünstigung von Verwandten. Evolutionäres Prinzip, das aus →Individualselektion und →inklusiver Fitness folgt. Siehe auch →Verwandtenselektion.

Neuroethologie: Zweig der Nervenphysiologie bzw. →klassischen Ethologie, welcher die kausalen Beziehungen zwischen Verhaltensweisen und der Funktion des Nervensystems erforscht.

objektiv– subjektiv: Objektiviert kann durch →Quantifizierung werden, während Subjektives einer direkten Beobachtung und damit dem naturwissenschaftlichen Zugriff entzogen ist. So etwa können →Emotionen nicht direkt, sondern nur über ihre Auswirkungen auf das Verhalten erfaßt werden.

Öko-Ethologie: Jener Zweig der →Verhaltensbiologie, welcher die →Fitnessrelevanz von Verhalten untersucht, etwa wie Tiere ihre Entscheidungen bezüglich →Ressourcennutzung, Partnerwahl,

Raubfeindvermeidung etc. optimieren und was sie daran hindert, →optimal zu handeln.

Östrogen: Verhaltensrelevantes, vor allem weibliches →Steroidhormon aus den Eierstöcken, welches wie auch die anderen Steroidhormone in der →Ontogenie organisierend, z. B. im Gehirn wirkt. Siehe auch →Testosteron und →Corticosteroide.

Ontogenie: Siehe →Individualentwicklung.

Optimalität: Da die →Individuen in →Populationen um →Fitness →konkurrieren, aber →Ressourcen und Zeitbudgets begrenzt sind, müssen sie möglichst optimal handeln. Wobei es darum geht, kann je nach Lebensstadium bzw. Situation unterschiedlich sein. Häufig wird entweder der Energiegewinn maximiert, die Raubfeindgefährdung oder das Risiko zu verhungern minimiert etc. Optimalitätsmodelle können gewöhnlich zur Vorhersage von →Entscheidungen in der Nahrungs- und Partnerwahl oder Feindvermeidung genutzt werden.

Orgasmus: Lustvoller weiblicher Höhepunkt beim Geschlechtsakt bei Menschen und wahrscheinlich vielen Wirbeltieren. →Evolutionsbiologische Relevanz umstritten. Belohnung und damit →Motivation für Sexualverhalten. Scheint aber eine Funktion in der Retention von Sperma des bevorzugten Partners zu haben. Siehe auch →Spermakonkurrenz.

Paradigma: Musterbeispiel mit starkem Theoriebezug.

Partnermarktwert: Maß der Attraktivität potentieller Partner für das andere Geschlecht.

Partnerwahl: Geschlechtspartner finden sich in den seltensten Fällen zufällig, sondern wählen einander nach den verschiedensten Kriterien aus. Meist sind die Weibchen das wählerische Geschlecht, da sie in der Regel mehr in die Nachkommen investieren als Männchen.

Phänotyp: Individuelles Resultat der Interaktion des →Genotyps mit der Umwelt, in welcher die →Individualentwicklung stattfand.

Physiologie: Lehre der Körperfunktionen. Hormon-, Stoffwechsel-, Neurophysiologie etc.

Pickrate: Anzahl der Picks pro Zeiteinheit. Maß der Nahrungsaufnahmerate etwa bei körnerfressenden Vögeln.

Polyandrie: Paarungssystem, bei dem ein Weibchen mit mehreren Männchen zusammen ist. Männchen beteiligen sich oft maßgebend an der Brutpflege. Eher seltenes System.

Polygamie: Paarungssystem, bei dem ein Partner des einen Geschlechts mit mehreren Partnern des jeweils anderen Geschlechts zusammen ist. Synchrone: gleichzeitig; successive: Partner des anderen Geschlechts wechseln in mehr oder weniger rascher Folge. Siehe auch →Polyandrie, →Polygynie.

Polygynie: Paarungssystem, bei dem ein Männchen mit mehreren Weibchen zusammen ist, die meist die Jungenfürsorge alleine leisten. Häufig.

Polykausal: Mehrere Ursachen bedingen eine Wirkung, die Regel in komplexen Systemen, während →reduktionistische Experimente der Naturwissenschaften zumeist monokausal (eine Ursache, eine Wirkung) angelegt werden müssen.

Polymorphismus: Mitglieder einer →Population bilden distinkte Formen unterschiedlichen Körperbaus oder Färbung aus.

Population: Von ihrer Verbreitung her und auch reproduktiv zusammenhängende Untergruppe einer →Art.

Potlatch-Fest: Von manchen nordwestamerikanischen Indianerstämmen wurden Nachbarclans zu Festen eingeladen, deren Hauptzweck es war, einander durch wertvolle gegenseitige Geschenke oder durch Vernichtung wichtiger Güter zu beeindrucken und zu beschämen. Je größer der vernichtete Wert, um so größer der →Prestigegewinn. Es wurden gelegentlich sogar die eigenen Häuser abgebrannt. Siehe auch →Handicap.

Prägung: Rascher Lernvorgang. Verschiedene Formen der Prägung: Nachfolge-, Orts-, sexuelle Prägung. Bei Nachfolgeprägung lernt ein schlüpfendes Enten- oder Gänseküken, dem ersten sich bewegenden und Laute abgebenden Objekt zu folgen, dessen es ansichtig wird. In abnehmender Bedeutung sind folgende Objekteigenschaften wichtig: Laute, Bewegung, Aussehen. Nachhaltiger Lernvorgang, aber u. U. umkehrbar.

Prestige: Soziales Ansehen, erhöht vor allem den männlichen →Partnermarktwert. Wird in →hedonischen Gesellschaften durch soziale Fähigkeiten erworben, in →agonischen vor allem durch Kontrolle von →Ressourcen (Besitz). Siehe auch →Potlatch-Fest.

Primaten: Affen. Hominide Primaten: Menschenaffen: Gibbons, Orang Utans, Gorillas, Schimpansen und Menschen.

Promiskuität: Relativ indiskriminatives Akzeptieren vieler Sexualpartner. Meist mit starker →Spermakonkurrenz verbunden.

Psychohydraulisches Modell: Lorenzsches →Triebmodell: die Vorstellung, daß die →Antriebstärke bezüglich einer gewissen →Endhandlung mit der Zeit ansteigt, wenn diese nicht ausgeführt wird, →analog einem aufstauenden Wasser-Reservoir. Der Füllzustand liegt im Gleichgewicht mit der Stärke des auslösenden Reizes (im Modell als gegen ein Federventil wirkendes Gewicht dargestellt). Die Endhandlung läuft also entweder nach starkem →Triebstau oder nach starkem →Auslöserreiz ab. Siehe auch →Motivation.

Psychologie: Wissenschaft vom Wesen des Menschen, welche die Auswirkungen seelisch-geistiger Vorgänge auf Verhalten sowie die Interaktionen mit der (sozialen) Umwelt untersucht.

Quantifizierung: Unabdingbarer Ansatz der Naturwissenschaften, um Objektivierung und Reproduzierbarkeit zu erreichen.

Randbedingung: Schränken die (→optimale) Handlungsfreiheit ein (etwa das durch Raubfeinddruck erzwungene Meiden reicher Nahrungsquellen, die durch die Notwendigkeit der Mineralstoffzufuhr erzwungene Aufnahme von Wasserpflanzen durch Elche, obwohl Landpflanzen energetisch günstiger wären und [als zweite Randbedingung] die Nahrungsaufnahmekapazität des Darmes beschränkt ist etc.).

Rangordnung: Meist durch →aggressive Interaktionen ausgefochtene (nicht notwendigerweise lineare) →Dominanzhierarchie innerhalb von →Individuen einer sozialen Gruppe, die um dieselben →Ressourcen konkurrieren. Darum gibt es oft getrennte Männchen- und Weibchenrangordnungen. Siehe auch →agonisch und →hedonisch.

rational: Bewußtes, abwägendes Überlegen als Basis für Handlungen. Im Gegensatz etwa zu →instinktiv.

Reaktionen: →Physiologische Vorgänge oder Verhaltensweisen, die bestimmten →Reizen folgen.

Reduktionismus: Die Untersuchungsmethode der Naturwissenschaften, komplexe Systeme auf einfache, möglichst →monokausale Ursache-Wirkzusammenhänge zu reduzieren, damit sie untersucht werden können.

Reflex: In einem Nervennetz codierte, unbewußte Verhaltensweise, die auf einen bestimmten →Reiz hin weitgehend unabhängig vom →Motivationshintergrund abläuft. Durch →Lernen können bedingte Reflexe gebildet werden.

Reflexologie: Lehre von den Reflexketten. Auch komplexe Verhaltensweisen werden als Ketten von Reflexen gedeutet. In der ersten Hälfte des Jahrhunderts aktuell.

Reiz: Anlaß für den Ablauf eines →Reflexes oder anderer Verhaltenselemente.

Reproduktionspotential: Mögliche Nachkommenzahl. Wird meist zwischen den Geschlechtern innerhalb von →Arten verglichen. Ist bei jenem Geschlecht höher, welches weniger in Nachkommen investiert, meist bei den Männchen.

Ressourcen: Für →Individuen lebens- und reproduktionsnotwendige Kategorien ihrer Umwelt: Lebensraum, Nahrung, Geschlechtspartner. Gewöhnlich Anlaß für →Konkurrenz zwischen den Mitgliedern einer →Population.

Rezeptor: Kann als Rezeptor*zelle* jenes Sinnesorgan bedeuten, in dessen Membran der Primär-Reiz in elektrische Potentialänderungen umgesetzt wird. Rezeptor*moleküle* dagegen sind meist große, oft membrangebundene Moleküle, an welchen chemische, entweder interne oder externe (im Falle der chemosensorischen Organe) Botenstoffe gebunden werden und in Folge entweder die Öffnung eines Ionenkanals und/oder den Beginn einer Second-messenger-Kaskade bewirken.

Ritualisierung: →Evolution von Verhaltensweisen im Dienste der →Informationsübertragung. Meist →Signale, deren Redundanz und Prägnanz der Eindeutigkeit bzw. der Überwindung der »sales resistance« auf seiten des Empfängers durch den Sender dienen.

Rückkopplung: Feedback. Die Wirkung beeinflußt wiederum ihre Ursache. So wirken Hormonspiegel im Blut meist hemmend auf eine weitere Ausschüttung desselben Hormons. In einem anderen Beispiel steigert der Sieger einer Auseinandersetzung durch eine Erhöhung seines Selbstbewußtseins die Wahrscheinlichkeit eines Sieges bei darauffolgenden Auseinandersetzungen.

Schlüsselreize: Vorstellung der →klassischen Ethologie, wonach es (ererbte) →Auslöser gäbe, die wie ein »Schlüssel« in ein »Schloß der Wahrnehmung« passen und eine →Erbkoordination auslösen. Heute weiß man, daß meist, wenn überhaupt, nur grobe Reizkonstellationen erblich →disponiert sind und sehr viel →Lernen im Spiel ist. Begriff wird daher heute nicht mehr verwendet.

Seitensprung: Alternative →evolutive bzw. reproduktive →Strategie monogamer Paarpartner, um ihre individuellen Reproduktionserfolge zu optimieren. Männliche Seitensprünge können direkt zu einer Erhöhung der Nachkommenzahl führen, weibliche Seitensprünge dagegen zu einer Diversifizierung der Nachkommen. Siehe auch →Reproduktionspotential.

Selektion: Auslese. Siehe →natürliche und →sexuelle Selektion.

sexuelle Selektion: Auslese von Merkmalen im Zusammenhang mit der →Konkurrenz in der sexuellen Vermehrung entweder innerhalb eines Geschlechtes (z. B. Kampfstärke, Körpergröße bei den Männchen) oder zwischen den Geschlechtern (z. B. extravagante Merkmale der Männchen als Ergebnis der weiblichen

Zuchtwahl). Die so →selektionierten Merkmale können bzw. müssen überlebenshinderlich sein (siehe →Handicap), um als verläßliches →Signal der Partnerqualität zu dienen. Siehe auch →Prestige und →Partnermarktwert.

Sichern, Sicherrate: Aufmerksamkeitshaltung der meisten Wirbeltiere, bei welcher Hals und Körper nach oben durchgestreckt und alle eigenen Körperbewegungen mit Ausnahme jener der Augen und Ohren eingestellt werden. Meist im Zusammenhang mit Feindvermeidung zu beobachten. Auch als →Signal an potentielle Räuber und sogar innerhalb der Gruppe diskutiert.

Signal: Im Dienste der →Informationsübertragung →evoluiertes Merkmal (Körperbau oder Verhalten). Siehe auch →Ritualisierung.

Skinner-Box: Testkäfig, in welchem Tieren Lernaufgaben auf der Basis des →Lernens durch Versuch und Irrtum gestellt werden können. Siehe auch →Behaviorismus.

Solipsismus: Die Ansicht, daß Denken und Fühlen anderer Wesen, selbst der gleichen →Art, weil unergründlich, nie Gegenstand standardisierter Kommunikation sein können.

Sozialdarwinismus: Begleiterscheinung des frühen →Darwinismus und eines starken genetischen Determinismus. (Gesellschaftliche) Unterschiede wurden für »blutsbedingt« (→erblich) und daher unabänderlich gehalten. Sehr einflußreich bis zur Mitte des 20. Jahrhunderts. In den Köpfen vieler Leute immer noch präsent. Siehe auch →Eugenik.

Soziobiologie: Vor allem auf dem Prinzip der →inklusiven Fitness beruhender, in der →Öko-Ethologie verwurzelter Zweig der →Verhaltensbiologie, der sich mit den →evolutionären Strategien und der →Fitnessrelevanz sozialen Zusammenlebens beschäftigt.

Soziologie: Wissenschaft vom Zusammenleben der Menschen. Vermeidet meist vergleichende Ansätze bzw. ein evolutionäres Menschenmodell, fußt daher nicht auf einer einheitlichen Theorie. Diese Kritik trifft auch weitgehend auf die →Psychologie zu.

Spermakonkurrenz: →Konkurrenzsystem der Männchen um Nachkommen. Wenn es Männchen nicht gelingt, Geschlechtspartnerinnen zu monopolisieren (siehe →Monogamie bzw. →Polygynie), konkurrieren sie über die Spermamenge und den Kopulationszeitpunkt um die Vaterschaft. Z. B. bei manchen Meerschweinchen, Hunden, Schimpansen, in abgeschwächter Form auch beim Menschen.

Stammesgeschichte: Rekonstruktion des durch →Evolution der →Arten im Laufe der Erdgeschichte entstandenen Gefüges der Verwandtschaftsbeziehungen.

Status (sozialer): Position bzw. Einordnung eines Individuums in ein soziales Gefüge. Zu beschreiben über Parameter wie: Alter, Geschlecht, soziale Bindungen, →Dominanz, →Rang, →Prestige etc.

Steroidhormone: Gruppe von teilweise stark verhaltensrelevanten Hormonen (Sexualität, Stress), die aufgrund ihrer Fettlöslichkeit Zellmembranen gut durchdringen und zum Großteil direkt im Zellkern, aber auch über Membranrezeptoren wirken.

Strategie: Auf →Fitnessoptimierung des →Individuums abgestimmtes Verhalten bzw. Summe →optimaler →Entscheidungen. Es wird kein höheres, →kognitiv gesteuertes Taktieren impliziert, sondern unbewußte, →evolutionäre Prädispositionen angenommen.

Streifengans: *Anser indicus*. In Tibet brütende und in Nordindien überwinternde Verwandte der →Graugans, die auf ihren zwei jährlichen Zügen den Himalaja in Höhen bis zu 8000 m überfliegt. Nach Konrad Lorenz von Jürg Lamprecht in Seewiesen als fruchtbares Modell für Kausalforschung zum Sozialleben verwendet. Im ursprünglichen Lebensraum stark gefährdet, bildet mittlerweile in Europa einige kleine, ortsfeste →Populationen.

Symbiontentheorie: Es ist sehr wahrscheinlich, daß Zellen mit echtem Zellkern Symbiosen aus Zellen verschiedener Herkunft darstellen. So scheinen etwa Mitochondrien und Chloroplasten aus integrierten Blaualgen-ähnlichen Zellen entstanden zu sein.

Synapse: Kontaktstelle der Signalweitergabe zwischen Nervenzellen oder zwischen Nerven- und Muskelzellen. An der Mehrzahl der Synapsen wird das elektrische Signal in ein chemisches (→Transmitter) übersetzt, welches in der nachgeschalteten Zelle wiederum zu Änderungen des Membranpotentials führt.

Taxis: Zielorientierung einer Bewegung.

Testen von Hypothesen: Voraussagen aus der →Theorie müssen durch Experimente bzw. Beobachtungen potentiell überprüfbar bzw. falsifizierbar sein, sonst sind sie nicht naturwissenschaftlich. Stark →deduktiver Ansatz, dem Konrad Lorenz als Anwalt der →Induktion mißtrauisch gegenüberstand.

Testosteron: Männliches →Steroidhormon, vor allem aus den Hoden, in die Ausbildung der sekundären männlichen Geschlechtsmerkmale involviert, →motiviert auch →Aggression.

Theorie: Eine Gruppe kohärenter →Hypothesen.

Tierpsychologie: Vorläuferin der Ethologie mit Blüte um die Jahrhundertwende. Vor allem Psychologen forschten an Fragen der kognitiven Leistungsfähigkeit. Die vermenschlichenden Interpretationen tierischen Verhaltens durch viele Tierpsychologen waren eine dem jungen Konrad Lorenz starke →Motivation für seine wissenschaftliche Arbeit.

Transmitter: Botenstoffe, die an der vorgeschalteten Zelle der →Synapse bei Ankommen eines elektrischen Signals freigesetzt werden und in der nachgeschalteten Zelle der Synapse wiederum ein elektrisches Signal bewirken.

Trieb(handlung): Siehe →Erbkoordination, →Instinkt.

Typus: Das (bezüglich seines Verhaltens bzw. Körperbaus etc.) Ideal einer →Art. Überbleibsel einer →kreationistischen Biologie, welches angesichts der innerartlichen Variabilität, auf welcher der →Darwinsche Mechanisms der →Evolution beruht, abzulehnen ist. Sehr wohl nützlich bleibt aber beispielsweise der Vergleich von »Bauplantypen« zwischen Großgruppen. In der Systematischen Biologie wird als »Typus« jenes Individuum bezeichnet, auf welchem die Erstbeschreibung einer Art beruht.

Vergleichende Verhaltensforschung: Nur der →Artvergleich ermöglicht es, wie wir seit Whitman, Heinroth und Lorenz wissen, die →evolutionäre Herkunft von Verhaltensweisen zu erkennen, um damit auch menschliches Verhalten aus der →Stammesgeschichte heraus zu erklären. Dem vergleichenden Ansatz verdanken wir die Entdeckung aller, auch für den Menschen gültigen Prinzipien der Verhaltensbiologie, z. B. →Strategien der Geschlechter, →Verwandtenselektion, →hedonische bzw. agonische Organisationsformen von Gesellschaften u.v.a.m.

Verhaltensforschung: Etwa deckungsgleich mit Verhaltensbiologie. Umfaßt alle Richtungen der Erforschung von Verhalten unter dem →Theoriengebäude der →Evolutionsbiologie.

Verhausschweinung: (des Menschen). Plakativer Ausdruck der Idee von Konrad Lorenz, daß Menschen »selbstdomestiziert« und →neotän seien. Auf den ersten Blick überzeugend, da (Zivilisations-)Menschen einige Merkmale von Haustieren, wie Fettansatz, schwach ausgebildetes Bindegewebe, Mopsköpfigkeit, Hypersexualität etc. aufweisen. Allerdings trifft das einzig zuverlässige Merkmal für Domestikation, ein im Vergleich zur Wildrasse verkleinertes Gehirn, gerade auf den Menschen nicht zu; auch gibt es keine haltbaren Belege für →Instinktausfall bei modernen Menschen, wie er für Haustiere typisch ist. Die Idee der Verhausschweinung ist daher naturwissenschaftlich nicht haltbar und fällt wohl in die Kategorie »rationalisiertes Vorurteil«.

Verwandtenselektion: Durch Hilfeleistung unter Verwandten kommt es zu →Selektionsvorteilen für die Sippe. Siehe auch →Nepotismus.

Vitalismus: Richtung der frühen Verhaltensforschung, die den →Instinkt als Ausdruck des göttlichen Willens annahm, ihn daher weder einer Erklärung bedürftig noch zugänglich hielt und sich damit außerhalb der →materialistischen Naturwissenschaften stellte.

Wahrheit: Begriff, der in den Naturwissenschaften fehl am Platz ist, da diese die Annäherung an die Wirklichkeit anstreben, sie aber niemals erreichen. Daher sind naturwissenschaftliche Sätze Wahrscheinlichkeitsaussagen.

Warnlaut: Wird von einem oder mehreren Individuen einer Gruppe bei Annäherung eines Freßfeindes abgegeben. Vereinzelt Differenzierung nach Räubertyp nachgewiesen. Funktion (*cui bono*) des »Warn«lautes nicht immer klar. Oft konvergent, wird daher auch zwischenartlich verstanden.

Weißwangengans: *Branta leucopsis.* Auch Nonnengans. Mittelgroße Gans, deren Hauptpopulationen in Spitzbergen brüten und in Schottland überwintern. In Grünau für Vergleichsuntersuchungen zu den →Graugänsen gehalten.

Wirklichkeit: Die unabhängig von unserer Wahrnehmung existierende Welt. Solange es Menschen gibt, wird es wohl ein Thema philosophischer Diskurse bleiben, ob eine solche Welt außerhalb unserer Wahrnehmung existiert oder nicht. Für die Naturwissenschaften ist dieser Diskurs wenig bedeutend, da es egal ist, ob unsere Forschungsergebnisse die letztliche Wirklichkeit beschreiben oder nur Ergebnis menschlicher Konventionen auf Basis unseres →Erkenntnisapparates darstellen. Wir können ohnehin nur innerhalb des Rahmens dieser →evolutionären Konventionen denken.

Personenregister

Sachregister

Norbert Bischof

Das Rätsel Ödipus

Die biologischen Wurzeln des Urkonflikts von Intimität und Autonomie
624 Seiten mit Strichzeichnungen. Serie Piper 989

»In der enzyklopädischen Weite des Horizontes und in der Schlüssigkeit der Argumentation ein bedeutendes literarisches Dokument deutscher Natur- und Geisteswissenschaft.«
Psychologie Heute

»Eine pointenreiche Konfrontation.«
Süddeutsche Zeitung

»In jeder Hinsicht außergewöhnlich. Mit begnadetem didaktischem Geschick geschrieben, ein wahrhaftes Lesevergnügen.«
Die Naturwissenschaften

»Ein Beweis, daß man auch auf deutsch unterhaltsam über seriöse Erkenntnisse berichten kann.«
Neue Zürcher Zeitung

»Ein ungewöhnlich reichhaltiges Werk, in das viele Jahre des Forschens und Nachdenkens eingegangen sind.«
Spektrum der Wissenschaft

»Eine das Atmosphärische bannende Erzählkunst, welche Ermüdung verhindert und Lust macht auf die Begegnung mit neuen Gedanken.«
Zeitschrift für Menschenkunde

»Ein Buch, in dem man ein Leben lang lesen kann.«
Bild der Wissenschaft

»Gescheiter als alle die Laffen«

Ein Psychogramm von Konrad Lorenz
176 Seiten. Serie Piper 1530